21世纪高等院校创新精品规划教材

管理信息系统

（第二版）

王 欣 编著

中国水利水电出版社
www.waterpub.com.cn

内 容 提 要

本书是《管理信息系统》的第二版，第一版出版后被许多院校选作管理信息系统课程的教材，并受到广泛欢迎。为了反映最近6年来管理信息系统的发展状况，作者在保持第一版易懂和实用的风格上，增加了管理信息系统近期发展的新资料，对第一版作了以下精心修改：增加了面向对象开发方法及目前比较流行的UML语言，并且对书中的一些具体内容作了适当的增删或修改。本书从管理信息系统的开发、维护和软件质量控制等方面系统阐述了管理信息系统的基本概念和常用的方法。各章节均结合实例讲解，最后还有一个完整的开发实例，使读者易于理解和掌握。

本书可作为大专院校研究生、本科生的教材或教学参考书，也可作为管理人员的培训教材，还可供从事信息化工作的技术人员、管理人员和广大计算机软件开发人员阅读。

本书配有电子教案，读者可以到中国水利水电出版社网站或万水书苑上免费下载，网址：http://www.waterpub.com.cn/softdown/或 http://www.wsbookshow.com。

图书在版编目（CIP）数据

管理信息系统 / 王欣编著. -- 2版. -- 北京 : 中国水利水电出版社, 2011.2
21世纪高等院校创新精品规划教材
ISBN 978-7-5084-8402-0

Ⅰ. ①管… Ⅱ. ①王… Ⅲ. ①管理信息系统—高等学校—教材 Ⅳ. ①C931.6

中国版本图书馆CIP数据核字(2011)第017322号

策划编辑：石永峰　责任编辑：张玉玲　加工编辑：刘晶平　封面设计：李　佳

书　名	21世纪高等院校创新精品规划教材 管理信息系统（第二版）
作　者	王　欣　编　著
出版发行	中国水利水电出版社 （北京市海淀区玉渊潭南路1号D座　100038） 网址：www.waterpub.com.cn E-mail：mchannel@263.net（万水） sales@waterpub.com.cn 电话：（010）68367658（营销中心）、82562819（万水）
经　售	全国各地新华书店和相关出版物销售网点
排　版	北京万水电子信息有限公司
印　刷	北京蓝空印刷厂
规　格	184mm×260mm　16开本　22.25印张　546千字
版　次	2004年8月第1版 2011年7月第2版　2011年7月第8次印刷
印　数	23001—26000册
定　价	36.00元

第二版前言

随着计算机的日益普及，管理信息系统软件无处不在。软件开发、维护和管理等内容成为信息产业的一个部分，管理信息系统这一学科已逐渐为人们所熟悉和广泛应用。

本书能为数万读者普及管理信息系统知识起到微薄的作用，作者感到十分欣慰。从第一版开始发行至今已有6年了，在此期间信息技术迅速发展。为了反映管理信息系统研究的新成果，以及笔者在近几年教学中发现的一些问题，对一些章节做了修改并增加了新的内容。本书在保持原书系统性强、内容全面、原理性论述与丰富的实例密切结合特点的基础上，增加了反映学科最新发展方向的新内容——面向对象开发方法和UML设计，而且对教材内容进行了重新整合，删除一些陈旧或不重要的内容。内容的取舍、难度的把握、篇幅的控制都作了精心、慎重的斟酌，对文字叙述也作了仔细推敲。

《管理信息系统》（第二版）全面系统地讲述了管理信息系统的概念、原理和典型的方法学，并介绍了软件项目的质量控制。本书共分10章，第1章介绍管理信息系统的基本概念，第2章介绍管理信息系统的开发方式和方法，第3～7章顺序讲述管理信息系统生命周期各阶段的任务、过程、结构化方法和工具，第8章讲述面向对象方法学、面向对象分析和面向对象设计，第9章介绍采用两种不同方法开发的管理信息系统实例，第10章介绍管理信息系统质量控制。自始至终以实例为主进行讲述，内容深入浅出。

本书参考了同行的文献资料，在书后一一列出，在此表示衷心感谢！

由于编者水平有限，书中难免有不妥之处，敬请广大读者批评指正。

编　者

2011年3月

第一版前言

笔者多年来一直为本科生和研究生讲授管理信息系统分析与设计这一课程，在讲授的过程中，对管理信息系统的基本理论进行了较为深入的研究。在实际开发过程中，深感明确一些基本概念，树立系统工程的开发思想是很重要的。

随着计算机在管理领域的广泛应用，人们越来越重视管理信息系统的应用。但目前出版的教材欠缺系统性，缺少案例，因此本人在管理信息系统理论与实践研究的基础上，萌发了编著《管理信息系统》的念头。从目前的系统开发方法发展来看，比较著名的有结构化方法、原型化方法和面向对象方法。原型化方法和面向对象方法是在结构化方法的基础上发展起来的，对结构化方法有了深刻的认识后，就可以很容易地学习其他的方法。因此本书重点介绍在国内外广泛流行的结构化方法，此外还介绍了原型化方法和面向对象方法。

本书共分 3 篇，包括 12 章内容。第一篇介绍管理信息系统基本概念和理论；第二篇介绍管理信息系统的开发，本篇的一个显著特色是以真实的管理信息系统开发为背景，对管理信息系统的关键技术和分析与设计过程进行深入浅出的介绍，力争做到讲解透彻、操作步骤详细和完整；第三篇介绍管理信息系统的质量控制与发展趋势。

本书参考了许多同行的著作，在书后一一列出，在此一并表示感谢！

由于本人水平有限，再加上编写时间仓促，书中一定有不妥之处，敬请读者批评指正。

作 者

2004 年 4 月

目　录

第 1 章　管理信息系统基本概念

物质、能源和信息是人类社会的三大支柱。信息正变得越来越重要，信息已成为决定经济增长的战略资源。随着人类进入信息时代，信息管理水平成为衡量国家综合实力的重要标志，信息系统被广泛地应用于各行各业。本章主要介绍信息、管理信息、系统、信息系统以及管理信息系统的概念、信息生命周期、信息系统的类型和结构等。

1.1　信息的概念

信息是信息系统的最基本概念，信息系统的开发目的就是为用户提供有用的信息。

1.1.1　信息

信息（Information）是信息论中的一个术语，常常把消息中有意义的内容称为信息。1948年，美国数学家、信息论的创始人香农在题为“通信的数学理论”的论文中指出：“信息是用来消除随机不定性的东西”。1948 年，美国著名数学家、控制论的创始人维纳在《控制论》一书中指出：“信息就是信息，既非物质，也非能量。”作为科学术语由于研究的角度不同，信息有各种不同的定义。

1. 信息的概念

“信息”一词有着很悠久的历史，早在两千多年前的西汉，即有“信”字的出现。“信”常可作消息来理解。作为日常用语，“信息”经常是指“音讯、消息”的意思，但至今信息还没有一个公认的定义。“信息”的英文单词是“Information”，在港台地区“Information”又称为“资讯”。比较典型的定义有以下几种：

信息是通过数据形式来表示的，是加载在数据之上的对数据具体含义的解释。

ISO：信息是对人有用的，影响人们行为的数据。

信息是将数据经过加工处理后，提供给人们的有用资料。

信息是有一定含义的数据，是加工（处理后）的数据，信息是对决策有价值的数据。

国家经济信息设计与应用标准化规范：“构成一定含义的一组数据”。

在信息系统中，通常所指的信息是“数据经过加工处理后得到的另一种形式的数据，这种数据在某种程度上影响接收者的行为”。

2. 信息的含义

在理解信息的概念时，一般应理解其所包含的含义。

客观性：信息来源于现实世界，它反映了某一事物的现实状态，体现了人们对事实的认识和理解程度，具有客观性。信息是人们决策或行动的依据。

主观性：信息是人们对数据有目的的加工处理后的结果，它的表现形式根据人们的实际需要来决定，即和人的行为密不可分，具有主观性。

有用性：信息是人们从事某项工作或行动所需要的依据，并通过信息接收者的决策或行动来体现它具有的价值，信息具有有用性。

3. 信息的特性

（1）信息的真实性。信息应该是对现实世界事物的客观反映，它应具有真实性，这是信息的最基本特性。但现实中的信息并不都是正确的，只有获得正确的信息才能做出正确的决策，信息的真伪鉴别增加了信息收集的工作量。此外，在信息的传输和存储过程中也要保持信息的正确性。

（2）信息的时效性。信息是有生命周期的，在生命周期之内，信息是有效的；超出生命周期，信息将失效；但有时有些失效的信息在某些时刻也会复苏，供决策使用。信息的时效性要求尽快地得到所需要的信息，并在其生命周期内最有效地使用它。为了保证信息的有效性，人们需要连续收集信息，利用先进的存储设备，建立数据库、数据仓库，然后利用检索工具进行快速检索。

（3）信息的共享性。信息不同于物质，一个苹果如果给了你，我就没有了。而信息是可以共享的，如果我把一个消息告诉你，我并没有失去消息，而你也得到了消息。信息的共享性可以使人们共同拥有同样的信息。为了保证信息的共享性，需要利用先进的网络技术和通信设备来实现。

（4）信息的层次性。由于信息大多是为管理服务的，在现实世界中管理是分层次的，不同的管理层需要不同的信息，因而信息也是有层次性的。一般按管理理论可分为战略级信息、策略级信息和执行级信息 3 个层次。从企业高层领导的角度来看，他们关心的是企业的发展方向、目标、路线、产品的品种及销路、材料的来源等，所需要的是大量的、综合的、战略性的信息，即战略级信息。它主要来自企业的外部，使用的周期长，加工方法灵活，保密性强，使用频率不高。作为企业的中层领导，他们主要考虑在企业长远规划指导下，采用先进的技术和设备，降低成本，提高经济效益所需要的信息，即策略级信息。它既有来自外部的技术信息、原材料信息等，也有来自内部的生产能力信息、生产效益信息等，策略级信息的寿命低于战略级信息，加工的方法比较固定，使用频率较高。企业的车间管理者所关心的是如何提高生产效率和质量，决策依据大多是日常生产信息即执行级信息。执行级信息来自企业内部，加工方法固定，使用频率高，精度要求高，保密性较差。不同层次信息的特征如表 1.1 所示。

表 1.1 不同层次信息的特征

信息类型 \ 属性	信息来源	信息寿命	加工方法	使用频率	加工精度	保密要求
战略级信息	主要来自企业外部	长	灵活	低	低	高
策略级信息	来自企业内外部	较长	较灵活	较高	较高	较高
执行级信息	主要来自企业内部	短	固定	高	高	低

（5）信息的不完全性。客观世界的信息是不可能全部得到的，如果一个决策者可以掌握决策需要的全部信息，他的决策肯定会成功。决策的艺术就在于决策者要根据自身的经验去收集信息，正确地舍弃冗余的、不重要的或失真的信息，并根据收集到的有限的信息快速地做出正确的决策。个人经验是一种重要的“软信息”，专家系统（ES）就是为了充分挖掘和利用个人（即专家）经验的一种信息系统。

（6）信息的滞后性。数据经过加工后转变成为信息，信息的使用才能影响决策，有决策才会有结果。每种转换均需要时间，因而不可避免地会产生时间的延迟，即信息的滞后性。信息的加工如下：

ΔT_i 为信息的滞后时间，ΔT_i 越大，延迟越多。在批处理和实时处理方式中，信息的滞后情况是很不相同的。因此，在实际工作中要减少ΔT_i，这样才能使信息更好地发挥作用。

（7）信息的转换性。人类社会赖以生存、发展的3大基础，是物质、能量和信息。世界是由物质组成的，能量是一切物质运动的动力，信息是人类了解自然及人类社会的凭据。物质、能源和信息是人类发展的重要资源，3者紧密地联系在一起。在市场经济环境下，主要有信息流、物流和资金流，其中物流实现物质和能源的转换；而信息流则实现从一种模式向另一种模式的转换，物质和能源的转换必须有相应的知识、计划、调节和控制信息；信息的生产、处理与流通又离不开材料和能源。物流反映一个组织的主体，而信息流如同组织的神经脉络。信息在管理中起着主导性的作用，是管理和决策的依据。在如今的经济社会中，信息是一种比能源和物质更重要的资源。企业依靠信息开发新的产品，依靠信息进行决策。信息可以转换为能源、物质，是社会发展的生产力。

1.1.2　信息的生命周期

信息同其他的资源一样，也有产生、发展和消亡的过程，因此，它也具有生命周期。信息的生命周期（Information Life Cycle）包括信息的需求、获取、存储、维护、使用和退出的整个过程。

信息的需求是信息的孕育和构思阶段。人们根据所发生的问题和要达到的目标来确定可能需要的信息种类和结构。获取是得到信息的阶段，包括信息的收集、传输及加工成最新形式，达到使用要求。存储是将有价值的信息保存在一定的存储介质上。维护是保证信息在有价值时始终处于最新状态。使用则是信息发挥作用的阶段。退出是信息已经老化，没有保存的意义，需要将其更新或销毁。下面从信息的收集、传输、加工、存储、维护等几个阶段分别加以讨论。

1.1.2.1　信息的收集

在现实世界中存在着各种各样的信息，而这些信息是杂乱无章的，人们不需要也不可能将现实世界中的所有信息都收集起来，因此，人们必须根据自己的需要对信息进行收集。要想使得收集的信息是有用的，就必须确定信息的需求，即识别信息。

1．确定信息需求——信息的识别

信息的识别要从系统目标出发，从客观情况调查出发，再加上主观判断来决定。常用的信息识别方法有以下几种。

（1）决策者识别。管理者和决策者根据自身管理决策的需要及系统目标向信息咨询人员提出所需信息的种类、信息内容范畴和信息结构等。采用此方法，系统分析员可直接采访决策者，向其阐明意图，减少误解，这样最容易抓住问题的实质。还可以发调查表，调查表正式严格，系统分析员可以节省时间。但当决策者的文化水平不高，或调查表设计不是很合理时，效果不好，另外调查表的回收率也比较低。

（2）系统分析员亲自观察识别。系统分析员可以深入到现场直接参加工作，从旁观者的角度分析信息需求，并把信息的需要和用途联系起来，可以更深入了解信息的来源、使用情况及信息之间的联系等。

（3）两种方法的结合。首先由系统分析员观察得到基本信息需求，然后再向决策者调查补充信息。这样做比较浪费时间，但了解的信息比较真实、准确、可靠。

2. 确定收集的方法

信息识别出来后所面临的工作就是根据系统目标进行信息的收集。信息的收集有 3 种方法。

（1）自底而上地广泛收集。自底而上地收集有固定的时间、固定的周期、固定的数据，一般来说不随便变动，如全国人口普查、工厂的生产情况统计等。此种方法服务于多种目标。

（2）有目的地专项收集。人们围绕着决策的主题有意识地了解信息，然后收集信息。这种收集可进行全面的调查，也可进行抽样调查。

（3）随机积累法。此种收集没有明确的目标或者目标范围很宽泛，只是根据系统总体目标把一些将会对管理决策有用的新鲜的事积累起来，以备将来使用。但这些信息今后是否真的有用现在还不清楚。

3. 确定信息的表达方式

信息收集完后，需要将它们准确地、完整地表达出来，常用的信息表达形式有文字、数字、图形和表格等几种。

（1）文字表达形式。使用文字表达形式时要注意表达语义的简练性、准确性，避免使用双关语和具有二义性的语句。

（2）数字表达形式。使用数字表达形式一般来说是比较准确的，但要注意数字本身的准确性，同时还要注意数字信息对管理者和决策者的影响。

（3）图表表达形式。图形表达形式是目前信息的一种表达发展趋势。图形具有信息表达的整体性、直观性和可塑性，可以反映出发展趋势，使人容易理解。但对于一些具体而详细的信息，如果采用图形表达就比较困难，可以采用表格的形式。

1.1.2.2 信息的传输

信息的传输理论最早用在通信中，在通信中一般遵循以下模型：

信息源是信息的来源，可以分为内部信息源和外部信息源。内信息源反映组织内部各职能部门的运行状况，是决策系统运动、变化和发展的依据。而外部信息源反映决策系统的外部环境，是决策系统运动、变化和发展的条件。发送编码器对输入的信息进行编码，变成信息通道容易传输的形式，如电报，要将报文转换成数字码。信息通道是由各种物理元件组成的，它的形式有明线、电缆、无线、光缆、微波和卫星等。接收译码器是将接收到的信息变成人们可以理解的形式，它是编码的逆过程，也就是解码的过程。接收器是接收信息的装置。

通信中的信息传输模型和人们之间用语言或文字通信的过程十分相似。信息传输的香农模型如图 1.1 所示。

信息传输的具体过程为：发送人的意图经过语言表达的语义过程和语言编码的技术过程交互作用产生信息，这个信息经过发送机构的再次编码变成能够在信道中传输的电信号，电信号发送到接收端，由接收机构将电信号转化成信息，再由接收者的语义过程和技术过程交互作用，最后使接收者能够充分理解信息发送人的意图。

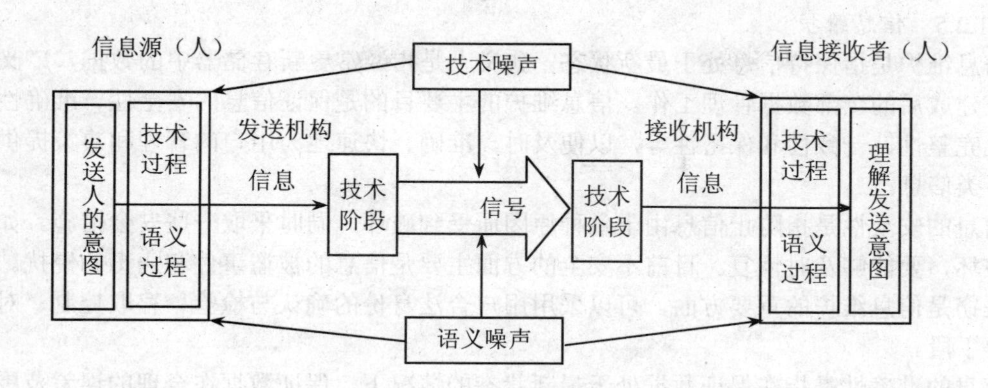

图 1.1　香农模型及信息传输的一般模式

在人工信息通道中，信息传输的技术噪声和语义噪声十分严重。使用计算机网络传输后有了明显的好转。这是因为网络的信道容量大，抗干扰能力强，传输时间短，能够双向传输。

1.1.2.3　信息的加工

有些信息并不是依人们所需要的形式存在的，需要对其进行某种加工处理。信息加工显示了系统的处理能力。信息加工的范围很广，从简单的查询、排序、归并到复杂的模型调试及预测等。随着计算机技术、网络技术、人工智能计算机的不断发展和应用，大大缩短了信息的加工时间，满足了决策者的各种需求。

1.1.2.4　信息的存储

信息的存储就是将信息保存起来以备将来使用。信息存储主要研究以下问题：要存储哪些信息？存储多长时间？信息的存储方式是什么？存储信息所需要的介质是什么？……。

1. 存储信息的内容

信息的存储应根据系统目标确定，系统目标确定后，根据支持系统目标的数学方法和各种报表的要求确定信息存储的内容。

2. 存储时间

信息的存储时间根据系统要求来确定，存储时间长，会增加查找的难度，也没有效益。存储的时间过短，会导致有些重要的信息丢失。

3. 存储方式

信息的存储方式由系统目标确定，分为集中存放和分散存放。对于公用信息最好是采用集中存放，可以减少信息的冗余。对于非公用信息则采用分散存储。虽然分散存储有一定的冗余，而且共享性差，但它方便了使用者。现在的信息存储大多采用既集中又分散的存储方式，最新的信息采用分散存储，老的信息采用集中存储。

4. 存储介质

存储介质的选择仍然是一个重要的问题。常用的存储介质有纸、胶卷、胶片和计算机存储器。目前最常用的是磁盘和光盘等，方便计算机的联机查询和检索。

总之，信息存储是信息系统的重要方面，必须根据系统目标及管理需求确定需要存储的信息。只有正确地舍弃信息，才能正确地使用信息。因此，并不是信息存得越多越好，越长越好。即使将来存储技术高度发展，也不是存储的信息越多越好。

1.1.2.5 信息维护

信息维护是指保持信息处于最新状态。狭义上是指经常更新存储器中的数据，广义上是指系统建成后的全部数据管理工作。信息维护的主要目的是保证信息的安全性、准确性、及时性、完整性、一致性和保密性等，以便及时、准确、快速地为用户的管理和决策提供所需要的各类信息。

信息的安全性是指防止信息由于各种原因而受到破坏，同时采取一些安全措施。如果信息被破坏，要能够及时恢复。目前不安全的方面主要是信息的被盗事件和病毒的侵扰。防止信息失窃是信息维护的重要方面，可以采用用户合法身份的确认与检验、存取控制、对数据加密等手段。

信息的准确性是指在保证数据处于最新状态的情况下，保证数据在合理的误差范围内，能够满足信息处理的要求。

信息的及时性是指信息系统能够及时地提供信息。常用的信息存放在容易取得的地方，各种设备状态良好，各种操作规程健全，操作人员技术娴熟，信息目录清楚，保证能够及时查到所需要的信息。

信息的完整性是指信息的正确性和相容性。当信息经过人机界面输入到计算机时，系统应该对输入的数据按照规定的约束条件进行完整性检查，对于经过网络传输的数据可以采用加校验码的方式进行完整性检查；对于手工处理的数据应该靠提高处理人员的责任心，采用简单、方便的报表格式等方法保证数据的正确性。只有保证数据的正确性才能为管理者和决策者提供正确的信息服务。

信息的一致性是指维护分布在不同地点的信息，使信息内容在任何时候都是一致的。例如，将车票订票系统设计成分布式系统，当一个地点卖出车票后，就需要修改所有订票点的车票数。保证剩余车票的一致性，否则就会出现错误。

信息的保密性是指要采取有效的防范措施，加强对信息的保护，防止保密数据被非法使用。

信息的维护是信息资源管理的重要一环，没有好的信息维护就没有好的信息使用，也就没有好的信息信誉。

1.1.2.6 信息使用

信息使用就是如何更好地发挥信息的作用，提高信息的价值。从技术方面来看，主要问题是如何高质量、高速度地把信息提供给使用者，如何实现信息价值的交换。价值转化是信息使用概念上的深化，是信息内容使用深度上的提高。信息使用深度大体上分为3个阶段。

1. 提高效率阶段

使用信息技术的主要目的是能够提高效率，将原来的手工工作转换成计算机化操作，可以省时、省力，保证信息的准确性。

2. 及时转化阶段

信息的价值要通过转化才能实现，鉴于信息的寿命有限，转化必须及时。例如，某车间的原料已经用完，如果能够及时得到信息，就可以插入其他的工作；如果不及时，就会出现停工待料，从而造成人员的浪费。

3. 寻找机会阶段

寻找机会阶段也是信息商品化阶段。每个企业在信息海洋中游来游去，全凭企业信息占有能力才能实现。此阶段重要特征是信息商品化。信息商品化可以促进信息更好地共享。

1.1.3 信息管理

1. 信息管理的概念

所谓信息管理（Information Management）是人类为了有效地开发和利用信息资源，以现代信息技术为手段，对信息资源和信息活动进行计划组织、领导和控制的社会活动。信息管理理是指在整个管理过程中，人们收集、加工和输入、输出的信息的总称。信息管理的过程包括信息收集、信息传输、信息加工和信息储存。

2. 信息管理的特征

（1）具有管理类型特征。信息管理是管理的一种，因此它具有管理的一般性特征。例如，管理的基本职能是计划、组织、领导、控制；管理的对象是组织活动；管理的目的是为了实现组织的目标等，在信息管理中同样具备。但是，信息管理作为一个专门的管理类型，又有自己的独有特征。

信息管理的对象不是人、财、物，而是信息资源和信息活动；信息管理贯穿于整个管理过程之中。

（2）具有时代特征。随着经济全球化，世界各国和地区之间的政治、经济、文化交往日益频繁；组织与组织之间的联系越来越广泛；组织内部各部门之间的联系越来越多，以致信息量猛增。由于信息技术的飞速发展，使得信息处理和传播的速度越来越快。信息处理的方法日趋复杂。随着管理工作要求的提高，信息处理的方法也就越来越复杂。早期的信息加工，多为一种经验性加工或简单的计算。现在的加工处理方法不仅需要一般的数学方法，还要运用数理统计方法、运筹学方法等。从知识范畴上看，信息管理涉及管理学、社会科学、行为科学、经济学、心理学、计算机科学等；从技术上看，信息管理涉及计算机技术、通信技术、办公自动化技术、测试技术、缩微技术等，信息管理所涉及的领域不断扩大。

3. 信息管理的基本原理

信息管理涉及信息技术、信息资源、参与活动的人员等要素，是多学科、多要素、多手段的管理活动。作为一种社会性的管理活动，它具有一般管理活动的特点；作为一种技术性很强的管理活动，它要运用许多技术手段和管理手段。同时，信息管理活动总是指向一定目标，达到一定的效果并完成预定的任务。

从微观的角度来看，信息管理的目标包括两个方面：一是建立信息集约，即在收集信息的基础上，实现信息流（即信息从信源出发后，沿着信道向信宿方向传递所形成的“流”）的集约控制；二是对信息进行整序与开发，实现信息的质量控制。从宏观的角度来看，信息管理的目标是为了提高社会活动资源的系统功能，最终提高社会活动资源的系统效率。

信息管理原理是信息管理活动本身所包含的具有普遍意义的规律。下面从信息资源状态变化和信息管理活动目标角度分析信息管理的 4 大基本原理。

（1）信息增值原理。信息增值是指信息内容的增加或信息活动效率的提高。它是通过对信息的收集、组织、存储、查找、加工、传输、共享和利用来实现的。

信息增值包含以下内容：

1）信息集成增值。从零散信息或孤立的信息系统中很难得到有用的信息或用于决策的知识，因此，零散信息或孤立信息系统的集成是很重要的。信息集成是指把零散信息或孤立的信息系统整合成不同层次的信息资源体系。它包含 3 个不同层次的信息增值阈：把零散的个别信息收集起来形成的信息集合；孤立的信息系统的集成；社会整体的信息资源的集成。

2）信息序化增值。信息的序化是信息活动的结果，是信息组织的价值体现，目的是为了实现快速存取。信息序化克服了混乱的信息流带来的信息查询和利用的困难，提高了查找效率，节约了查询成本。有序化的信息集成是信息资源建设的基本条件。

3）信息开发增值。有序的信息资源不仅能够保证信息的可查询性，而且能够根据信息内容的关联性开发新的信息与知识资源。

（2）增效原理。信息管理可以通过提供信息和开发信息，充分发挥信息资源对包括信息和知识在内的各种社会活动要素的渗透、激活与倍增作用，从而节约资源、提高效率、创造效益，实现社会的可持续发展。信息管理是现代社会节约成本、提高效率、实现可持续发展的有效途径。

（3）服务原理。信息管理与一般的管理过程相比，具有更强的服务性。信息管理的作用最终体现为信息资源对包括信息知识在内的各种社会活动要素的渗透、激活与倍增作用。这决定了信息管理必须通过服务用户来发挥作用。信息管理的所有过程、手段和目的都必须围绕用户信息满足程度这一中心。信息管理方法和手段的采用，活动的安排，技术的运用，信息系统的设计与开发等都必须具有方便、易用的服务特色，以提高服务能力与水平为宗旨。

（4）市场调节原理。信息管理也受到市场规律的调节，主要表现在以下两个方面：一是信息产品的价格受市场规律的调节。价值规律是信息商品市场的基本规律。市场这只“看不见的手”是调节信息产品与信息服务的主要力量。二是信息资源要素受市场规律的调节。在信息商品市场上，信息、人员、信息服务机构、技术、信息设施等各种资源要素配置会达到某个效率的均衡点。信息产品的市场价格及其背后的社会信息需求是信息资源配置的动力。

4. 信息管理分类

（1）按组织不同层次划分。按组织不同层次的要求，可以将信息分为计划信息、控制信息和作业信息。计划信息与最高管理层的计划工作任务有关，即与确定组织在一定时期的目标、制订战略和政策、制订规划、合理地分配资源有关。这种信息主要来自外部环境，诸如当前和未来的经济形势的分析预测、资源的可获量、市场和竞争对手的发展动向的及政府政策和政治情况的变化等。控制信息与中层管理部门的职能工作有关。它帮助职能部门制定组织内部的计划，并使之有可能检查实施效果是否符合计划目标。控制信息主要来自组织的内部。作业信息与组织的日常管理活动和业务活动有关，如计划信息、库存信息、生产进度信息、质量和废品率信息、产量信息等。这种信息来自组织的内部，基层主管人员是这种信息的主要使用者。

（2）按信息的稳定性划分。按信息的稳定性，可以将信息分为固定信息和流动信息两种类型。固定信息是指具有相对稳定性的信息，在一段时间内，可以供各管理工作重复使用，不发生质的变化。它是组织或企业一切计划和组织工作的重要依据。以企业为例，固定信息主要由以下 3 部分组成：①定额标准信息。它包括产品的结构、工艺文件、各类劳动定额，材料消耗定额、工时定额、各种标准报表、各类台账等；②计划合同信息。它包括计划指标体系和合同文件等；③查询信息，属于这种信息的有国际标准、国家标准、专业标准、企业标准、产品和原材料价目表、设备档案、人事档案、固定资产档案等。流动信息，又称为作业统计信息，它是反映生产经营活动实际进程和实际状态的信息，是随着生产经营活动的进展不断更新的。因此，这类信息时间性较强，一般只具有一次性使用价值。但及时收集这类信息，并与计划指标进行比较，是控制和评价企业生产经营活动，不失时机地揭示和克服薄弱环节的重要手段。

一般来说，固定信息约占企业管理系统中周转的总信息量的 75%，整个企业管理系统的工作质量很大程度上取决于固定信息的管理。因此，无论现行管理系统的整顿工作，还是应用现代化手段的计算机管理系统的建立，一般都是从组织和建立固定信息文件开始的。

5. 信息管理的任务

有人形容当今的时代特点是“信息爆炸”。的确，信息的大量增加，给计划工作人员和各级主管人员带来了沉重的负担，甚至产生了适得其反的作用。大多数主管人员抱怨类型不匹配信息多，合乎要求的信息不足；信息被分散存储于组织的各个单位，以至要使用它们对极简单的题给出答案都很困难；查询极不方便；一些重要的信息经常不能及时送达需要者手中；数据太多，有用的信息太少。就是说，对大量数据的加工、提炼处理工作，远远不能满足主管人员的要求。管理实践表明，要提高计划工作的水平及整个管理工作的效率效果，就必须对信息进行有效的管理。

信息管理的主要任务是：识别信息需求，对数据进行收集、加工、存储和检索，对信息进行传递，将数据转换为信息，并将这些信息及时、准确、适用和经济地提供给组织各级主管人员及其他相关人员。管理信息系统的建立，为完成这一任务提供了强有力的手段。

1.2 信息系统

信息系统（Information System）是一种被广泛使用的计算机应用系统，如管理信息系统、地理信息系统、指挥信息系统、决策支持系统、办公信息系统、科学信息系统、情报检索系统、医学信息系统、银行信息系统、民航订票系统等。信息系统是一种对各种输入数据进行加工、处理，为产生决策信息而按照一定要求设计的一套有组织的应用程序系统。

1.2.1 系统

人们处理问题都采用系统的方法，因此要了解系统的概念与方法。自然界和人类社会所见到的任何事物都可看成是一个系统，研究的问题对象也可看成一个系统。“系统”是在人类的长期实践中形成的概念，它是从希腊语“System（系统）派生来的。罗森（R. Rosen）指出，系统一词几乎从不单独使用，而往往与一修饰词组成复合词。系统可分为自然系统和人造系统两大类。自然系统包括人体、太阳系和地球生态系统等。人造系统是人们为达到某种目的而创建的系统。从哲学的角度来看，人造系统应该为人类服务，如使用的汽车、自行车和电话等都是人造系统，政府、学校和医院等也是人造系统。人造系统无所不在，我们主要研究的是人造系统。

1.2.1.1 系统的定义

20 世纪 20 年代系统概念真正作为一个科学概念，而进入到科学领域；30 年代在一些科学学科研究中发现系统的一些固有性质与个别系统的特殊性无关；40 年代，在美国工程设计中应用了这一概念，二次大战前不久，路德维希·冯·倍塔朗菲提出一般系统概念和一般系统理论；50 年代以后，系统概念的科学内涵逐步明确，并在工程技术系统的研究和管理中得到了广泛的应用。1954 年建立了一般系统理论促进协会，系统的研究进入蓬勃发展的时代。

1957 年美国人古德著的《系统工程》一书出版，系统工程一词被正式确认。20 世纪 70 年代，电子计算机的应用，系统工程思想有了充分实现的可能性。关于系统的定义有很多种，至今也没有一个统一的定义。

系统论的创始人之一，美国著名的生物学家 L.V. Bartalanffy 指出，“系统是许多组成要素的综合体。”

美国国家标准协会（ANSI）对系统的定义是：各种方法、过程或技术结合到一起，按一定的规律相互作用，以构成一个有机的整体。

日本 JIS 工业标准中将系统定义：“系统是许多组成要素保持一定的秩序，向同一目标行动的东西”。

国际标准化组织（ISO）定义：“系统是内部互相依赖的各个部分，按照某种规则，为实现某一特定的目标而联系在一起的合理的、有序的组合”。

我国学者许国发定义：系统是由两个以上可以相互区别的要素构成的集合体；各个要素之间存在着一定的联系和相互作用，形成特定的整体结构和适应环境的特定功能，它从属于更大的系统。

钱学森定义：把极其复杂的研究对象称为系统，即相互作用和相互依赖的若干组成部分合成的具有特定功能的有机整体，而且这个系统本身又是它所从属的一个更大系统的组成部分。

系统究竟是什么？综合起来，可以这样来理解系统的概念：系统是由若干相互联系、相互制约的元素结合在一起，并形成具有特定功能的有机整体。这种有机的结合有 3 层含义：①系统是一个整体，它由若干个具有独立功能的元素组成，这些元素是为了达到某个或某些共同的目标而结合的；②这些元素之间相互作用、相互依赖、相互制约；③由于元素间的相互作用，使系统作为一个整体，共同完成系统的总目标。目标、元素和联系是系统不可缺少的要素。

1.2.1.2　系统的组成

由于系统与环境之间有相互作用，同时，系统为达到某种目标需对外部施加的某些影响加以控制。当系统行为与目标存在偏差时，还需要按照一定规则产生反馈信号，利用反馈信号来改变对系统施加的影响，以达到控制系统行为的目的。一般系统模型包括 6 个组成部分：输入（Input）、处理（Process）、输出（Output）、控制（Control）、反馈（Reaction）和边界（Boundary），如图 1.2 所示。系统的边界是系统与环境（Environment）分割开来的一种假想线，也可看作系统的范围，即系统包含什么要素、性能和选项等。系统的输入是外部环境对系统的影响和作用。如企业作为一个系统，则外界对企业的投资可视为系统的输入。系统的输出是系统对外部环境的影响和作用。企业的产出可视为企业系统的输出。控制是根据给定目标和检测信号，按照一定的规则或经验做出控制决策，向系统发出控制指令的装置。在经济系统中，工厂里的总调度、国民经济系统中各级管理机构等起控制的作用。系统根据预先设定的控制接收从边界来的输入，经过处理后形成输出，并提供反馈机制进行必要的修正。

从系统的角度来看，几乎所有的系统都属于更大的称为超系统（Super System）的系统的一部分，如图 1.3 所示。例如，飞机、轮船和自行车本身是系统，但它们属于一个更大的称为交通系统的超系统。同样，从系统的角度看，几乎所有系统都可分解为更小的称为子系统（Subsystem）的系统，如飞机系统包括机翼子系统、机轮子系统、机身子系统、电子线路子系统、发动机子系统和燃料子系统等。

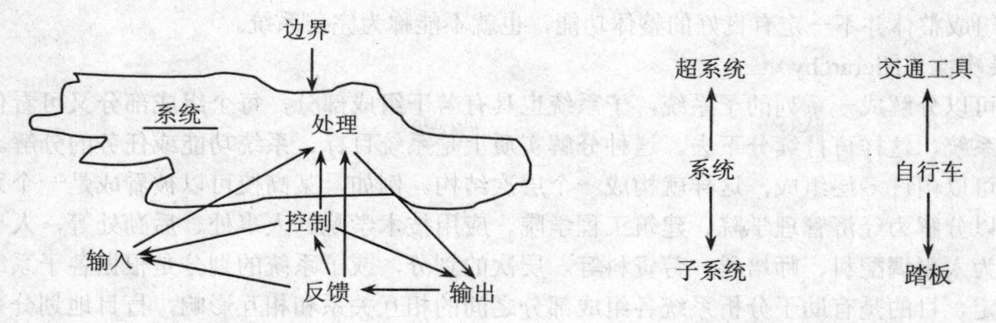

图 1.2　系统模型的 6 个组成部分　　　图 1.3　系统模型的层次

每一个子系统可能又是由一组更小的子系统组成的。子系统是相对独立的，各子系统之间可能要进行数据的交换，子系统的交换通过接口（Interface）来进行，如图 1.4 所示。接口是子系统之间的连接点，即子系统输入、输出的界面。通过接口可以完成过滤（通过接口去掉不需要的输入、输出元素）、编码/解码（将一种数据格式转换成另一种数据格式）、纠错（输入或输出错误的检测和修正）、缓冲（让两个子系统通过缓冲区耦合，取得同步）几个方面的工作。

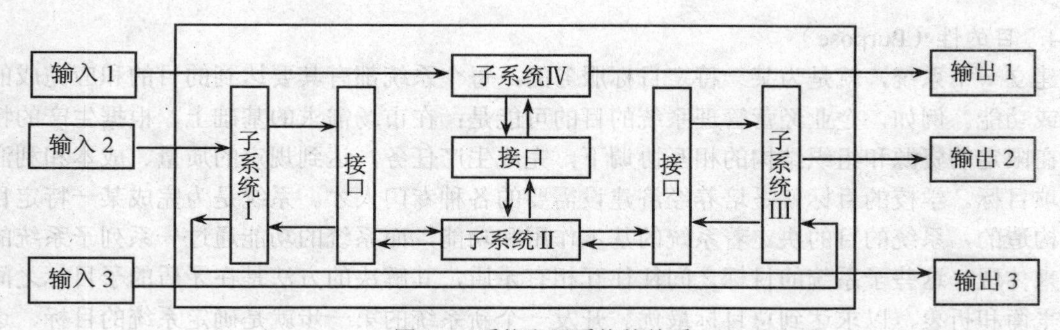

图 1.4　系统和子系统的关系

1.2.1.3　系统的特性

根据系统的含义可以得到以下的特性。

1. 整体性（Integrality）

从系统的含义可以看出，系统内的各个组成部分都是为了某一特定目标而联系在一起的。因此，在评价一个系统时不要只从系统的单独部分，即系统的要素或子系统来评价，而要从整个系统出发，从总目标、总要求出发。只有当系统的各个组成部分和它们之间的联系服从系统的整体目标和要求、服从系统的整体功能并协调活动时，这些活动的总和才能形成系统的有机整体。即以整体最优为原则，而不是局部最优。

（1）系统整体联系的统一性。系统要素的性质和行动并非独立地影响整体的性能，而是相互影响、相互协调地来适应整体系统的需要，完成整体功能。

（2）系统功能的非加和性。系统整体功能通常不等于各局部功能之和，即形成一个系统的诸要素集合永远具有一定特性，而这些特性是它的任何一个局部所不具备的。相对来说，一个系统是一个不可分割的整体。如果把系统拆开，那么原有系统将失去其本来的性质。

（3）构成系统要素不一定很完善，但可构成性能良好的整体；反之，即使每个要素是良好的，但组成整体并不一定有良好的整体功能，也就不能称为完善系统。

2. 层次性（Hierarchy）

系统可以分解成一系列的子系统，子系统也具有若干组成部分，每个组成部分又可看作下属的子系统，这样可持续分下去。这种分解实质上是系统目标、系统功能或任务的分解。一个系统可以由许多层组成，这样就构成一个层次结构。例如，某高校可以被看成是一个系统，它可以分解为经济管理学院、建筑工程学院、应用技术学院、人事处、后勤处等，人事处又可分为人事调配科、师培科、劳资科等。层次的划分，或子系统的划分是根据各子系统的功能而定，目的是有助于分析系统各组成部分之间的相互关系和相互影响，盲目地划分系统的层次或子系统是没有意义的。

3. 关联性（Relationship）

由于系统是由内部各个元素彼此相互依存又相互制约形成的，因此，构成系统的要素之间，要素与系统之间，系统与环境之间存在着相互联系、相互依存、相互制约的关系。各个组成部分在功能上相对独立，又彼此联系，即具有关联性。这种关联决定了整个系统的特定性能和系统的机制。在实际应用中，不仅要指出系统中有哪些元素，还必须指出这些元素是怎样联系的。因此，在划分子系统时，既要有适当的相对独立性，降低相关性，又不要分得过细。

4. 目的性（Purpose）

建立一个系统，就是为某一特定目标服务的，每个系统都有其要达到的目的和应完成的任务或功能。例如，企业经营管理系统的目的可能是：在市场需求的基础上，根据生产的特点，在限定的资源和组织结构的相互协调下，完成生产任务，达到规定的质量、成本和利润等各项目标。学校的目标就是培养经济建设需要的各种专门人才。系统是为完成某一特定目标而构造的，系统的目的决定着系统的基本作用和功能，而系统的功能通过一系列子系统的功能来体现，这些子系统的目标之间往往互相有矛盾，其解决的方法是在矛盾的子目标之间寻求平衡和折衷，以求达到总目标最优。开发一个新系统的第一步就是确定系统的目标，这个目标必须是明确的、切合实际的，切忌提出含糊、空洞、脱离实际的目标。

5. 环境适用性（Environment Applicability）

任何一个系统的存在必然被包含在一个更大的系统内，这个更大的系统被称为“环境”。任何一个系统都是更大系统的子系统，任何系统都存在于一定的环境之中，环境可以理解为一个系统的补集。系统与系统的环境之间通常有物质、能量和信息的交换，任何系统都与环境相互作用、相互影响。在很多情况下，系统要受到来自外部环境的不可预料的干扰。系统要达到自己的目的，就要适应外部环境的变化和排除外界的干扰，这就是系统的适应性问题。环境特性的变化往往引起系统特性的变化，而由于系统的作用不同也会引起环境的变化。两者互相作用的结果，就有可能导致系统改变或失去原有的功能。因此，系统要发挥它应有的作用，达到应有的目标，系统自身必须适应外部环境的变化。例如，企业要达到其确定的目标，必须了解同类型企业的动向、产业界的动向、国家及外贸要求、技术发展趋势、市场需求等一系列环境因素，然后及时、准确、迅速地采取措施。

1.2.1.4 系统的基本观点

系统的观点最早可追溯到20世纪30年代，当时人们在一些科学学科，尤其是在生物学、心理学和科学学中，发现系统的一些固有性质与个别系统的特殊性有关，也就是说，若以传统的科学分类为基础研究，则无法发现和搞清系统的主要性质。第二次世界大战前不久，路得维希·冯·倍塔朗菲提出了一般系统的概念和系统理论，系统才逐渐被人们认为是一种综合性的学科。1954 年建立了一般系统理论促进协会，1957 年美国科学家古德所著的《系统工程》一书出版。70 年代随着计算机的应用，系统工程的思想有了充分实现的可能性。目前系统工程方法已渗入到一切领域。

系统的基本观点是系统必须用于实现特定目标；系统与外界环境之间有明确的边界，并通过边界与外界进行物质或信息的交流；系统可划分为若干个相互联系的部分，并且分层次；在各个系统之间存在物质和信息的交换；系统是动态的、发展的。

1.2.1.5　系统的一般模型

系统与环境之间存在着相互影响，这种影响表现为物质、能量和信息的流动，由环境向系统的流动称为输入；由系统向环境的流动称为输出；系统则作为输入与输出之间的转换装置。一般模型如图 1.5 所示。

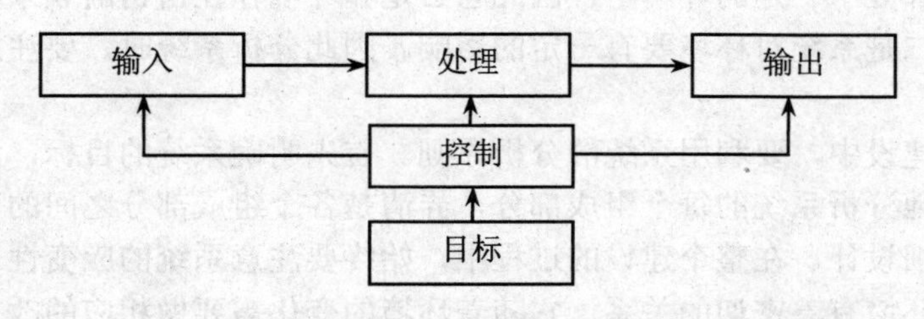

图 1.5　系统的一般模型

1.2.1.6　系统分析的原则

要对系统进行正确的分析必须掌握系统分析的原则。系统分析的一般原则如下：

1. 明确系统的目的，了解系统所要完成的任务

任何一个系统都有它的目的，因此必须明确系统的目的，了解系统所要完成的任务，即搞清楚系统的输出。例如，医疗系统的责任是治病救人，教育系统的目的是培养社会需要的各种人才。

2. 区分系统与环境

系统有它的边界，要想更好地研究系统，必须明确系统的界限和范围，边界就是系统的范围。任何一个系统，总是在一定的社会环境中存在着。它从环境中得到某些物质或信息（输入过程），同时，它又给环境以某些物质或信息（输出过程）。系统的目标就是在这种不断的输入和输出过程中实现或体现出来的。因此，划清系统的界限，有助于对系统进行深入了解。

3. 掌握系统的处理流程

要分析系统的目标是如何达到的，就要弄清系统运行经过的输入、处理和输出整个流程。掌握了系统的流程，可以进一步明确系统的任务。

4. 把握系统的分解、合并和解耦

一个系统是另一个更大系统的子系统，而每个系统又可以分解成若干个子系统。因此，在系统的研究中，要根据需要进行系统的分解和合并。为了控制系统的性能，常对系统结构进行一些改变，在信息系统中经常应用的改变方法是分解、合并和解耦。分解就是把一个大

系统按各种原则，把它分解为子系统。因为面对一个复杂而又庞大的系统，很难通过一张图表就把系统所有元素之间的关系描述清楚，这时就要将系统按一定的原则分解成若干个子系统。分解后的每个子系统，相对于总系统而言，其功能和结构的复杂程度都大大降低。对于复杂的子系统，还可以对其进一步分解，直至达到要求为止。分解是为了细化系统，使得研究工作更容易。分解时系统内部的元素通常按功能聚集原则来划分子系统。合并是把联系很密切的子系统归并到一起，减少子系统之间的联系，使接口简化并清晰，便于从整体上研究系统，掌握系统的整体情况。解耦是在相互联系很密切的子系统中加进一些缓冲环节，使它们之间的联系减弱，相互依赖性减少。

5. 自顶向下进行研究

对系统的研究是从顶向下进行的，首先了解全局的观点，在全局观点的指导下，将复杂的系统划分为子系统，子系统再继续分解为子子系统，直到分解为便于掌握并易于理解为止。

6. 注意系统的应变性

任何一个系统都处于一定的环境中，因此它必定和环境存在密切的联系，一是环境对系统有一定的影响；二是系统对环境要有一定的影响。因此分析系统时，要注意系统对环境的应变性。

在信息系统的建设中，要利用系统的分析原则。首先明确系统的目标，划分出系统和环境，然后自顶向下地分析系统的每个组成部分，弄清楚各个组成部分之间的信息交换关系，最后进行系统的详细设计。在整个建设的过程中，始终要注意系统的应变性。信息系统是一个人造系统，它和环境有着密切的关系，它随着环境的变化需要做相应的改变。这一原则在信息系统的分析研究中是非常重要的，如果一个信息系统的应变能力差，对它的维护就会很困难，因此，它的生命周期就不可能长。

1.2.1.7 系统方法

系统方法也叫系统方法论，是研究系统工程的思考和处理问题的方法论。作为科学，它是以研究大规模复杂系统为对象、以系统概念为主线，引用其他学科的一些理论、概念和思想而形成的多元目的科学；作为工程，它又具有和一般工程技术相同的特征，除此以外，它还具有本身的特点。1969 年美国系统工程专家霍尔（A.D.Hall）提出了一种系统工程方法论，后人为了与软系统方法论对比，称为硬系统方法论（Hard System Methodology，HSM）。霍尔的系统工程的出现，为解决大型复杂系统的规划、组织、管理问题提供了一种统一的思想方法，因而在世界各国得到了广泛应用。霍尔的系统方法结构体系是一个三维的结构，它是将系统工程整个活动过程分为前后紧密衔接的 7 个阶段和 7 个步骤，同时还考虑了为完成这些阶段和步骤所需要的各种专业知识和技能。这样，就形成了由时间维、逻辑维和知识维所组成的三维空间结构。其中，时间维表示系统工程活动从开始到结束按时间顺序排列的全过程，分为规划、拟定方案、研制、生产、安装、运行、更新 7 个时间阶段。逻辑维是指时间维的每一个阶段内所要进行的工作内容和应该遵循的思维程序，包括问题形式、目标选择、系统综合、系统分析、优化、决策、实施 7 个逻辑步骤。知识维列举需要运用包括工程、医学、建筑、商业、法律、管理、社会科学、艺术等各种知识和技能。三维结构体系形象地描述了系统工程研究的框架，对其中任一阶段和每一个步骤，又可进一步展开，形成了分层次的树状体系，如图 1.6 所示，霍尔三维结构是由时间维、逻辑维和知识维组成的立体空间结构。

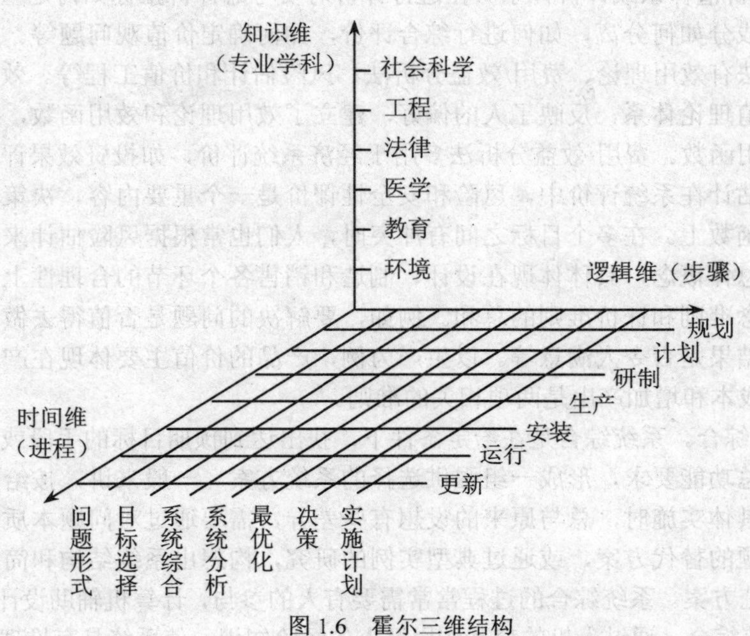

图1.6　霍尔三维结构

1. 逻辑维

逻辑维是解决问题的逻辑过程，运用系统工程方法解决某一大型工程项目时，一般可分为7个步骤：

（1）明确问题。由于系统工程研究的对象复杂，包含自然界和社会经济各个方面，而且研究对象本身的问题有时尚不清楚，如果是半结构性或非结构性问题，也难以用结构模型定量表示。因此，系统开发的最初阶段首先要明确问题的性质，特别是在问题的形成和规划阶段，搞清楚要研究的是什么性质的问题，以便正确地设定问题；否则，以后的许多工作将会劳而无功，造成很大浪费。国内外学者在问题的设定方面提出了许多行之有效的方法，如直观的经验法、预测法、结构模型法、多变量统计分析法等。

1）直观经验法。比较知名的有头脑风暴法（Brain Storming），又称智暴法、5W1H 法、KJ 法等，日本人将这类方法叫做创造工程法。这一方法的特点是总结人们的经验，集思广益，通过分散讨论和集中归纳，整理出系统所要解决的问题。

2）预测法。系统要分析的问题常常与技术发展趋势和外部环境的变化有关，其中有许多未知因素，这些因素可用打分的办法或主观概率法来处理。预测法主要有德尔菲法、情景分析法、交叉影响法和时间序列法等。

3）结构模型法。复杂问题可用分解的方法，形成若干相关联的相对简单的子问题，然后用网络图方法将问题直观地表示出来。常用的方法有解释结构模型法（ISM 法）和决策实验室法（DEMATEL 法）、图论法等。其中，用图论中的关联树来分析目标体系和结构，可以很好地比较各种替代方案，在问题形成、方案选择和评价中是很有用的。

4）多变量统计分析法。用统计理论方法研究所得到的多变量模型一般是非物理模型，对象也常是非结构的或半结构的。统计分析法中比较常用的有因子分析法、主成分分析法、成组分析和正则相关分析等。

（2）建立价值体系或评价体系。在进行评价时要考虑评价指标如何定量化，评价中的主观成分和客观成分如何分离，如何进行综合评价，如何确定价值观问题等。行之有效的价值体系和评价方法有效用理论、费用/效益分析法、风险估计和价值工程等。效用理论是从公理出发建立的价值理论体系，反映了人的偏好，建立了效用理论和效用函数，并发展为多属性和多隶属度效用函数。费用/效益分析法多用于经济系统评价，如投资效果评价、项目可行性研究等。风险估计在系统评价中，风险和安全性评价是一个重要内容，决策人对风险的态度也反映在效用函数上。在多个目标之间有冲突时，人们也常根据风险估计来进行折衷评价。价值工程是个总体概念，具体体现在设计、制造和销售各个环节的合理性上。价值是人们对事物优劣的观念准则和评价准则的总和。例如，要解决的问题是否值得去做，解决问题的过程是否适当，结果是否令人满意等。以生产为例，产品的价值主要体现在产品的功能和质量上，降低投入成本和增加产出是两项相关的准则。

（3）系统综合。系统综合是在给定条件下，找出达到预期目标的手段或系统结构。按照问题的性质和总功能要求，形成一组强供选择的系统方案。一般来讲，按给定目标设计和规划的系统，在具体实施时，总与原来的设想有些差异，需要通过对问题本质的深入理解，做出具体解决问题的替代方案，或通过典型实例的研究，构想出系统结构和简单易行的能实现目标要求的实施方案。系统综合的过程常常需要有人的参与，计算机辅助设计（CAD）和系统仿真可用于系统综合，通过人机的交互作用及人的经验知识，使系统具有推理和联想的功能。近年来，知识工程和模糊理论已成为系统综合的有力工具。

（4）系统分析。系统分析首先要对所研究的对象进行描述，常采用的方法有建模的方法和仿真技术。对难以用数学模型表达的社会系统和生物系统等，常用定性和定量相结合的方法来描述。

（5）系统方案的优化选择。在系统的数学模型和目标函数已经建立的情况下，可用最优化方法选择使目标值最优的控制变量值或系统参数。所谓优化，就是在约束条件规定的可行域内，从多种可行方案或替代方案中得出最优解或满意解。实践中要根据问题的特点选用适当的最优化方法。

（6）决策。“决策就是管理”，“决策就是决定”。决策有个人决策和团体决策、定性决策和定量决策、单目标决策和多目标决策之分。战略决策是更高层次上的决策。在系统分析和系统综合的基础上，人们可根据主观偏好、主观效用和主观概率做决策。决策的本质反映了人的主观认识能力，因此，就必然受到人的主观认识能力的限制。近年来，决策支持系统受到人们的重视，系统分析者将各种数据、条件、模型和算法放在决策支持系统中，该系统甚至包含了有推理演绎功能的知识库，使决策者在做出主观决策后，力图从决策支持系统中尽快得到效果反应，以求得到主观判断和客观效果的一致。决策支持系统在一定条件下起到决策科学化和合理化的作用。但是，在真实的决策中，被决策对象往往包含许多不确定因素和难以描述的现象。例如，社会环境和人的行为不可能都抽象成数学模型，即使是使用了专家系统，也不可能将逻辑推演、综合和论证的过程做到像人的大脑那样有创造性的思维，也无法判断许多随机因素。群决策有利于克服某些个人决策中主观判断的失误，但群决策过程比较长。

（7）实施计划。有了决策就要付诸实施，实施就要依靠严格、有效的计划。以工厂为例，为实现工厂的生产任务和发展战略目标，就要制定当年的生产计划和未来的发展规划。厂内还要按厂级、车间级和班组级分别制定实施计划。一项大的开发项目，涉及到分析、设计实施等多个环节，每个环节又涉及人、财、物等。在制定计划时常使用计划评审技术（PERT）和关键路线法（CPM）。

2. 时间维

时间维是工作进程，对于一个具体的工作项目，从制定规划起一直到更新为止，全部过程可分为 7 个阶段：

（1）规划阶段。即调研、程序设计阶段，目的在于谋求活动的规划与战略。

（2）拟定方案。提出具体的计划方案。

（3）研制阶段。研制方案及生产计划。

（4）生产阶段。生产出系统的零部件及整个系统，并提出安装计划。

（5）安装阶段。将系统安装完毕，并完成系统的运行计划。

（6）运行阶段。系统按照预期的用途开展服务。

（7）更新阶段。即为了提高系统功能，取消旧系统而代之以新系统，或改进原有系统，使之更加有效地工作。

3. 知识维（专业科学知识）

系统工程除了要求为完成上述各步骤、各阶段所需的某些共性知识外，还需要其他学科的知识和各种专业技术，霍尔把这些知识分为工程、医药、建筑、商业、法律、管理、社会科学和艺术等。

信息系统的开发是以系统方法为基础进行的。系统方法的要点有系统的思想、数学的方法和计算机应用技术。系统的思想就是把研究对象作为一个系统，考虑系统的一般特性和被研究对象的个性。数学的方法就是用定量技术即数学方法来研究系统，通过建立系统的数学模型和运行模型，将得到的结果进行分析，再用到原来的系统中。计算机技术是指在计算机上用数学模型对现实系统进行模拟，以实现系统的最优化。

1.2.2　信息系统的概念

1.2.2.1　信息系统

1. 信息系统的定义

在人类有了生产活动之时，就有了信息交换和简单的信息系统。信息系统是一种供一个人或多个人使用的协助完成一项任务或作业的人造系统。信息系统的形式多种多样，规模不一，它受到人的想象力的限制。信息系统是为了支持决策和过程而建立的，它是一个对组织内业务数据进行收集、处理和交换，以支持和改善组织的日常运作，满足管理人员解决问题和做出决策所需各种信息的系统。

2. 信息系统的组成

信息系统除了具有一般系统的 6 个组成部分以外，还具有另外 3 个组成部分，即人员、过程和数据。人以某种方式与系统交互，有时提供输入，有时进行处理，有时提供输出，有时进行控制，有时提供反馈。人与系统的交互方式常以过程的形式书面记录下来。人与系统的交互通常导致向系统输入数据。

1.2.2.2　自动信息系统

就信息系统概念而言，并没有涉及计算机（硬件、软件系统），即计算机系统只是信息系统进行信息处理的一种工具和手段。但由于系统强大的信息处理能力，现代的信息系统都是利用计算机实现的。在本书中信息系统是指计算机化的信息系统（Computer Information System），即自动信息系统。信息系统是对信息进行收集、存储、加工、传输和维护，并能向有关人员提供有用信息的系统。简单地说，信息系统就是输入数据，通过加工处理产生有用信息的系统。

1. 自动信息系统的含义

自动信息系统指使用计算机硬件和软件作为系统一部分的信息系统。它是随着信息技术的产生而产生的，目前讨论和使用的都是自动信息系统。本书为了简单起见，省略“自动”一词，而把所有的自动信息系统简称为信息系统。

2. 自动信息系统的组成

自动信息系统的组成如图1.7所示。自动信息系统除了包括信息系统原有的3个组成部分，又增加了两个组成部分，即硬件和软件。有了硬件和软件以后，信息系统的处理能力大大提高，而且信息系统处理的精确度和准确性也明显增强。

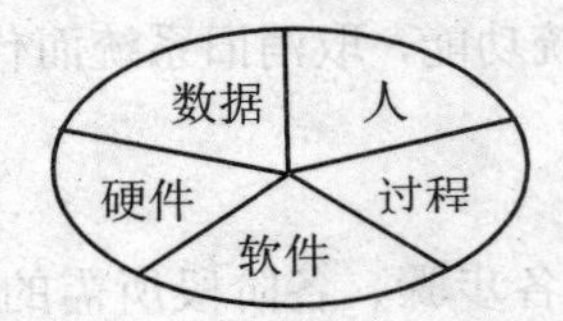

图1.7 自动信息系统组成

1.2.3 信息系统的功能

在人类社会的早期，人们只能利用大自然给予的器官来进行信息的处理工作。眼、鼻、耳、舌和身是收集信息的手段。信息的存储和加工则用脑，信息的传递则通过语言来实现。这时人们在各种信息处理上，受到时间与空间的极大限制。文字的出现使人们突破时间与空间对人类的限制，可以真正进行知识与技术的积累。现代信息技术的发展，促进了信息系统功能的发展。虽然各种类型的信息系统在具体内容与侧重点上有很大差别，但是其基本功能有信息的收集、存储、加工、传输、维护和提供服务。

1.2.3.1 信息的收集

信息系统最基本的功能是能够把分散在各个部门、各处和各点上的有关信息收集起来，然后采用某种形式将其录入到系统中，再转化成为信息系统所需要的形式。根据信息来源的不同，可以把信息收集工作分为原始信息收集和二次信息收集两种。

原始信息收集是指在信息或数据发生的当时当地，从记载的实体上直接把信息或数据取出，并用某种技术手段在某种介质上记录下来。原始信息收集的关键是完整、准确、及时地把所需要的信息收集、记录下来，做到不漏、不错、不误时。因此，它要求时间性强、校验功能强、系统稳定可靠性好。由于它是信息系统与信息源的直接联系，而信息源又具有业务的特殊性，因此，在技术手段与实现机制上常常具有很大的特殊性。

二次信息收集是指收集已经记录在某种介质上，与所描述的实体在时间与空间上分离开的信息或数据。二次信息收集是在不同的信息系统之间进行的，其实质是从别的信息系统得到本信息系统所需要的关于某种实体的信息（实际上往往不是两次传递，而是经过多次传递），它的关键在于有目的地选取或抽取所需信息和正确地解释所得到的信息。由于这时所得到的信息从时间上和空间上已经离开了所描述的实体，从严格的意义上讲，已经无法进行校验。所谓正确解释，是指不同的信息系统之间在指标含义、口径等方面的统一认识，以防止误解。

在实际工作中，业务信息系统常常涉及原始信息收集，而其他的信息系统主要涉及二次信息收集。当然，两者的区分是相对的。例如，人口普查，国家的人口统计数据是在各地的人口统计的基础上得到的，因此，国家和各地之间的关系同样需要注意指标解释和口径统一等二次信息收集中所应考虑的问题。区分两者的不同是为了说明在不同情况下收集信息时应该注意的问题，以便更好地收集信息。

1.2.3.2　信息的存储

信息系统要具有某种信息存储的功能，否则它就无法突破时间与空间的限制，发挥提供信息、支持决策的作用。即使以信息传递为主要功能的通信系统，也要有一定的记忆装置，否则就无法管理复杂的通信线路。在研究信息的存储问题时，还要考虑存储量、信息格式、存储方式、使用方式、存储时间、安全保密等问题。简单地说，信息系统的存储功能就是保证已得到的信息能够不丢失、不走样、不外泄，整理得当，随时可以使用。为了实现这些要求，人们在逻辑组织和技术手段上都做了大量的工作，取得了显著的成效。

在各类信息系统中，存储的要求是不同的。业务信息系统中需要存储的信息格式往往简单，存储时间比较短，但是数量往往很大。管理信息系统与决策支持系统中的信息格式比较复杂，要求存储比较灵活，存储的时间也较长，因此，信息存储问题的难度较大。办公信息系统在数据存储上的特点是灵活性要求高，而且是多种技术手段并用，表现出结构上的复杂性。

1.2.3.3　信息加工

一般来说，系统总需要对已经收集到的信息进行某些处理，以便得到某些更加符合需要或反映本质的内容，或是更适用于用户使用的信息，这就是信息的加工，如对账务数据的统计、结算、预测分析等，需对大批采集录入的数据做数学运算，从而得到管理所需的各种综合指标。信息处理的数学含义是排序、分类、归并、查询、统计、预测、模拟及进行各种数学运算。信息加工的种类很多，从加工本身来看，可以分为数值运算和非数值处理两大类。数值运算包括简单的算术与代数运算，数理统计中的各种统计量的计算及各种校验，运筹学中的各种最优化算法及模拟预测方法等。非数值数据处理包括排序、归并、分类及平常归入字处理的各项工作。在各类信息系统中，决策支持系统对信息的要求是最高的，因为管理决策常常要用到一些相当复杂的加工方法。管理信息系统也要用到各种类型的算法，但往往是以比较固定的方式使用的，因此处理起来比较容易。业务信息系统与办公自动化信息系统所使用的加工方法比较简单。

1.2.3.4　信息的传输

当信息系统规模较大时，各个工作站就会在地理上有一定的分布，信息的传递就成为信息系统必须具备的一项基本功能。信息传递并不是一个简单的传递问题。信息系统的管理者和计划者必须充分考虑所需要传递的信息种类、数量、频率、可靠性要求等因素。在实际工作中，信息传递问题与信息的存储常常是联系在一起的。当信息分散存储在若干地点时，信息的传递量可以减少，但由于分散存储会带来存储管理上的一系列问题，如安全性、一致性等。如果将信息集中存储在同一个地点，存储问题比较容易解决，但信息传递的负担将大大加重，因此要权衡两者的利弊。

1.2.3.5　信息的维护

信息系统中的信息不是一成不变的，而是随时变化的，因此要对系统进行维护，使信息始终处于最新状态。信息的维护是延长信息生命周期的重要手段，不能进行维护的系统是一个失败的系统。

1.2.3.6　信息的提供

信息系统的服务对象是管理者，因此，它必须具备向管理者提供信息的手段和机制，否则它就不能实现其自身的价值。提供信息的手段是信息系统与管理者的接口或界面，它应视双方的情况来定，即需要向使用者提供的信息情况及使用者自身的情况。

1.2.4　信息系统的类型

信息系统的种类繁多，各行各业都有专门为之服务的具有不同功能的信息系统。从信息系统的发展和特点来看，可分为数据处理系统（Data Processing System，DPS）、管理信息系统（Management Information System，MIS）、决策支持系统（Decision Support System，DSS）、专家系统（人工智能（AI）的一个子集）和虚拟办公室（Office Automation，OA）等5种类型。从信息处理的角度来分，有事务型处理系统（Transaction Processing）和分析型处理系统（Analytical Processing）。从层次上看，通常组织被分为战略、管理、知识和作业4个层次，对应于组织中每个层次都有相应的信息系统，即作业层系统、知识层系统、管理层系统和战略层系统，如表1.2所示。

表1.2　组织中4个层次与主要6类信息系统的关系

组织层次	系统类型	主要任务				
战略层系统	ESS	5年销售趋势预测	5年经营计划	5年预算计划	利润计划	人力计划
管理层系统	MIS DSS	销售管理 销售区域分析	库存控制 生产安排	年度预算 成本分析	资本投资分析 定价/盈利分析	人员安置分析 合同成本分析
知识层系统	KWS OAS	工程工作站 文字处理		图形工作站 图像存储	管理工作站 电子日历	
作业层系统	TPS	订单跟踪 订单处理	机器控制 车间调度 后勤控制	证券交易 现金处理	工资表 应付款 应收款	福利培训发展 员工记录保存

1.2.4.1　作业层系统——事务处理系统（Transaction Processing System）

20世纪50年代中期到60年代初期，发达国家生产发展迅速，企业竞争激烈，管理所需的信息量剧增，人工处理已不能满足管理对信息的需求，迫使企业寻找处理信息的新手段。此时计算机技术已发展到第二代，因而具备了进行组织内部信息处理的可能性，由此产生了事务处理系统，事务处理系统又称为电子数据处理系统（Electronic Data Processing System，EDPS）。它主要是为组织作业层服务，回答一些常规问题和跟踪贯穿组织的事务流程。这类系统是计算机信息系统在组织中的早期应用形式，也是最基本的形式，是构成现代计算机辅助管理系统的基础。事务处理系统最先用于处理数据量较大的财务部门，主要是对工资、账单、财务报表等进行处理，信息管理性质、方法和工作流程完全模仿原来手工方式，不能充分利用已有的信息资源进行成本核算、成本和利润的预测等进一步分析工作。因此，计算机在信息处理领域的应用发展并没有取得人们所期望的效益，它只是在效率上有所提高。

1.2.4.2　知识层系统——知识作业系统和办公自动化系统（Knowledge Word System & Office Automation System）

知识工作系统（KWS）和办公自动化系统（OAS）为组织知识层提供信息需求服务，支持组织中的知识员工和数据员工。知识层系统的目的是帮助企业把知识运用到经营中，帮助组织管理文案工作。知识工作系统主要是辅助知识工人，而办公自动化系统主要是辅助数据工人（知识工人也大量使用）。数据工人一般具有不太正规的、较低的学历或学位，通常处理信息而不是创造信息。办公自动化系统是信息技术在办公室活动上的应用，它的作用是通过支持办公室的协调与交流来提高办公室数据工人的生产率。办公自动化系统协调各类信息人员、各个部门和各种职能领域。知识工作和办公自动化系统在组织中的作用是不可低估的。当经济从对商品制造的依赖转向对服务、知识和信息提供的依赖时，各个公司的生产率和整个经济的生产率将越来越依靠知识层系统。自 80 年代开始，企业计算机管理向办公自动化（Office Automation，OA）、工厂自动化（Factory Automation，FA）方向发展。这时期计算机软件和硬件都有了很大发展，不仅可以进行数字信息的处理，而且也可对图形、文字、声音等进行处理。再加上计算机辅助设计（CAD）、计算机辅助生产（CAM）、计算机辅助管理、制造资源计划（MRP-Ⅱ）、人工智能等技术的发展，使信息系统向组织综合自动化系统发展。

1.2.4.3　管理层系统——管理信息系统和决策支持系统(Management Information System& Decision Support System)

管理层系统为中层经理的监督、管理、决策和行政事务活动服务，典型的系统有管理信息系统和决策支持系统。

1.　管理信息系统（MIS）

20 世纪 60 年代，计算机开始用于业务处理，使得很多业务处理（如工资计算、库存管理）自动化，企业内部积累了许多资料。人们将这些经验用于管理方面，即产生了管理信息系统。另外，第 3、4 代计算机的出现，为管理信息系统的发展提供了坚实的物质基础。管理信息系统是在事务处理系统的基础上产生的，管理信息系统的数据来源依赖于低层的事务处理系统，如图 1.8 所示。

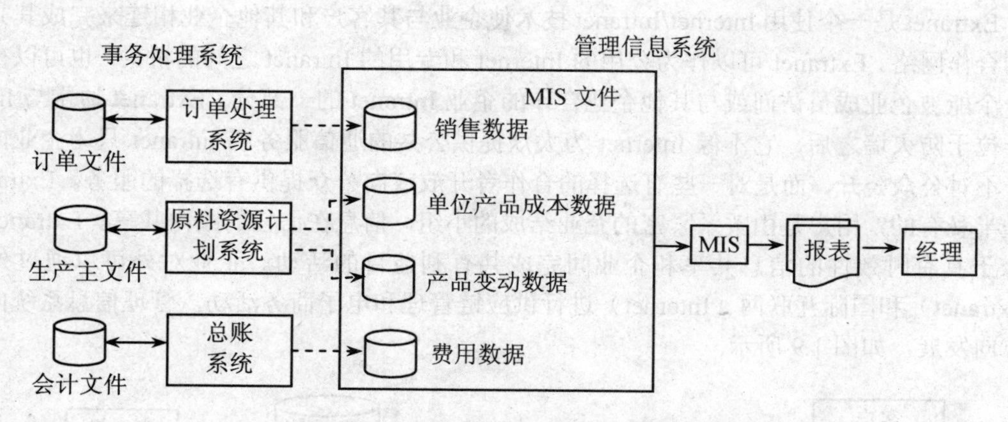

图 1.8　管理信息系统从组织的事务处理系统中获取数据

管理信息系统的目标与事务处理系统的目标相比有了较大的发展。管理信息系统把提高信息处理速度和质量扩大到组织的各部门；它不仅能减少管理费用，增强组织各职能部门的管理能力；而且更加强调数据的深层次开发利用；强调系统对生产经营过程的预测和控制作用。

20 世纪 70 年代初期到中期，是管理信息系统的完善时期。它在理论和方法上都取得了重大的发展，建立了管理信息系统的规划方法，强调系统化、工程化及系统开发思想在软件中的应用。主张企业把系统的筹建、组织、设计、开发直至运行均列入计划；建立管理信息系统分析和设计理论，强调对系统进行结构化分析、设计；建立管理信息系统的组织理论，企业的组织结构会影响信息系统的建立；反之亦然。第 4 代计算机的出现，使数据处理速度更快，大规模信息存储问题得以解决。数据库技术和远程通信技术的发展使企业信息系统逐步网络化，可以对分散在各个管理环节的信息进行实时和综合处理。

典型的管理信息系统只包含组织内部的数据，而不是外部数据；大多数管理信息系统使用简单的程序，而不是复杂的数学模型或统计技术；支持作业和管理控制层的结构化和半结构化决策；它们对高级管理层的计划工作也是有用的；一般是面向报告和控制的；它依赖于公司现有的数据和数据流；它的分析能力同决策支持系统相比较差，灵活性也不够；它需要较长的分析和设计过程。新型的管理信息系统则是灵活的。

有人认为，管理信息系统是早期的称呼，管理信息系统如今称为决策支持系统，用来产生管理决策信息的过程。随着计算机网络技术和信息技术的发展，管理信息系统发展成为 Intranet 和 Extranet。Intranet 是企业利用互联网技术连接企业内部各局域网构成的企业内部网，也可称为企业内部的 Internet。Intranet（局域网）实际就是利用 TCP/IP 通信协议、HTTP 超文本传输协议、服务器软件和客户机/浏览器软件构成的企业内部信息系统。Intranet 可以通过接入方式成为互联网的一部分，也可以自成体系，它可以利用互联网的所有技术与工具。Intranet 的基本功能有信息发布、网络新闻服务、电子邮件、企业内部信息共享。基于 Intranet 的管理信息系统突破了传统的概念，使企业信息的交流与共享方式发生巨大变化。Intranet 的技术是开放性的，支持多种机型与系统软件，具有良好的系统集成能力，能解脱企业各层次信息系统发展的不协调问题。使用 Intranet 客户可随时主动地查阅企业可供产品或服务的信息、提交订单及了解已订产品的整个过程；供应商可随时了解库存情况并及时供货。企业也可获得竞争伙伴乃至整个社会同类产品或服务的发展动向，进而增加更多的商业机遇。

Extranet 是一个使用 Internet/Intranet 技术使企业与其客户和其他企业相连来完成其共同目标的合作网络。Extranet 可以作为公用的 Internet 和专用的 Intranet 之间的桥梁，也可以被看作是一个能被企业成员访问或与其他企业合作的企业 Intranet 的一部分。Extranet 通常与 Intranet 一样位于防火墙之后，它不像 Internet 为大众提供公共的通信服务或 Intranet 只为企业内部服务，不对公众公开，而是对一些有选择的合作者开放或向公众提供有选择的服务。Extranet 访问是半私有的，用户是由关系紧密的企业结成的小组，信息在信任的圈内共享。Extranet 非常适合于具有时效性的信息共享和企业间完成共有利益目的活动。企业对外可以通过外联网（Extranet）和国际互联网（Internet）进行供应链管理和电子商务活动，管理信息系统向网络化方向发展，如图 1.9 所示。

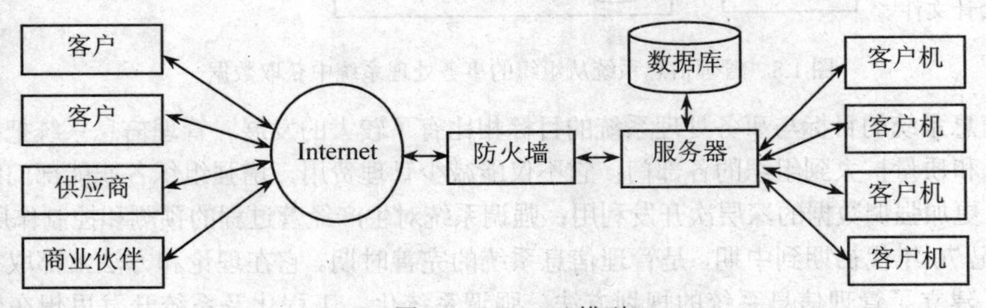

图 1.9　Extranet 模型

2. 决策支持系统（DSS）

早期管理信息系统缺乏对企业组织机构和不同阶层管理人员决策行为的深入了解，忽视人在管理决策过程中不可替代的作用。20 世纪 70 年代后期人们希望管理信息系统不但能提高管理效率，更希望在管理人员做决策时起支持和参谋作用，但它常常达不到预期的效果。因而，以美国高瑞（Gorry）、斯柯特・莫顿（Scott Morton）和凯恩（Keen）为代表的一批学者提出了决策支持系统的概念，把信息系统的研究推到一个更新的阶段。经过 20 年的不断丰富和发展，形成了今天的决策支持系统。决策支持系统不是取代决策者的决策，而是支持决策，即为决策者提供一种分析问题、构造模型和模拟决策过程及其效果的决策环境。决策支持系统的主要特征如下：

（1）从要解决的问题来看，DSS 是解决面向中、高层管理人员所面临的半结构化问题。半结构化问题的解决既要有自动化数据处理，又要靠主管人员的直观判断。因此，它对人的技能要求与传统的数据处理要求不一样，如在 MIS 分析与设计中，主要是以数据流为系统分析的中心，MIS 处理结构化决策时，人并不起主导作用，决策全靠计算机系统自动做出。决策支持系统的分析与设计，不仅要考虑到主管人员在这种系统中的主导作用，还要进一步考虑决策者在系统中所起的作用。

（2）从预见性看，DSS 处理半结构化问题，半结构化问题的发生时间、具体内容及问题本身的性质等，都是不能完全预见的。因此从系统规划的要求来说，不能预先规定需要什么样的输出，从而对处理过程乃至输入都不能在系统分析中做出具体明确的规定。

（3）从处理来看，结构化的问题易于明确地表达出来，因而能用一套明确的形式模型来解决这类问题。而决策支持系统的处理是模糊的、演进的，对问题的了解不很清楚，这样的模型往往有限。决策支持系统除了具有数据存取和检索的功能外，在很大程度上还依靠“推测性论据”及利用那些有助于主管人员进行决策的模型与数据库。

（4）从工艺方面看，决策支持系统具备的性能应能使非计算机人员易于以对话方式使用，并包括有绘图功能，以便从图中可以看出趋势和规律性。同时系统应具有灵活性与适应性，以便随环境的变迁或决策者的决策方法及方式的改变，系统能做出相应的改变。

DSS 的特征是：处理半结构化问题为主；系统本身具有灵活性；多数为联机对话式的。即决策支持系统的分析与设计是围绕着以决策人为行动主体进行的。决策支持系统是“支持”决策而不是“代替”决策。DSS 与 MIS 的根本区别在于 MIS 可以在无人干预下解决结构化的管理决策问题，而在 DSS 中最后要靠人来做出决定。人是决策行动的主体，一切信息技术只是协助决策人做出有效的决定，而非代替人去做最后决定。谁掌握最后的决定权，是决策支持系统的中心设计问题。在决策过程中过分强调计算机的作用，或把计算机的作用放在第一位是不妥当的。

1.2.4.4　战略层系统——高级经理支持系统（Executive Support System，ESS）

高级经理支持系统为组织的战略层服务，帮助高级经理处理和解决战略问题和长期趋势。这类系统处理非结构化问题，而不是提供任何固定的应用或具体的能力。它把外部环境的变化同目前的组织能力配合起来，它要采编关于外部事件的数据，同时还要从内部的管理信息系统和决策支持系统中导入数据进行分析。它对关键数据进行过滤、压缩和跟踪，侧重于减少高级经理在获取所需信息时付出的时间和精力。虽然它只有有限的分析能力，但它们可以利用最先进的图形软件，从许多来源为高级经理的办公和董事局的会议及时提供图表和数据。不同于其他类信息系统，它不是为了解决具体的问题而设计的，它必须帮助经理回答下列问题：应该从事什么行业？竞争者在做什么？哪些兼并能防止行业的周期性波动？哪些部门应当被卖掉以筹措兼并所需要的资金？图 1.10 描述了一个高级经理支持系统的模型。

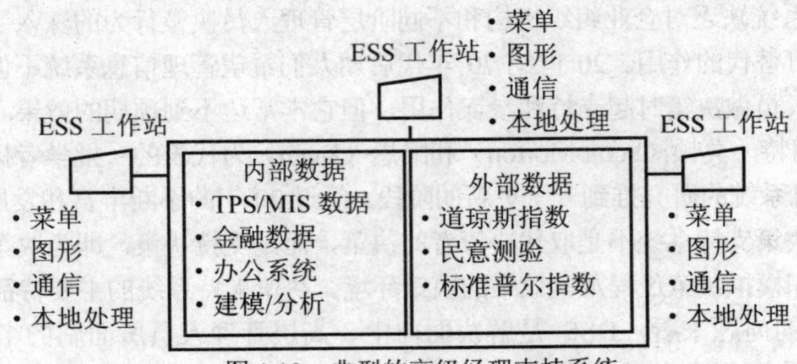

图 1.10 典型的高级经理支持系统

1.2.4.5 各类信息系统之间的关系

各类信息系统是相互联系的，事务处理系统是其他系统的主要数据来源，而高级经理支持系统主要从低层系统接收数据。其他系统也可以相互交换数据。它们之间的关系如图 1.11 所示。尽管系统应该相互集成，即它们应该在不同的系统之间提供系统化的信息流。但集成是要花钱的，而且只是为了集成而进行集成是愚蠢的。

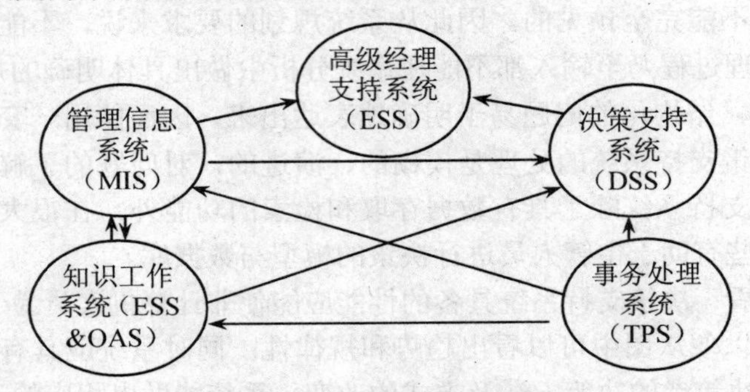

图 1.11 各类信息系统的相互关系

不同层次的信息系统在信息的输入、处理、信息输出和使用对象方面都有不同的特点，具体如表 1.3 所示。

表 1.3 信息系统的特点

系统类型	信息输入	处理	信息输出	用户
ESS	综合数据：内外部	图形；模拟；人机对话	投影；查询响应	高级经理
DSS	少量数据；分析模型；数据分析工具	人机对话；模拟；分析	专项报告；决策分析；查询响应	专业人员；部门经理
MIS	汇总交易数据；大量数据；简单模型	定期的报表；简单模式；低级分析	总结报告及异常报告	中层经理
KWS	设计说明；知识库	建模；模拟	模型；图形	专业人员；技术人员
OAS	文件；日程安排	文件管理；行程安排；通信	文件；日程表；函件	书记员
TPS	交易；事件	排序；列表；合并；更新	详细报告；清单；汇总	操作人员；管理人员

1.2.5 信息系统的发展历程

美国管理信息系统专家诺兰通过对 200 多个公司、部门发展信息系统的实践和经验的总结，提出了著名的信息系统进化的阶段模型，即诺兰模型。

诺兰认为，任何组织由手工信息系统向以计算机为基础的信息系统发展时，都存在着一条客观的发展道路和规律。数据处理的发展涉及技术的进步、应用的拓展、计划和控制策略的变化及用户的状况 4 个方面。1979 年，诺兰将计算机信息系统的发展道路划分为 6 个阶段，即初始阶段、传播阶段、控制阶段、集成阶段、数据管理阶段和信息管理阶段，如图 1.12 所示。

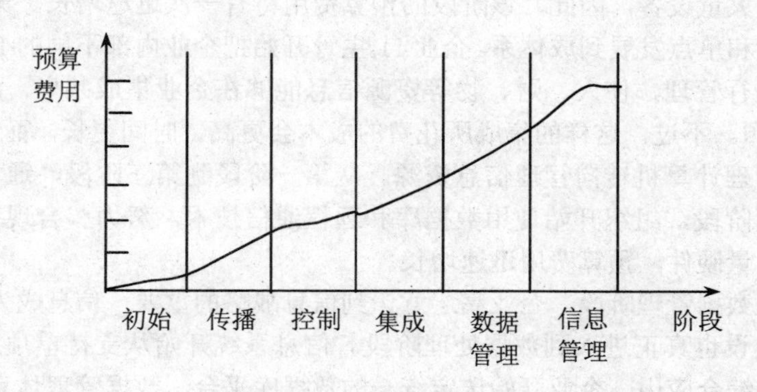

图 1.12 诺兰阶段模型

第一个阶段是初始阶段。计算机刚进入企业，只作为办公设备使用，应用非常少，通常用来完成一些报表统计工作，甚至大多数时候被当作打字机使用。初始阶段是指从组织购买第一台用于管理的计算机开始。该阶段，各级管理人员对计算机的作用从不认识到初步认识，IT 需求只是用简单的办公设施改善的人们的需求，计算机采购量少，只有少数人使用，在企业内没有普及。初始阶段大部分是发生在组织的财务部门。这一时期人们对数据处理费用缺乏控制，信息系统的建立往往不讲究经济效益。用户对信息系统也是抱着敬而远之的态度。

第二阶段是传播阶段。企业对计算机有了一定了解，想利用计算机解决工作中的问题，比如进行更多的数据处理，以便给管理工作和业务带来更多的便利。随着信息技术应用扩散，应用需求开始增加，企业陆续开发了一些软件，开发投入开始大幅度增加。但此时往往是盲目购机、盲目定制开发软件，缺少计划和规划，因而应用水平不高，IT 的整体效用无法突显，出现许多新问题（如数据冗余、数据不一致性、难以共享等），计算机使用效率不高等。这时，组织管理者开始关注信息系统方面投资的经济效益。

第三阶段是控制阶段。由于各级管理人员都认识到计算机信息系统所带来的效益，于是纷纷购买设备开发管理信息系统，计算机预算每年以 30%～40%或更高的比例增长，企业计算机的使用超出控制。IT 投资增长快，但效益不理想，于是开始从整体上控制计算机信息系统的发展，在客观上要求组织协调，解决数据共享问题。此时投资的回收并不理想。随着应用项目的不断积累，应用经验的逐渐丰富，人们认识到了存在的一些问题，客观上也要求加强组织的协调管理，于是就出现了由领导和职能部门负责人参加的领导小组，对整个组织的系统建设进行统筹规划，特别是利用数据库技术解决数据共享问题。这时的控制阶段便代替了传播阶段。诺兰认为，第三阶段是实现由计算机管理为主到以数据管理为主转换的关键时期，这一时期的发展速度较缓慢。但企业对 IT 建设有了更明确的认识和目标。在这一阶段，一些职能部门内部实现了网络化，如财务系统、人事系统、库存系统等，但各软件系统之间还存在“部门壁垒”、“信息孤岛”。信息系统呈现单点、分散的特点，系统和资源利用率不高。

第四阶段是集成阶段。所谓集成，就是在控制的基础上，对各子系统的软件和硬件进行重新的联接，建立集中式的数据库及能够充分利用和管理各种信息的系统。在集成阶段，信息系统的开发首先要考虑到总体，面向数据库建立稳定的全局数据模型。由于从全局进行考虑，需重新配置大量设备，因此，该阶段的预算费用将有一次迅速增长。集成阶段企业的 IT 建设开始由分散和单点发展到成体系。企业 IT 主管开始把企业内部不同的 IT 机构和系统统一到一个系统中进行管理，使人、财、物等资源信息能够在企业集成共享，更有效地利用现有的 IT 系统和资源。不过，这样的集成所花费的成本会更高、时间更长，而且系统更不稳定。这时，组织从管理计算机转向管理信息资源。从第一阶段到第三阶段，通常产生了很多独立的实体。在第四阶段，组织开始使用数据库和远程通信技术，努力整合现有的信息系统。由于此阶段增加大量硬件，预算费用迅速增长。

第五阶段是数据管理阶段。企业高层意识到信息战略的重要，信息成为企业的重要资源，企业的信息化建设也真正进入到数据处理阶段。信息系统开始从支持单项应用发展到在逻辑数据库支持下的综合应用，企业开始选定统一的数据库平台、数据管理体系和信息管理平台，统一数据的管理和使用，各部门、各系统基本实现资源整合、信息共享。IT 系统的规划及资源利用更加高效。而且企业开始全面考察和评估信息系统建设的各种成本和效益，全面分析和解决信息系统投资中各个领域的平衡与协调问题。

第六阶段是信息管理阶段。信息系统已经可以满足企业各个层次的需求，从简单的事务处理到支持高效管理的决策。企业真正把 IT 同管理过程结合起来，将组织内部、外部的资源充分整合和利用，从而提升了企业的竞争力和发展潜力。

诺兰阶段模型反映的是一种波浪式的发展历程，其前 3 个阶段具有计算机数据处理时代的特征，后 3 个阶段则显示出信息技术时代的特点，前后之间的“转折区间”是在整合期中，由于办公自动化机器的普及、终端用户计算环境的进展而导致了发展的非连续性，这种非连续性又称为“技术性断点”。

诺兰的模型是第一个描述信息系统发展阶段的抽象化模型，具有划时代的重要意义。“诺兰模型”是在总结了全球尤其是美国企业近 20 年的计算机应用发展历程所浓缩出的研究成果，20 世纪 80 年代美国和世界上相当多的人都接受了诺兰的观点。据权威统计，发达国家大约有近半数的企业在 20 世纪 80 年代末到 90 年代初都认为本企业的信息系统发展处于整合期阶段，从实践中验证了诺兰模型的正确性。

诺兰阶段模型总结了发达国家信息系统发展的经验和规律。诺兰强调，任何组织在实现以计算机为基础的信息系统时都必须从一个阶段发展到下一个阶段，不能实现跳跃式发展。因此，无论在确定开发管理信息系统的策略，还是在制定管理信息系统规划时，都应首先明确本单位当前处于哪一生长阶段，进而根据该阶段特征来指导 MIS 建设。

1.3 管理信息系统

管理信息是很重要的资源，是决策的基础，过去一些凭经验或者拍脑袋的那种决策经常会造成决策的失误。管理信息是实施管理控制的依据，在管理控制中，以信息来控制整个生产过程、服务过程的运作，也靠信息的反馈来不断地修正已有的计划，依靠信息来实施管理控制。管理信息是联系组织内外的纽带，没有信息就不可能很好地沟通内外的联系，进行步调一致地协同工作。管理信息系统的主要任务是最大限度地利用现代计算机及网络通信技术加强企业的信息管理，通过对企业拥有的人力、物力、财力、设备、技术等资源的调查研究，建立数据库，然后，进行加工处理并编制成各种信息资料及时提供给管理人员，以便进行正确的决策，不断提高企业的管理水平和经济效益。

1.3.1 管理信息系统的定义

管理信息系统的概念起源很早，20世纪30年代，柏纳德就强调了决策在组织管理中的作用。50年代，西蒙提出了管理依赖于信息和决策的概念，1970年瓦尔特·肯尼万（Walter T. Kennevan）首先提出了管理信息系统一词，管理信息系统是20世纪80年代才逐渐发展起来的一门新兴学科。管理信息系统可以理解为一个学科，也可理解为一个人——机系统。从原理上讲，可以抛开计算机从概念上讨论管理信息系统，如Walter T. Kennevan在管理信息系统的定义中就没有提到计算机，可见计算机并不一定是管理信息系统的必要条件，事实上有了管理就有了管理信息系统。随着计算机技术的发展与广泛应用，计算机被广泛应用于管理信息系统，现在讨论的管理信息系统都是以计算机为基础的。但管理信息系统的概念目前来说尚不统一，不同的研究者从各自角度对管理信息系统进行了定义，比较有代表性的有：

1970年，Walter T. Kennevan下了一个定义："以口头或书面的形式，在合适的时间向经理、职员及外界人员提供过去的、现在的、预测未来的有关企业内部及其环境的信息，以帮助他们进行决策"。这个定义强调了用信息支持决策，但没有强调一定要用计算机，所以显示了这个定义的初始性。

20世纪80年代初，《中国企业管理百科全书》给出了以下定义："管理信息系统是一个由人、计算机等组成的能进行信息的收集、传送、存储、加工、维护和使用的系统。管理信息系统能实测企业的各种运行情况；利用过去的数据预测未来；从企业全局出发辅助企业进行决策；利用信息控制企业的行为；帮助企业实现其规划目标。"此定义强调了管理信息系统的功能和性质，强调了计算机只是管理信息系统的一种工具。

1985年，管理信息系统的创始人——明尼苏达大学卡尔森管理学院的著名教授Gordon B. Davis，才给出管理信息系统的一个较完整的定义："管理信息系统是一个利用计算机硬件和软件、手工作业、分析、计划、控制和决策模型及数据库的用户—机器系统。它能提供信息支持企业或组织的运行、管理和决策功能。"这个定义全面地说明了管理信息系统的目标、功能和组成，而且反映了管理信息系统当时的水平。管理信息系统不仅要采用计算机，也要有手工作业，通过用户和机器的协调，为用户提供支持企业或组织在运行、管理和决策方面的信息。

仲秋雁和刘友德在《管理信息系统》一书中定义：信息系统是社会技术系统。尽管信息系统由机器、设备和"硬"的物理技术构成，它们需要大量社会的、组织的和智力的投资以使系统恰当地运行。

从上述定义可以看出，人们对管理信息系统的认识是在逐步加深的，对管理信息系统的定义也是在不断发展和成熟的。管理信息系统可以定义为："管理信息系统是一个由人、计算机组成的能进行信息收集、传递、存储、加工、维护和使用的社会技术系统。管理信息系统能实测企业的各种运行情况；利用过去的数据预测未来；从企业全局出发辅助企业进行决策；利用信息控制企业的行为；帮助企业实现其规划目标。" 管理信息系统的概念重点强调了 4 个基本观点，如图 1.13 所示。

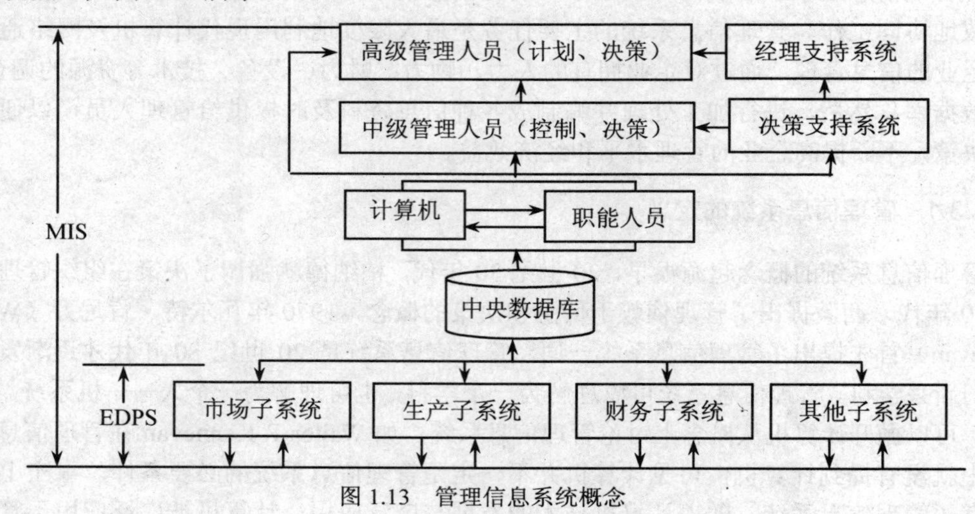

图 1.13　管理信息系统概念

1. 人机系统

管理信息系统是融合人的现代思维与管理能力和计算机强大的处理存储能力于一体的协调、高效率的人机系统。此系统为开放式系统，在此系统中真正起到执行管理命令，对企业的人、财、物、资源及资金流动、物流进行管理和控制的主体是人。计算机自始至终都是一个辅助管理的工具，是一个至关重要的工具，它可以为人的管理活动指明方向。

2. 能为管理者提供信息服务（分析、计划、预测、控制）

管理信息系统处理的对象为企业生产经营全过程，通过反馈为企业管理者提供有用的信息，管理信息系统与 EDPS 的区别在于它更强调管理方法的作用，强调信息的进一步深加工，即利用信息来分析企业或生产经营状况，利用各种模型对企业生产经营活动的各个细节进行分析和预测，控制各种可能影响企业目标实现的因素，以科学的方法，最优地分配各种资源，如设备、任务、人、资金、原料、辅料等，合理地组织生产。

3. 集成化

利用数据库技术，通过集中统一规划中央数据库的运用，使得系统中的数据实现了一致性和共享性。所谓集成化，是指系统内部的各种资源设备统一规划，以确保资源的最大利用率。系统各部分要协调一致、高效、低成本地完成企业日常的信息处理业务。

4. 社会技术系统

管理信息系统的研究涉及多学科领域，不是一种理论或观点就可以完成的。图 1.14 表述了对信息系统研究中问题和解答有着贡献的主要学科。总体来说，信息系统涉及技术方法和行为方法两大领域。技术方法处理的是信息系统的规范数学模型，支持技术方法的学科有计算机科学、管理科学、经济科学和运筹学。行为方法处理的是不能用技术方法的规范模型来表达的部分。社会学家重视信息系统对群体、组织和社会的作用，经济学研究信息系统对社会或组织的经济效益，心理学家关注个人对信息系统的反应和人类推理的认知模型。行为方法不忽视技术，信息系统技术往往是产生行为问题的因素。因此，信息系统是一个社会技术系统。

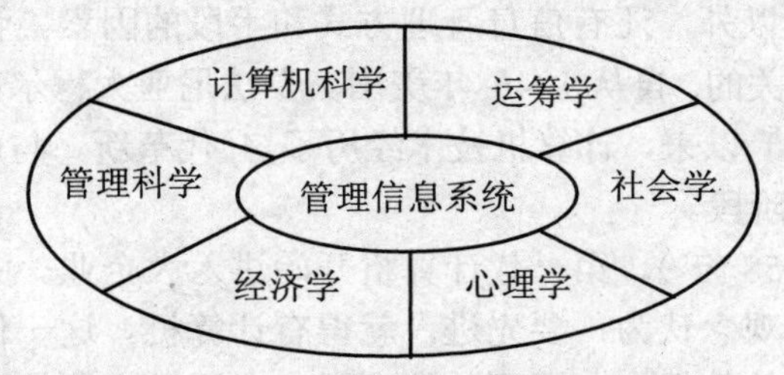

图 1.14　对信息系统研究有贡献的学科

1.3.2　管理信息系统的生命周期

任何一个系统都有发生、发展和消亡的过程，新系统是在旧系统的基础上产生、发展、老化、淘汰，最后又被更新的系统所取代，这个系统发展更新的过程被称为系统的生命周期。管理信息系统的发展也不例外，当它不适应变化时就提出建立新系统的要求，然后通过一系列的过程建立新的系统，最后，用新系统代替原有的系统。这种不断循环的过程称为管理信息系统的生命周期。管理信息系统的生命周期可以分为不同的阶段，如总体规划与可行性分析、系统分析、系统设计、系统实施及运行管理与维护等，通过这些阶段的不断交替，形成了管理信息系统的生命周期。图 1.15 表示出了管理信息系统的生命周期和相应的工作阶段。

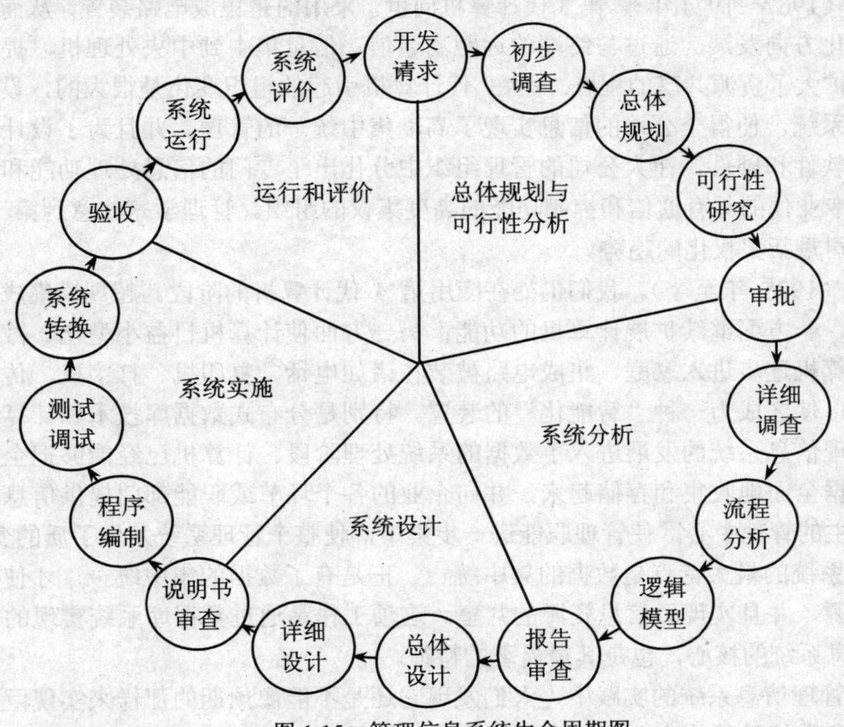

图 1.15　管理信息系统生命周期图

1.3.3 管理信息系统的发展历程

考察一下管理信息系统的不同发展阶段及其对管理决策和组织结构的影响是很有意义的。计划工作的重点日益集中在决策上，影响组织结构的主要因素，除了目标与战略、工艺和技术、环境和人际关系以外，还有信息管理方式和手段的因素。管理信息系统的发展是与计算机技术的发展密切相关的。自从 1946 年美国宾夕法尼亚大穆尔工学院研制成功世界上第一台电子计算机（ENIAC）以来，计算机技术经历了 4 代革新。与此相应的，管理信息系统的发展也大体经历了 4 个阶段。

第一阶段（1953～1958 年）。第一代计算机开始进入大企业。大企业把计算机看作企业先进的标志，当时流行的观念认为：要先进，就得有计算机。这一代计算机的硬件是由电子管和磁带记录器组成的，软件很少，因而功能有限，多用于企业的财会部门，从事单项数据处理。第一代计算机对管理决策和企业组织结构的影响还是潜在的。

第二阶段（1959～1966 年）。计算机技术进入了第二代，晶体管代替电子管，磁芯存储器取代了磁带存储器，计算机的内存扩展了，运算速度加快了，输入-输出功能更强了，特别是软件的进步是这一代计算机的重要标志。第二代计算机在管理应用方面最显著的成果是发展了联机系统，如航空公司预订机票系统、旅馆预订房间系统及股票市场行情系统等。管理信息系统的发展开始进入数据的综合处理阶段。第二代计算机对组织的影响主要是开始改变中层事务管理的方式，原有的大量核算、登账、查找、统计报表等工作逐步由计算机来完成。但业务人员并未因此而大量减少，很多情况下反而增加了业务人员，如系统分析人员、程序设计人员、数据录入人员和计算机维护人员等。

第三阶段（1967～1974 年）。第 3 代计算机问世，采用的是集成电路装置，从而使计算机日益朝着大型化方向发展。通过与终端的远距离通信，信息集中到中央处理机，提高了信息处理的能力，扩大了资源共享的程度。第 3 代计算机引起的组织变化是很大的，设置在总部的中央处理机系统，使得全公司的信息实现了高度集中统一的管理。并且为了设计、使用和维护计算机的软件和硬件，在大公司的管理组织中分化出了专门的信息处理功能和相应的机构，这是一种专业化的具有通信和控制功能的高度集权的组织。管理学家注意到第 3 代计算机促进了大公司重新集权化的趋势。

第四阶段（1975 年至今）。我们仍处在应用第 4 代计算机的阶段。超规模集成电路和更加丰富的软件，一方面继续扩展计算机的功能；另一方面使计算机日益小型化、微型化、廉价化。微型计算机逐步进入家庭，集成电路被装在诸如电话、复印机、打字机、传真机等各种办公设备上，使之成为一种“智能化”的装置。特别是分布式数据库技术和计算机网络管理软件使得管理信息系统的发展进入了数据的系统处理阶段。计算机已经能够把企业生产经营过程中的数据全面地收集和存储起来，并向企业的各个环节或职能部门提供信息，形成了以信息系统为主的管理中心，使管理职能进一步集中，使整个管理系统发生了质的变化。

管理信息系统的最大特点是数据的集中统一。正是有了数据的集中统一，才使得信息真正成为一种资源，并且实现了信息资源的共享。这项工作是通过数据库系统实现的，数据库系统是管理信息系统的核心，也是其最显著的特征。

然而，在管理信息系统的实践中，人们发现它还是不能像预期的那样来实现巨大的经济效益。管理信息系统虽然将企业内部的各种信息统一整理起来，加强了对企业生产经营活动的计划与控制，大大改善了企业中的管理工作，提高了整个企业的效率。但对企业的上层管理并没有产生决定性的影响。企业上层主管人员的主要任务是确定目标、选择战略和进行重大决策，对他们来说，重要的不是工作的效率，而是决策的效果，即主要不在“正确地做事”，而在于“做正确的事”。这使人们认识到，完成例行的信息处理任务，只是计算机在管理中发挥作用的初级阶段，要对管理目标做实质性的贡献，必须更直接地面向决策，面向在不断变化的环境中出现的固定的信息需求。这也就是决策支持系统（Decision Support System，DSS）产生的原因及背景。

简单地说，决策支持系统就是为主管者提供信息，以便帮助他们作决策的系统。DSS 与 MIS 的一些主要区别和联系在于：

（1）MIS 考虑的主要是业务内部的数据，在多数情况下主要是反映当前情况的数据；而 DSS 则是要决策者提供大量历史的和外部的数据。经验表明，这些数据往往难以统一形式，从而对数据库的设计提出了更高的要求。

（2）各种运筹学和数理统计方法虽然在 MIS 和 DSS 中都得到使用，但使用的方式不同。在 MIS 中，它们构成例行工作中的某一环节定期地按固有方式得到使用；而在 DSS 中，它们按照决策问题的性质和决策者的需要随时以灵活易用的方式组织起来。

（3）从功能上看，MIS 的主旨是代替人们做某一部分处理工作；而 DSS 的主旨是协助人们做好决策工作。

DSS 的上述主要功能决定了 DSS 的特殊的总体结构。它不是像 MIS 那样以数据库为核心，而是以模型库为核心，包括方法库和数据库及人－机会话式的接口在内的计算机化的信息系统。国外已有一些决策支持系统或具有一些 DSS 功能的系统投入使用。在我国，由于计算机的应用起步较晚，目前处在建立和推广 MIS 的阶段，但我们应当吸收国外在 DSS 方面的研究成果。

1.3.4 管理信息系统的结构

管理信息系统的结构是指管理信息系统内部各个组成部分所构成的框架结构。从不同的角度去划分，就构成了不同的结构方式，其中最重要的是概念结构、功能结构、软件结构和硬件结构。

1.3.4.1 管理信息系统的概念结构（Management Information System Concept Structure）

从概念来看，管理信息系统由 4 大部件组成，即信息源、信息处理器、信息接收者和信息管理者，如图 1.16 所示。

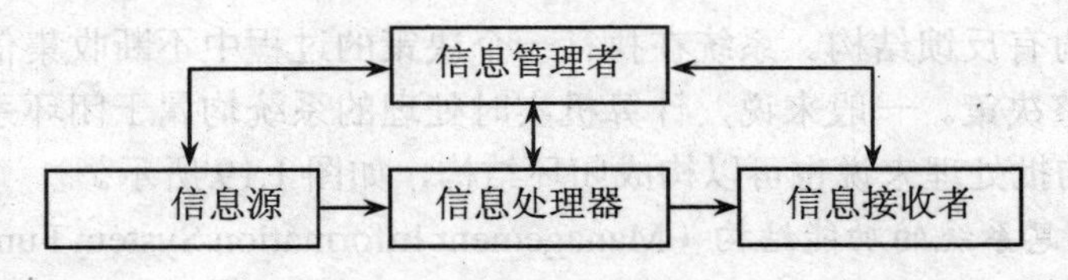

图 1.16 管理信息系统的组成

信息源是信息的产生地。信息处理器指获取数据并将它们转换成信息，向信息接收者提供这些信息的一套完整的装置。由数据采集、录入、变换、传输、存储和检索等一系列实际装置所组成。信息接收者是接收信息的用户，管理信息系统的一切设计和实现都是围绕信息用户的需求来进行的。信息管理员是负责信息系统本身的分析、设计、实施、维护、操作和管理的人员。现在有些国外企业设立首席信息主管（Chief Information Office ，CIO），说明信息管理者在企业是非常受重视的。

通过信息源对组织内部和外界环境中的信息进行识别和收集，通过信息处理器的传输、加工、存储，为各类管理人员即信息用户提供信息服务，而整个的信息处理活动都由信息管理员进行管理和控制，信息管理者与信息用户依据管理决策的需求识别收集信息，并负责进行数据的组织与管理、信息的加工、传输等一系列活动，在管理信息系统运行过程中负责系统的运行管理与协调。

根据信息系统的组成形成管理信息系统的概念结构，概念结构如图 1.17 所示。

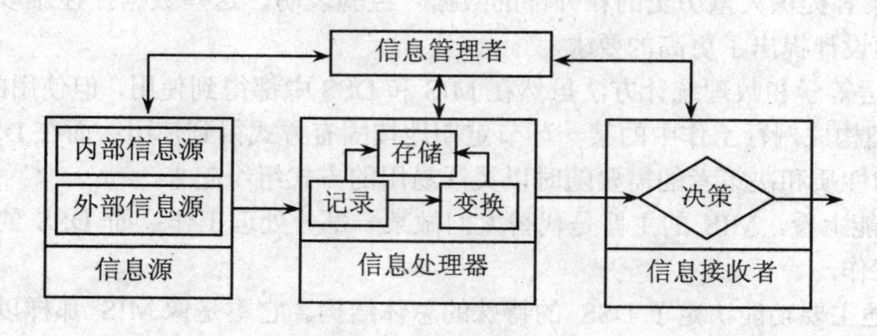

图 1.17　管理信息系统的概念结构

在概念结构中，按照内部组织方式，又可分为开环结构和闭环结构。

开环结构又称为无反馈结构。系统在执行一个决策的过程中不收集外部信息，不根据信息情况改变决策，直至产生本次的结果；事后进行评价，但评价只是为以后的决策做参考。批处理系统大部分是开环结构，如图 1.18 所示。

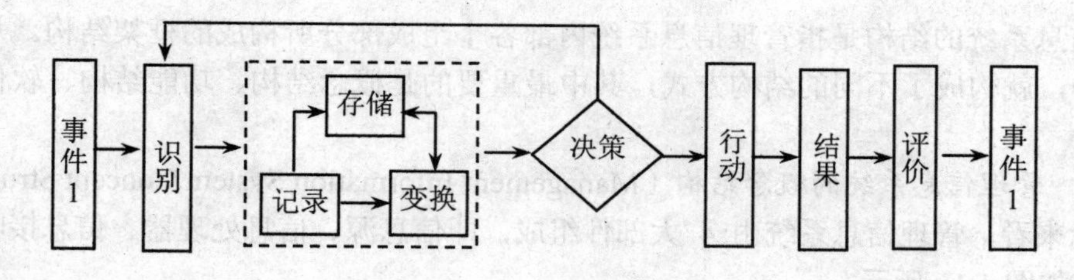

图 1.18　开环结构

闭环结构又称为有反馈结构。系统在执行一个决策的过程中不断收集信息，不断传送给决策者，不断地调整决策。一般来说，计算机实时处理的系统均属于闭环系统，但对于一些具有较长决策过程的批处理来说也可以构成闭环结构，如图 1.19 所示。

1.3.4.2　管理信息系统的功能结构（Management Information System Function Structure）

从使用者的角度看，管理信息系统应该支持整个组织在不同层次上的各种功能，各种功能之间又有各种信息联系，因此它们构成了系统的功能结构。下面以 COPICS 为例介绍管理信息系统的功能结构。

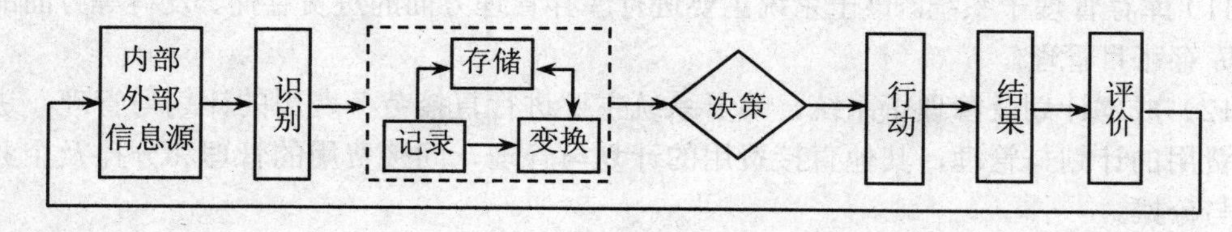

图 1.19 闭环结构

COPICS（Communication Oriented Production Information Control System）是面向通信的生产信息控制系统。它是美国 IBM 公司于 20 世纪 70 年代末研制的，适用于制造业型工厂的信息系统。IBM 公司首先花费了数年的时间，对美国及西欧诸国的制造业生产管理情况进行了详细的调查，归纳出了一套管理规程，设计出了良好的模型，利用数据库技术和计算机网络技术实现了该系统。COPICS 从功能上将整个系统划分为 12 个子系统，具体如下：

（1）设计与生产数据管理子系统。该子系统负责建立、组织和维护系统中其他部门要求使用的基本技术数据。这些数据通常是由设计部门、工艺部门和企业管理部门制作和提供。其中包括描述构成一个产品或部件的零件表、标准件表等信息，说明制造零件或装配产品所需的工艺流程、工序等信息及有关在生产过程中使用的机床、工模、夹具等制造设备的各种数据。

（2）用户订货服务子系统（合同管理）。该子系统主要用于处理用户订货、报价和询问，迅速、正确地进行订货服务。

（3）预测子系统。该子系统是一个高层管理子系统，它包括了原始数据的检查和调整、选择预测模型预测将来各时期的需要量、使用产品寿命曲线产生长期预测、使用判断因子进行意外事件的修整等功能。

（4）生产调度计划子系统。该子系统的功能是根据预测子系统产生的预测信息和用户订货合同信息来制定产品生产计划；计算产品生产过程对各类物资的需要量，计算设备负荷及模拟计划执行情况，并根据模拟结果调整生产计划等。

（5）库存资产管理子系统。该子系统进行库存计算，计算出安全库存量和订货提前期，决定订货数量，开订货单。

（6）生产作业计划子系统。该子系统对生产调度计划子系统产生的产品生产计划进行分解，形成低一级的零件生产计划，这种详细的计划在生产能力需求计划、订货单开发计划和制定生产工序 3 个阶段中解决生产能力的平衡问题。

（7）开发工作令子系统。该子系统在适合的日期，根据生产作业计划和每份订货单，下工作令，把计划变为行动，同时制定对仓库器材和零部件的需求及外购器材和零部件的清单。

（8）工厂监控子系统。该子系统用来接受车间的反馈数据，对计划进行调整，以减少延迟、减少窝工时间，制定出勤报告，及时供应材料，进行分工、派工，制定生产报告、进行工资计算等。

（9）工厂维护子系统。该子系统的基本功能是制定设备预修的工时定额，自动安排维护计划，报告维修活动，发送维护命令及计算维修费用等有关工厂设备管理的一系列管理内容。

（10）采购供应子系统。该子系统保质保量地及时进行生产所需材料、设备的采购、进货、质检，进行紧急项目的处理和废品分析的管理。

（11）库存管理子系统。该子系统主要进行库存管理方面的进货存储、发料等方面的实物处理和库存账目管理。

（12）成本计划及管理子系统。该子系统主要进行直接劳务费用的计划与管理，进行直接材料费用的计划与管理，其他直接费用的计划与管理，间接费用的管理和分摊及企业资源的分配与分摊。

COPICS 中的各个子系统除了完成各自的功能之外，它们之间还存在着许多数据交换关系，其子系统之间的主要交换关系如图 1.20 所示。

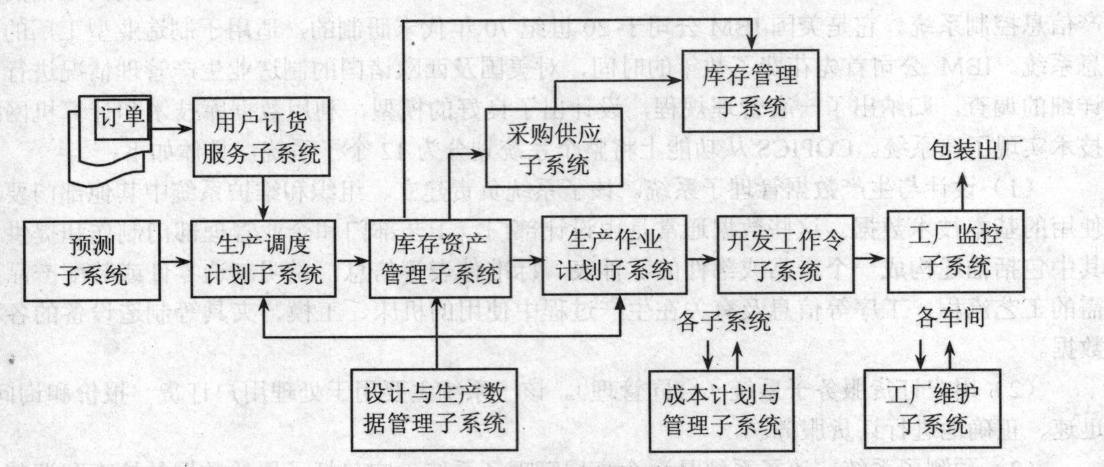

图 1.20　COPICS 功能关联图

图 1.20 标明了 COPICS 系统各种功能子系统的信息交换关系，企业中的各类信息可以充分共享，它是企业各种管理过程的一个缩影。整个流程从左至右展开，具体流程如下：

（1）“用户订货服务”子系统能够迅速查询用户所需的各类产品信息和在制品信息，能够进行合同分析、监督合同的执行、提供合同信息等。

（2）“生产调度计划”子系统是根据“预测”子系统提供的产品预测活动产生的预测信息和“用户订货服务”子系统提供的用户合同订单信息来指定的，因此减少了生产计划的盲目性。

（3）“库存资产管理”子系统所完成的管理工作是根据“生产调度”子系统提供的生产计划和“设计与生产数据管理”子系统提供的各类技术数据来决定需要多少原料、半成品、外构件及资金等。

（4）“采购供应”子系统根据“库存资产管理”子系统的安排，决定何时进行采购。

（5）“库存管理”子系统决定何时接收货物。

（6）“生产作业计划”子系统决定何时哪个车间（或工位）进行哪种生产工作。

（7）“开发工作令”子系统根据“生产作业计划”子系统安排的计划，发出工作命令，此时一切工作才可以见诸行动。

（8）“工厂监控”子系统是在整个工作开始后，不断监视各种工作完成的情况，并进行调整和安排应急计划。

（9）“成本计划与管理”子系统进行成本计划与控制，保证成本计算准确、及时，并能及时查出成本升降的原因，为管理人员的决策活动提供必要的依据。

（10）“工厂维护”子系统完成各类维护和企业大修安排等方面的工作。

1.3.4.3　管理信息系统的层次结构（Management Information System Level Structure）

由于一般的组织管理是分层次的，而管理信息系统是为管理服务的，故也相应地分为业务处理、运行控制、管理控制和战略计划 4 个层次。而现在的组织均是按照职能来管理的，所以管理信息系统也分为销售与市场子系统、生产子系统、财务子系统及其他子系统等。每个子系统支持从业务处理到高层战略计划的不同层次的管理需求。图 1.21 所示的是金字塔结构。

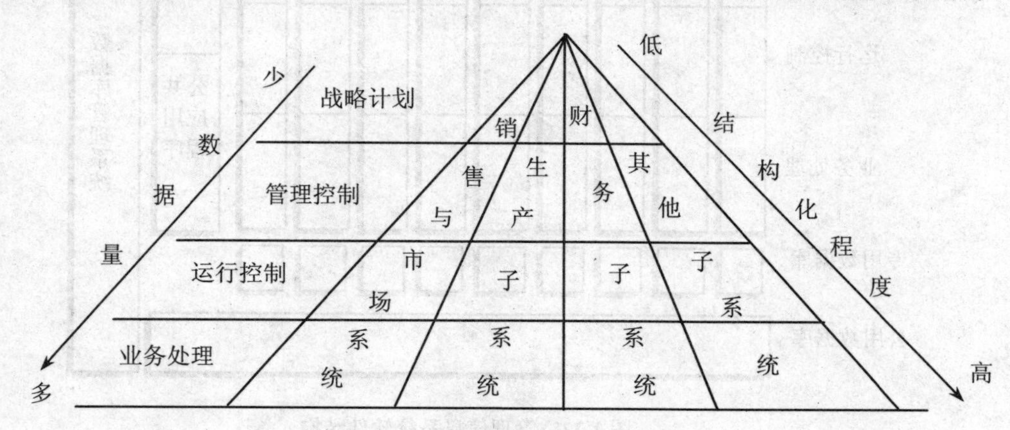

图 1.21　金字塔结构

一般来说，业务处理层所处理的数据量最大，运行控制层次之。低层管理通常面对的是结构化决策或少量的非结构化决策，因此，低层决策结构化程度高，加工方法固定。而高层的战略计划数据量较小，高层的管理主要是半结构化和非结构化的决策问题。因此高层决策的结构化程度低，加工方法灵活，而且复杂。对企业的管理研究认为，企业中可程序化决策与无法程序化的决策比例为 80:20。这说明企业中的大部分数据和信息是可以用计算机来处理的，即可以使用信息系统来进行管理。

1.3.4.4　管理信息系统的软件结构（Management Information System Software Structure）

支持管理信息系统各种功能的软件系统或软件模块所组成的系统结构，是管理信息系统的软件结构，如图 1.22 所示。在图 1.22 中每个方块是一段程序或一个文件，每一个纵行是支持不同层次管理活动的软件系统，即支持日常的业务处理活动、运行控制、管理控制和战略计划的应用软件。由于管理信息系统的目的是实现信息的共享，所以必须有数据库管理系统，利用数据库管理系统建立数据库以便存放大量的数据，实现数据库的定义功能；数据库的建立和维护功能；数据库的管理功能及数据通信功能。在数据库的组织中，对于各子系统都要使用的公用数据建立公用数据库，而对于那些只有自己使用，其他子系统不用或很少使用的数据，建立专用数据库。为了实现系统的各项功能，应用软件可以调用一些公用程序和支持决策的模型库和方法库等。

1.3.4.5　管理信息系统的硬件结构（Management Information System Hardware Structure）

管理信息系统的硬件结构说明计算机硬件的组成和连接方式及硬件所能达到的功能。有的书籍中将其称为管理信息系统的物理结构或空间结构。计算机的硬件结构只抽象地考虑其硬件系统的拓扑结构。根据计算机类型分为小/中型机及终端结构和微机网络结构；根据计算机的分布分为集中式、分布-集中式和分布式结构。

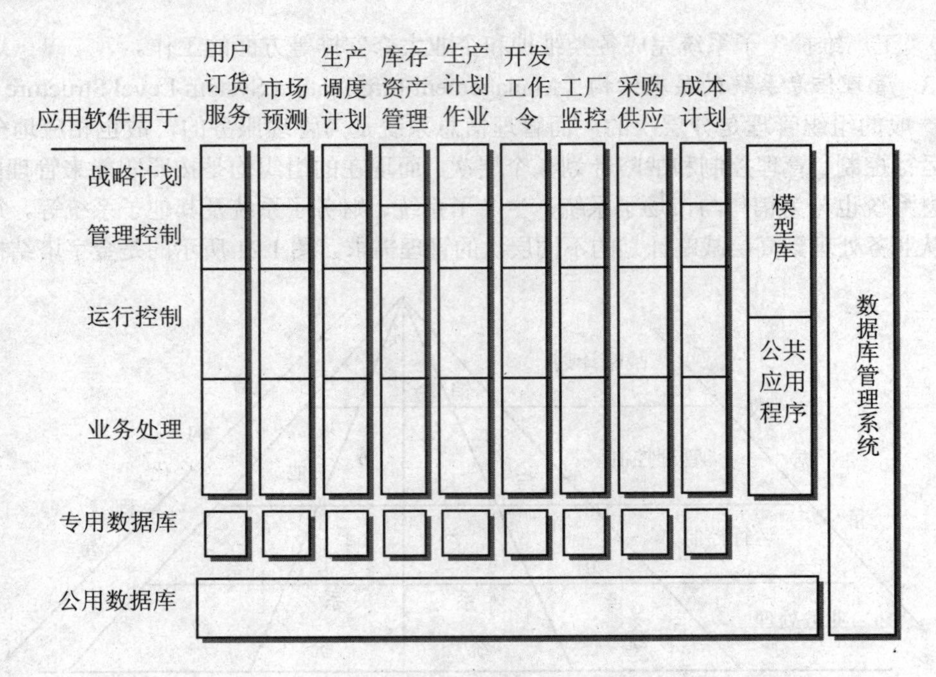

图 1.22　管理信息系统软件结构

1. 根据计算机类型划分

根据计算机类型可划分为微机网络结构、小/中型机及终端结构。微机网络结构即将许多微机通过网络联接起来，网络的联接形式有星型、环型和总线型等，如图 1.23 所示。小/中型机及终端结构如图 1.24 所示，T 代表终端。为了保证系统的安全性，主机往往采用双机备份。

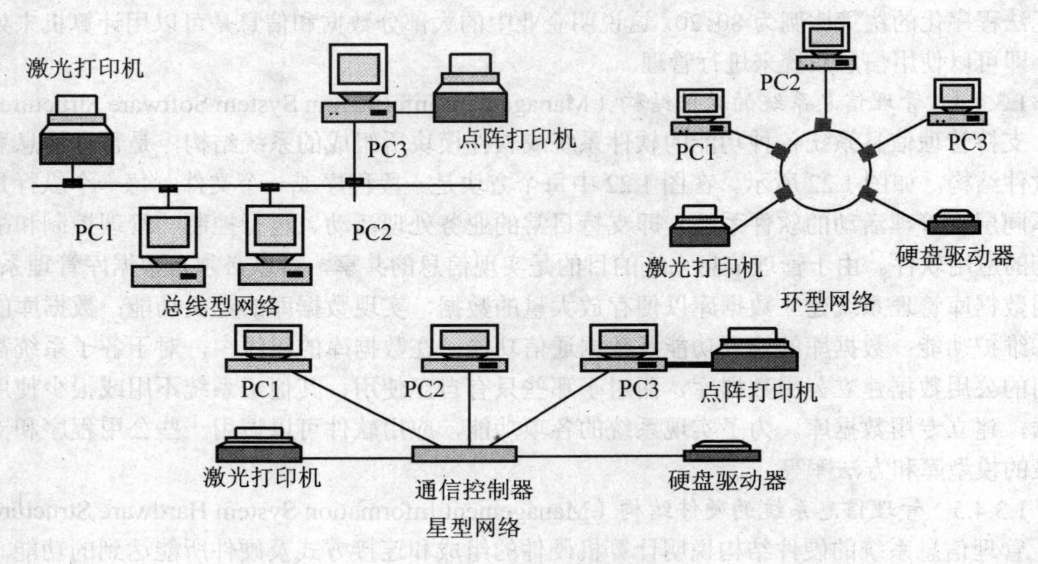

图 1.23　微机网络结构

2. 根据计算机的分布划分

（1）集中式结构。早期管理信息系统因受计算机硬件设备、通信技术及通讯设备限制，都采用集中式的结构，如图 1.25 所示。早期的管理信息系统结构采用集中式，但目前已经基本被淘汰。采用集中式结构使得信息高度集中，便于管理。但缺点是价格昂贵，维修困难，运行效率低，一旦出现故障易造成整个系统的瘫痪。

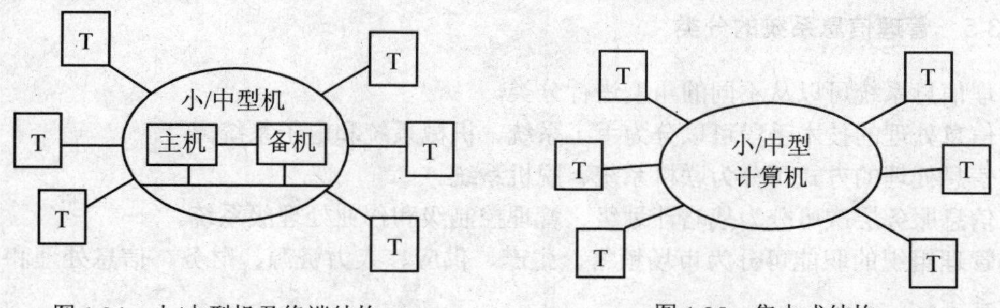

图 1.24　小/中型机及终端结构　　　　图 1.25　集中式结构

（2）分布—集中式结构。20 世纪 80 年代中期以后，由于微型计算机和计算机网络的出现，微机功能不断加强，而且管理信息系统的功能更强；故出现了分布—集中式结构，如图 1.26 所示。分布—集中式的数据共享部分集中，便于管理。各工作站间相互独立处理各自业务，必要时又是一个整体，可互传信息，实现数据的共享。此种结构的缺点是由于使用小型机，故价格较高，系统维护比较困难。

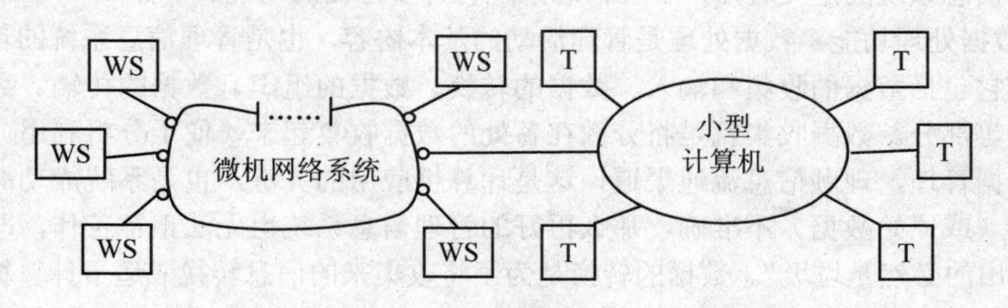

图 1.26　集中—分布式结构

（3）分布式结构。20 世纪 80 年代后期，由于计算机系统和分布式数据库系统的出现，计算机硬件结构向分布式方向发展，即用一台或几台高档的微机作为网络服务器，用总线结构连接网络服务器和各个网络工作站，用微型机的价值实现小型机的功能，因此，价格最低。另外系统工作的安全可靠性相对较高；数据信息分布合理，资源利用率高；能够实现数据的通信和数据的共享；系统的开发维护及今后系统的扩充均很容易。特别适合我国国情，目前的管理信息系统大都采用分布式结构，如图 1.27 所示。

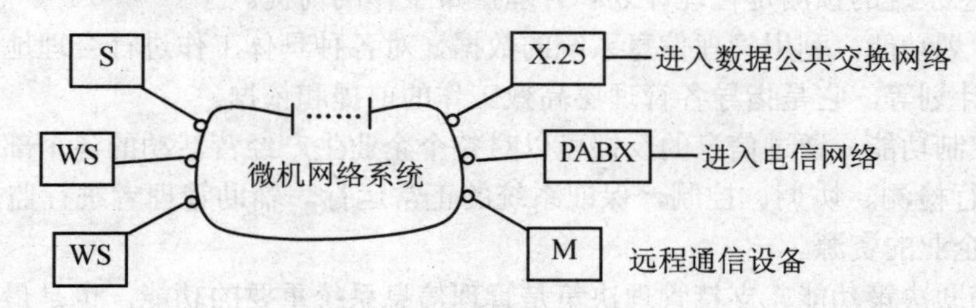

图 1.27　分布式结构

分布式系统又可分为一般分布式和客户机/服务器（C/S）模式。在一般分布式系统中的服务器只提供软件和数据的文件服务，各计算机系统可根据权限存取服务器上的文件和程序。在 C/S 模式中用户通过客户机提出服务请求，服务器根据请求向用户提供加工过的信息。当然，客户机也可承担本地的信息处理任务。

1.3.5 管理信息系统的分类

管理信息系统可以从不同的角度进行分类。

按信息处理的技术手段可以分为手工系统、机械系统和电子系统。

按信息处理的方式可分为联机系统、脱机系统。

按信息服务层次可分为战略计划级、管理控制级和作业处理级系统。

按管理组织的职能可分为市场销售、生产、供应、人力资源、财务、信息处理和高层管理等子系统。

按系统的功能和服务对象，可分为国家经济信息系统、企业管理信息系统、事务型管理信息系统、行政机关办公型管理信息系统和专业型管理信息系统等。

1.3.6 管理信息系统的功能与特点

1. 管理信息系统的功能

从管理信息系统的定义可知，管理信息系统有许多方面的功能。

（1）数据处理功能。数据处理是管理活动的基本内容，也是管理信息系统的首要任务和基本功能。它包括数据的收集和输入、数据的转换、数据的组织、数据的传输、数据存储、检索和输出等部分。数据收集就是将分散在各处的数据收集起来，便于分析利用。在收集中严格基础数据管理，理顺信息流通渠道，这是计算机应用的关键，也是系统成功的关键。如果基础数据（或原始数据）不准确，那么再好的管理信息系统也无法正常工作，即“输入的是垃圾，输出的必然是垃圾”。数据的转换是为了将收集来的信息转换成适于计算机处理的形式，如常用各种代码表示实际数据，这样便于存储和检索，同时也具有一定的保密性。数据组织是将具有某种逻辑关系的一批数据组织起来（如筛选、分组和排序等），存储到计算机存储器中，便于计算机进行快速检索。数据处理一般不涉及复杂的数学计算，多数为算术运算和逻辑运算。数据处理量一般较大，因此，在处理中要求数据处理过程标准化，统一数据和报告等的格式，建立集中统一的数据库。数据输出就是将经过处理得到的信息提供给用户，为用户服务。

（2）预测功能。预测就是运用一定的数学方法和预测模型，利用历史数据对未来进行预测。管理信息系统的预测是管理计划和管理决策工作的前提。

（3）计划功能。利用管理信息系统的数据，对各种具体工作进行合理地计划和安排，如生产和销售计划等。它是指导各管理层高效工作的前提和依据。

（4）控制功能。通过信息的反馈可以对整个企业生产经营活动的各个部门、各个环节的运行情况进行检测、协调、控制，保证系统的正常运行。辅助管理者进行监督和控制，以便有效地利用企业的资源。

（5）辅助决策功能。支持管理决策是管理信息系统重要的功能，也是最为困难的任务。它需要利用运筹学的方法和技术，合理地配置企业的各项资源，及时提供反映企业实际情况的信息，为科学决策提供最佳的决策依据。特别是定量化的方法，如数学模型、经验模型、程序化模型及运筹学模型等，对信息进行加工处理，分析企业的生产状况和环境条件，支持管理决策工作，以利于企业目标的实现。

管理信息系统主要解决结构化决策，由管理信息系统完成这种决策效率高、质量好。例如，用计算机安排某种生产计划要 2 天时间，而人工做要 15 人干 15 天才能完成，手工工作的质量是比较低的。管理信息系统辅助决策的特点如下：

（1）在设计思想上，首先必须进行详细调查，摸清决策，指定工作的每个细节，并确定决策的每一个具体步骤和过程。

（2）在处理技术上采用以确定型的方法为主。

（3）以科学定量化的分析方法为主，如数学解析的方法、运筹学方法、经验公式和经验模式等，管理信息系统辅助决策追求结果的最优化。

（4）管理信息系统进行决策与决策支持系统支持决策在概念上有所不同。管理信息系统针对结构化问题，即可用常规的、定量的数学方法表示，经过反复研究可给出最佳结果，而人只是采纳和执行这一结果的问题。决策支持系统针对半结构化问题，它从不同角度给出了若干种相互之间很难进行绝对比较的结果，决策者根据自己的偏好、价值观等从中做出取舍或作为参考，最后也可能哪个结果都不采用。

2. 管理信息系统的特点

管理信息系统发展到现在，已经形成为独立于其他信息系统的分支，它具有自己的特点。它是一个人-机结合的辅助管理系统；它主要考虑以解决结构化管理问题为主，完成例行的信息处理业务；管理信息系统以高速、低成本地完成数据处理为前提，追求系统处理问题的效益，而不仅仅是效率；管理信息系统是一个数据驱动性系统。

管理信息系统的使用可以建立现代化信息管理体制，规范并优化企业内部各部门、各办事机构的业务流程，再造业务规范，对重点业务实行全面质量监控；可实现各部门间的协同作业、无纸办公，可以方便地实现与关系部门的数据共享和交换；可使企业内部各部门权限明确，杜绝互相推诿现象；开发决策支持系统，为企业决策层提供图形化、报表化的市场分析数据，能够对未来企业的业务发展、客户需求发展、市场发展做出预测；企业的Intranet/Extranet 网络平台可通过 Internet 实现全天候实时服务，充分满足客户的各种需求，全面提升客户服务水平；可全面降低企业运作成本，提高企业的整体运作效率，全面拓展业务，争取企业利润最大化，进一步提高企业的竞争力。Extranet 则是使用 Internet/Intranet 技术使企业与其他企业或客户联系起来，完成共同目标的合作网络，是 Internet 和 Intranet 之间的桥梁。通常情况下，Extranet 只是 Internet 和 Intranet 基础设施上的逻辑覆盖，而不是物理网络的重构。

小　结

管理信息系统是由人和计算机等组成的能进行信息收集、传递、储存、加工、维护和使用的系统，它能实测企业的各种运行情况，利用过去的数据预测未来，从全局出发辅助企业决策，利用信息控制企业行为，帮助企业实现规划目标。管理信息系统作为一门学科，是综合了管理科学、系统理论、计算机科学的系统性边缘学科。它是依赖于管理科学和技术科学的发展而形成的。系统的观点、数学的方法和计算机应用是它的三要素，而这也是管理现代化的标志。信息和管理信息系统都有生命周期。

复习思考题

1．系统有哪些基本特点？系统的概念在信息系统开发中有什么作用？

2．什么是信息系统？信息系统的组成要素有哪些？它具有哪些功能？

3．管理信息系统与电子数据处理系统有哪些区别？

4．信息系统有哪些类型？说明每种类型的主要特点。

5．什么是管理信息系统？管理信息系统的功能有哪些？

第2章 管理信息系统的开发

管理信息系统的开发是一项规模大、比较复杂的系统工程，在开发的过程中，必须按照系统工程的要求进行，必须认真执行“统一领导、统一规划、统一目标、统一软硬件环境”的原则。在其开发过程中要遵循的一般原则是：首先“自上而下”地进行管理信息系统的规划，勾画出系统的整体框架结构，再对系统运用分解的方法将其分成若干个相对独立、又相互联系的子部分，确定出各个子部分之间的连接关系；然后，在有高层领导参与的情况下，确定各个子部分开发的优先顺序；其次根据实施优先顺序“从下到上”地合理安排人力、物力和财力，逐步实现整个框架中的各个子部分。此外，在系统开发的整个过程中，自始至终都要有正确的方法指导，要有计划、按步骤地进行。

2.1 管理信息系统的开发方式与策略

2.1.1 管理信息系统的开发方式

系统开发可根据现有资源、技术力量、内外部环境等各种因素来选取不同种类的开发方式，各种开发方式各有优、缺点。不论采用何种开发方式都必须有用户的高层领导和业务人员参加，都要培养内部的开发和维护人员队伍，表2.1列出常用的4种开发方式和特点。

表2.1 系统开发的方式和特点

方式 特点比较	自行开发	委托开发	联合开发	购买软件包
分析和设计力量的要求	非常需要	不太需要	逐渐培养	少量需要
编程力量的要求	非常需要	不需要	需要	少量需要
系统维护的难易	容易	困难	较容易	困难
开发费用	少	多	较少	较少
说明	开发时间较长，但适用，而且可培养自己的系统开发人员	省事，开发费用多。需要业务人员的密切配合	开发的系统比较适用，但要有用户参加	要有选择，即使符合单位实际，但仍有部分接口问题

2.1.2 管理信息系统的开发策略

管理信息系统的开发，在很大程度上取决于系统开发人员的背景、经验和水平，可采用不同的方法、技术和途径。常用的开发策略有“自上而下”和“自下而上”及两者结合的综合方法。现介绍常用开发策略。

1. “自上而下”方法

“自上而下”（Top-Down）方法首先从一个组织的高层管理着手，考虑组织的目标、对象和策略，确定一个组织的管理信息系统模型。然后，再确定需要哪些功能保证目标的完成，从而划分出相应的业务子系统，并进行各子系统的具体分析和设计。这种方法开发的步骤通常如下：

（1）分析系统整体目标、环境、资源和约束条件。

（2）确定各项主要业务处理功能和决策功能，从而得到各个子系统的分工、协调和接口。

（3）确定每一种功能（子系统）所需要的输入、输出、数据存储等。

（4）对各子系统的功能模块和数据作行进一步分析与分解。

（5）根据需要和可能，确定优先开发的子系统及数据存储等。

自上而下从企业管理的整体进行设计，逐渐从抽象到具体，从概要设计到详细设计，体现结构化的设计思想。因此，该方法的整体性、逻辑性较强。但对于一个大型系统的开发，因工作量太大而往往影响具体细节的考虑，致使周期变长，开发费用增加，评价标准难以确定等。

2. “自下而上”方法

“自下而上”（Bottom-Up）方法则是首先从各种基本业务和数据处理着手，也就是从一个组织的各个基层业务子系统（如工资计算、订单处理、库存控制、生产管理、物资供应等）的日常业务处理开始，进行分析和设计。这种应用子系统容易被识别、理解、开发和调试，有关的数据流和数据存储也便于确定。当下层子系统分析完成后，再进行上一层系统的分析与设计，将不同的功能和数据综合起来考虑。为了执行系统的总目标，满足管理层和决策层的需要，除增添新的功能和数据外，还要考虑一定的经济管理模型。这种方法是从具体的业务信息子系统逐层综合，再集中到总的管理信息系统的分析和设计，实际上是模块组合的方法，即采用搭积木的方式组成整个系统，缺点在于忽视系统部件的有机联系。因为在具体子系统的分析与设计中，不能很好地考虑到系统的总目标和总功能。所以，要对下层子系统的功能和数据做较大修改和调整。该方法可根据资源情况逐步满足用户要求，边实施边见效，但其整体目标和协调性较差。因此，可能导致功能及数据的矛盾、冗余，造成返工。

3. 综合方法

为了充分发挥以上两种方法的优点，人们往往将他们综合起来应用。首先“自上而下”地制定一个组织的总体方案。然后再“自下而上”地进行具体业务信息系统的总体设计。在用“自上而下”方法确定一个总的管理信息系统的总体方案后，在总体方案指导下，“自下而上”对一个个业务信息系统进行具体功能和数据的分析与分解，并逐层具体到决策层。综合方法是实际开发过程中常用的方法。通过对系统进行分析得到系统的逻辑模型，进而从逻辑模型求得最优的物理模型。逻辑模型和物理模型的这种螺旋式循环优化的设计模式体现了自上而下、自下而上结合的设计思想。这两种方法的结合，可以对系统进行全面的分析，可保证系统的协调和完整，能得到一个比较理想的，耗费人力、物力、时间较少的用户满意的新系统。

2.1.3 管理信息系统开发中存在的主要问题

目前在管理信息系统的建设中存在着重技术、轻管理、重硬件、轻软件、忽视人的因素，较少考虑信息化所要求的组织管理改革和队伍建设等一系列的问题。

1. 认识偏差

为了摆正计算机在管理信息系统中的位置，使管理信息系统的建设沿着正确的方向发展，要明确目前在管理信息系统的建设中存在的一些认识偏差。管理信息系统的建设与评价侧重计算机硬件配置，而不是信息开发与利用的方法与深度。这种误解已给国内外许多组织的管理信息系统建设带来了惨重损失。组织中信息管理机构的命名突出计算机，而不是信息与信息管理。信息管理机构的职责与任务是：管理信息系统的规划、开发与管理，组织内外部信息的开发与服务，其核心是信息与信息管理。管理信息系统的人才选择与培养强调计算机知识，而不是管理、数学及系统知识。管理信息系统的性质决定管理信息系统的建设需要具有计算机、通信、管理、数学及系统工程等各方面知识与经验的人员。目前，管理信息系统的建设缺乏复合型人才，而不是计算机人才。

2. 管理中应用计算机的基本条件不完全具备

企业管理没有规范化。企业规范化管理是应用计算机管理系统的基础。如果一个组织的管理落后，生产无秩序，就不可能得到准确的原始数据，不可能产生有用的信息。即所谓的“垃圾进，垃圾出（Garbage-In Garbage-Out）”。只有在合理的管理体制、完善的规章制度、稳定的生产秩序、科学的管理方法基础上，才能得到准确的原始数据。领导不够重视，业务人员参与积极性不高。领导重视是信息系统建设成功的保证。管理信息系统的建设是企业的整体行为，在开发过程中，需要有业务人员密切配合。新系统建成后，业务人员又是主要的操作者和使用者。他们的业务水平、工作习惯及对新系统的积极性，都将直接影响系统的使用效果和生命周期。缺少一只专业队伍，管理信息系统的开发是逐步完成的，而且新系统建成后还需要不断地进行维护，所以，需要有一只专业队伍长期存在。建立管理信息系统，必须具有硬件、软件和其他方面的投资。另外，在开发过程中要有一些开发费用，系统投入使用后，还要有一些运行和维护费用。如果资源条件不具备，管理信息系统不可能正常建立和维护。

3. 建设没有一整套的规划方案

管理信息系统建设是一项系统工程，开发前必须有一套行之有效的系统建设规划方案。目前的建设没有或缺乏整个系统的规划和分析，开发的各子系统在数据结构、存储方法、编码等方面都不统一、不规范，不利于子系统之间数据共享并造成数据冗余。规划方案要在不断的建设中根据整体条件的变化而进行相应的修改，以适应日益增长的信息需求与管理要求；否则盲目开发，会造成人力、物力和财力的极大浪费。

4. 软件开发中存在的一些问题

（1）软件开发生产率低，跟不上硬件的发展速度。21 世纪，计算机硬件的功能将比 80 年代末提高 1000～100000 倍，计算机软件的生产率及其性能的提高却只有 5～100 倍，计算机软件的生产率及其性能将大大落后于硬件的发展速度，计算机软件已成为计算机技术和应用发展的“瓶颈”。

（2）软件系统质量低，不能满足用户的需求。在系统分析和设计时，系统的划分过分依赖于组织机构的设置，子系统的功能设置完全等同于人工系统，只是用 MIS 系统替代人工完成繁琐劳动，致使软件系统的生命周期短，不具备较强的适用性，达不到辅助决策、优化管理的目的。有些开发者害怕返工，即使发现错误也不改正，致使开发的系统质量低下。另外，企业是变化的，业务在变，需求也在变，如果开发方法选择的不好，难以适应变化，软件系统在开发过程中就会中途夭折；有的软件系统尚未产生什么效益就束之高阁。设计优良的信息系统能够随着业务变化适应之，提高计算机信息系统的质量是急需解决的一个问题。

（3）软件开发成本高。现在软件开发成本非常高，这肯定会成为发展的桎梏，因为不可能有人去赔钱做生意。成本高，意味着利润较少，利润少，生存环境就会困难。软件工程在国内没有很好地被推行，软件开发成本居高不下是最重要的原因。

（4）管理软件跟不上发展需要。不难发现，现有的管理软件无法适应管理千变万化的个性需求和持续变革，其所包含的“先进管理思想和业务模式”并不能很好地适应中国千变万化的企业管理。

（5）在开发中文档的整理不及时。及时编写文档是非常重要的，尤其是一些大型的组织，系统用户、分析员、设计员和编程人员不断地变化，为了促进不断变化的关联人员的有效交流，文档的编写必须与整个开发工作同时展开。文档提高了多个关联人员的通信和相互接受程度，展示了系统的优点和缺点，促进了用户的参加，并确保了开发的进度管理。

5．对管理信息系统开发的关键把握不准

有人认为：“只要熟练掌握几门计算机语言，就可以成为一个优秀的信息系统开发人员”，这种观点是极其错误的。从理论上说，信息系统完全可以没有计算机，由于计算机系统强大的数据处理能力，现在大多数信息系统都是通过计算机来实现的，计算机程序设计语言是实现计算机信息系统的一种工具或手段，编码只不过是计算机信息系统开发过程中的一小部分工作（约占时间和费用的20%）。建立计算机信息系统主要进行的工作是：

（1）要搞清楚系统用户的基本需求是什么（What to do）。

（2）考虑要怎么做（How to do）。计算机信息系统开发的关键是如何描述问题及如何解决问题。

6．教育、理论体系研究落后

由于管理信息系统是以信息技术为基本手段的，体现的是计算机信息管理功能。计算机软、硬件技术及信息处理技术给管理信息系统学科体系带来大的冲击。具体表现是：管理信息系统基础理论中涉及的技术方法落后，学科体系陈旧，高技术特别是计算机应用技术落后于实践，管理信息系统方面有关书籍相应内容出现相对滞后。在教学中往往注重学生的编程技巧能力培养，而忽视系统分析、设计能力的培养，学生的实践能力差，团队合作能力差。另外，系统开发本身还缺乏一套严格的理论基础及一套简单有力的开发工具。

7．开发方法选择存在问题

传统的软件开发方法不允许在开发过程中用户的需求发生变化，需求分析不彻底仍是导致应用开发软件失败的主要原因之一。企业管理信息系统建设中选用的开发工具和开发方法是否恰当，直接影响着建设的质量和速度。如果正确地选择了开发方法时，应该可以减少或者消除一些风险。

2.2 管理信息系统开发方法

在管理信息系统的长期实践中，由于管理信息系统种类很多，情况各异，研制的具体方法、途径有多种，从而形成了多种系统开发方法，如结构化生命周期法、原型法、CASE 方法、软系统方法和面向对象方法等。本书介绍 3 种最常用的方法：结构化生命周期法、原型法和面向对象方法及 3 种方法的特点和适用场合。需要特别说明的是没有任何一种方法能适用于所有类型的系统，而且有些类型的系统至今仍缺少一套行之有效的开发方法。

2.2.1 结构化系统开发方法

结构化系统开发方法（Structured System Development Methodology）是最早的正式信息系统开发方法之一，目前仍是应用最普遍的一种开发方法之一，也是现有的软件开发方法中最成熟、应用最广泛的方法之一。它是由结构化分析方法（SA 法）、结构化设计方法（SD 法）及结构化程序设计方法（SP 法）构成的。

2.2.1.1 结构化开发方法概述

1. 结构化分析与设计的由来

传统的系统开发方法存在很多缺陷和弊端。主要表现在当时的立足点是硬、软件费用和功能，所以不是考虑用户需要什么，而是考虑限定条件下机器能够做什么；不强调要调查研究及用户结合，往往急于闭门编程。

20 世纪 70 年代，一些西方工业发达国家吸取了以前系统开发的经验教训，逐渐发展了结构化系统分析和设计的方法。"结构化"的概念最早用来描述结构化程序设计方法。是由 Bohn Jacopini 于 1966 年提出的结构化程序设计理论，即用 3 种基本逻辑结构（顺序、选择和循环结构）来编写程序。根据结构化的要求编写程序称为结构化程序设计（Structured Programming）。用结构化程序设计方法编写的程序趋于标准化，线性化，不仅提高了编程效率，而且提高了程序的清晰度。把结构化的程序设计思想引入系统分析与设计中，就形成了结构化的系统分析与设计方法。生命周期法中应用结构化理论进行开发，就是结构化生命周期法，简称为结构化方法。它是管理信息系统在系统开发中最成熟的方法，也是目前应用最广泛的方法。

2. 结构化方法的基本思想

为了保证系统开发的顺利进行，人们开始采用结构化的开发方法。结构化方法的基本思想是：基于系统的思想，系统工程的方法，以用户至上为原则，采用结构化、模块化等手段对信息系统进行分析、设计和实施。主要应用的结构化设计方法有结构化分析（Structured Analysis）、结构化设计（Structured Design）及结构化编程（Structured Program）。

与传统的方法相比，结构化方法强调遵循以下几个基本原则。

（1）面向用户的观点。用户的要求是系统开发的出发点和归宿。管理信息系统是为用户服务的，最终要交给管理人员使用。系统的成败取决于它是否符合用户的要求，用户对它是否满意。因此，用户要参与到系统分析与设计中来。实践证明，用户的参与，尤其是领导的参与，是系统成功的关键。在整个研制过程中，系统研制人员应该始终与用户保持联系，从调查入手，充分理解用户的信息需求和业务活动，不断地让用户了解工作的进展情况，并随时从业务和用户的角度提出新的需求，从而使得新系统更科学、更合理。

（2）严格区分工作阶段。结构化方法强调将整个开发过程分为若干个阶段，每个阶段都有其明确的任务和目标及预期要达到的阶段性成果。前一个阶段的结果是后一阶段开发的依据，只有前一阶段完成，才能进入到后一阶段。即：在没有进行可行性分析之前，不要急于上项目；没有进行详细的系统调查与分析前，不要急于动手设计；没有详细地进行系统设计之前，不要急于编写程序等。这样才能保证管理信息系统开发的质量。

（3）自顶向下地开发。按照系统的观点，任何事情都是互相有机联系的整体。所以在分析问题时应首先站在整体的角度，将各项具体的业务或组合放到整体中加以考察。首先保证全局的正确性，然后再一层层地深入考虑和处理局部问题。这就是所谓自顶向下的分析设计思想。在系统分析阶段，按照全局的观点对企业进行分析，自上而下，从粗到细，由表及里，将系统逐层逐级地进行分解，最后进行逆向综合，构成系统的信息模型。在系统设计阶段，先把系统功能当成一个大模块，然后逐层分解，完成系统模块的结构设计。在实施阶段，先实现系统的框架，自上而下完善系统的功能。程序的编写遵循结构化程序设计的原则，自顶向下进行，逐步求精。

（4）充分考虑变化的情况。管理信息系统和环境是密切相关的，而环境是在不断变化的，必然会对系统产生冲击；用户对系统的要求也是在不断变化的，必然要引起系统的变化；另外系统内部处理模式也是变化的，也会引起系统的变化。因此，在开发中要充分考虑到可能的变化因素，并将这一点作为衡量设计的准则。结构化方法就充分考虑这种变化的情况，在系统设计中，把系统的可变更性放在首位，运用模块结构方式来组织系统，使系统的可修改性和灵活性得到充分的体现。

（5）开发成果规范化、标准化。管理信息系统开发是一项复杂的系统工程，参加的人员众多，经历的时间长。为了保证工作的连续性，每个开发阶段的成果都要有详细的文字资料记载。要把每个步骤所考虑的情况，所出现的问题，所取得的成果完整地形成文字资料，资料格式要规范化、标准化。这些资料在开发过程中是开发人员、用户交流思想的工具，新系统运行后是系统维护的依据，因此，开发成果描述必须简单、明确、无二义性，既便于研制人员阅读和讨论，又便于用户理解。

2.2.1.2 结构化方法的开发过程

目前，在各类教材和论著中，对用结构化方法开发管理信息系统的阶段划分不尽相同，在博采众长的基础上，将其划分为 5 个阶段：系统规划和可行性分析；系统分析；系统设计；系统实施和系统运行管理及评价等。本书第 3～第 7 章将分别讨论各个阶段的任务、设计方法、描述工具和开发成果。这里先简要介绍各阶段的主要工作。

1. 系统总体规划与可行性分析阶段

系统分析员首先采用各种方式对现行系统进行初步调查研究，弄清现行系统的界限、组织分工、业务流程、现有资源及系统存在的薄弱环节等，然后从有益性、必要性和可能性等方面对未来系统的经济效益、社会效益进行初步分析。在对现有调查资料进行分析的基础上，进行系统的总体规划。总体规划就是从总体的角度来规划系统应该由哪些部分组成，在这些组成部分中有哪些数据类（这里所规划的数据类是被系统各个模块所公用的主题数据库），它们之间的信息交换关系通过数据库来实现，并根据信息与功能需求提出计算机系统硬件、网络配置方案。同时根据管理需求确定这些模块的开发优先顺序，制定出开发计划，根据开发计划合理调配人员、物资和资金等。在总体规划的基础上与用户进一步协商提出新系统方案，并对新系统方案进行可行性研究；最后撰写出可行性分析报告。这一阶段的总结性成果是系统可行性研究报告。对报告中所阐述的可行性分析内容要进行充分论证，论证正确后才可以进入下一个阶段的工作。如果是上级指定性项目就不需要进行可行性分析，只需进行总体规划就可以了。

2. 系统分析阶段

结构化分析（Structured Analysis）又称为以过程为中心的分析。系统分析阶段是新系统的逻辑设计阶段，是系统开发中非常重要的一个阶段。主要任务是对系统组织机构、业务流程进行详细的调查，获取系统的信息需求；详细分析系统的业务流程，用业务流程图表示出来；

从业务流程中抽取出数据流程，用数据流程图表示出来；根据现行系统存在的问题，对业务过程进行重构，确定新系统的逻辑结构，并用数据流程图、数据字典及各种处理逻辑表达工具等将分析结果描述出来，形成独立于任何物理设备的新系统逻辑模型；撰写出系统分析报告。本阶段的研究成果为系统分析报告，系统分析员与用户要对系统分析报告进行充分的论证。经审核无误后可以进入下一个阶段。

3. 系统设计阶段

系统设计阶段是新系统的物理设计阶段。系统设计的主要任务是根据新系统的逻辑模型，结合计算机的具体配置设计各个组成部分在计算机上的具体实现。系统设计分为总体设计（概要设计）和详细设计，总体设计阶段的主要任务是完成对系统总体结构和基本框架的设计；系统详细设计阶段的主要任务是在初步设计的基础上，将设计方案进一步详细化、条理化和规范化。它给出建设系统时应如何去做和怎样去做的细节，其重点是要把系统功能需求转化成系统设计说明书。详细设计包括处理流程设计、代码设计、输入/输出设计、数据文件和数据库设计及网络设计等。对于高层管理系统，还要进行经济管理模型的设计工作。系统设计的关键是模块化，设计工作中强调采用结构化设计方法。结构化设计工具包括：结构图，它是一个重要的图形工具；两个设计策略，它们属于面向数据流的设计策略，分别是以事务为中心的设计策略（也称事务分析）和以变换为中心的设计策略（也称变换分析）。运用这两项策略，能够比较容易地将数据流程图转化成结构图，并且能够对一个复杂的信息系统进行分解；一组系统设计原则，包括系统中模块之间的耦合性（或称耦合程度）、每一个模块的内聚性（或称内聚程度）、模块的分解、扇入和扇出原则。设计工作结束，要提出系统设计说明书。

4. 系统实施阶段

系统实施是继系统规划、系统分析、系统设计之后的又一个开发阶段。它将在系统设计的基础上进行具体实施。这一阶段的主要任务包括：设备的购买和安装；程序的编制与调试；数据的录入；人员的培训；系统的测试、调试与转换等。本阶段的成果为大量的程序清单、测试报告、调试报告及系统使用说明书等。

5. 系统运行管理和评价阶段

重视运行管理是信息系统工程的一个基本思想，也是不断地适应环境变化的保证。管理和维护工作是系统研制工作的继续，其主要任务包括：对系统进行修改与扩充（即系统维护）；日常运行管理；对系统运行情况进行检查与评价等。系统转换后对系统的绩效按照预定标准进行评价。最后，撰写出新系统评价报告。

通过以上各个工作阶段，新系统代替原系统正常运行，但是，系统的环境是不断变化的，为了使系统能适应环境而具有生命力，必须进行维护工作。当这个系统运行到一定时候，不再适合于系统的总目标时，有关部门又提出开发新系统的要求，于是，另一个新系统的生命周期开始了，又进行新一轮的系统开发工作。结构化生命周期法的开发过程如图2.1所示。开发过程最关键的是系统分析与设计。但是，工作量最大，投入人力、物力、财力最多，时间最长的是实施阶段。

2.2.1.3　结构化方法的特点

（1）结构化生命周期法的假设是预先定义需求的策略，这只对某些软件适用，而对于需求模糊的系统不适用，预先定义的需求可能是过时的。然而按照生命周期方法学，在开发后期修改需求需要付出较大的代价，甚至是根本不可能修改的。

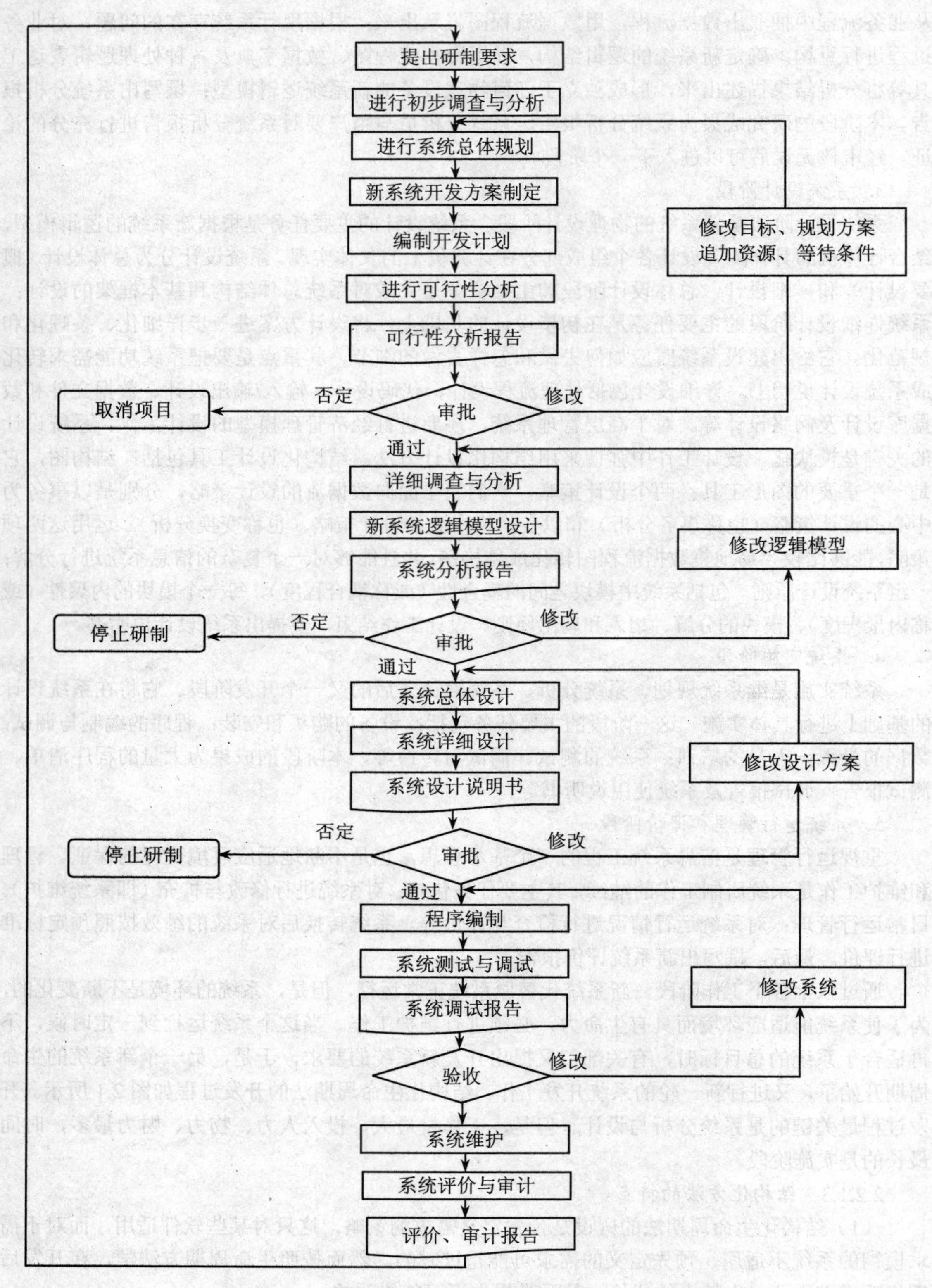

图 2.1 结构化方法的开发过程

（2）使用生命周期法，项目的参与者之间往往存在通信鸿沟，在需求阶段定义的用户需求，常常是不完整的和不准确的。

（3）生命周期法使用的基本技术是结构化技术，结构化分析和结构设计是建立在系统生命周期的概念基础上的，它虽然有许多优点，但也有比较明显的缺点：用这种技术开发出来的软件，其稳定性、可修改性和重用性都比较差。结构化分析、设计技术的本质是功能分解，也就是说，从代表目标系统整体功能的单个处理着手，自顶向下不断地把复杂的处理分解为子处理，这样一层一层地分解下去，直到仅剩下若干个容易实现的子处理为止。当所分解的子处理已经十分简单，其功能显而易见时，就停止这种分解过程，并写出各个最低层处理的过程描述。这只是围绕实现处理功能的“过程”来构造系统的。然而用户需求的变化大部分是针对功能的，另外把处理分解成子处理的过程多少带些随意性，不同的开发人员开发相同的系统时，可能经分解而得出不同的软件结构。因此，这种变化对基于过程的设计来说是灾难性的，用这种技术设计出来的系统结构常常是不稳定的。

（4）用户需求的变化往往造成系统结构的较大变化，从而需要花费很大代价才能实现这种变化。结构化分析和设计技术清楚地定义了目标系统的边界，软件通过界面与客观世界通信。由于用结构化分析和设计技术开发出的系统结构依赖于对系统边界的定义，因此，很难把这样的系统扩展到新的边界。也就是说，这样的系统较难修改和扩充。结构化分析——结构化设计——结构化编程技术在本质上具有冯·诺依曼计算机的结构特点，把数据和操作作为分离的实体，以至在实现阶段，一些具有潜在可重用价值的软件已和具体应用环境密不可分了。上述种种因素都使得用结构化分析—结构化设计—结构化编程技术开发出的软件的可重用性较差。

（5）系统分析和系统设计阶段采用的工具不同。在从系统分析到系统设计的转换过程中，很难判断数据流程图和结构图的一致性，两个阶段之间存在着一些不一致问题。

（6）生命周期法的主要缺点是过于耗费资源。收集资料和书写各种文档的工作量极大，不仅耗费大量的人力、物力，而且耗费大量的时间。一个项目的开发周期可达3年～8年，在这么长的时间里，信息需求是很容易改变的。另外，该方法缺乏灵活性，因为修改的工作量太大，实施起来很困难。因此，在设计中要进行严格的审查，以确保每个阶段是正确的。

结构化生命周期法特别适合于开发那些能够预先定义需求、结构化程度又比较高的大型事务型系统（TPS）和管理信息系统（MIS）。许多复杂的技术系统如航空管制、航天系统等，要求有严密的系统分析和严密的开发控制，也适宜采用结构化生命周期法进行开发。但是这种正规化的开发方法并不适合于对小系统的开发。适合于开发信息需求不明确的系统。因为，生命周期法认为系统的需求在整个开发的期间是不变的，稳定的。对于那些用户需求难以事先确定的系统、结构化程度低的系统及一些无结构的系统，生命周期法就很难适用。这类系统就需要采用其他的开发方法。

2.2.2　原型化开发方法

前面介绍了结构化生命周期法，此方法要求在系统设计与程序设计之前要对系统的应用需求进行严格的定义或确切的说明。这种方法的理论基础是严密的，它要求系统开发人员和用户在系统的开发初期就要对整个系统的功能有全面和深刻的认识，并制定出每一阶段的计划和说明书，以后的工作便围绕着这些文档进行。而现实世界的软件系统至少有两类。一是系统的需求比较稳定而且能够预先指定，称之为预先指定的系统。例如，传统工业生产过程的计算机控制系统，卫星图像处理系统，空中交通管理系统，火箭发射跟踪控制系统，以及诸如操作系统、编译程序、数据库管理系统之类的系统软件。开发这类系统应该预先进行严格的形式化的需求分析，制定出很精确的需求规格说明，并在严格管理下采用结构化方法开发。另一类是系统的需求是模糊的或随时间变化的，通常在系统安装运行之后，还会由用户驱动对需求进行动态修改，称之为用户驱动系统。多数商业和行政的数据处理系统，决策支持系统及其他一些面向终端用户需要的系统，都属于用户驱动的系统。开发这类系统需要采用一种适于进行反复试探的技术。

2.2.2.1　原型法方法概述

1．原型化方法的由来

20 世纪 60～70 年代，由于管理信息系统的范围比较狭窄，使用环境相对稳定，因而管理信息系统的规模有限（大多偏重于财务、仓库、设备等管理方面）；用户对这些系统的工作方式大都比较了解，因此，可以在开发初期就对系统的功能进行解剖、分析、深入了解，进而设计出满足用户要求的系统来。但随着生产与管理和信息技术的飞速发展，人们对管理信息系统的认识不断提高，社会环境不断变化，使得用户不断提出新的应用需求，为了满足这些需求就要不断地维护，如果维护和开发的工作跟不上用户的需求变化，将会影响系统的运行和使用。为了解决传统方法所面临的困难，在 20 世纪 70 年代中期，人们提出了旨在改进生命周期法缺点的一种开放式方法——原型化开发方法。

2．原型化方法的基本思想

原型化方法（Prototyping Method）是在获得一组基本的需求之后，就快速地建立原型框架。原型法随着用户或开发人员对系统理解的深入而不断地对基本需求进行补充和细化，系统需求的定义是在逐步发展的过程中进行的，而不是一开始就预见的。

原型化方法的基本思想就是根据用户提出的需求，由用户与开发者共同确定系统的基本要求和主要功能，并在较短时间内建立一个实验性的、简单的小型系统，称为“原型”，然后将原型交给用户使用。用户在使用原型的过程中会产生新的需求，开发人员依据用户提出的评价意见对简易原型进行不断地修改、补充和完善。如此不断地反复修改，直至满足用户的需求。这就形成了一个相对稳定、较为理想的管理信息系统。

2.2.2.2　原型化方法的开发过程

原型法和结构化生命周期法一样，首先要从宏观上对系统开发的必要性和可行性等进行研究，如果认为可行才进入系统开发的后期阶段。基本过程如图 2.2 所示。

1．识别基本需求

原型化方法也是首先必须了解用户系统的基本需求。基本需求包括系统结构、功能、输入及输出的要求、数据库基本结构和系统接口等。与结构化方法对问题需求要严格定义不同，原型化方法只是先了解用户的基本需求，把需求定义看成是开发人员与用户不断沟通和反复交流并逐渐达成共识的一个过程。它允许用户在开发过程中分阶段地提出更合理的要求，开发者根据用户的要求不断地对系统进行完善，其实质是一种循环迭代的开发过程。尽管如此，基本需求的识别对原型化方法的成败仍然至关重要，它是原型化方法的首要任务和构造原型报告的依据。一般认为由基本需求导出的初始原型或系统内核，它在需求方面的准确性至少应达到 60%；否则会造成系统的失败或过度延期，从而使得用户失望。在原型化方法中不是不需要系统分析，而是系统分析相对来说比较简单。原型化方法中迭代成为设计者和用户共同完善系统需求的一种手段。迭代就是用户对原型系统进行评价后，提出意见，开发人员根据用户的意见，进行修改的反复过程。迭代不是简单的反复，每一次迭代都意味着原型系统向用户需求又前进了一步，迭代是系统开发进展的动力。原型化方法的需求分析可以使用结构化方法的一些需求调查方法和工具。

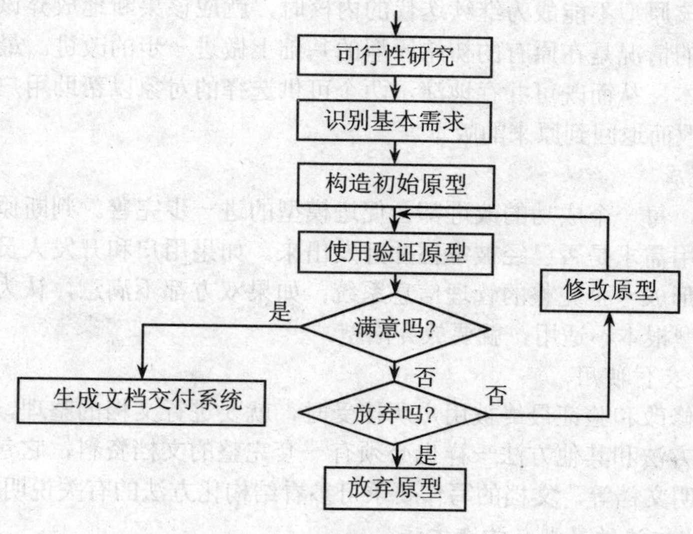

图 2.2　原型法开发过程

2. 构造初始原型

在对系统有了基本了解的基础上，系统开发人员应争取尽快地建立一个有一定深度和广度的初始系统内核，以便由它开始进行迭代。原型开发的早期人员组成要少，以避免过多的信息交流。因为随着小组成员的增多，成员的交流会增加。开发一个初始原型所需的时间随着系统规模的大小、复杂性和完整程度而不同，最好应在 3～6 周内完成，这样既有充分的开发时间，又可保持用户对原型化方法和最终系统的兴趣。一般认为开发初始原型的时间最长不得超过两个月。初始原型的质量对原型化方法开发有重大影响。因此，初始原型必须是最终系统的核心部分，迭代都是以此为基础的。如果原型过于简单，则会增加以后的迭代代价；反之，如果为了追求完整而将原型建得过大，则会降低响应速度，如要对其中大量功能进行修改，同样会降低系统开发的效率。由于要求快速建造原型，因此应尽量使用一些软件工具，特别是专门的原型建造工具，辅助进行系统的实现。只有有效地使用工具才能很快地建成一个系统并能多次对其修改、完善。

3. 使用和验证原型

设计人员建成的系统原型是否能满足用户的需求，必须让用户进行使用和验证，并在此基础上提出新的需求以便修改原有的需求。原型迭代初期的主要工作包括：用户对原型进行熟悉和操作；总体检查，找出隐含的错误；用户实际操作和熟悉原型系统。原型迭代后期的主要工作有：发现不正确的或者遗漏掉的功能；提出进一步的建议；改善系统/用户界面等。开发人员不能认为给出原型就大功告成。事实上，即使开发过程完全正确，也只是为用户进一步提出一些有意义的修改创造条件。原型化的目标是鼓励改进和创新，为此，开发人员应充分向用户解释所建成的原型的合理性，但不必为它辩护。系统的原型应在人/机交互和用户/开发者交互的过程中逐步完善。

4. 修正和改进原型

根据使用中发现的问题和用户提出的新要求对原型进行修正和改进是原型化方法的实质性阶段。在极个别的情况下，如果发现初始原型的绝大部分功能与用户的要求相悖，或者因为其他的原因使得该原型不能成为继续迭代的内核时，就应该果断地放弃该原型，而不能继续勉强使用。更多的情况是在原有的初始原型的基础上做进一步的改进。最好是保留改进前后的两个原型的版本，从而既可并存地演示两个可供选择的对象以帮助用户决策，又可在必要时，放弃本次修改而退回到原来的版本。

5. 判定原型完成

对于原型来说，每一个成功的改进都会促进模型的进一步完善。判断原型是否完成就是判断用户的各项应用需求是否已经被掌握并开发出来。如果用户和开发人员对系统满意，系统经过不断的迭代形成一个完整的管理信息系统；如果双方都不满意，认为原型必须进行彻底修改，或认为原型根本不适用，就要放弃原型。

6. 生成文档并交付使用

系统经过反复修改和验证最终被用户所接受时，就要进行文档的整理，然后将系统交付用户使用。原型化方法和其他方法一样也必须有一套完整的文档资料，它包括用户的需求说明和原型本身的说明文档等。文档的写作要求可参看结构化方法的有关说明。

2.2.2.3 原型化方法的类型与构造方法

1. 原型的种类

原型根据它在系统开发过程中的作用，可分为丢弃式原型和演进式原型两种类型。

（1）丢弃式（Throw-it-away Prototyping）原型。它的作用只是在于描述和说明系统的需求，作为开发人员和用户之间的通信工具，并不打算把它作为实际系统运行，这与通常意义的“模型”概念相似。原型系统只是从外观上，功能上“像”实际系统，就如建筑中的模型。一旦这个任务完成，它的历史使命就结束了。丢弃式原型按其具体功能又可分为研究型和实验型等多种形式。

（2）演进式（Evolutionary Prototyping）原型。它的开发思想与丢弃式原型完全相反，其基本思想是用户的要求及系统的功能都无时不在发生变化，与其花大力气了解不清楚的东西，不如先按照基本需求开发出一个系统，使用户先使用起来，有问题随时修改。系统开始也许只能完成一项或几项任务，随着用户的使用及对系统的了解不断加深，原系统的一部分或几部分可能不再适应用户的要求，需要重新设计、实施、修改、增加原系统功能。

根据原型的应用目的和场合的不同，又可分为 3 种类型。

（1）研究型（Exploratory Prototyping）。主要针对系统目标模糊，用户及开发者都缺乏经验的情况，其目的是弄清系统目标的要求，确定所期望的特性并探索多种方案的可行性。

（2）实验型（Experimental Prototyping）。用于大规模开发和实现之前考核、验证方案是否合适，系统说明是否可靠。

（3）演进型（Evolutionary Prototyping）。其目的不在于改进系统说明书和用户需求，而是使系统结构易于变化，并在改进过程中对原型进行逐步积累和扬弃，并将原型演进成最终系统。

2. 原型的构造方法

根据演进型原型进化的过程不同又可分为演变式和递增式两种系统开发形式。

（1）递增式（Incremental Prototyping）系统开发。递增式系统开发也称为“缓慢生长的系统”，主要用于解决需要集成的复杂系统的设计问题。采用此方法，在开始时系统有一个总体框架，各模块的功能及结构也十分清楚，但还没有进行具体实现。也就是说，系统应该完成什么功能、分为几个部分、各部分又有多少模块组成都已经掌握，并且在以后不需要做更大的变动。即对模块的功能有了一些说明，只是每一个模块还没有全部实现而已。在以后的开发过程中，必须一个一个地完善这些模块。而且所有这些工作都基于一个前提，即系统的组织机构不发生变化，模块的外部功能不发生变化。从某种角度来看，这很类似于计算机工业中的插接策略（Plug-in Strategy），要用到一个功能，就插接上一个功能模块。根据这种思想，递增式原型的开发过程分为总体设计和反复进行的功能模块实现两个阶段。具体如图 2.3 所示。

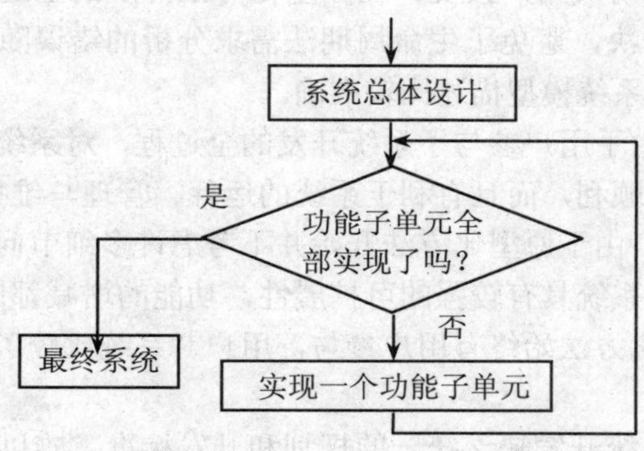

图 2.3　递增式开发过程

（2）演变式（Spiral Prototyping）系统开发。演变式系统开发的过程把系统开发看成一种周期过程，从设计到实现，再到评估，反复进行。最终产品将被看成是一种各个阶段评估的版本序列。研究型和实验型原型构造模式可以在进化式系统开发早期中混合使用。在演变式开发中开发人员根据用户要求反复修改自己的程序，所以在进行工程的实际实施时，要注意加强管理和控制，必须围绕基本需求进行，否则会引起无休止的反复，使时间和费用都无法控制。具体开发过程如图 2.4 所示。

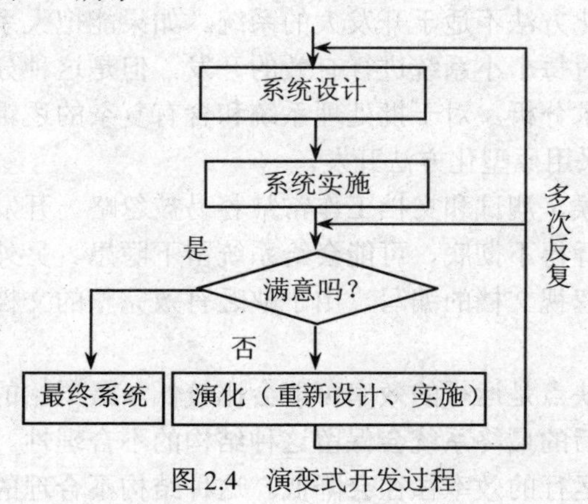

图 2.4　演变式开发过程

2.2.2.4　原型化方法开发的工具

（1）CASE 工具。

（2）应用系统产生器。

（3）报表产生器。

（4）屏幕画面产生器。

（5）第 4 代语言（Fourth-Generation Languages，4GLs）。

2.2.2.5　原型化方法的特点

与结构化生命周期法比较，原型化方法具有以下几个特点：

（1）系统的开发效益高。原型化方法的开发使用原型工具，从设计到修改的时间短，因此系统开发周期短、速度快、费用低，可获得较高的综合开发效益。

（2）系统适用性强。由于快速原型法以用户为中心，系统的开发符合用户的实际需要，所以系统开发的成功率高，容易被用户接受。在原型化方法开发的全过程中用户信息反馈及时、准确，使问题得到及时解决，避免了生命周期法需求分析的错误随着后续阶段的前进而成倍放大的弊端，而且用户对系统模型描述比较准确。

（3）系统可维护性好。由于用户参与了系统开发的全过程，对系统的功能容易接受和理解，使得系统的移交工作比较顺利，而且有利于系统的运行、管理与维护。

（4）系统的可扩展性强。由于原型化方法开始并不考虑许多细节问题，系统是在原型应用中不断修改、完善的。所以系统具有较强的可扩展性，功能的增减都比较灵活方便。

（5）易学易用性。原型化方法始终有用户参与，用户对系统比较了解，因此可减少对用户的培训时间。

此外，使用原型法进行系统开发缺乏统一的规划和开发标准，难以对系统的开发过程进行控制；原型化方法对系统开发环境要求较高；用户很早就看到原型，错误认为它就是新系统，因此用户往往缺乏耐心，出现急躁情绪；开发人员很容易潜意识用原型取代系统分析。

原型化方法适用于：用户需求不清，管理及业务处理不稳定，需求常常变化的系统；规模小，不太复杂，而且不要求集中处理的系统；或者是有比较成熟借鉴经验的系统开发工作；或用于开发信息系统中的最终用户界面。原型法的最大优点是能提高用户满意度。另外，使用原型法开发系统周期短，成本低。尽管原型化方法有上述的优点，但它仍然不能代替仔细的需求分析和结构化设计的方法，不能代替严谨的正规文档，也不能取代传统的生命周期法和相应的开发工具。原型化方法不适于开发大的系统。如果能把大系统分解成一系列小的系统，就可以用原型化方法对每个小系统进行有效的开发，但是这种分解工作是十分困难的，一般也需要先做彻底的需求分析。对于批处理系统和含有复杂的逻辑处理功能的系统及含有大量计算的小系统也不宜采用原型化方法开发。

原型化方法开发的时候，测试和文档工作常常容易被忽略。开发者常常将测试工作推给用户，这使得测试工作进行得不彻底，可能会给系统留下隐患。另外，由于原型化方法是不断修改变化的，因此往往忽视文档的编写。由于缺乏有效完整的文档，使系统运行后很难进行正常的维护。

原型化方法的另一个缺点是运行的效率可能会比较低。最原始的原型结构不一定是合理的，以此为模板多次改进后的最终系统会保留这种结构的不合理性。当系统运行于大数据量或者是多用户环境中时，运行的效率往往会降低。这种结构不合理的系统通常也是难以维护的。正确的方法是对原型进行重新的编码，但这样要付出额外的代价。

2.2.3 面向对象开发方法

结构化方法是目前系统开发的主要方法之一，该方法主要从功能角度进行分析与设计。传统方法主要存在以下的缺陷：

（1）问题空间与求解空间的不一致。在传统的开发方法中用于分析、设计和实现一个系统的过程和方法大部分是“瀑布”型的，即后一步是实现前一步所提出的需求或者进一步发展前一步所得出的结果。因此，在开发的后期往往发现前期的错误或不足，要进行修改是比较困难的。由于这种对系统的认识过程和对系统的设计（实现）过程的不一致所引起的困扰就越来越大。人们一直在寻求描述问题的问题空间和解决问题的方法空间在结构上的一致，这就是面向对象方法（Object Oriented Method）学的出发点和所追求的原则。

（2）处理模型和数据模型分别建立。传统的方法学在建立系统模型时，是从功能和数据两个不同的角度分别来构造模型，形成了处理模型和数据模型。由于这两个模型代表了信息系统的两个不同的特征，无论是系统分析师还是最优秀的软件设计师都无法完整地检查和纠正两个模型集成后所存在的不一致性和不准确性，这样建立的处理模型和数据模型可能存在不一致和不准确问题，如图 2.5 所示。

（3）系统分析到系统设计转换困难。在传统的结构化方法中系统分析模型使用数据流程图表示，而系统设计模型使用结构图表示，从系统分析到系统设计就存在着数据流程图到结构图的转换问题，也就是系统分析平滑过渡到系统设计的问题，如图 2.6 所示。一般认为，在面向对象方法中，不存在分析与设计过渡的问题，因为从系统分析到系统设计是一个渐进的逐步细化过程，从系统分析、系统设计、编码、测试和实施过程中自始至终都使用同一个信息系统模型。

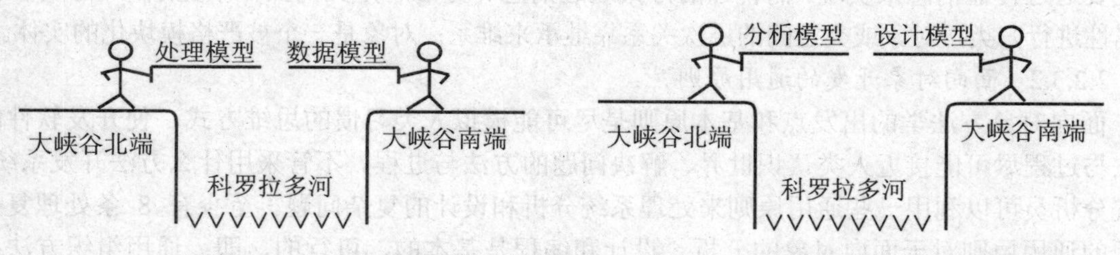

图 2.5 处理模型向数据模型的转换　　图 2.6 分析模型向设计模型的转换

（4）忽视信息系统的行为特征。传统的方法学忽视信息系统的行为特征，没有建立行为模型。而在基于 GUI 的面向对象的操作系统中，如 Windows、OS/2 等，均引进了关于事件驱动的方法，实际上就是建立在行为这一概念基础上的。

2.2.3.1 面向对象方法概述

1. 面向对象方法的由来

面向对象（Object Oriented，OO）的概念应起源于挪威的 K.Nyguard 等开发的模拟离散事件的程序设计语言 Simula67。但真正的面向对象程序设计（Object Oriented Programming，OOP）是由 AlanKeyz 主持设计的 Smalltalk 语言，“面向对象”这个词也是 Smalltalk 最先提出的。面向对象概念的出现是程序设计方法学和软件工程方法学的里程碑。面向对象的方法起源于面向对象的程序设计语言。正如 20 世纪 70 年代，结构化分析和设计是结构化编程的补充，80 年代，面向对象的分析和设计同样是面向对象编程的补充。面向对象编程解决问题的思路是从对象（人、地方和事情）的角度入手，而不像传统方法和结构化方法是从功能入手。因此，面向对象编程成为图形用户界面 GUI（Graphical User Interface）软件和运行在分布式和异构的、客户机—服务器计算机硬件平台上的软件的主要编程策略。20 世纪 80 年代，面向对象的分析、面向对象的设计等方法和技术才开始兴起，并试图在系统开发的整个生命周期中使用面向对象的方法。1988 年 Shlaer 和 Mellof 首先在其《面向对象的系统分析》（Object-Oriented System Analysis）一书中，集中使用 ER 模型（Entity-Relationship Model）来捕捉用户需求信息。1991 年 Coad 和 Yourdon 在《面向对象的分析》一书中提出了 OOA 方法，该方法使用一些技术来表达结构的行为和交互的信息。在 1991 年，Rumbaugh 等提出了一个用于系统分析和设计的“面向对象的建模技术（Object-Oriented Modeling Technology，OMT）”，该技术使用 3 种模型来描述一个系统：对象模型、动态模型和功能模型。对象模型是对 ER 模型的扩充，用于表达对象的结构；动态模型则使用状态图来表示对象的状态变化；功能模型使用数据流图来表示对象之间的交互作用。1992 年，Embley 等又提出了 OSA（面向对象的系统分析）方法，该方法类似于 OMT，也使用 3 种模型来描述系统：对象模型、行为模型和对象交互模型，对象关系模型和对象行为模型类似于 OMT 的对象模型和动态模型，对象交互模型在表达对象的交互作用上比 OMT 的功能模型要合理。面向对象技术和方法已经从研究阶段转向应用，将成为 21 世纪的重要技术之一。

2. 面向对象方法的基本思想

客观世界是由各种各样的对象组成的，每种对象都有各自的内部状态和运动规律，不同对象之间的相互作用和联系构成了各种不同的系统。对象是对事物的抽象，任何复杂的事物都可以由相对比较简单的对象以某种组合结构构成。对象由属性和方法组成；对象之间的联系主要通过传递消息来实现，而传递的方式通过消息和方法所定义的操作来完成；对象可以按照属性进行归类，对象或类之间的层次关系靠继承来维系；对象是一个被严格模块化的实体。

2.2.3.2 面向对象开发的通用原则

面向对象方法学的出发点和基本原则是尽可能模拟人类习惯的思维方式，使开发软件的方法与过程尽可能接近人类认识世界、解决问题的方法与过程。不管采用什么方法开发系统，系统分析员可以利用一些通用原则来处理系统分析和设计的复杂问题。至少有 8 条处理复杂问题的通用原则对于面向对象的分析、设计和编程是基本的、可行的，即：通用组织方法；抽象；封装或信息隐藏；继承；多态；消息通信；关联和复用。下面分别介绍这 8 条原则。

1. 通用组织方法（Common Organization Approach）

用于协助组织信息系统模型及最终编写软件。有关方法（Method）包括：

（1）对象及其属性或特征（Object & Attribute）。例如，人是一个对象，他有姓名、性别、身高、体重、生日等特征。

（2）整体和部分（Whole & Part）。桌面计算机系统是一个整体，通常由机箱，打印机、监视器、键盘和鼠标等组成，这些就是部分。整体—部分模式使用“有一（Has a）”逻辑。

（3）类和成员（Class & Member）。它在概念上和整体与部分相似，但其实例不符合整体和部分的关系。例如，英语俱乐部是类，而英语俱乐部的会员是成员。类和成员的模式使用“是一个（Is a）”逻辑。

2. 抽象（Abstraction）

抽象是忽略问题域的无关部分而集中考虑关键部分的原则。在系统分析和设计中，抽象用类确定必要的信息系统需求及删除不必要的部分。为了突出重点，抽象有意地忽略信息系统的某些性质、属性或功能。抽象是一种突出重点、去掉细节的总结。抽象同时忽略在给定细节层次上对理解系统并非必要的细枝末节。例如，中国地图、吉林省地图、吉林市地图等，每种地图的抽象级别都较前一种低，从而更具体。

3. 封装或信息隐蔽（Encapsulation or Information Hiding）

封装或信息隐蔽指软件的组成部分（模块、子程序、方法等）应该互相独立，或者隐藏设计的细节。这个概念是建立在 David Parnas 20 世纪 70 年代初期工作基础上的。在系统分析与设计中，系统分析员把问题域分解为小的封装单元。这些分析和设计决定最终成为软件模块。封装有利于灵活地局部修改和维护软件模块。封装或信息隐藏的进一步细化是指任何允许隐藏信息系统某些部分的机制。

4. 继承（Inheritance）

继承是表示相似性质的机制。正如你同时继承父母的外貌特点一样，信息系统组成成分也从有关部件继承某些特点。

5. 多态（Polymorphism）

多态一般指具有多种形态的能力。如水有 3 态，即固态、液态和气态。打印程序可以打印字符、数字、图形和图像。多态在计算机编程领域不是新概念，但在面向对象的分析和设计中使用多态的概念可能是新想法。多态性是允许将父对象设置成为和一个或多个它的子对象相等的技术，多态性使得能够利用同一类（基类）类型的搭针来引用不同的对象及根据所引用对象的不同以不同的方式执行相同的操作。

6. 消息通信（Message Communication）

消息通信是面向对象的方法中对象之间相互联系的方法。这与 Fortran、COBOL、C、FoxPro 等传统编程语言中的带参数子程序调用、段落或过程调用是相似的。

7. 关联（Relationship）

关联有助于把信息系统的各个部分相互联系起来，可以把同时发生或相似条件下发生的事情关联起来。

8. 复用（Reuse）

复用就是重复使用。复用可以采用 3 种形式，即共享、复制和改造。共享和复制大家是非常熟悉的。改造也是常用的。例如，程序员在可复用部件库内找到一段子程序、模块、段落等，该子程序成为程序员编制新的子程序的出发点，新的子程序与库中子程序存在某种程度的相似。然后程序员开始对库中的子程序进行改造，删除某些代码，改变某些代码，或加入某些新的代码。

2.2.3.3 面向对象方法的种类

20 世纪 80 年代后期和 20 世纪 90 年代初期，随着面向对象技术成为研究的热点出现了几十种支持软件开发的面向对象方法。其中 Booch 方法、Coad-Yourdon 方法、OMT 方法和 Jacobson 方法在面向对象软件开发界得到了广泛的认可。下面简要介绍这几种方法。

1. Booch 方法

Grady Booch 是面向对象方法最早的倡导者之一，他提出了面向对象软件工程的概念。

1991 年，他将以前面向 Ada 的工作扩展到整个面向对象设计领域，提出了 Booch 方法。Booch 方法的过程包括以下步骤：

（1）在给定的抽象层次上识别类和对象。

（2）识别这些对象和类的语义。

（3）识别这些类和对象之间的关系。

（4）实现类和对象。

这 4 种活动不仅是一个简单的步骤序列，而是对系统的逻辑和物理视图不断细化的迭代和渐增的开发过程。类和对象的识别包括找出问题空间中关键的抽象和产生动态行为的重要机制。开发人员可以通过研究问题域的术语发现关键的抽象。语义的识别主要是建立前一阶段识别出的类和对象的含义。开发人员确定类的行为（即方法）和类及对象之间的相互作用（即行为的规范描述）。该阶段利用状态转移图描述对象的状态的模型，利用时态图（系统中的时态约束）和对象图（对象之间的互相作用）描述行为模型。

在面向对象的设计方法中，Booch 强调基于类和对象的系统逻辑视图与基于模块和进程的系统物理视图之间的区别。他还区别了系统的静态和动态模型。然而，他的方法偏向于系统的静态描述，对动态描述支持较少，Booch 方法比较适合于系统的设计和构造。

2. Coad-Yourdon 方法

（1）Coad-Yourdon 方法概述。Coad 和 Yourdon 是美国大学的教授，他们于 1991 年合写了《面向对象的分析》一书。该书详细地阐述了面向对象系统分析的一套使用方法和具体步骤，用实例进行详细的说明。后来他们又合写了《面向对象的系统设计》一书，详细地阐明了面向对象设计的一套使用方法和步骤。

（2）Coad-Yourdon 方法的开发步骤。Coad-Yourdon 方法的开发步骤也是由面向对象分析、面向对象设计和面向对象实现所组成。Coad-Yourdon 方法严格区分了面向对象分析（OOA）和面向对象设计（OOD）。该方法利用 5 个层次的活动定义和记录系统行为，输入和输出。这 5 个层次的活动包括：①发现类及对象，描述如何发现类及对象，从应用领域开始识别类及对象，形成整个应用的基础，然后，据此分析系统的责任；②识别结构。该阶段分为两个步骤，第一，识别一般一特殊结构，该结构捕获了识别出的类的层次结构；第二，识别整体一部分结构，该结构用来表示一个对象如何成为另一个对象的一部分及多个对象如何组装成更大的对象；③定义主题，主题由一组类及对象组成，用于将类及对象模型划分为更大的单位，便于理解；④定义属性，其中包括定义类的实例（对象）之间的实例连接；⑤定义服务，其中包括定义对象之间的消息连接。在面向对象分析阶段，经过 5 个层次活动分析得到一个分成 5 个层次的问题域模型，包括主题、类及对象、结构、属性和服务 5 个层次，由类及对象图表示。5 个层次活动的顺序并不重要。

面向对象设计模型需要进一步区分以下 4 个部分：

1）问题域部分（PDC）。面向对象分析的结果直接放入该部分。

2）人机交互部分（HIC）。这部分的活动包括对用户分类，描述人机交互的脚本，设计命令层次结构，设计详细的交互，生成用户界面的原型，定义 HIC 类。

3）任务管理部分（TMC）。这部分的活动包括识别任务（进程）、任务所提供的服务、任务的优先级、进程是事件驱动还是时钟驱动及任务与其他进程和外界如何通信。

4）数据管理部分（DMC）。这一部分依赖于存储技术是文件系统、关系数据库管理系统，还是面向对象数据库管理系统。

面向对象的实现主要是将面向对象设计中得到的模型利用程序设计语言实现，包括进行编码语言的选择、编程、测试、调试和试运行等。

Coad-Yourdon 方法的特点是方法简单、易学，适合于面向对象技术的初学者使用，但由于该方法在处理能力方面的局限，目前已很少使用。

3. OMT（面向对象的建模技术）方法

（1）OMT 方法概述。1991 年 James Rumbaugh 等提出了“面向对象的建模技术（Object Modeling Technology，OMT）”，采用了面向对象的概念，并引入各种独立于语言的表示符。这种方法用对象模型、动态模型和功能模型共同完成对整个系统的建模，所定义的概念和符号可用于软件开发的分析、设计和实现的全过程，软件开发人员不必在开发过程的不同阶段进行概念和符号的转换。

（2）用 OMT 方法进行系统分析。用 OMT 方法进行系统分析需要建立对象模型、动态模型和功能模型。对象模型描述系统中的对象、对象之间的关系，标识类中的属性和操作，反映系统的静态结构。动态模型表述系统与时间的变化有关的性质。功能模型由多张数据流程图组成，功能模型描述系统中所有的计算。

（3）用 OMT 方法进行系统设计。用 OMT 方法进行系统设计的主要内容有：把系统分解成子系统；识别问题中固有的并发性；把子系统分配给处理器和任务；选择数据存储管理的方法；处理访问全局资源；选择软件中的控制实现；处理边界条件；设置权衡的优先权。

（4）用 OMT 方法进行对象设计的开发步骤。

1）组合 3 种模型——获得类上的操作。

2）实现操作的算法设计。

3）优化数据的访问路径。

4）实现外部交互式的控制。

5）调整类结构，提高继承性。

6）设计关联。

7）确定对象表示。

8）把类和关联封装成模块。

用 OMT 方法进行实现，可以使用面向对象的语言、非面向对象语言等程序设计语言实现，也可以使用数据库管理系统实现。详细内容可参看有关书籍。

（5）OMT 方法的特点。OMT 被认为是最精确的方法，从系统分析到程序设计都能给予详细说明，容易建立接近现实的模型，比较难掌握、难理解。

4. Jacobson 方法

Ivar Jacobson 于 1994 年提出了 OOSE 方法，其最大特点是面向用例（Use-Case），并在用例的描述中引入了外部角色的概念。用例的概念是精确描述需求的重要武器，用例贯穿于整个开发过程，包括对系统的测试和验证。OOSE 比较适合支持商业工程和需求分析。在需求分析阶段识别领域对象和关系的活动中，开发人员识别类、属性和关系。关系包括继承、熟悉（关联）、组成（聚集）和通信关联。定义 Use-Case 的活动和识别设计对象的活动，两个活动共同完成行为的描述。Jacobson 方法还将对象区分为语义对象（领域对象）、界面对象（如用户界面对象）和控制对象（处理界面对象和领域对象之间的控制）。

在该方法中的一个关键概念就是Use-Case。Use-Case是指行为相关的事务（Transaction）序列，该序列将由用户在与系统对话中执行。因此，每一个Use-Case就是一个使用系统的方式，当用户给定一个输入，就执行一个Use-Case的实例并引发执行属于该Use-Case的一个事务。基于这种系统视图，Jacobson将use case模型与其他5种系统模型关联：

（1）领域对象模型。Use-Case模型根据领域来表示。

（2）分析模型。Use-Case模型通过分析来构造。

（3）设计模型。Use-Case模型通过设计来具体化。

（4）实现模型。该模型依据具体化的设计来实现Use-Case模型。

（5）测试模型。用来测试具体化的Use-Case模型。

2.2.3.4 面向对象方法的开发过程

面向对象方法按系统开发的一般过程分为系统调查（System Diagnoses）、面向对象分析（Object-Oriented Analysis，OOA）、面向对象设计（Object-Oriented Design，OOD）、面向对象编程（Object-Oriented Program，OOP）和程序实现。

1. 系统调查和需求分析

对系统面临的具体业务问题和用户对系统开发的需求进行调查研究，即先弄清楚系统要干什么。

2. 面向对象分析

在面向对象分析过程中需要分析问题的性质和求解问题，在复杂的问题域中抽象识别出对象及其行为、结构、属性和方法。面向对象分析的关键，是识别出问题域内的对象，并分析它们相互间的关系，最终建立起问题域的正确模型。面向对象分析大体上按照下列顺序进行：建立功能模型、建立对象模型、建立动态模型、定义服务。功能模型从功能角度描述对象属性值的变化和相关的函数操作，表明了系统中数据之间的依赖关系及有关的数据处理功能，它由一组数据流图组成。其中的处理功能可以用IPO图、伪码等多种方式进一步描述。复杂问题（大型系统）的对象模型由主题层（也称为范畴层）、类－&－对象层、结构层、属性层和服务层构成。动态模型反映问题涉及的交互作用和时序。

3. 面向对象设计

设计则是把分析阶段得到的需求转变成符合成本和质量要求的、抽象的系统实现方案的过程。从面向对象分析到面向对象设计是一个逐渐扩充模型的过程。或者说，面向对象设计就是用面向对象观点建立求解域模型的过程。面向对象的设计分为两个阶段，一是系统设计，描述系统的体系结构；一是对象的设计，描述系统的对象及其相互关系。

在实际的软件开发过程中分析和设计的界限是模糊的。许多分析结果可以直接映射成设计结果，而在设计过程中又往往会加深和补充对系统需求的理解，从而进一步完善分析结果。因此，分析和设计活动是一个多次反复迭代的过程。

4. 程序实现

使用面向对象的程序设计语言将其范式直接映射为应用程序软件，即OOP（它是一个直接映射过程）。面向对象分析与其他分析方法一样，是提取系统需求的过程。

2.2.3.5 统一建模语言（UML）

由于面向对象开发方法和相关建模技术众多，开发人员不得不选择学习几种建模技术，使用不同的建模技术限制了项目和开发团队之间共享模型，阻碍了团队成员和用户之间的沟通，导致软件开发人员很难选择面向对象开发方法。1994 年 10 月，Jim Rumbaugh 和 Grady Booch 合作把他们的 OMT 和 Booch 方法统一起来，到 1995 年成为“统一方法”(Unified Method）版本为 0.8。随后，Ivar Jacobson 加入，并采用他的用例思想。1996 年“统一方法”成为“统一建模语言”，版本为 0.9。1997 年 1 月，UML 1.0 版本被提交给 OMG（Object Management Group）组织，OMG 把它作为软件建模语言标准的候选。其后半年多的时间里，一些重要的软件开发商和系统集成商都成为“UML 伙伴”，如 IBM、Mircrosoft 及 HP 等。1997 年 11 月 7 日，UML 被正式采纳作为业界标准，并不断发展，如图 2.7 所示。UML 是一种标准的图形化建模语言，是面向对象分析和设计的一种标准表示。它是用来对软件密集系统进行可视化建模的一种语言。

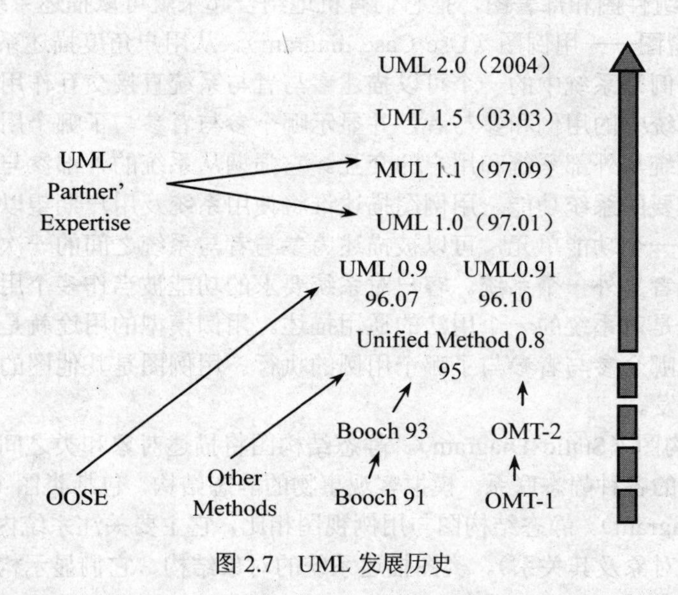

图 2.7　UML 发展历史

UML 是第 3 代面向对象开发方法，是一种标准化的图形建模语言，为不同领域的用户提供了统一的交流标准—— UML 图。UML 应用领域很广泛，可用于软件开发建模的各个阶段、可用于商业建模（Business Modeling），也可用于其他类型的系统建模。

UML 由视图、图、模型元素和通用机制等几个部分构成。

1. 视图（Views）

一个系统应从不同的角度进行描述，从一个角度观察到的系统称为一个视图。视图由多个图（Diagrams）构成，它不是一个图表（Graph），而是在某一个抽象层上对系统的抽象表示。如果要为系统建立一个完整的模型图，需定义一定数量的视图，每个视图表示系统的一个特殊的方面。另外，视图还把建模语言和系统开发时选择的方法或过程连接起来，视图如图 2.8 所示。设计视图（Design View）描述系统设计特征，包括结构模型视图和行为模型视图，前者描述系统的静态结构（类图、对象图），后者描述系统的动态行为（交互图、状态图、活动图）。过程视图（Process View）表示系统内部的控制机制，常用类图描述过程结构，用交互图描述过程行为。实现视图（Implementation View）表示系统的实现特征，常用构件图表示。配置视图（Deployment View）描述系统的物理配置特征，用配置图表示。

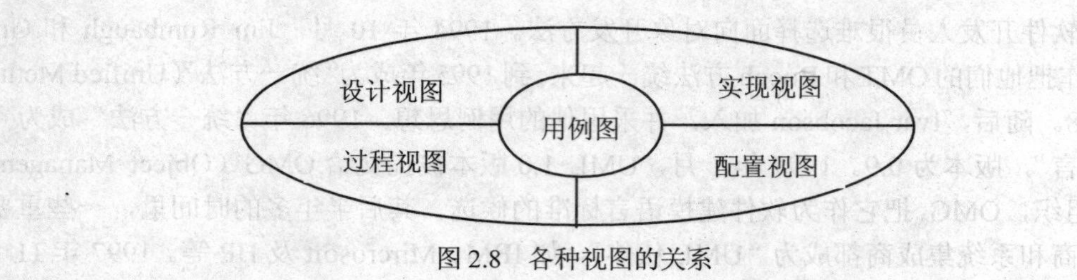

图 2.8　各种视图的关系

2. 图（Diagrams）

UML 语言定义了 5 种类型，9 种不同的图，即用例图、类图、对象图、状态图、顺序图、协作图、活动图、组件图和部署图，把它们有机地结合起来就可以描述系统的所有视图。

（1）用例模型图——用例图（Use Case diagram）。从用户角度描述系统功能，并指出各功能的操作者。用例是系统中的一个可以描述参与者与系统直接交互作用的功能单元，用例图的用途是列出系统中的用例和参与者，并显示哪个参与者参与了哪个用例的执行。它以图形化的方式描述系统与外部系统和用户的交互。它强调从系统的外部参与者（主要是用户）的角度看到的或需要的系统功能。用例图描述谁将使用系统及用户期望以什么方式与系统交互。用例是系统的一个功能单元，可以被描述为参与者与系统之间的一次交互作用。参与者可以是一个用户或者另外一个系统。客户对系统要求的功能被当作多个用例在用例图中进行描述，一个用例就是对系统的一个用法的通用描述。用例模型的用途就是列出系统中的用例和参与者，并显示哪个参与者参与了哪个用例的执行。用例图是其他图的核心，它的内容直接驱动其他图的开发。

（2）静态结构图（Static Diagram）。静态结构图将描述对象和类之间的静态关系，通过建立对象和类之间的各种静态联系，模拟客观事物的静态结构，包括类图（Class Diagram）和对象图（Object Diagram）。静态结构图与用例视图相比，它主要关注系统内部，它是描述系统的静态结构（类、对象及其关系）。类图描述系统的对象结构，它们显示构成系统的对象类及那些对象类之间的关系。对象图类似于类图，它们建模实际的对象实例——显示实例当前的属性值。对象图为开发人员提供对象在某个时间点上的“快照”。对象图可以帮助开发人员更好地理解系统结构。

（3）交互图（Interactive Diagram）包括顺序图（Sequence Diagram）和协作图（Collaboration Diagram）。顺序图显示多个对象间的动作协作，它以图形化方式描述了在一个用例或操作的执行过程中对象如何通过消息互相交互，重点是显示对象之间发送消息的时间顺序，因此也称为时序图。协作图类似于顺序图，协作图对在一次交互中有意义的对象和对象间的链建模。除了显示消息的交互以外，协作图也显示对象及其关系。顺序图和协作图都可以表示各对象间的交互关系，但它们的侧重点不同。顺序图用消息的几何排列关系来表达消息的时间顺序，各角色之间的关系是隐含的。协作图用各个角色排列来表示角色之间的关系，并用消息类说明这些关系。在实际应用中可以根据需要选用这两种图：如果需要重点强调时间或顺序，那么选择顺序图；如果需要重点强调上下文，那么选择协作图。顺序图和协作图可以互相转换。

（4）行为结构图（Behavior Diagram）。描述系统的动态模型和组成对象间的交互关系，包括状态图（State Diagram）和活动图（Activity Diagram）。状态图是建模系统的动态行为，是对类描述的补充，它用于显示类的对象可能具备的所有状态及引起状态改变的事件。实际建模时，并不需要为所有的类都绘制状态图，仅对那些具有多个明确状态并且这些状态会影响和改变其行为的类绘制状态图。此外，还可以为系统绘制整体状态图。状态图说明了一个对象的生命周期——对象可以经历的各种状态及引起对象从一个状态向另一个状态转换的事件。活动图是状态图的一个变体，用来描述一个业务过程或者一个用例的活动的顺序流。活动状态代表了一个活动，即一个工作流步骤或一个操作的执行。活动图由多个动作状态组成，当一个动作完成后，动作状态将会改变，转换为一个新的状态。

（5）实现图（Implementation Diagram）。实现图用于描述系统中硬件和软件的物理架构，包括组件图（Component Diagram）和配置图（Deployment Diagram）。组件图描述系统的实现模块及其依赖关系，它是构造应用的软件单元。一个组件包含它所实现的一个或多个逻辑类的相关信息。通常组件图用于实际的编程工作中，它也可以用来显示程序代码如何分解成模块（或者组件）；组件图中也可以添加组件的其他附加信息，如资源分配或者其他管理信息。配置图用于显示系统中的硬件和物理结构，它描述构成系统架构中的软件组件、处理器和设备配置。它的使用者是开发人员、系统集成人员和测试人员。

上述5种图分别描述系统的一个方面，5种图组合成UML完整的模型。其中用例图、活动图和类图较为常见，用例图显示各种角色及角色使用的功能，能够很形象地描述出软件项目的需求。活动图是反映活动的流程，类似于结构化方法中的流程图，代表业务逻辑的流程。类图表示系统中类的关系，可以扩展生成数据库表。也有的把UML分析与设计的模型分为3类10种图。3大类模型为用例模型图、静态模型图和动态模型图。用例模型图由用例图构成；静态模型图由类图、对象图、包图、构件图和配置图构成；动态模型图由活动图、顺序图、状态图和合作图组成。所有的图都是由模型元素和机制组成。

3. 模型元素（Model Element）

模型元素是UML构造系统的各种元素，是UML构建模型的基本单位。模型元素代表面向对象中的类、对象、关系和消息等概念，是构成图最基本的、最常用的概念。分为以下两类：

（1）基元素。图2.9是已由UML定义的模型元素，如类、结点、构件、注释等。

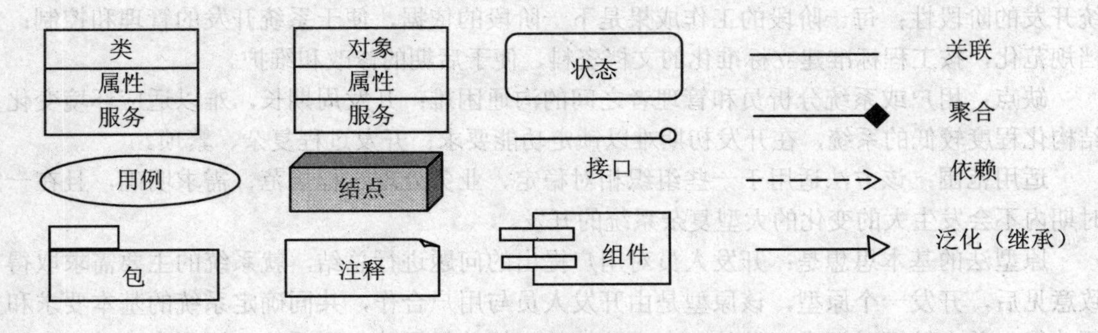

图2.9　UML定义的模型元素和通用机制

（2）构造型元素。在基元素的基础上构造新的模型元素，是由基元素增加了新的定义而构成的，如扩展基元素的语义（不能扩展语法结构），也允许用户自定义。构造型用括在双尖括号(<<>>)中的字符串表示。目前UML提供了40多个预定义的构造型元素，如使用<<Use>>、扩展<<Extend>>等。

4. 通用机制（General Mechanism）

机制主要是模型元素的关系，有关联、依赖、聚合和泛化等 4 种关系。关系由一些箭头变化而成，但是通俗地说，如果是关联关系，箭头的根部依赖于箭头；如果是聚合关系，则箭头包含根部的元素。另外，UML 还有扩展机制（Extension Mechanism），扩展机制允许在控制的方式下扩充 UML 语言。这一类的机制包括 Stereotype、标记值、约束等。

UML 的特点是：面向对象，统一了标准，成为 OMG 的正式标准；可视化、表达能力强，可用于复杂软件系统的建模；独立于开发过程，易于掌握和利用。

2.2.3.6 面向对象方法的特点

面向对象方法以对象为基础，把信息和操作封装到对象里，然后利用特定的软件模块完成从对象客体描述到软件结构之间的转换，避免了其他方法在开发过程中的不一致性和复杂性，面向对象方法开发出来的应用程序易重复使用、易改进、易维护、易扩充，具有简单性、统一性、开发周期短、费用低等特点。

2.2.4 管理信息系统开发方法的选择

上面介绍了 3 种常用的开发方法，尽管 3 种开发方法的描述工具不同，各种方法适用的系统不同，但科学的开发过程都是从可行性研究开始，经过系统分析、系统设计、系统实施等主要阶段。每一个阶段都应有文档资料，并且在开发过程中不断完善和充实。

1. 结构化系统开发方法与原型法的区别

结构化系统开发方法基本思想是：在系统建立之前信息就能被充分理解。它要求严格划分开发阶段，用规范的方法与图表工具有步骤地完成各阶段的工作，每个阶段都以规范的文档资料作为其成果，最终得到满足用户需要的系统。结构化分析、结构化设计、结构化程序设计（简称 SA-SD-SP 方法）可用瀑布模型来模拟。各阶段的工作自顶向下从抽象到具体顺序进行。瀑布模型意味着在生命周期各阶段间存在着严格的顺序且相互依存。

优点：从系统整体出发，逻辑设计与物理设计分开；强调在整体优化的条件下“自上而下”地分析和设计，保证了系统的整体性和目标的一致性；遵循用户至上原则；严格区分系统开发的阶段性；每一阶段的工作成果是下一阶段的依据，便于系统开发的管理和控制；文档规范化，按工程标准建立标准化的文档资料，便于后期的修改和维护。

缺点：用户或系统分析员和管理者之间的沟通困难；开发周期长，难以适应环境变化；结构化程度较低的系统，在开发初期难以锁定功能要求；开发过程复杂、繁琐。

适用范围：该方法适用于一些组织相对稳定、业务处理过程规范、需求明确，且在一定时期内不会发生大的变化的大型复杂系统的开发。

原型法的基本思想是：开发人员对用户提出的问题进行总结，就系统的主要需求取得一致意见后，开发一个原型，该原型是由开发人员与用户合作，共同确定系统的基本要求和主要功能，并在较短时间内开发的一个实验性的、简单易用的小型系统。原型应该是可以运行的，可以修改的。需要反复对原型进行修改，使之逐步完善，直到用户对系统完全满意为止。原型法的核心是用交互的、快速建立起来的原型取代了形式的、僵硬的（不易修改的）大型的规格说明，用户通过在计算机上实际运行和试用原型而向开发者提供真实的反馈意见。快速原型法的实现基础之一是可视化的第 4 代语言的出现。

优点：符合人们认识事物的规律，系统开发循序渐进，反复修改，确保较好的用户满意度；开发周期短，费用相对少；由于有用户的直接参与，系统更加贴近实际；易学易用，减少用户的培训时间；应变能力强；降低开发风险和开发成本。

缺点：不适合开发大型的信息系统；开发过程管理要求高，整个开发过程要经过“修改一评价一再修改”的多次反复，开发难以控制；用户过早看到系统原型，误认为系统就是这个模样，易使用户失去信心；开发人员易将原型取代系统分析；缺乏规范化的文档资料，系统难以维护；如果用户合作不好，盲目纠错，会拖延开发进程。

适用范围：处理过程明确，规模小，不太复杂的系统；用户需求不清，管理及业务不稳定，需求经常变化，涉及面窄的小型系统。不适合于大型、复杂的难以模拟的系统；存在大量运算、逻辑性强的处理系统；管理基础工作不完善、处理过程不规范；大量批处理的系统。

结构化设计方法（Structured Design，SD）是结构化开发方法的核心，与SA法、SP法密切联系，主要完成软件系统的总体结构设计。

原型化方法是一种定义系统需求可采取的策略，实现时需经过若干步骤，一般其采用的最后步骤应是模型验证。

2. 结构化系统开发方法与面向对象方法的区别

结构化方法强调过程抽象和模块化，将现实世界映射为数据流和加工，加工之间通过数据流进行通信，数据作为被动的实体，它是以过程（或操作）为中心来构造系统和设计程序的，数据模型和处理模型是分离的。结构化方法采用过程建模，使用数据流程图来说明数据通过一系列业务过程的流程，使用结构图说明业务需求的自顶向下的软件结构。因此，在分析和设计阶段需要对模型进行转换，由于转换时采用一些规则，而通过这些规则转换的结果是不唯一的，所以在分析和设计时存在不一致的问题。结构化方法还采用数据建模，如使用实体联系图表示数据的需求。过程建模技术和数据建模技术将数据和过程分别加以考虑，换句话说，数据模型和过程模型是独立的，若对某一数据结构做了修改，所有处理数据的过程都必须重新修订，这样就增加了很多的编程工作量。结构化方法采用“自顶向下”的开发方法，严格开发的阶段，只有上一个阶段开发完成，才能进行下一个阶段的工作。由于软、硬件技术的不断发展和用户需求的变化，按照功能划分设计的系统模块容易发生变化，使得开发出来的模块可维护性欠佳。

面向对象方法是近年来针对（SA-SD-SP）的缺陷提出的一种新方法，它是一种快速、灵活、交互式的软件开发方法学。它围绕现实世界的概念来组织模块，采用对象建模技术，对象将数据和操作封装在一起，提供有限的接口，其内部的实现细节、数据结构及对它们的操作是外部不可见的，对象之间通过消息相互通信。它用程序代码模拟现实世界中的对象，使程序设计过程更自然、更直观。使用面向对象方法开发MIS时，工作重点在生命周期中的分析阶段。分析阶段得到的各种对象模型也适用于设计阶段和实现阶段。面向对象方法具有的继承性和封装性支持软件复用，并易于扩充，能较好地适应复杂大系统不断发展和变化的要求。面向对象方法是“自底向上”的开发过程，每个阶段的界限不是很严格。面向对象开发方法的优点：分析、设计中的对象和软件中的对象是一致的；实现软件复用，简化程序设计；系统易于维护；缩短开发周期。

面向过程是以功能为中心来描述系统，而面向对象是以数据为中心来描述系统。相对于功能而言，数据具有更强的稳定性。面向对象模拟了对象之间的通信，就像人们之间互通信息一样，对象之间也可以通过消息进行通信。这样，不必知道一个对象是怎样实现其行为的，只需通过对象提供的接口进行通信并使用对象所具有的行为功能。而面向过程则通过函数参数和全局变量达到各过程模块联系的目的。面向对象把一个复杂的问题分解成多个能够完成独立功能的对象（类），然后把这些对象组合起来去完成这个复杂的问题。采用面向对象模式就像在流水线上工作，最终只需将多个零部件（已设计好的对象）按照一定关系组合成一个完整的系统，这样使得软件开发更有效率。面向过程建模技术便于进行业务过程重构，通过业务过程重构组织研究其基本业务过程，以增加产量和效率并减少浪费和开支。

3. 原型化方法与结构化生命周期法的结合

在生命周期法的开发过程中，用户和开发人员之间总存在着隔阂，用户或者对自己的最终需求不清楚，或者由于交流上的障碍无法把自己的意图向开发人员完全表达出来。根据心理学家的经验，每个人在借助一个具体事物来表达自己对这类事物的看法时，比不借助任何具体事物论述要全面、深刻，也容易得多。用户看到一个具体的系统，不管存不存在缺陷或不足，常常比一大堆的文件、手册更能说明问题，它是用户和开发人员之间最理想的通信介质。丢弃式方法，就是把原型作为用户和开发人员之间进行通信的介质。使用这种方法时，原型的开发过程作为传统生命周期法的一个阶段，即需求定义阶段。这样原型法就与传统的开发方法紧密地结合在一起了。这种形式的开发过程如图 2.10 所示。

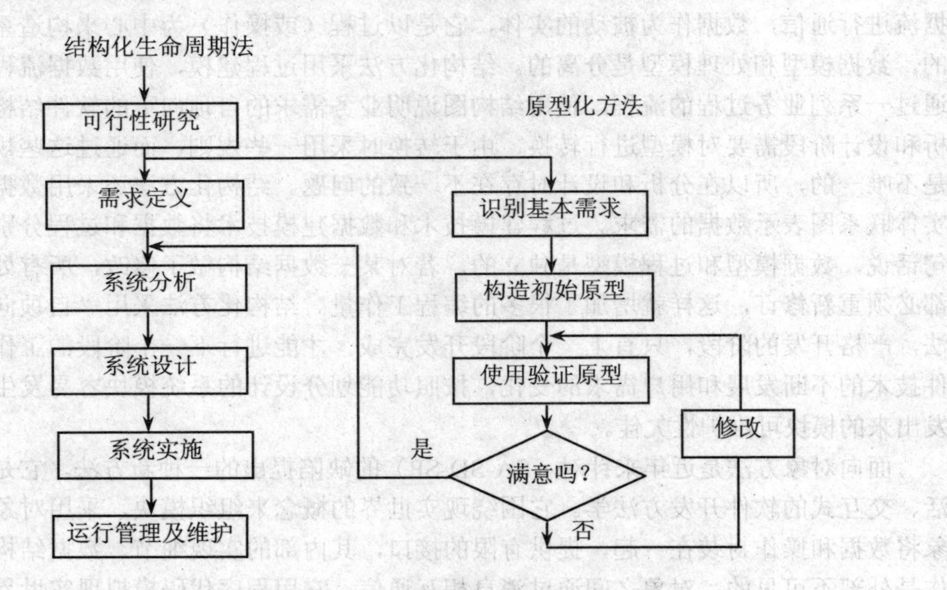

图 2.10　原型化方法与结构化方法的结合方式

4. 系统开发方法的选择

系统开发方法的选择涉及很多的因素，下面介绍主要的考虑因素：

（1）应用的特点。系统需求和应用类型、数据、过程、算法、环境等及问题的难点和复杂性等。

（2）方法的特点。系统开发各种方法的特点、应用的假设条件。

（3）资源分析。可利用的资源有：人力资源，即系统开发人员的水平和情况，用户情况等；CASE 工具的可利用性；时间、资金等方面的约束条件。

在此基础上要使应用与方法相匹配，考虑资源与约束等方面的情况。一般说来，当企业应用领域的系统需求可以明确提出，并且预计某种需求有相当长的一段时间保持稳定时，可采用结构化生命周期法。当企业的系统开发要求周期短，多数用户不熟悉计算机，用户提不出明确、全面的需求，系统分析员对用户专业不熟悉并且很难定义用户需求时，可选用原型法开发系统。当企业的系统处在复杂多变的环境中，功能和数据类型庞大且复杂，不稳定且容易变化时，可采用面向对象的开发方法。从开发方法对使用者的要求看，结构化生命周期法离计算机近一些，原型法离用户近一些，而面向对象方法则处于两者之间。

在实际项目的开发中，常常是几种方法结合起来使用，方法的选择和结合要根据实际情况来决定，如在需求分析阶段使用原型化方法，在系统设计时使用面向对象的设计方法或在系统分析阶段使用面向对象法，在程序开发中使用结构化方法等。在使用不止一种方法时，特别要注意不同方法之间的转换和衔接。

小　结

结构化方法是已经相当成熟的开发方法，它成功地开发了许多管理信息系统。但结构化方法有一个重要的缺点，即它的假设条件是系统需求在开发过程中基本保持不变。开发系统的实践表明，对有些系统来说，使用严格定义、明确说明用户需求的结构化方法，开发出来的管理信息系统是不完备的，需要修改或重新设计。提高生产率在很大程度上依赖于解决需求定义问题，如果用户需求弄不清楚，使用结构化方法开发出来的系统就可能存在这样或那样的问题。需求定义的一种变通方法就是获得基本需求后，快速地加以“实现”。随着用户及开发人员对系统的深入理解而不断地进行补充和细化，系统的定义是在逐步发展过程中完善的，这就是原型化方法。原型化方法适用于较小的系统。原型法与结构化方法相比摈弃了一步步周密细致地调查、分析、整理文档，再进行逻辑设计、物理设计等繁琐过程而快速构造系统的物理原型。原型法省却了结构化法中的大量文档资料。面向对象法（OO）是近年来发展起来的一种系统开发方法， 它与原型方法的设计与实现有一定的共同之处。不同的是，面向对象法是一种从系统调查分析之后就开始面向对象进行分析的开发方法。OOA 试图利用对象（Object）概念，来描述系统做什么；OOD 则试图描述系统怎么做。在 OOA 和 OOD 中主要采用了类图（Class Chart）、对象图（Object Chart）、对象状态图（Object Status Chart）等工具。OOP 利用类（Class）、对象（Object）、数据封装（Data Encapsulation）等概念及面向对象语言的继承性、多态性等特性进行程序的编制和调试。

复习思考题

1．什么是结构化方法？
2．结构化方法的假设前提是什么？它的缺点是什么？
3．什么是原型化方法？它适用于哪种系统？
4．什么是面向对象方法？它有哪些优点？
5．简述面向对象方法的特点及适用范围。
6．如何选择信息系统开发方法？

第3章 信息系统总体规划与可行性分析

管理信息系统一般都是比较大的系统，而建立管理信息系统的风险很大，因此要求在战略上对管理信息系统进行总体规划，确定子系统的开发顺序，提出信息系统开发方案，并对开发方案进行可行性分析。本章讨论系统总体规划方法和可行性分析

3.1 信息系统总体规划

信息系统的总体规划也称为信息系统战略规划（Strategic Information System Plan）。总体规划阶段的主要目标就是制定信息系统的长期发展方案，决定信息系统在整个生命周期内的发展方向、规划和发展进程。它可以提供投入资源的时间表，控制方案进度的查验点，预估方案所需的预算，提供是否继续执行方案的判断准则，提供评估方案绩效的标准等，为以后的各阶段建设提供基础。

3.1.1 总体规划概述

总体规划是对组织在较长时期内关于发展方向、目标方面的计划。管理信息系统的开发通常是一项耗资大、复杂程度高、时间相当长的工程，因此要求有一个规划性的设计。应根据组织的目标和发展战略、信息系统建设的客观规律及组织的内外环境，科学地制定信息系统的发展战略、总体方案，合理地安排系统建设的进程。

3.1.1.1 总体规划的概念

管理信息系统的总体规划是关于管理信息系统长远发展的规划，也称为战略规划，是企业战略规划的一个重要部分。总体规划是决策者、管理者和开发者共同制订和共同遵守的建立信息系统的纲领。制定总体规划的重要目的是保证建立的目标系统具有科学性、经济性、先进性和适用性；合理规划信息资源配置，使信息得到充分的利用，促进信息系统应用的深化。管理信息系统总体规划的重要性体现在以下4个方面：

（1）总体规划是系统开发的前提条件。管理信息系统的开发是一项极其重要复杂的系统工程，它涉及组织的管理体制、管理环境，人、财、物各种资源的配置等，涉及由高层到低层、由整体到局部、由决策到执行等各个层次多个管理部门，如果没有一个总体规划来统筹安排和协调，盲目地进行开发，不但造成资源的浪费，还会导致系统开发失败。总体规划是建立管理信息系统的先期工程，是前提条件。

（2）总体规划是系统开发的纲领。总体规划明确规定系统开发的目标、任务、方法、步骤及系统开发人员和系统管理人员共同遵守的准则、系统开发过程的管理和控制手段等，这些都是指导系统开发的纲领性文件。

（3）总体规划是系统开发成功的保证。总体规划把组织的远期目标和近期目标、外部环境和内部环境、整体效益和局部效益、自动业务和手工业务、定性分析和定量分析、信息处理和辅助决策等诸方面的关系统筹协调起来。总体规划可以使系统的开发严格按计划有序地

进行，同时也可以对在系统开发过程中出现的各种偏差进行微观调控，及时修改、完善计划，有效地避免由于系统开发过程的失误造成的损失，甚至失败的恶果。

（4）总体规划是系统验收评价的标准。新系统建成后，应该对系统运行后的情况进行测定验收，对系统的目标、功能、特点、可用性等进行评价。这些工作都是以总体规划为标准的，符合总体规划标准的系统开发是成功的，否则是失败的。

总体规划的重要性可以用以下关系概括：

好的总体规划+好的开发=优秀的管理信息系统；

好的总体规划+差的开发=好的管理信息系统；

差的总体规划+好的开发=差的管理信息系统；

差的总体规划+差的开发=失败的管理信息系统。

好的总体规划，可以使管理信息系统有明确的战略目标和科学的开发计划，使系统具有良好的全局性。使得开发出的系统适用性好，可靠性高，可以缩短周期，节省费用。总之，管理信息系统的规划是重要的，尤其是对一些大型的项目开发更要做好总体规划。

3.1.1.2　总体规划的任务和特点

1. 总体规划的任务

（1）从系统的全局出发，制定管理信息系统的发展战略。主要是使管理信息系统的战略与整个组织的战略和目标协调一致。

（2）总体规划是从系统的整体进行考虑，对系统进行调查、分析，确定组织的主要信息需求，形成管理信息系统的总体结构方案，安排项目开发计划。

（3）拟定系统的实施方案，提出系统开发的优先顺序。管理信息系统都是比较大的，很难一次全部开发完成。因此，要将管理信息系统划分为若干个子系统，要考虑子系统与子系统的关联，对子系统的优先级进行设定，以便确定子系统的开发顺序。提出系统资源的分配计划和分步实施计划，指导子系统的具体实施，从而可在最短时间内见到效益。

（4）制订系统建设的资源分配计划，即指定为实现开发计划而需要的硬软件资源、数据通信设备、人员、技术、服务和资金等计划，提出整个系统的建设概算。这里只是逻辑配置，在开发的后期要根据实际情况进行调整。

2. 总体规划的特点

总体规划的重点是高层的系统分析，它是面向高层的、面向全局的需求分析，其特点如下：

（1）总体规划侧重高层的需求分析，对需求分析有比较具体的准则。

（2）系统结构设计着眼于子系统的划分，对子系统的划分有明确的规则。

（3）把系统实施计划看作设计任务中的决策内容，对子系统开发优先顺序，有明确的规则，支持系统优先级的评估。

（4）从整体上看着眼于高层管理，兼顾中层与操作层规划方面的内容。

（5）总体规划从宏观上描述系统，对数据的描述限在“数据类”级，对处理过程的描述在“过程组”级。更进一步的分析放在系统分析阶段进行。

3.1.1.3　总体规划的原则

管理信息系统的总体规划原则有以下几条：

（1）支持组织的总目标。总体规划采取自上而下的规划方法，从组织的目标入手，逐步地向管理信息系统目标和结构转化。

（2）面向组织各管理层次的要求。总体规划是针对战略层、控制层和业务层3个不同管理层的活动了解信息需求，特别注意对管理有影响的决策支持。

（3）方法上摆脱信息系统对组织机构的依从性。总体规划首先着眼于组织的活动过程。组织最基本的活动和决策可以独立于任何层次和管理职责。它从方法上摆脱了信息系统对组织机构的依赖性。

（4）在结构上信息系统有良好的整体性。总体规划采用自上而下的规划方法，可以保证系统结构的完整性和信息的一致性，设计中要注意整体结构的最优化。

（5）便于实施。规划与设计是自顶向下的，实施过程是自下而上的，在系统结构设计的同时，还应考虑系统实施的先后顺序和实施步骤。

3.1.1.4　总体规划的时机

诺兰模型是对信息系统发展历程的总结，诺兰曲线是一条波浪式的曲线，它反映了信息系统发展的经验和规律。一般认为模型中的各个阶段都是不能跳跃的，但是随着人们对信息系统认识的提高，可以压缩某些阶段的持续时间，特别是传播阶段。“诺兰模型”的预见性，被其后国际上许多企业的计算机应用发展情况所证实。诺兰的 6 阶段模型反映了企业计算机应用发展的规律性，前 3 个阶段具有计算机时代的特征，后 3 个阶段具有信息时代的特征，其转折点处是进行信息系统规划的时机。因此，总体规划的时机可选择在控制阶段或集成阶段。如果规划的时机选择的过“早”，往往规划的指导性不强，失去规划的意义；如果规划的时机过“晚”，由于已经建立了大量分散的独立系统，在将这些已建系统集成为一个大系统时，就会产生很多的问题，有些系统要进行很多改造才能集成；有些系统可能没有改造的意义，从而造成巨大的浪费。

3.1.2　总体规划方法

用于管理信息系统规划的方法很多，主要是关键成功因素法、战略目标集转化法和企业系统规划法。其他还有企业信息分析与集成技术（BIAIT）、产出/方法分析（E/MA）、投资回收法（ROI）、征费法（Char Gout）、零线预算法、阶石法等。用得最多的是前面3种。

3.1.2.1　关键成功因素法

关键成功因素法（Critical Success Factors，CSF）是 1970 年哈佛大学教授 William Zani 提出的，他在 MIS 模型中用了关键成功变量，这些变量是确定 MIS 成败的因素。10 年后，MIT 教授 Jone Rockart 将 CSF 提高成为 MIS 的战略。主要通过分析找到影响组织成功的关键因素，围绕关键成功因素确定组织对于信息系统的需求，根据信息系统的需求进行信息系统规划。它包含以下几个因素：

（1）了解企业目标。

（2）识别关键成功因素。

（3）识别性能的指标和标准。

（4）识别测量性能的数据。

这 4 个步骤可以用图 3.1 表示。

关键成功因素法通过目标分解和识别、关键成功因素识别、性能指标识别，产生数据字典。关键成功因素就是要识别联系于系统目标的主要数据类及其关系，识别关键成功因素所用的工具是树枝因果图。如何评价这些因素中哪些因素是关键成功因素，不同的企业是不同的。

对于一个习惯于高层人员个人决策的企业，主要由高层人员个人在此图中选择。对于习惯于群体决策的企业，可以用德尔斐法或其他方法把不同人设想的关键因素综合起来。关键成功因素法在高层应用，一般效果好。

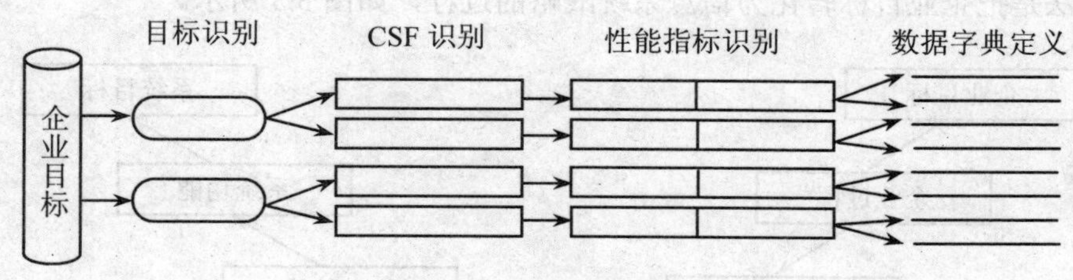

图 3.1　关键成功因素法

3.1.2.2　战略目标集转化法

战略目标集转化法（Strategy Set Transformation，SST）是 William King 于 1978 年提出的，他把整个战略目标看成是一个“信息集合”，由使命、目标、战略和其他战略变量（如管理的复杂性、改革习惯及重要的环境约束）等组成。信息系统的战略规划过程是把组织的战略目标变成系统的战略目标的过程。具体步骤如下：

（1）识别组织的战略集。可以先考察一下该组织是否有写成文的战略后长期计划，如果没有，就要去构造这种战略集合。首先描述出组织各类人员（群体）结构，如卖主、经理、雇员等；然后识别各类人员的目标；最后对于每类人员识别其使命及战略。

（2）将组织战略集转化为管理信息系统战略。管理信息系统战略应包括系统目标、约束及设计原则等。首先根据组织目标确定信息系统目标；其次对应组织战略集的元素识别相应信息系统战略的约束，最后根据信息系统目标和约束提出信息系统战略，如图 3.2 所示。

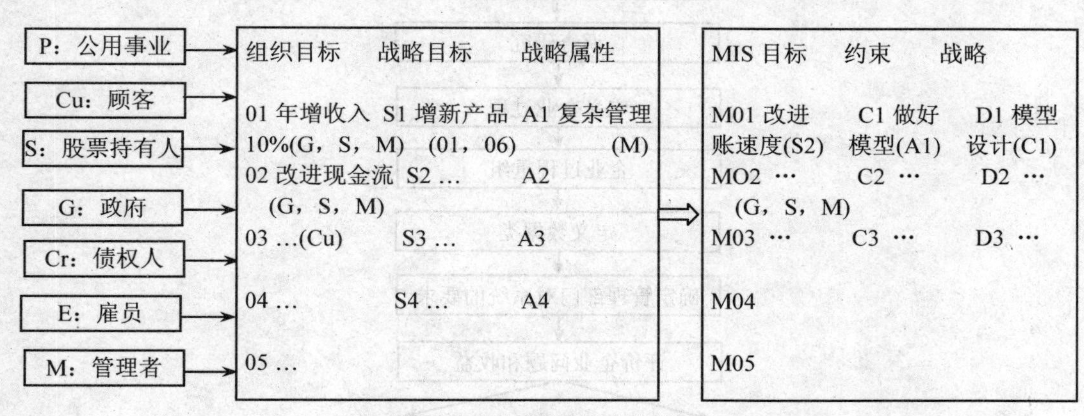

图 3.2　战略目标集转化法

3.1.2.3　企业系统计划法

企业系统规划法（Business System Planning，BSP）是 IBM 在 20 世纪 70 年代提出的，旨在帮助企业制定信息系统的规划，以满足企业近期和长期的信息需求，它较早运用面向过程的管理思想，是现阶段影响最广的方法。它主要是基于用信息支持企业运行的思想，其基本原则是：要求所建立的信息系统支持企业目标；表达所有管理层次的要求；向企业提供一致性信息；对组织机构的变革具有适应性，先“自上而下”识别和分析，再“自下而上”设计。

企业系统规划法是从企业目标入手，逐步将企业目标转化为管理信息系统的目标和结构，从而更好地支持企业目标的实现。在总的思路上它和上述的方法有许多类似之处，也是自上而下识别系统目标，识别企业过程、识别数据，然后再自下而上设计系统以支持目标。

BSP 方法是把企业目标转化为信息系统战略的过程，如图 3.3 所示。

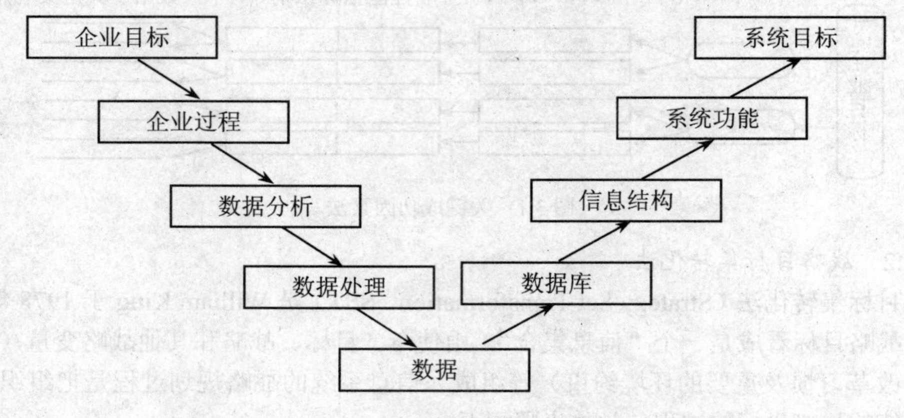

图 3.3　企业系统规划法

BSP 方法是把企业目标转化为信息系统（IS）战略的全过程。它支持的目标是企业各层次的目标。工作流程如图 3.4 所示。

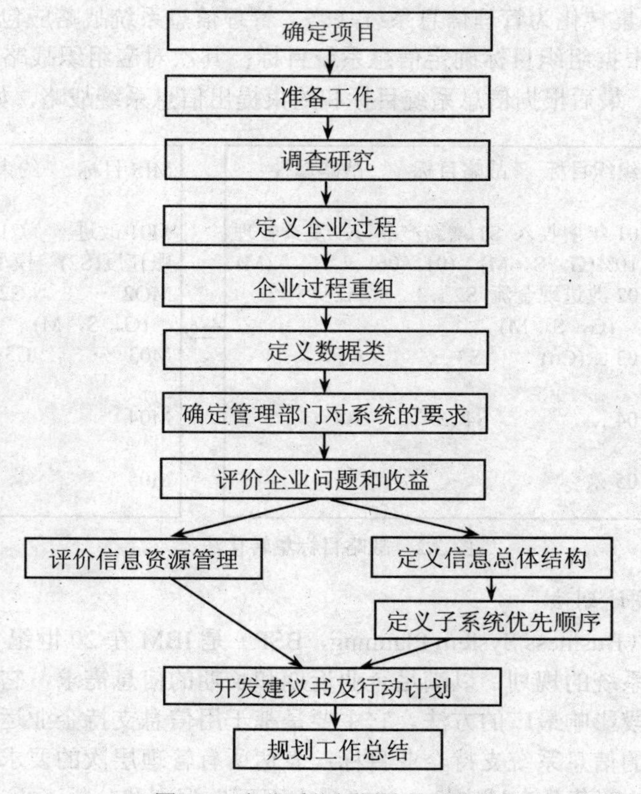

图 3.4　企业系统规划法的工作流程

1. 总体规划的准备工作

管理信息系统的总体规划是一项复杂的系统工程，所以要做好准备工作。准备工作包括接受任务和组织队伍、收集数据、制定计划、准备调查表及提纲和开动员会等。具体如下：

（1）接受任务和组织队伍。一般来说，接受任务由一个委员会承担，该委员会应当由本组织的第一、二把手牵头。这个委员会要明确规划的方向和范围，在委员会下应成立一个系统规划小组。组长应当由具有本组织实践经验、对管理人员有一定影响的人担任。委员会和规划小组成员要明确"做什么"（What）、"为什么做"（Why）、"如何做"（How）及希望达到的目标是什么。如果准备工作没有做好，不要仓促上阵；否则欲速则不达，会危害整个工程。

（2）收集数据。在进行规划时要用到大量的数据，因此，要从以下几个方面收集数据：组织的一般管理情况，组织的环境、地位、特点，管理的基本目标，组织中关键管理人员，存在的主要问题，各种统计数据（职工数，产值，产品，客户，合同等）；现行信息系统情况，信息系统的概况，基本目标，工作人员的技术力量，硬、软件环境，系统标准，通信条件，经费，近两年来运行情况、效益，存在的主要问题，各类统计数字（程序量，每个工作周期工作量，文件数，用户数，数据项数等）。

（3）制定计划。总体规划要有一定的计划，如画出总体规划的PERT图和甘特图等。PERT（Program Evaluation and Review Technique）即计划评审技术，是美国海军为研制"北极星"导弹专门组织力量研究的新兴管理技术，这种技术取得了很大的成功。PERT是一种网络技术，用网络图计算并表示计划进度，它与甘特图比较，具有很多优点，不仅简单明了，使用方便，而且比较严密地反映了计划中各项工作之间的关系，表明了影响计划进度的关键工作。当某项工作不能按进度完成时，能反映其对整个进度的影响，从而进行灵活调整，以满足计划要求。在计划工作中要设立检查控制点，以检查工作的进展情况。检查形式如下：可以由高层管理负责人组织会议，由总体规划组进行汇报，吸收各部门管理人员和组织外部的顾问人员参加；也可在总体规划小组内部讨论，小结。

（4）准备各种调查表和调查提纲。总体规划过程中要做大量调查工作，这些调查与管理信息系统详细分析阶段所做的调查工作性质一样，只是整个调查的范围较宽，线条较粗。在总体规划工作正式开始前，要准备好调查表和调查提纲。调查表包括目标调查表、业务调查表、信息调查表和终端/打印机需求调查表等。调查提纲包括职责、工作目标及主要指标、存在问题、改进工作的可能性与困难、对信息系统的需求与估价等。规划小组要事先拟定调查面谈的时间表，跟调查对象打招呼，调查表和调查提纲要事先发给调查对象。调查对象应包括组织最高层管理人员。

（5）开动员会。总体规划的"起步"是很重要的，应由组织的最高层领导开会动员。动员会的主要内容有：宣布总体规划的业务领导，正式成立总体规划小组，任命规划组组长。由总体规划组介绍规划范围、工作进度、准备过程中收集到的各种情况，如数据处理现状、国内外先进管理信息系统情况、新管理信息系统设想、关键问题及主要约束条件等。与会管理人员发表自己见解，最后统一认识，否则会失败。

2. 调查研究

规划组成员通过查阅资料，深入各级管理层，了解企业有关决策过程、组织职能和部门的主要活动和存在的主要问题。

3. 定义企业过程

企业过程是企业管理中必要且逻辑上相关的、为了完成某种功能的一组活动，又称业务过程或管理功能组，如产品预测、库存控制等。定义企业过程是系统规划方法的核心。企业管理活动是由许多企业过程组成的，主要划分为计划与控制、产品与服务及支持性资源3个方面。识别管理功能，可以根据资源的生命周期从上述3个方面来识别。识别过程如图3.5所示。

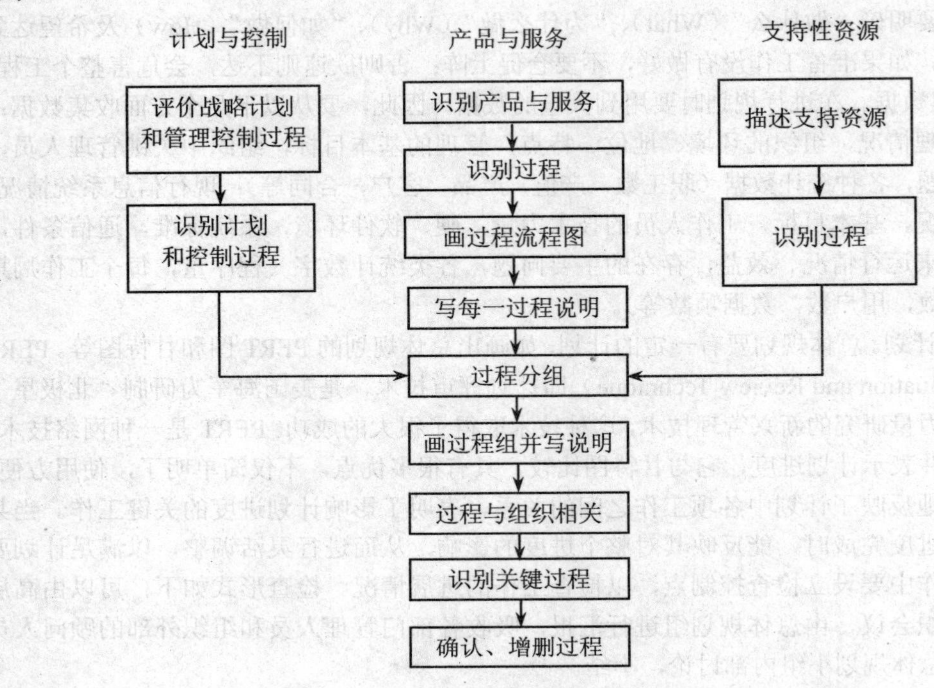

图3.5 BSP法企业过程的识别

资源生命周期的4个阶段给出了确定功能的一般规律，但并非所有资源都一定具有这4个阶段。在一个阶段中不一定只有一个功能，应根据实际情况来决定。

（1）战略计划与控制的识别。从第一个原计划与控制的过程出发，经过分析、讨论、研究和磋商，逐步地将企业的战略规划和管理控制方面的功能列表，如表3.1所示。

表3.1 企业战略规划与管理控制方面的功能

战略规划	管理控制	战略规划	管理控制
经济预测	市场/产品预测	放弃/追求分析	运营计划
组织计划	工作资源计划	预测管理	预算
政策开发	职工素质计划	目标开发	测量与评价

（2）产品和服务的识别——关键性资源的识别。从企业的工作目标出发，识别产品与服务的功能。产品与服务的功能按资源的生命周期来进行分析。下面是某电力企业关键性资源部分功能的例子，如表3.2所示。

表 3.2　关键性资源的部分功能

产生	获得	服务	归宿
市场计划	工程设计、产品开发	库存控制	销售
质量预测	质量检查记录	质量控制	质量报告
作业计划	生产调度	包装、存储	发运

上面所列出的功能不一定很合逻辑，但没有关系只要列出即可。对于产品和服务这条线所列出的功能可以把它们画成流程图的形式，这有助于对企业活动进行深入了解，并有利于进一步识别、合并、调整功能，这种流程如图 3.6 所示。这种图是为了更好地理解管理功能，以后还要根据实际发展情况增加、合并或删除，它是企业管理功能关联图，而不是子系统的划分图。

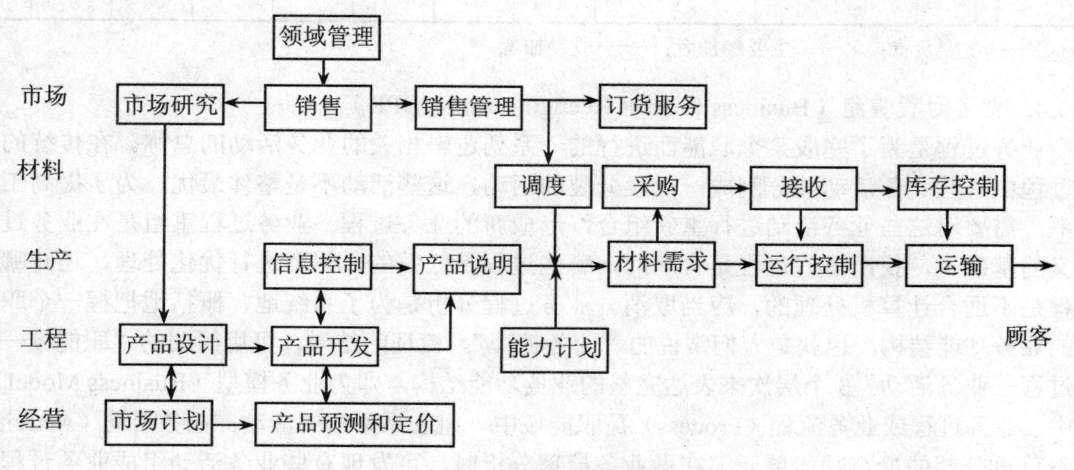

图 3.6　功能初步流程图

（3）支持性资源的识别。根据支持性资源的生命周期可以识别出其功能，结果如表 3.3 所示。

表 3.3　支持性资源的功能

支持性资源	生命周期			
	产生	获得	服务	归宿
人事	人事计划	招聘、调动	培训	辞退、退休
材料	需求计划	采购、进库	库存控制	发放
财务	财务计划	拨款、应收款	银行业务	应付款业务
	成本计划		总会计	
设备	更新计划	采购、基建	维修、改装	折旧、报废

资源的生命周期提供了识别功能的线索，但识别功能并没有固定的公式。开始时可以参照企业的职能域，总体规划组的每个人都要参加这项工作，每人识别一套功能，然后讨论、汇总，取得统一的认识，并对每个功能给出较详细的定义。功能识别完后，可以把功能和组

织之间的关系画在一张表上，这就是组织/功能矩阵，如表 3.4 所示。系统分析阶段要按功能对各组织做进一步的调查。

表 3.4　组织/功能矩阵

功能 / 组织	市场		销售			工程		材料管理		财务			……
	计划	预测	销售管理	销售	订货服务	设计开发	产品规格	采购进货	库存控制	财务计划	成本核算	基金管理	
财务科	×			/			/		/	○	○	○	
销售科	○	○	○	○	○								
设计科		×				○	○						
供应科		×					×		×				
……													

注：○——主要负责；×——主要参加者；/——般参加者。

4. 业务过程重组（Business Process Reengineering，BPR）

业务过程是为了完成某个职能而进行的一系列逻辑相关的业务活动的总称。在传统的业务过程中有些业务活动被分割成一段段分裂的活动，这些活动不是整体最优。为了提高工作效率，需要对这些业务活动进行重新组合，形成新的业务过程。业务过程重组是在业务过程定义的基础上，找出哪些过程是合理的，哪些过程是低效的，需要进行优化处理，还有哪些流程是不适合计算机处理的，应当取消。业务过程分析是为了系统地、概括地把握一个职能域的业务功能结构，也就是人们常说的“业务梳理”。梳理的结果，可用简明的“职能域—业务过程—业务活动”3 个层次来表达完整的业务功能结构，即为业务模型（Business Model）。其中，业务过程或业务流程（Process）是职能域中一组联系紧密的活动；业务活动（Activity）是不可再分解的最小功能单元。在做业务梳理分析时，可发现有些业务活动组成业务过程时不是很合理，需要进行某些调整。信息系统的划分不是依据现有机构部门的职能域，而是依据相对稳定的逻辑职能域。逻辑职能域是站在信息的高度，对现有机构部门的抽象和综合。逻辑职能域是按照管理功能来划分的，具有一定的稳定性，不会因为机构部门的变动而重新开发信息系统。业务流程的重组在很大程度上取决于设计者对信息技术潜能的把握及对现有业务流程、运行环境、客户需求等的熟悉程度。在进行业务流程设计时，应以过程管理代替职能管理，取消不必要的信息处理环节，以计算机协同处理为基础的并行过程代替串行和反馈的控制管理过程，用信息技术实现过程的自动化。例如，我们对教学管理各业务人员进行了调查，教学管理工作分为教学质量管理、教学改革管理、教务管理、考务与成绩管理、证书与档案管理、实践教学管理和教学改革等过程。教学质量管理负责教学的检查和课堂教学质量评比等活动；教务管理负责人才培养方案的制定、年度教学执行计划及年度教学计划的执行情况等，教室与教学设施的管理、选课、排课、提供任课教师名单等；考务与成绩管理包括考试安排、学生成绩管理和统计淘汰、退学、留降级学生的名单等；证书与档案管理负责学籍的登记、证书的发放和学生的课外活动等；实践教学管理负责实践教学的管理和实践成绩的管理；教学改革管理负责课程的评估、教学改革立项与验收等活动。通过对现行系统的调查，弄清了现行系统的界限、运行状态、组织机构及人员分工、业务流程、各种信息的输入、输出、加工处理、处理速度和处理量，现行系统中的各个薄弱环节等。在对上述调查结果进行分析的基础上，优化业务过程，将系统划分为以下几个逻辑业务过程，如图 3.7 所示。

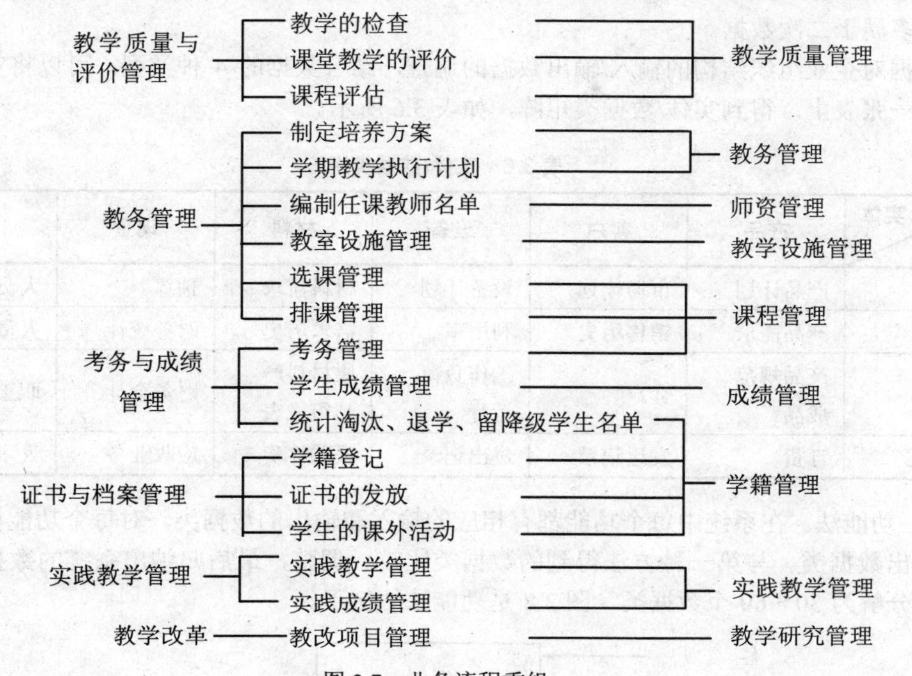

图 3.7　业务流程重组

5. 定义数据类

数据类是指支持业务过程所必需的逻辑上相关的数据。对数据进行分类是按业务过程进行的，即分别从各项业务过程的角度将与该业务过程有关的输入数据和输出数据按逻辑相关性整理出来归纳成数据类，即把系统中密切相关的信息归成一类数据，如客户、产品、合同等。识别数据类的目的是了解组织目前的数据状况和数据要求，查明数据共享的关系，建立数据类/功能矩阵，为定义信息结构提供基本依据。

（1）定义数据类的方法。定义数据类的基本方法有实体法和功能法。一般采用两种方法分别进行，然后相互参照，归纳出数据类。

1）实体法。在分析中把与企业有关的可以独立考虑的事物都可以定义为实体，如客户、产品、材料、现金和人员等。每个实体根据资源的管理过程，可将其分解为计划型、统计型、文档型和业务型 4 种，这 4 种数据类的特点如表 3.5 所示。

表 3.5　数据类的特点

类型	反映的内容	特点
计划型	反映目标、资源转换过程等计划值	可能与多个文档型数据有关
统计型	反映企业状况提供反馈信息	一般来自其他类型数据的采样；历史性、对照性、评价性的数据；数据综合性强
文档型	反映实体现状	一般一个数据仅和一个实体有关； 可能为结构型（如表格）和描述型（如文本）
业务型	反映生命周期各阶段过渡过程相关文档型数据的变化	一个业务数据要涉及各个文档型数据及时间、数量等；它的产生可能伴有文档型数据的相应操作

在数据类识别过程中，“文档型”最容易识别，“业务型”数据也比较容易识别，“统计型”数据大多属于二次数据。

根据对企业组织结构的输入/输出数据的调查，结合数据的 4 种类型，可以将实体和数据类放在一张表上，得到实体/数据类矩阵，如表 3.6 所示。

表 3.6　实体/数据类矩阵

实体 数据类	产品	客户	设备	材料	现金	人员
计划型	产品计划	市场计划	设备计划	材料需求	预算	人员计划
统计型	产品需求	销售历史	利用率	需求历史	财务统计	人员统计
文档型	产品规范 成品	客户	工作负荷 运行	原材料产 品组成表	财务会计	职工档案
业务型	订货	发运记录	进出记录	采购订货	应收业务	人事调动记录

2）功能法。在系统中每个功能都有相应的输入和输出的数据类，对每个功能标识出其输入、输出数据类。与第一种方法得到的数据类比较、调整，最后归纳出系统的数据类。一般系统可分解为 30～60 个数据类。图 3.8 是功能法的例子。

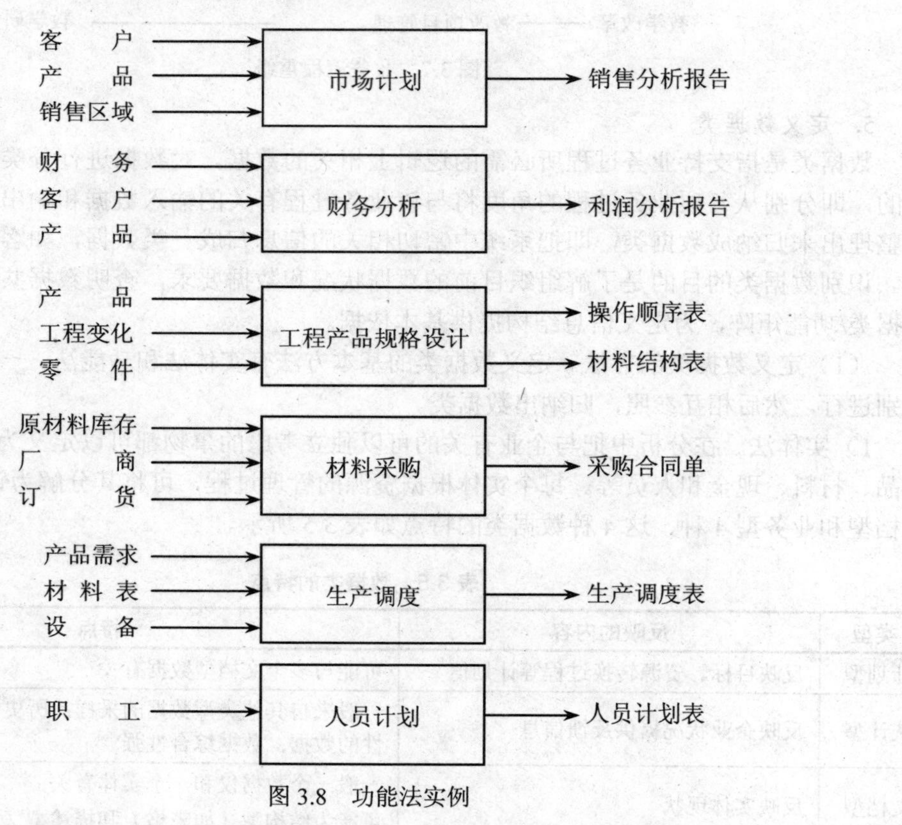

图 3.8　功能法实例

（2）功能/数据类矩阵。功能和数据类定义好之后，可以得到一张功能/数据类表格，表达功能与数据类之间的联系。BSP 方法将过程和数据类两者作为定义企业信息系统总体结构的基础，具体做法是利用过程/数据矩阵（也称 U/C 矩阵）来表达两者之间的关系。矩阵中的行表示数据类，列表示过程，并以字母 U（Use）和 C（Create）来表示过程对数据类的使用和产生关系。

设系统功能集合 $P=[p_1, p_2, \cdots, p_m]$；系统的数据类集合 $D=[d_1, d_2, \cdots, d_n]$。

所谓功能 p_i 生成数据 d_j，是指数据 d_j 是 p_i 的输出，在功能/数据类矩阵的交叉点上标作 C；功能 p_i 使用数据 d_j，是指数据 d_j 是 p_i 的输入，在功能/数据类矩阵的交叉点上标作 U。其他则不标出。

矩阵表的行表示系统的功能，将系统的有关功能 p_i（i=1，……，m）按“计划—实施—保管—处置”管理阶段模型顺序排列，与 4 个阶段无直接关系的排列在后边。矩阵表的列表示数据类，将系统的有关数据 d_j（j=1，……，n）尽量按与功能生成有关的顺序排列；然后根据功能和数据的关系填写矩阵表，如表 3.7 所示。由 U 和 C 组成的矩阵表，称为 U/C 矩阵。

表 3.7 功能/数据类矩阵

数据类 功能	客户	订货	产品	操作顺序	材料表	成本	零件规格	材料库存	成品库存	职工	销售区域	财务	计划	机器负荷	材料供应	工作令
经营计划						U						U	C			
财务计划						U				U		U	C			
资产规模												C				
产品预测	U		U								U		U			
产品设计开发	U		C		U		C									
产品工艺			U		C		C	U								
库存控制								C	C						U	U
调度			U											U		C
生产能力计划				U										C	U	
材料需求			U		U										C	
操作顺序				C										U	U	U
销售区域管理	C	U	U													
销售	U	U	U								C					
订货服务	U	C	U													
发运		U	U						U							
通用会计	U		U							U						
成本会计		U				C										
人员计划										C						
人员招聘/考核										U						

U/C 矩阵说明了哪些过程产生数据和哪些过程使用数据。矩阵建成后，需要进行检验：

1）完备性检验。每一个数据类必须有一个产生者（即“C”）和至少有一个使用者（即“U”）；每个功能必须产生或者使用数据类；否则这个 U/C 矩阵是不完备的。

2）一致性检验。每一个数据类中的数据都必须至少由一个过程产生。如果某一个数据类只被某些业务过程使用，而没有产生它的业务过程，就说明可能有被遗漏的业务过程；如果某一个数据类由多个过程产生，规划人员可以根据实际管理的需求考虑将有关的数据类分解为多个数据类。要使数据类尽量由一个过程产生，被多个过程使用，从而可以保证数据的完整性和一致性。

3）无冗余性检验。每一行或每一列必须有“U”或“C”，即不允许有空行空列。若存在空行空列，则说明该功能或数据的划分是没有必要的、冗余的。

在进行数据分析时要坚持以“数据为中心”的原则，科学规划企业管理过程中的各种数据。企业组织机构和管理活动可能经常变化，但企业的总目标和性质是稳定的。因此，管理业务所涉及的数据类基本不变。数据规划的目的就是在 MIS 总体信息方案的指导下，建立各个专业数据及综合数据库。

6. 定义信息系统体系结构

信息系统体系结构（Information System Architecture）是指系统数据模型和功能模型的关联结构，采用 U/C 矩阵来表示。定义信息系统总体结构的目的是刻画未来信息系统的框架和相应的数据类，其主要工作是划分子系统。

（1）调整功能/数据类矩阵。首先，检查功能这一列是否按功能组排列，功能组的排列顺序按管理阶段模型（计划—实施—保管—处置）进行，每一功能组内的子功能则按资源生命周期（产生—获得—服务—退出）的 4 个阶段排列。其次，排列“数据类”这一行，使得矩阵中 C 靠近主对角线。调整的方法是：由第一过程产生的数据类移向左边，如在表 3.7 中第一个过程经营计划这一行，产生了计划数据类，调整时要将计划这一列调到最左侧，然后将第二个过程产生的数据类左移，如此反复，使得矩阵中的字母 C 大致排列在主对角线上。初始的 U/C 矩阵经上述调整后，得到表 3.8 所示的 U/C 矩阵。

表 3.8 调整后的功能/数据类矩阵

数据类 功能	计划	财务	产品	零件规格	材料表	材料库存	成品库存	工作令	机器负荷	材料供应	操作顺序	客户	销售区域	订货	成本	职工
经营计划	C	U													U	
财务计划	C	U													U	U
资产规模		C														
产品预测	U		U									U	U			
产品设计开发			C	C	U							U				
产品工艺			U	C	C	U										
库存控制						C	C	U		U						
调度			U					C	U							
生产能力计划									C	U	U					
材料需求			U		U					C						
操作顺序								U	U	U	C					
销售区域管理			U									C		U		
销售			U									U	C	U		

续表

功能＼数据类	计划	财务	产品	零件规格	材料表	材料库存	成品库存	工作令	机器负荷	材料供应	操作顺序	客户	销售区域	订货	成本	职工
订货服务			U									U		C		
发运			U				U							U		
通用会计			U									U				U
成本会计														U	C	
人员计划																C
人员招聘/考核																U

在调整过程中，可以适当地调整功能组。因为功能的分组并不绝对，在不破坏功能分组时可以适当调配功能分组，使U也尽可能靠近主对角线。

（2）划分子系统。用粗实线框出功能组（字母C应该尽量被圈入方框内），每个功能组就是一个子系统，如表3.9所示。方框的选择需要一定的判断力和实际经验，可参照系统的逻辑职能来划分。方框代表着逻辑信息系统的划分，赋有产生和维护系统内数据类的责任。

表3.9　子系统的划分

功能		计划	财务	产品	零件规格	材料表	材料库存	成品库存	工作令	机器负荷	材料供应	操作顺序	客户	销售区域	订货	成本	职工
经营计划	经营计划	C	U													U	
	财务计划	C	U													U	U
	资产规模		C														
技术准备	产品预测	U		U									U	U			
	产品设计开发			C	C	U							U				
	产品工艺			U	C	C	U										
生产制造	库存控制						C	C	U		U						
	调度			U					C	U							
	生产能力计划									C	U	U					
	材料需求			U		U					C						
	操作顺序								U	U	U	C					
销售	销售区域管理			U									C		U		
	销售			U									U	C	U		
	订货服务			U									U		C		
	发运			U				U							U		
会计	通用会计			U									U				U
	成本会计														U	C	
人事	人员计划																C
	人员招聘/考核																U

（3）寻找子系统的数据交流。寻找方框外的U，用箭头把子系统联系起来，表示子系统

之间的数据交流。例如，数据类“计划”由经营子系统产生，而技术准备子系统要用到这一数据类，所以画一条由经营子系统到技术准备子系统的有向线，如表 3.10 所示。依次类推，画出所有的数据流。然后删除所有的字母 U 和 C，并给子系统加上名称，去掉数据类和功能，将各个子系统抽取出来，形成如图 3.9 所示的信息系统结构图。图 3.9 是在对现行系统进行调查分析后，提出的全企业信息系统的总体结构。从这个总体结构图中可以看出信息系统由哪些子系统构成及这些子系统之间的数据交流关系。

表 3.10　子系统数据流表示

功能 \ 数据类		计划	财务	产品	零件规格	材料表	材料库存	成品库存	工作令	机器负荷	材料供应	操作顺序	客户	销售区域	订货	成本	职工
经营计划	经营计划	C	U													U	
	财务计划	C	U													U	U
	资产规模		C														
技术准备	产品预测	U		U									U	U			
	产品设计开发			C	C	U							U				
	产品工艺			U	C	C	U										
生产制造	库存控制						C	C	U		U						
	调度			U					C	U							
	生产能力计划									C	U	U					
	材料需求			U		U					C						
	操作顺序								U	U	U	C					
销售	销售区域管理			U									C		U		
	销售			U									U	C	U		
	订货服务			U									U		C		
	运输			U				U							U		
会计	通用会计			U									U				U
	成本会计														U	C	
人事	人员计划																C
	人员招聘/考核																U

通过对 U/C 矩阵的正确性检验，可及时发现前段分析和调查工作的疏漏和错误；可分析数据的正确性和完整性。通过对 U/C 矩阵的求解过程最终可进行子系统的划分；通过子系统之间的联系（“U”）可以确定子系统之间的共享数据。

7. 确定子系统实施顺序

确定总体结构中的优先顺序，即对信息系统总体结构中的子系统按先后顺序排出开发计划。由于人力、物力和财力等各方面的限制，子系统的开发不可能同时起步，因此先开发哪些子系统的问题也必须在总体规划中确定下来。原则上，首先开发的数据类应该是能满足总体规划中主要需求的数据类，但是，有时尽管某一子系统需要先开发的优先级别很高，但却不能很快被满足。另外，高层领导的判断和需求也可以用来决定开发的优先级别。例如，领导者认为财务系统是应该先开发的，但这个系统要用到技术准备、销售和人事等子系统的数据，在这些系统实施之前，财务子系统不可能共享其数据。下面介绍确定子系统实施顺序的一些原则。

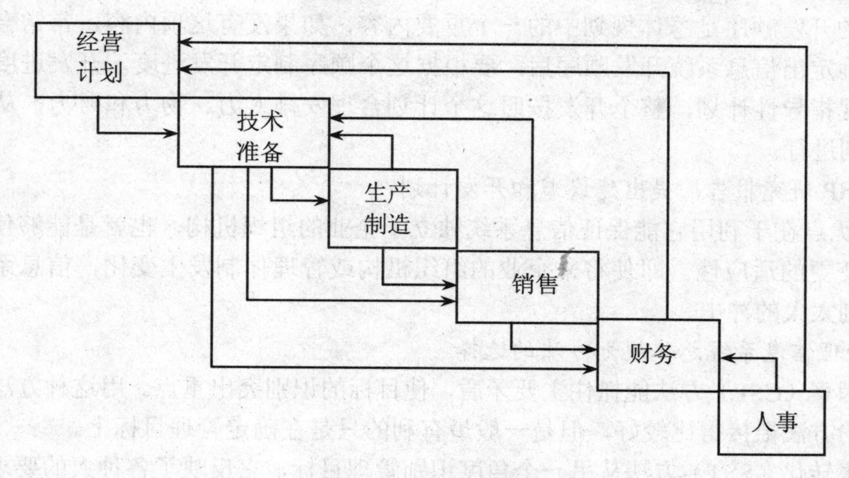

图 3.9　信息系统的体系结构

（1）子系统的需求程度与潜在效益评估。通过对管理人员、决策者的调查访问，进行定性评估。定性评估需要管理人员和决策人员的参与，管理人员和决策人员根据评估准则（如子系统的需求程度、对企业的影响、系统的潜在效益、必要性和迫切性等）针对每个子系统进行评分评估，每个子系统的平均得分作为考虑优先顺序的参考。

（2）共享关系分析。对子系统之间的关联，可根据图 3.9 所示的信息系统结构图进行分析。确定每个子系统产生的数据有多少及被哪些子系统所共享。有较多子系统共享的数据应尽早实现，当然还要考虑数据的重要性和关联的紧密程度。为了确定系统的开发优先顺序，可以用一个矩阵表示先决条件关系，如表 3.11 所示。

表 3.11　子系统开发的顺序

	经营计划	技术准备	生产制造	销售	财务	人事
经营计划					×	×
技术准备	×		×	×		
生产制造		×				
销售		×	×			×
财务		×		×		×
人事						

表 3.11 中的“×”表示需要先行开发的系统，如要开发生产制造子系统，则要先开发技术准备子系统。但是完全根据这个表所产生的先决条件关系来决定开发顺序，往往也是不实际的，因为实际系统往往有很多的约束条件。例如，最高层领导认为财务系统应该具有最高的优先级，但技术准备、销售和人事又必须先于财务系统实施。在实际中常常会出现子系统 A 是子系统 B 的先决条件，而子系统 B 又是子系统 A 的先决条件，形成一个死循环。如技术准

备子系统开发是销售子系统开发的先决条件，而销售子系统又是技术准备子系统开发的先决条件。产生这一问题的原因是这个矩阵过于粗糙。如果某个子系统必须先开发，可以从现行系统中取得数据。

制定系统的开发顺序是总体规划中的一个重要内容，如果没有这项内容，常常会破坏所制定的规划。确定出信息系统开发顺序后，要根据这个顺序制定开发进度，开发进度是信息系统建设的宏观指导性计划，整个开发按照这个计划合理安排人力、物力和财力，从而保证建设工作的顺利进行。

8. 完成 BSP 研究报告，提出建议书和开发计划

BSP 法的优点在于利用它能保证信息系统独立于企业的组织机构，也就是能够使信息系统具有对环境变更的适应性。即使将来企业的组织机构或管理体制发生变化，信息系统的结构体系不会受到太大的冲击。

3.1.2.4 管理信息系统总体规划方法的选择

关键成功因素（CSF）方法能抓住主要矛盾，使目标的识别突出重点。用这种方法所确定的目标和传统的方法衔接得比较好，但是一般最有利的只是在确定管理目标上。

战略目标集转化（SST）方法从另一个角度识别管理目标，它反映了各种人的要求，而且给出了按这种要求的分层，然后转化为信息系统目标的结构化方法。它能保证目标比较全面，疏漏较少，但它在突出重点方面不如前者。

企业系统规划（BSP）方法虽然也首先强调目标，但它没有明显的目标引出过程。它通过管理人员酝酿“过程”引出了系统目标，企业目标到系统目标的转换是通过组织/系统、组织/过程及系统/过程矩阵的分析得到的。这样可以定义出新的系统以支持企业过程，也就把企业的目标转化为系统的目标，所以说识别企业过程是 BSP 战略规划的中心，绝不能把 BSP 方法的中心内容当成 U/C 矩阵。

在进行管理信息系统总体规划时应该把这 3 种方法结合起来使用，把它叫 CSB 方法，即 CSF、SST 和 BSP 的结合。这种方法先用 CSF 方法确定企业目标，然后用 SST 方法补充完善企业目标，并将这些目标转化为信息系统目标，用 BSP 方法校核两个目标，并确定信息系统结构，这样就补充了单个方法的不足。当然这也使得整个方法过于复杂，而削弱了单个方法的灵活性。可以说迄今为止信息系统战略规划没有一种十全十美的方法。由于战略规划本身的非结构性，很难找到一个唯一解。因此，进行任何一个企业的管理信息系统总体规划均不应照搬以上方法，而应当具体情况具体分析，选择以上方法的可取思想，灵活运用。在系统规划中可以利用甘特图、计划评审技术（PERT）和工作分析图（WBS）等工具辅助进行。

3.1.3 总体规划的方案

3.1.3.1 新系统的规划方案

建议的新系统方案应包括以下具体内容：

（1）分析用户需求，确定新系统目标。

（2）确定新系统边界和功能。

（3）确定新系统的职能结构——子系统划分。

（4）确定新系统的物理结构——计算机配置。

（5）提出系统开发课题小组组织方案。

（6）制定系统开发的进度计划（包括人员培训计划）。

（7）进行经济预算，制定投资计划方案等。

3.1.3.2　新系统目标的确定

新系统目标是新系统建立后所要求达到的运行指标，正如新产品设计初期需要提出设计性能指标一样，新系统开发初期也要提出目标，它是进行可行性分析、系统分析与设计及系统评价的重要依据。

1. 信息系统目标的特性

（1）目标的总体战略性。信息系统的目标是整个系统全局性努力的方向，是各个子系统发挥作用共同配合才能达到的。它影响和指导着整个系统的分析、设计、实施和应用，对系统生命周期起着重要作用。

（2）目标的多重性。信息系统的目标不是单一的，而是多方面的。一般情况下，系统目标由一组目标组成，形成一个目标体系，它可以分解为树形的层次结构。但是这些目标也有差异性，要根据实际需要区别对待，并有主次顺序。

（3）目标的依附性。信息系统的目标不是凭空想象孤立制定的，它依附于现行系统的战略目标。要根据现行系统的目标和功能，找出系统的薄弱环节，然后进一步推导和发展现行系统的战略目标，提出新系统的目标和功能。

（4）目标的长期性。通常信息系统的目标是需要长期努力才能达到的。因此，要根据资源条件、开发力量和环境条件等分期、分批、分阶段实现。

（5）目标的适应性。信息系统是在外部环境中运行的，当环境变化时，系统的功能和信息也将发生变化。为了使系统有良好的适应性，首先要求其目标具有良好的适应性。

2. 新系统目标的确定

根据信息系统的目标特性分析知道，新系统目标应该充分体现系统最高的战略目标、发展方向和基本特点，直接为主要任务服务；应根据现行系统存在的薄弱环节，考虑用户多方面意见和要求；新系统目标要与现行系统的各项基本功能密切相关；应该是可分期分批实现的；应该具有效益性和适应性；应富有挑战性和号召性，能鼓舞人们为之实现而努力奋斗；应该反映系统的发展规律，对系统分析、设计、实施、运行和维护均有重要指导意义。新系统目标的确定也是一个比较困难的环节，系统分析人员对现行系统要充分调查研究，要与用户反复讨论，统一思想，提出初步的新系统目标。这个目标必须符合总体目标的要求，即各个子系统的分目标，必须符合上层系统的总目标。

3. 新系统目标可能的提法

不同类型的系统，它的新系统目标的具体提法是各不相同的，一般来说，对于基层系统可从以下几个方面提出：

（1）促进管理体制的改革和改进管理手段。

（2）改进决策方法和依据。

（3）提高和改进管理信息服务。

（4）减少人员和设备费用。

（5）增强资源共享。

（6）提高系统的安全性、可靠性和可控性。

（7）改进人员利用率。

（8）提高社会效益和经济效益。

（9）拟建系统满足需求的程度。

（10）节省成本和日常费用开支。

（11）提高工作效率。

（12）减轻劳动强度。

（13）提高信息处理速度和准确性。

（14）提供各种新的处理功能和决策信息。

（15）为服务对象提供更多的方便条件。

但是，新系统的目标不可能在调查研究阶段就提得非常具体和确切。随着系统分析和设计工作的进展和深入，新系统目标也将逐步具体化和定量化。

3.1.3.3　计算机逻辑配置

总体规划的后期，要考虑计算机逻辑方案，确定网络结构连接方式、系统开发模式等。系统开发要从系统需求的角度提出对计算机配置的基本要求，但不涉及具体硬件型号。因为计算机发展很快，如果在总体规划中就规定具体的硬件型号，到后期采购时往往会发生很大的变化，以至没有实际指导意义。计算机逻辑配置包括硬件设备、操作系统、应用服务器及数据库管理系统等，提供系统运行的基本环境。标准规范主要包括平台接口规范、界面设计规范、数据处理规范、配置管理规范等，为未来新系统的开发提供标准。

计算机逻辑配置方案通常从以下几个方面考虑：

（1）客观条件约束。例如，可投入资金，原有计算机系统、技术力量（开发和维护）。

（2）处理方式。为实现系统要求，采取什么样的处理方式，是实时处理还是批处理。

（3）联机存储量。包括应用软件、系统软件、信息系统联机存储数据量。一般应在估算的基础上加50%～100%作为联机存储量。

（4）硬件设备。在信息系统的建设中，计算机设备的投资仍然是最大的，各种计算机不仅在价格、配置、功能、外观等方面有所不同，而且直接关系到所选择的网络操作系统配置及开发的应用软件等。因此，要对计算机进行初步的选型，在选型时考虑一些问题，如：企业的特定要求；采用的操作系统和应用软件性能；数据库性能；网络特点；主机（服务器）性能及特点；工作站性能及特点；售后服务价格等。到开发的后期具体采购时根据提出的计算机功能进行具体选型。

（5）系统软件与应用软件。包括操作系统、数据库管理系统、高级程序语言、软件包及汉字处理系统等。

（6）网络设计。现在绝大部分系统都是网络系统。在进行网络设计时要考虑网络设备的类型、通信速率、连接方式、所用协议及网络开发模式等的选择，这些将直接影响设备的选择。目前信息系统开发大部分采用客户机/服务器（Client/Service，C/S）体系结构及浏览器/服务器（Browser/Server，B/S）体系结构，以实现信息资源的共享和各类硬件资源的共享。客户机/服务器（简称C/S模式）结构是20世纪80年代产生的崭新的应用模式，是以计算机网络为基础，把企业的计算机应用分布在多台计算机中，其中一些计算机在“后台”侧重于数据存储与文件管理服务（称为服务器），另一些在“前台”侧重于完成最终用户的处理逻辑及人机界面（称为客户机），在客户机上按最终用户的管理需求提出对数据及文件服务要求，服务器计算机按要求把信息传送给客户机。即服务器运行 DBMS，完成大量的数据处理及存储管理等后台任务。客户机用于开发应用程序，完成屏幕的交互和输入、输出等前台任务。由于共享能力和前台的组织能力，后台处理的数据不需要在前后台间频繁传输，从而解决了文件服务器/工作站模式下的“传输瓶颈”问题。在 C/S 工作模式下，要完成不同的应用、提供不同功能的服务，需要定制不同的应用软件。C/S 模式适用于分布式处理环境，通过网络把分散的计算机系统连接起来，系统将这些计算机根据其功能划分为服务器与客户机，把系统的处理任务在客户机与服务器之间进行分工合作，实现整体性能最优。服务器主要承担信息管理和向客户提供服务，执行后台作业。客户机主要提供用户的应用界面。这种体系结构处理效率高，适应范围广，结构灵活、易于扩充，可维护性强。同时，在 C/S 模式下，访问管理信息系统必须要有专用的客户软件，使得系统的安全性较好。C/S 模式有以下几方面的优点：通过客户机和服务器的功能合理分布，均衡负荷，从而在不断增加系统资源的情况下提高系统的整体性能。系统开放性好，在应用需求扩展或改变时，系统功能容易进行相应的扩充或改变，从而实现系统的规模优化。系统可重用性好，系统维护工作量大为减少，资源可利用性大大提高，使系统整体应用成本降低。随着 Internet 技术的发展，这种模式的应用也暴露出一些缺点，如：开发成本较高，C/S 模式对客户端的软硬件要求较高；移植困难，采用不同工具开发的应用程序，一般不兼容；不同客户机可采用不同的界面，不利于维护；软件升级困难，不同的客户机都安装了相应的应用程序，升级维护困难。

随着 Internet 技术的发展，则开始使用 B/S 模式，许多基于大型数据库的信息系统采用此种模式。Intranet（企业内部网）采用 B/S 系统结构，这种结构实质上是 C/S 结构在新的技术条件下的延伸。在 C/S 模式中，Server 仅作为数据库服务器，进行数据的管理，大量的应用程序都在客户端进行，客户端变得复杂，因此，系统的灵活性和可扩展性等都受到很大的影响。在 Intranet 结构下，C/S 结构自然延伸为 3 层或多层的结构，形成 B/S 应用模式，如图 3.10 所示。

图 3.10　B/S 模式结构

在 B/S 模式下，Web Server 既是浏览服务器，又是应用服务器，可以运行大量的应用程序，从而使客户端变得很简单。用户端只安装浏览器软件，在服务器上安装运行 Web 服务器软件和数据库管理系统。通过一个浏览器可以访问多个应用服务器，形成点到多点、多点到多点的结构模式。B/S 模式本质上也是一种特殊的 C/S 模式，只不过它的客户机端简化为单一语言（HTML 语言）的客户软件，因而简化了客户端系统的管理和使用，使管理和维护集中在服务器端。B/S 模式的管理信息系统在开发和维护上具有许多优势：系统结构具有很高的集中性，客户端只安装浏览器，所有的应用程序和数据库均放在服务器端，软件的开发、维护、升级等只需在服务器端进行，减少了开发与维护的工作量；B/S 模式使用简单，用户只需使用单一的 Browser 软件，对用户无需培训，使系统投入使用的时间大大缩短；由于客户端没有应用软件改造和版本更新问题，使系统维护和管理费用降低；用户用浏览器访问系统，采用标准的 TCP/IP、HTTP 协议，无须考虑所访问的数据在哪台服务器上，也无须考虑访问的是何种数据库，便于与企业资源连接，数据的共享水平得到了提高。客户端只需安装一种 Web 浏览器软件，对客户端硬件要求低；由于 Intranet 的建立，Intranet 上的用户可方便地访问系统外资源，

Intranet 外用户也可访问 Intranet 内资源。扩展性好，B/S 模式可直接连入 Internet，具有良好的扩展性。

综上所述，网络条件下的管理信息系统，采用 C/S 和 B/S 相结合的形式较为合理。一方面在某些以查询、浏览为主的用户应用界面上采用 B/S 结构，而其他用户应用界面采用 C/S 结构，构成 C/S 和 B/S 两种体系结构紧密结合的管理信息系统。C/S 和 B/S 混合模式具有以下几方面的特点：开放的计算机网络系统、综合的信息资源库、分布式的信息处理、集成的办公自动化环境、高度共享的信息资源、安全可靠的系统平台。C/S 与 B/S 形成综合的模式，如图 3.11 所示。

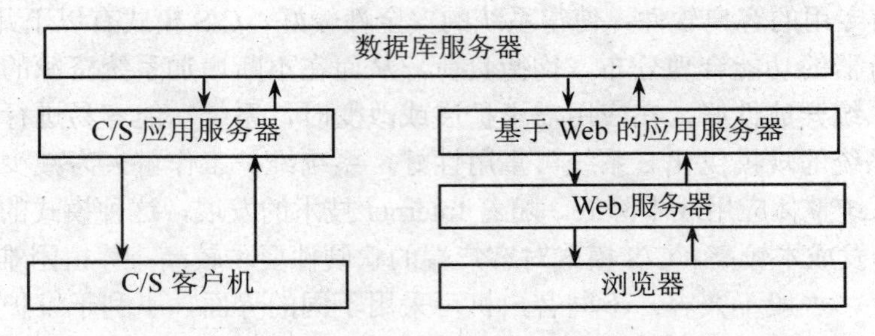

图 3.11　C/S 与 B/S 结合的模式

在目前实际开发中，通常采用 B/S 模式，在用户端安装浏览器软件，基础数据放在数据库服务器上，中间建立一个 Web 服务器作为服务器与客户机浏览器的交换通道。对于模块安全性要求高，处理数据量大的地点使用 C/S 模式。

（7）按网络总体方案制定出总预算。网络总预算包括：网络文件服务器；网络客户机；网络操作系统；网络适配器；网络电缆；网络应用程序；网络安装；网络培训；网络打印机或独立打印机等。

3.2　可行性分析

可行性分析（Feasibility Analysis）是度量和评估方案可行性的活动。可行性分析法是对工程项目进行技术先进性、经济合理性和条件可能性进行分析的方法。其目的是通过对技术先进程度、经济合理性和条件可能性的分析论证，选择以最小的人力、物力、财力耗费，取得最佳技术、经济、社会效益的切实方案。它是解决项目投资前期分析的主要手段，是项目进行中的一个重要里程碑，使用者提出的初始要求往往是含糊的、不明确的，因此，需要通过初步的调查研究，明确问题，提出方案，并对方案进行可行性分析。这一阶段的工作成果为可行性分析报告。本节主要讲述可行性分析的概念、步骤、内容及可行性分析报告的书写。

3.2.1　可行性分析概念与任务

目前，在一些西方国家，可行性分析法已发展成为运用工业科学技术、市场经济预测、信息科学、系统工程和企业经营管理的多学科、多方法综合，实现建设项目最佳经济效果的专门分析手段，其对象和范围几乎涉及每个领域和部门的经济目标。可行性分析又称可行性研究（Feasibility Study）。可行性是对组织将要开发的项目的价值和实用性的度量。可行性分析就是度量可行性的过程。可行性研究已被广泛应用于新产品开发、基建、工业企业、交通运输、商业设施等项目投资的各种领域。新的信息系统的开发是一项耗资多、耗时长、风险性大的工程项目，在进行大规模系统开发之前，要对信息系统的价值和实用性进行度量。可行性分析作为一个开发阶段是“可选”的，“可选”是说有些信息系统的开发是上级指令性的开发，不需要进行论证的。但是，在管理信息系统开发的生命周期内都需要进行可行性度量。在总体规划与可行性分析阶段被全面研究后，或者当系统被设计之后，一个明显可行的项目的范围和复杂性可能会发生变化，因此，一个以前可行的项目后来可能会变得不可行。系统生命周期可能的可行性检查点，如图 3.12 所示。检查点用菱形表示，它是一个可行性评估和管理检查。应该在前一个阶段的结尾（后一个阶段开始之前）进行。一个项目可在任何检查点上被取消或者修改。

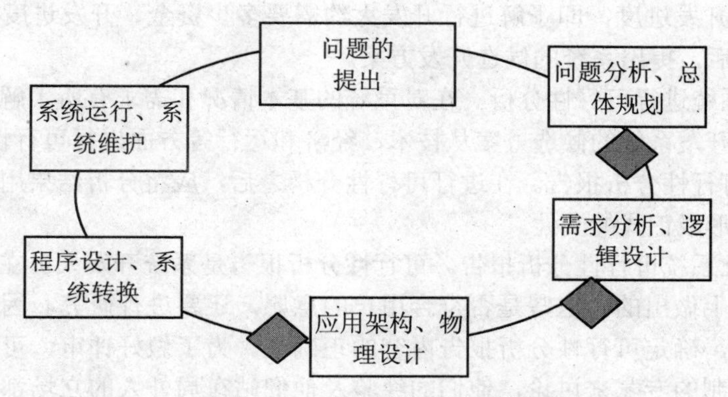

图 3.12　系统开发的可行性检查点

1．可行性分析的概念

“可行的”即可做的意思。可行性（Feasibility）是基于一个信息系统对现行系统所带来的价值和实用性的一种度量。可行性分析是指在当前组织内外的具体环境和现有条件下，某个项目投资的研制工作是否具备必要的资源及其他条件。通常对于信息系统来说，其可行性通常从技术可行性（Technical Feasibility）、经济可行性（Economic Feasibility）和运行可行性（Operational Feasibility）3 个方面来考虑。除了上述 3 个方面的可行性分析以外，还可从人员可行性（Human Factors Feasibility）、进程可行性（Schedule Feasibility）、环境可行性（Environment Feasibility）和管理可行性（Management Feasibility）等方面进行论证。

2．可行性分析的目的和任务

（1）可行性分析的目的。《计算机软件产品开发文件编制指南》（GB8567－1988）中指出，可行性分析的目的是：说明该软件开发项目的实现在技术上、经济上和社会条件上的可行性；评述为合理地达到开发目标可能选择的各种方案；说明并论证所选定的方案。

可行性分析的目的也就是通过对现行系统的调查研究，确定用户提出建立一个新的计算机系统的要求是否合理、是否可行。避免盲目投资，减少不必要的损失。

（2）可行性分析的任务。依据《计算机软件开发规范》（GB8566－88）所指出的，可行性分析的主要任务是了解客户的要求及现实环境，提出新系统的开发方案，然后，从技术、经济和社会因素等 3 个方面研究并论证本软件项目开发的可行性，编写可行性分析报告，制定初步的项目开发计划。

3. 可行性分析的实施步骤

（1）系统分析人员对现实系统进行初步调查。初步调查的目的是了解现行系统的概况，确认需要解决的问题，说明建立新系统的迫切性和必要性。具体内容见初步调查部分。

（2）提出新系统开发的方案。根据前面的调查材料，对系统进行初步需求分析，了解用户的需求，这些需求包括：①功能需求，即研究新开发的信息系统在功能上能够做什么，这是最主要的需求；②性能需求，即了解新系统的技术性能要求，包括可靠性、运行时间、存储容量、传输速度、安全保密性等；③资源和环境要求，即了解所开发的系统有哪些资源，要用到哪些资源，要从硬件、软件和使用等方面考虑。在硬件方面，现有的设备，要用到的设备，包括计算机、外设、通信接口等。软件方面考虑用到的操作系统、网络软件、数据库管理系统、开发用的语言等。使用方面，了解现有人员水平，需要有哪些人员，能否达到开发的水平；④资金和开发进度，即了解进行开发大约需要多少资金、开发进度要求等。在对用户的需求全面分析后，提出系统的候选开发方案。

（3）对待开发系统进行可行性分析。在对系统的基本情况和需求有所了解的情况下，系统分析人员就要对待开发系统的候选方案从技术、经济和运行等方面进行可行性分析。

（4）写出系统可行性分析报告。在进行可行性分析之后，应将分析结果用可行性分析报告的形式编写出来，形成正式的文件。

（5）评审和审批系统可行性分析报告。可行性分析报告是系统开发人员在对系统进行初步调查和分析的基础上做出的，这些是否符合用户的意愿，还要进行研究。因此，要对可行性分析报告进行评审，确定可行性分析报告内容的正确性。为了做好评审，可以请一些外单位参加过类似系统研制的专家来讨论，他们的经验及他们站在局外人的立场都有利于对可行性做出正确的评判。最后审批可行性分析报告。

（6）若项目可行，则制定初步的项目开发计划，并签署合同。可行性分析的结论并不一定是可行的，也有可能在目前的条件下不可行。判断不可行可以避免由于盲目开发所造成的巨大浪费。若项目是可行的，就要制定初步的项目开发计划，并且签署合同，系统开发将进入实质性阶段。

3.2.2 系统的初步调查

系统的调查研究（Fact-finding）就是使用研究、面谈、会议、调查表、抽样和其他技术收集关于系统、需求和喜好的信息。这个活动也称为信息收集或者数据收集。调查研究分为两个阶段：一是初步的调查，在可行性分析阶段进行，即先投入少量的人力对系统进行大致的了解，分析其开发的可行性；二是详细的调查，在系统分析阶段，即在确定系统可行并立项后，投入大量的人力，展开大规模、全面详细的系统调查。

初步调查是接受用户提出建立新系统的要求后，系统研制人员与用户管理人员的第一次沟通。其目的是对现行业务给出一个概括性描述。初步调查的重点是了解用户与现行系统的总的情况，现行系统与外部环境的联系，现行系统的现有资源，外界的约束条件等。着重了解现场存在的主要问题，找到现行系统症结，获取足够的信息以协助制定待建系统的开发方案，决定待建系统是否能够立项。具体来说了解以下的内容：

（1）现行系统的概况。了解现行系统的规模、系统目标、发展历史、组织结构、管理体制、人员分工、技术条件和技术水平等。

（2）系统外部环境。现行系统和外部环境有哪些联系，哪些外部条件制约系统的发展。

（3）现行系统的资源。现行系统有哪些资源，信息系统的状况等。

（4）用户资源和要求。开发新系统用户可以提供的人力、物力和财力等情况，用户的时间要求、功能要求、开发目标等。

（5）现行系统存在的问题。在初步调查中可以设计一些调查表，通过这些调查表可以更好地收集一些信息。数据流调查如表 3.12 所示。计算机专业人员调查表如表 3.13 所示。

表 3.12　数据流调查表

单位名称：

序号	数据流名称	类型	来源/去处	处理周期	份数	峰值	保密要求	保存时间	备注

制表人：审核人：日期：　　　　　　　　　第　　　页

表 3.13　计算机专业人员调查表

单位名称：

	高级技术人员	中级技术人员	低级技术人员	合计
软件				
硬件				

制表人：审核人：日期：　　　　　　　　　第　　　页

3.2.3　系统的组织结构调查

组织结构是一个组织内部部门的划分及其相互之间的关系。组织在交换物资、资金的过程中，产生信息流；组织既是信息的接收者，又是信息的输出者；组织具有层次性。在进行组织结构调查时要了解组织机构、队伍现状、业务领域等，主要收集以下的信息内容：

（1）工作岗位说明书。工作岗位说明书包括企业各类岗位的工作名称、职能、权限、责任、级别及该岗位同其他各岗位的关系等。

（2）组织机构图。用图形来描述企业各管理部门或某一部门的职责、权限及其相互关系，一般采用金字塔式的体系图。

（3）管理业务流程。主要包括业务程序、业务岗位、信息传递、岗位责任制等。

通过收集到的信息，要弄清楚以下问题：

（1）组织内部的部门划分。在组织中都有专业的组织结构分布图，通过组织机构图了解组织的内部部门划分情况，了解和开发的信息系统有关的部门，各部门之间的领导与被领导关系。

（2）各个部门的工作职能。了解各部门的工作内容与职责，了解某项管理业务的标准化的工作内容及顺序，根据程序及分工协作要求而设置的各个工作职位，并确定它们之间的相互关系。确定岗位责任制，即各岗位的责任、权限及考核指标等。

（3）信息资料的传递关系。在了解各个部门的物资流动关系与资金流动关系的基础上，了解岗位之间信息传递的形式（申请单、说明书、明细表、计划表、原始凭证等）、手续、传递路线等。

（4）各级组织存在的问题及对新系统的要求。还应详细了解各级组织存在的主要问题及可能解决的途径，掌握各级管理人员对新系统的要求。

组织结构调查完后，用组织结构图来表示。传统的组织结构图用来描述现行组织的机构的层次和行政隶属关系，如图 3.13 所示。

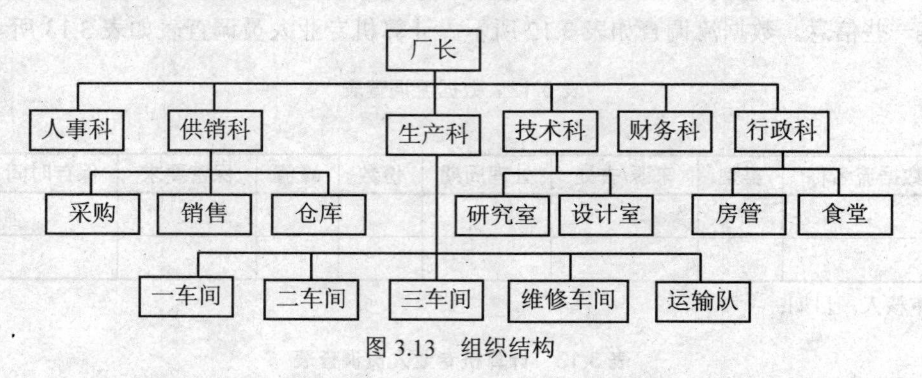

图 3.13　组织结构

在系统开发中仅了解隶属关系是不够的，还要了解组织机构内的各种联系，如资金流动关系和物资流动关系等，可以用扩展的组织结构图表示出来，如图 3.14 所示。在图中信息流动关系是以组织结构为背景的，在一个组织中，各部门之间存在着各种信息和物质的交换关系，物质材料由外界流入，经加工或处理后流出系统，成为系统的输出。在物质流动的同时，各种数据在组织的各部门产生出来并流向管理部门，经加工后的信息再流向领导，领导据此下达指令。为了更好地表示部门间的业务联系，作为业务调查所画出的组织结构图与一般组织结构图存在以下区别：除标明部门之间的领导与被领导的关系外，还要标明资料、物资和资金的流动关系。图中各部门、各种关系的详细程度以突出重点为标准，即那些与系统目标明显关系不大的部分，要简略或省去。画组织结构图时，在草图上宁可多画一些以后再精简，也不要遗漏可能有用的情况。画组织结构图的过程是系统分析人员逐步了解系统情况的过程。在画组织结构图时，要和管理人员反复交流，以便画出符合实际情况的组织结构图。

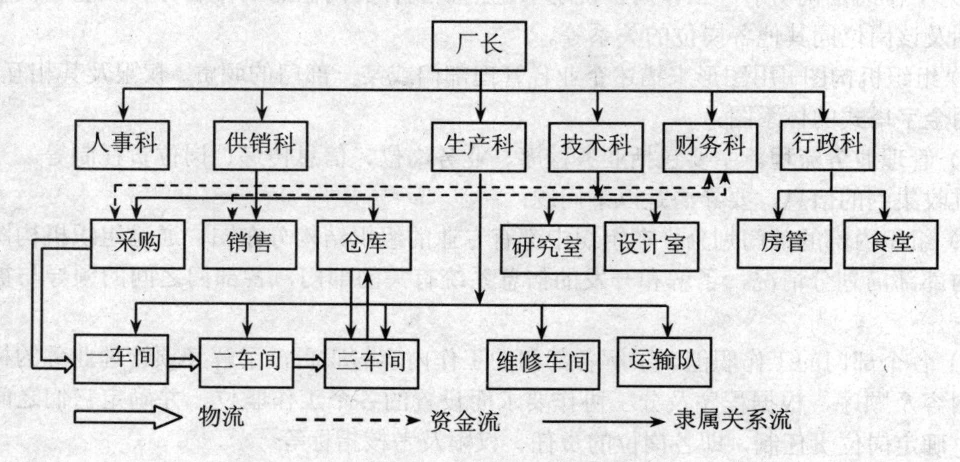

图 3.14　扩展的组织结构

3.2.4　可行性分析内容

1. 技术可行性分析

技术可行性（Technical Feasibility）是对一种技术方案的现实性及技术资源和专家可行性的度量。如今，在管理信息系统开发中很少有技术上不可行的事情，所以主要考虑技术是否实际和合理。根据新系统目标衡量所需要的技术条件是否实际和合理，具体如下：

（1）现有技术的估价。在研究国内外有关技术的发展水平及国家有关技术政策的基础上，对目前可利用的技术进行评价。这里采用的技术必须是已经普遍应用，有现成产品，而不是待研究或正在研究中的技术。

（2）使用现有技术进行系统开发的合理性和实际性。方案中使用的技术通常是可得到的。但要分析技术是否足够成熟，能够应用到提出的系统问题上。计算机硬件方面主要考虑计算机的内存、功能、联网能力、安全保护设施及输入、输出设备、外存储器和联网数据通信设备的配置、功能、效率等是否合理。软件方面主要考虑操作系统、编译系统、数据库管理系统、汉字处理系统等的配置及功能选择是否实用等。应用软件方面主要考虑是否有现成的软件包或自己是否有能力编制有关的程序。

（3）对技术发展可能产生的影响进行预测。虽然假定方案要求的技术是实际的，但是我们拥有该项技术吗？为何开发人员不能提供该技术，尽管该技术方案是现实的，但是在技术上是不可行的。

（4）关键技术人员的数量和水平估价。系统开发的技术力量不仅要考虑人员的数量，更重要的是要考虑人员质量及在近期内可以培养和发展的人员水平。

导致技术不可行的原因通常是由于不熟悉计算机的用户提出一些不合理的或不切实际的要求。如有的用户认为计算机无所不能，而实际上计算机也有它本身的局限性。这就要求系统分析员必须具备一定的计算机方面的背景知识。一个对计算机编程毫无经验的系统分析员对计算机应用可能会提出一些技术上不可行的想法和建议，从而降低了系统分析的可信度，并且浪费了时间和资源。

2. 经济可行性分析

经济可行性（Economic Feasibility）是对一个项目或方案成本效益的度量。信息系统的开发也是一种投资，因此，对于用户来说，他们首先关心的是：是否值得开发一个新的信息系统？换言之，系统投入运行后所获得的效益（Benefits）是否大于开发及运行这个系统的费用或成本（Costs）。如果效益大于成本（费用），则说明这个信息系统的开发从经济的角度来讲是可行的；反之，就是不可行的。对信息系统经济效益进行评价分析，要综合考察多种因素对信息系统运行的影响，明确界定信息系统的成本与效益，用定性或定量的方法分析信息系统的投入和产出构成，以判明信息系统开发的经济可行性，运行和发展的价值性。经济可行性可以对未来 5 年成本、收入进行估算。进行经济可行性分析需要利用财务管理或技术经济学方法，常用的方法为成本-效益分析法（Cost-Benefit Analysis）。

经济可行性分析的原理非常简单，即所获得的效益必须大于成本。因此，经济可行性分析的关键问题是如何确定效益和成本（费用），而在信息系统开发和运行中的效益和成本（费用）又是最难估算的。

（1）信息系统成本（费用）的构成。信息系统是一个规模大、复杂程度高的人—机系统，它的开发、使用、维护和管理等过程是一项复杂的系统工程，需要投入大量的人、财、物等资源，这一切就构成了信息系统的成本。信息系统的成本可以按照信息系统生命周期不同阶段发生成本、信息系统各项成本的经济用途及形态等进行划分。

1）按信息系统生命周期阶段划分的成本，如表 3.14 所示。开发成本也可以按照软件、硬件和其他成本进行划分。软件开发成本包括系统调研、总体规划与可行性分析、系统分析和设计及编程、测试和调试等部分的费用；硬件成本为系统硬件的购买与安装；其他成本为系统软件配置、数据收集、人员培训和系统转换等费用。

表 3.12　信息系统成本的构成

开发成本	分析设计费用	系统调研、总体规划与可行性分析、系统分析和系统设计等
	实施费用	编程、测试、调试、硬件购买与安装、软件配置、数据收集、人员培训、系统切换等
运行/维护成本	运行费用	人员费用、材料消耗费、固定资产折旧费、技术资料获取费等
	管理费用	审计费用、系统服务费用、行政管理费用
	维护费用	修正性维护、完善性维护、适应性维护和预防性维护的费用

2）按信息系统成本的经济用途划分。根据信息系统的特点及国家对成本项目的统一规定，信息系统成本如表 3.15 所示。按成本经济用途分类的主要优点在于：可以明确指出费用的目的，便于对信息系统开发、运行过程中的经费使用情况进行监督和管理，同时也为信息系统的价值分析奠定了基础。

表 3.13　信息系统成本的经济用途

费用明细	成本构成
硬件购置	购买计算机及相关设备，如不间断电源、空调器等
软件购置	购买操作系统、数据库系统软件和其他应用软件等
基建	新建、改建或扩建机房、购买计算机台、柜等
通信	购买计算机网络设备、通信线路器材、租用公共通信线路等
人工	各类系统开发人员、操作人员和系统有关的管理人员的所有工资费用
水、电	系统在开发、运行与维护期间消耗的水、电和有关的维修费等
消耗材料	购置打印机、墨盒、磁盘、光盘、移动硬盘等
培训	用户培训、有关技术人员和管理人员进修的费用等
管理	办公费用、差旅费和会议费等
其他	资料费、固定资产折旧费和咨询费等

3）按照成本的形态划分。可分为有形成本（Tangible Costs）和无形成本（Intangible Costs）。所谓有形成本是指可以直接用货币单位来衡量的成本，如购买各种设备的费用、系统开发和维护人员的工资及差旅费等。所谓无形成本是指无法用货币单位来直接衡量的成本，如信息系统使用后带来的工作方式的变化、管理制度的变革等。

（2）信息系统成本的测算。信息系统的成本测算就是根据待开发系统的成本特征和当前可获得的有关数据，运用定性和定量分析方法，对信息系统的成本做出科学的估计。它是信息系统项目投标和报价的基础，是进行系统实施方案设计的前提，也是信息系统项目管理和审计的依据。根据上述对信息系统成本构成的分析进行信息系统成本的测算，首先将成本分为开发成本和运行维护成本两部分，开发成本分为软件成本、硬件成本和其他成本 3 部分。对开发成本的测算如图 3.15 所示。

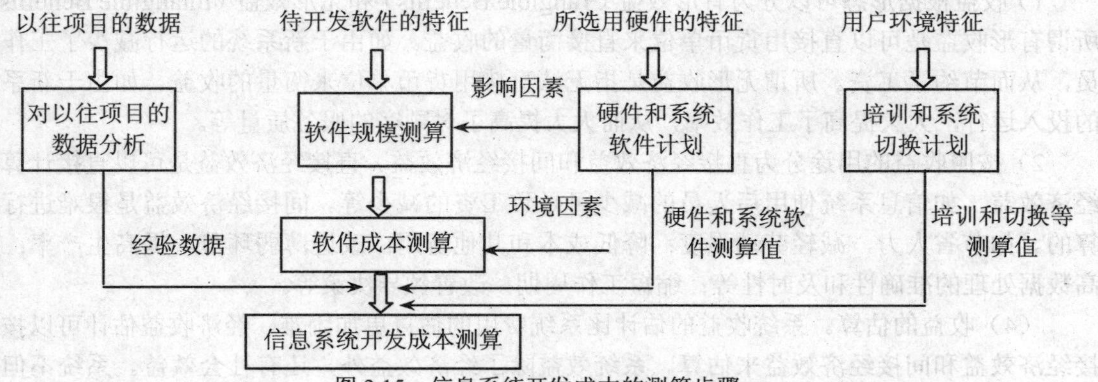

图 3.15　信息系统开发成本的测算步骤

目前信息系统成本的测算方法主要有以下几种：

1）算法模型。算法模型是建立在以往历史数据基础上的测算模型，它将成本估算值看作是若干成本因素为自变量的函数，模型的一般形式为

$$R=f(X,\ C) \tag{3.1}$$

式中，R 是信息系统的成本项目，可以是系统开发所需人员数、工期和费用等；X 是一组经过选择的影响成本的自变量；C 是模型的一组参数常量。

算法模型的主要优点是利用以往的历史数据，测算效率高，测算受主观影响小；而且测算步骤和形式比较规范化，便于进行灵敏度分析等。缺点是对系统开发环境的适应性不强，因为一些特殊情况无法预料。信息系统成本测算面临着大量的不确定性，传统的建立在经典数学函数基础上的测算模型因没能充分考虑到各种变化情况而存在很多的问题。有学者引入模糊机制和人工智能方法，结合遗传算法和人工神经网络的成本测算模型，使测算模型能充分利用历史数据，通过自主学习、积累知识并自动推理等，计算结果可靠性好。

2）任务分解法。任务分解法有两种，一是“自底向上”策略，另一种是“自顶向下”策略。“自底向上”方法是将系统分解为许多的基本模块和相应的任务，分别测算其成本，然后累计得出整个系统的成本。“自顶向下”是在系统开发的初期，通过初步的调研和用户需求分析，勾画出系统的规模、范围和要求等，再利用经验估算出总成本，然后将此成本分摊到各子系统或各个模块中。

3）专家判定法。这种方法依靠领域专家自己的经验、直觉及对所测算信息系统的理解，给出一预测值，这是一种传统的预测方法，也广泛应用于其他领域。常采用类比法和 Delphi 法。

4）其他方法。如价格制胜法，为使报价具有竞争力，迎合用户要求而制定成本预算，较少考虑本企业实际情况，容易引起大幅超支。

在估计开发费用时，一定要留出系统运行维护的费用，运行成本往往贯穿于整个系统的生命周期。生命期的收益必须超出开发成本和运行成本。费用估算时往往会出现低估现象，

有经验的分析师一般将成本调高 50%～100%（或者更高）。因为经验告诉我们，前期的问题很少能够被充分定义，而且用户的需求一般很少能够被全面的理解，在系统开发过程中会出现很多意外因素，这些意外因素将使费用大大增加。因此，费用估算时应适当增加费用的比例。

（3）收益的构成。收益可以有不同的类型。

1）收益根据形态可以分为有形效益（Tangible Benefits）和无形效益（Intangible Benefits）。所谓有形收益是可以直接用货币单位来直接衡量的收益。如由于新系统的运行减少了工作人员，从而节约了工资。所谓无形收益是指无法直接用货币单位来衡量的收益。如由于新系统的投入运行，大大提高了工作效率，从而大大提高了对顾客的服务质量等。

2）按照收益的用途分为直接经济效益和间接经济效益。直接经济效益是可以直接计算的经济效益，如信息系统使用后人员的减少可导致工资的减少等。间接经济效益是很难进行计算的。如节省人力，减轻劳动强度；降低成本和其他费用；改进薄弱环节，提高生产率；提高数据处理的准确性和及时性等；缩短工作周期；改善领导决策等。

（4）收益的估算。系统收益的估计比系统费用的估算更加困难，经济收益估计可以按直接经济效益和间接经济效益来估算。系统效益除了经济效益外，还有社会效益。系统不但服务于本组织，还服务于社会，因此，在考虑收益时不能局限于本组织内，还应考虑社会效益，可从对社会经济活动可能发生的影响及其效益进行估计。如果对可能产生的社会效益在可行性分析时不加以考虑，则会得出错误的结论。例如，各类情报检索系统，它为读者查询资料创造了极为方便和高效的服务条件。由于检索系统提供的资料及时、准确，使得国家重大科研项目既快又好地完成，给社会带来极大效益。因此，在估计服务行业的效益时不能只考虑本系统的效益，必须考虑社会价值。可能有些系统单纯从本组织内部的可行性来进行分析，开发该系统是不值的、亏损的，但它的效益还体现在对国家的巨大贡献上。如果从社会效益上进行分析，开发该系统就是可行的、必要的和有益的。在进行收益估计时，往往会出现高估现象，因为用户的实际效益在某种程度上取决于用户的应用水平。例如，有的系统能提供很多及时、准确的决策信息，但用户没有很好地利用，因此，就不可能达到预期的效果。

成本/效益分析的方法很多，常用的有 3 种方法：投资回收分析（Payback Analysis），投资回报率分析（Return-on-investment Analysis）和净现值分析（Net Present Value，NPV）。

1）投资回收分析。投资回收分析是一种用于确定投资是否可以收回及什么时间收回的技术，这个时间段称为投资回收期（Payback Period）。所谓投资回收期就是从项目投建之日起，用项目各年的净收入将全部投资收回所需要的期限，即新系统产生的收益超过产生的成本（费用）所需要的时间。

假设信息系统每年的净收入相等，投资回收期可以用式（3.2）计算，即

$$T_{\mathrm{p}}=\frac{K}{NB}+T_{\mathrm{k}} \tag{3.2}$$

式中，T_{p} 为投资回收期；NB 为年净收入；K 为投资总额；T_{k} 为项目建设期。

上述公式是一种理想化的情况，实际上，系统的成本（费用）和效益是与时间变化有关系的，因为对于信息系统的开发不仅有一次性的开发成本，还有运行维护的成本，而且运行维护的成本是不断增加的。

投资回收期指标的优点是：概念清晰、简单易用；直观，易于理解。该指标不仅在一定程度上反映项目的经济性，也可以反映项目的风险大小。项目决策面临着未来的不确定因素，

这种不确定所带来的风险随着时间的延长而增加，因为离现实越远，人们所确定的东西越少，为了减少这种风险，投资回收期越短越好。

投资回收期指标的缺点在于：它没有反映资金的时间价值；由于它舍弃了回收期以后的收益与支出数据，故不能全面地反映信息系统在整个生命期内的真实效益；另外它难以对不同的方案选择做出正确的判断。

投资回收期不考虑资金时间价值的评价，是一种静态评价指标。此外，可以使用动态指标来评价，动态经济评价指标不仅记入了资金的时间价值，而且考察整个生命周期内的收益与支出的全部经济数据。

2）投资回报率分析。投资回报率（ROI）分析技术比较替代方案或项目的终生收益率。一个方案或项目的投资回报率是度量企业从一项投资中获得的回报总量与投资总量之间关系的百分率。投资回报率的计算公式为

终生 ROI=（估计的终身收益-估计的终生成本）/估计的终生成本

投资回报率便于不同的方案进行比较，提供了最高 ROI 的方案是最佳方案。但是在分析投资回报时，企业可能会为所有的投资设置一个最小的可接受的 ROI。如果没有一个方案满足或者超过那个最小标准，那么就没有一个方案在经济上是可行的。

3）净现值分析。净现值分析是对投资项目进行动态评价的重要指标之一。净现值是一种比较不同方案的年度贴现成本和收益的分析技术，净现值就是按一定的折现率将各年净现金流量折现到同一时点的现值累加值，即

$$NPV = \sum_{t=0}^{n} (CI - CO)_t (1 + i_0)^{-t} \tag{3.3}$$

式中，NPV 为净现值；CI_t 为第 t 年的现金流入额（收益）；CO_t 为第 t 年的现金流出额（成本）；n 为项目寿命年限；i_0 为基准折现率。

判别准则：对单一项目方案来说，若 $NPV \geqslant 0$，投资就是好的，则该项目应接受；若 $NPV<0$，投资就不好，则该项目应给予拒绝。

对于多方案在比选时，净现值越大的方案相对来说越优（净现值最大准则）。

3．系统运行可行性分析

系统运行可行性（Operational Feasibility）主要评价新系统运行的可能性及运行后所引起的各方面变化（组织结构、管理方式、工作环境等），将对社会、人或环境产生的影响。系统运行可行性可以从以下几个方面进行分析：

（1）系统对组织机构影响的可行性。由于管理信息系统的运行不仅涉及人员的变化，还涉及管理体制、组织机构的变化，所以对系统运行后可能对组织机构产生的影响进行分析。

（2）用户和管理人员适应的可行性。用户和管理人员对系统的适应性，一个可工作的方案可能会由于最终用户和管理层的抵制而落选，因此，要了解管理层对系统是否支持？最终用户对他们在新系统中的角色的想法是什么？他们对系统的抵制在哪些方面？能否被克服？对现有人员进行培训的可行性；人员补充计划的可行性等进行分析。

（3）环境条件的可行性。系统与环境是密切相关的，环境的变化必然会影响系统的运行，所以要考虑公共设施能力及自然环境或环境保护等可能对系统的影响，要考虑最终用户的工作环境发生了什么变化？用户和管理者可以适应这些环境变化吗？

4. 进度可行性分析

进度可行性（Schedule Feasibility）是对项目时间表合理性的度量。有些项目有特定的最后期限，如果超过这个期限可能会受到相关的处罚。如果最后的期限是期望的而不是强制的，分析员可以建议用替代的进度方案。与其按照期限要求发布一个易出错的、无用的信息系统，不如推迟一段时间发布一个正确的、有用的信息系统。进度延期是不好的，但不完善的系统是更糟糕的。

3.2.5 可行性分析的结论

可行性分析的结论有以下 3 种：

（1）可行性分析结果完全不可行。通过可行性分析可以发现目前的系统完全不具备开发的条件，则系统开发工作必须放弃。

（2）系统具备立即开发的可行性。如果系统具备立即开发的可行性，则可进入系统开发的下一个阶段。

（3）某些条件不具备。如果某些条件不成熟，则要创造条件，增加资源或改变新系统的目标后再重新进行可行性论证。

3.2.6 可行性分析报告

在对几种方案进行比较分析和论证后，就要写出可行性分析报告。可行性分析报告包括以下主要内容：

1. 引言

（1）摘要：系统名称、目标和功能。

（2）背景：系统开发的组织单位；系统的服务对象；本系统和其他系统或机构的关系和联系等。

（3）参考和引用的资料。

（4）专门术语和缩写词。

2. 系统开发的必要性和意义

项目背景及实施项目的必要性；项目受益范围分析；项目实施对申请单位、所属领域或社会事业发展的意义与作用。

3. 现行系统的调查与分析

（1）现行系统调查研究。现行系统可以从以下几个方面进行调查。

1）组织机构调查：工作任务和范围，领导关系，职能，地理分布（用图表示）。

2）业务流程调查：各主要业务流程及对信息的需求。

3）信息流程分析（用数据流程图表示）。

4）费用：现行系统运行的各项费用开支及总额。

5）计算机应用情况调查：了解系统的现有配置；计算机专业人员数量；已经应用的项目及效益情况；使用效率及存在的问题等。

6）现行系统存在的主要问题和薄弱环节，包括效率、费用、人力等。

（2）需求调查和分析。包括用户提出的需求，及考虑经济改革和发展的需要而进行预测的结果。

4. 新系统的几种方案介绍

一般提出一个主方案和几个辅助方案，方案的主要内容有：

（1）拟建系统的目标。通过对系统的初步调查与分析，确定拟建新系统的目标。

（2）系统规划及初步开发方案。确定新系统的规模、主要结构及要实现的功能，画出系统的高层逻辑模型，构造系统的开发方案，如新系统计算机配置，网络结构，各阶段对人力、资金、设备的需求等，新系统实现后对组织结构、管理模式的影响等。

（3）系统的实施方案。根据新系统的开发方案，确定整个项目的阶段性目标情况；分段地实施进度计划与计划安排等情况。

（4）投资方案。根据新系统的开发方案确定项目需要的投入总额；项目投资估算；资金筹措方案；投资使用计划，要写明投资的数量、来源及时间安排等。

（5）人员培训及补充方案。对新系统需要的人员进行分析，列出需要新增的人员及补充方案。

5. 几种方案的比较分析

对几种方案的技术可行性、经济可行性、运行可行性和进度可行性等进行分析。技术可行性要与同类项目相比分析，对项目的主要思路与设想进行分析。经济可行性要进行项目预算的合理性及可靠性分析；项目预期社会效益分析；项目预期效益的持久性分析。运行可行性要对项目实施过程中存在的不确定性进行分析；对应措施进行分析等。进度可行性对集中方案的进度合理性和实现可能性进行分析。

6. 结论

可按某方案立即进行；或待某些条件成熟后再进行；或不可行必须停止。

3.3　可行性分析实例

下面以大家比较熟悉的高等院校教学管理信息系统为例进行介绍。高校教学管理系统是任何一所高校都具有的进行日常教学的管理系统，但由于各个院校的培养目标和类型不同，因此，系统的功能也不完全相同。下面以某高校教学管理信息系统开发为例进行介绍。

3.3.1　引言

（1）摘要。

用户：DBDL 大学教务处及各院部。

拟建系统的名称：DBDL 教学管理信息系统。

（2）背景。

系统开发的组织单位：GL 软件开发中心。

系统服务对象：管理者、教师和学生。

教学管理涉及教学计划与排课、学籍管理、考试管理、教学资源管理等，其特点是信息量大、处理复杂、日常和动态的信息较多、信息传递的及时性和共享程度要求很高，教学管理信息利用的效率直接影响和反映高校教学管理的水平。由于教学管理模式的千差万别，现有的教学软件难以满足本校的教学管理工作，而且教学管理模式正处在改革完善之中，购买别人的软件，不但成本高，日后的维护也很麻烦，即使能符合当前本校的管理模式，也不利于今后教学管理的进一步完善。因此，研制开发适合本校教学管理模式的综合教学管理信息系统，成为学校信息化建设的核心工作。

3.3.2 系统开发的必要性和意义

随着我国教育体制改革的不断深入和发展，DBDL 大学的教学改革也在扎扎实实地进行，学校招生规模不断扩大，再加上实行选课制、学分制，管理信息量急剧增加，信息更新范围增大，更新速度加快，教学管理工作量加大、复杂程度提高，管理人员劳动强度加大，总有干不完的事，经常加班加点。而且，实际效果也不理想，学生抱怨，老师发牢骚，管理人员有苦难言。应用先进的软件技术设计和开发具有高等院校教学管理特点的管理信息系统，实现高等院校管理手段的计算机化是非常必要的。随着高校教学改革的深入发展，学校领导非常重视教学建设工作，建立高校教学管理系统是可行的。高校教学管理信息系统是一个基于校园网的综合教学管理信息系统，它的建设与应用在一定程度上反映出学校教学管理现代化水平，对教学管理信息化和学分制改革具有重要作用。

教学管理信息系统建成后，可处理全部成绩管理与学籍管理和部分的日常教学管理工作，实现了管理信息化。新系统可改进教学管理手段，将人从繁忙的工作中解脱出来；可以提高和改进管理服务质量，提高查询的速度和质量，大大提高教务人员的工作效率，减轻劳动强度；提供各种新的处理功能和决策信息，教师和学生可以在任何地点和时间方便地查询有关的信息；教学管理走向科学化、正规化的道路，从而使得教学管理水平能够提高到一个新的层次。

3.3.3 现行系统调查研究与分析

DBDL 大学是 1949 年成立的，学校现有 17 个院系，有博士、硕士、本科和专科不同的教育层次，有 37 个本科专业，现有教职工 1400 多人，在校生为 1.5 万人。本系统主要是为本科和专科教学服务。

1. 组织机构调查

该学校的教学管理是由教务处和各个院、部从事教学管理的副院长、教学秘书、系主任、实验室主任和教学干事等共同完成。其组织结构如图 3.16 所示。在图 3.16 中只介绍了与教学相关的部分，其他的业务部门没有列出。

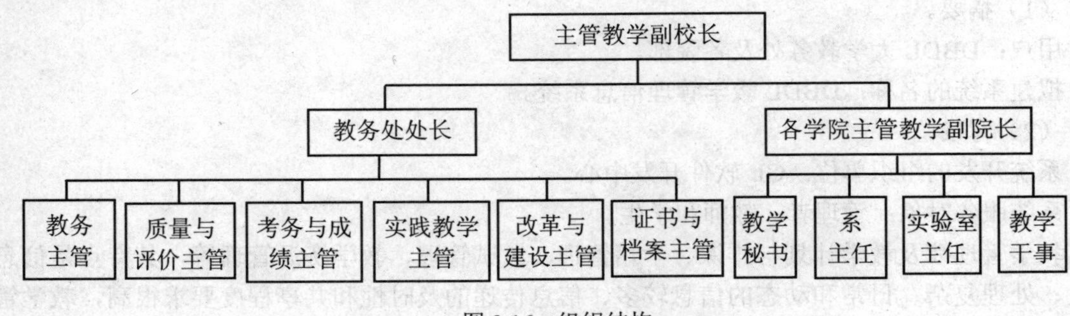

图 3.16 组织结构

（1）教务管理。教务管理包括教学计划和日常的管理。教学计划是学校保证教学质量和人才培养质量的重要文件，是组织教学过程，安排教学任务，确定教学编制的基本依据。教学计划管理负责全校人才培养方案的制定，各专业的教学进程、课程的安排及教学任务的下达及会同各学院、系部编制学年（各学期）的教学实施计划。教务处负责组织专家教授研究、论证、编制人才培养方案，并根据社会、经济和技术的新发展，适时进行调整和修订，检查并考核教学计划实施情况。日常教学管理包括对教学计划进程表、课程表、考试安排表的执行情况进行管理和检查情况及对教学进度和课程表变更的审批和记录。进行各门课程教学大纲的修订及根据实际进行调整等。

（2）质量与评价管理。教学质量与评价是按人才培养方案实施对教学活动的最核心、最重要的管理。负责组织实施教育教学质量的检查、监督和评估工作，积极组织开展教学评价工作的研究，制订科学的、操作性强的评价指标体系，拟订和修订学校教学管理规章制度，并负责教学管理各项规章制度的执行。督促落实每学期课程及其他教学环节的教学任务、考核方式，教学过程质量控制，指导和督促各学院、系部的教学过程质量的监督工作，每年组织两次期中教学质量检查、监控，平时组织不定期教学质量抽查。负责组织学校各级领导、专家督导组听课，召开学生座谈会、教师座谈会，掌握教学质量的信息。严格按照《优秀课程和精品课程评价指标》的要求，做好优秀课程和精品课程的评价工作。会同各学院、系部进行课堂教学的管理与考核，组织任课教师研究教学方法，积极发展现代教育技术，提高教学效果。

（3）考务与成绩管理。考务管理负责做好考试、毕业综合考试、毕业论文答辩及其他全校性考试的组织工作，加强计算机题库建设与管理，做到教考分离，并做好考试质量分析。成绩管理负责学生成绩单管理，做好学生升留级等审批与管理工作；制订必修课与选修课，基础课与专业课，理论课与生产实习等不同性质，不同类别课程的工作考核管理办法。

（4）实践教学管理。实践教学管理是把实验、课程设计及教育实习从教学计划安排中独立出来，形成单独下任务、分组、录入成绩的管理体系。包括实践教学相关的代码设置、实践教学任务分配（分班任务下达和分组任务下达）、实践教学成绩录入查询及课程优秀率的审核、提交、相关统计、查询报表的生成（包括实践教学任务表、实践教学人数统计表、实践教学名单表、实践教学成绩表、毕业论文成绩汇总表、指导教师统计表、指导教师所带学生数一览表）等。

（5）教学改革与建设管理。负责教改项目的管理，组织开展教学研究，指导各教学单位做好各级教学课题立项的申报、评审、管理、成果鉴定等工作；组织开展院内外各类学术交流活动。

（6）证书与档案管理。在校长领导下，根据上级领导部门的指示规定，结合学校的实际情况，研究并提出本校发展规划和专业设置、调整方案。负责学生入学资格复核，编定班级，建立学籍档案。协助做好毕业生资格审查、学位授予及毕业证书颁发工作。做好其他证书、证明审查制定工作。教学资源管理，配合有关部门做好教室、实验室、教师办公室、教师休息室及其他教学设施的规划、建设、使用管理工作。教学档案管理，会同各学院、系部及有关部门做好教学档案的管理工作。

2. 业务流程调查

DBDL 大学管理体系实行校和学院的二级管理体制，全校有 17 个教学院、部。教学以教务处为中心，辐射 17 个院部，教务处下设科。教务处负责全校 800 多名教师和 15000 多名本、专科学生的教学管理工作，教学层次多，需求各异，任务相当繁重。

我们对各有关部门的业务人员进行了调查，教学管理的业务流程是：学生入学前一个学期，各个专业要制定人才培养方案上报教务处，形成综合人才培养方案。新生入学后填写学生情况登记表，各系部审核后，再上报教务处，建立学籍档案。每学期期中，各系部根据人才培养方案制定下一个学期各个专业的教学执行计划，院、部教学院长审核后上报教务处，然后各院、部根据教学执行计划安排授课教师。学校实施学分制管理后，在每学期开学之前要进行学生选课工作。各院、部将落实后的教师任务分配表汇总后上报教务处，由教务处进行统一协调。最后根据教师任务分配表、学生选课统计情况、实践教学安排和教室情况制定出全校课程表。期末考试结束后，各院、部将学生成绩录入、归档，教务处根据学生成绩统计降留级学生，报领导审批执行，并进行学籍处理。期中和期末考试后学生要填写教学质量评价表，对教师的授课情况进行评价，督导组教师和各院系的教师也对教师授课情况进行评价。另外，学生因病或其他原因可以申请休学、复学、退学等，学生提出申请经领导批准后执行，要将执行的结果记入学生学籍管理数据库中。为了促进教学改革，提高教学质量，每年教务处要进行教学改革项目的立项、验收等工作，教学研究主管要进行教改项目的管理。平时的日常教学管理，学生毕业后要将档案邮寄到用人单位。在对调查结果进行分析的基础上，整理出该教学管理系统的业务流程，如图 3.17 所示。

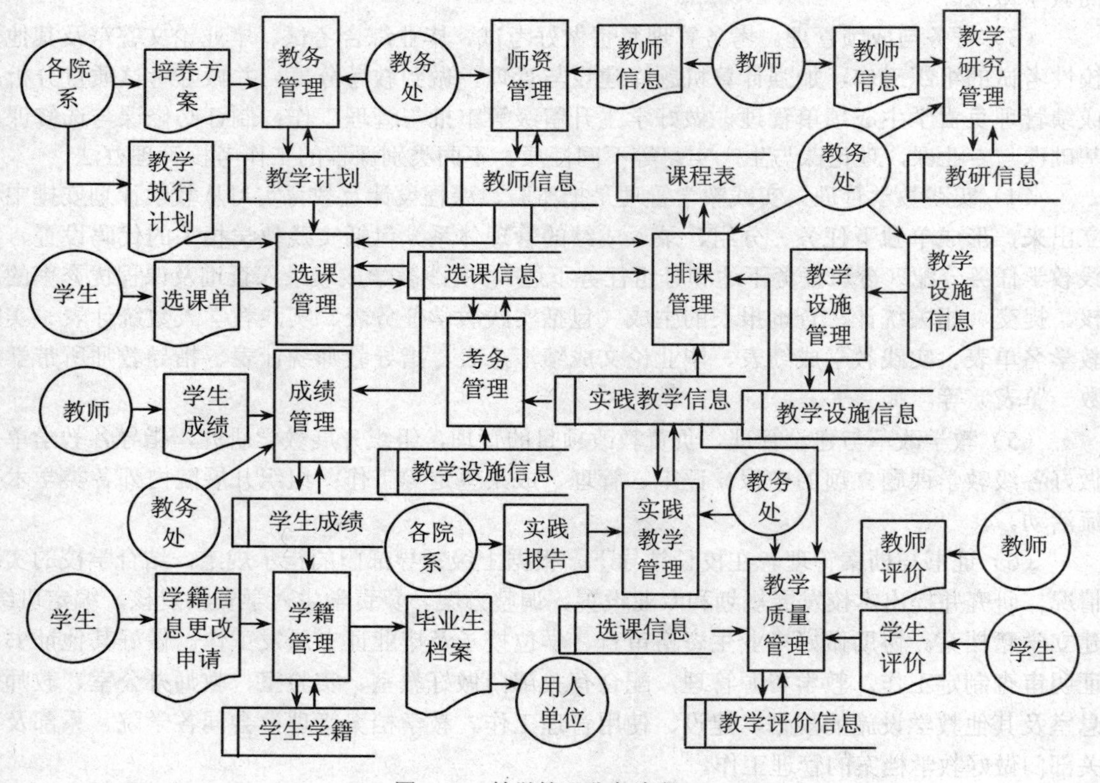

图 3.17　教学管理业务流程

3．数据流程分析

对业务流程进行分析，业务主要分为教务管理、选课管理、排课管理、成绩管理、学生学籍的管理及教学研究和实践教学等，具体的数据流程如图 3.18 所示。

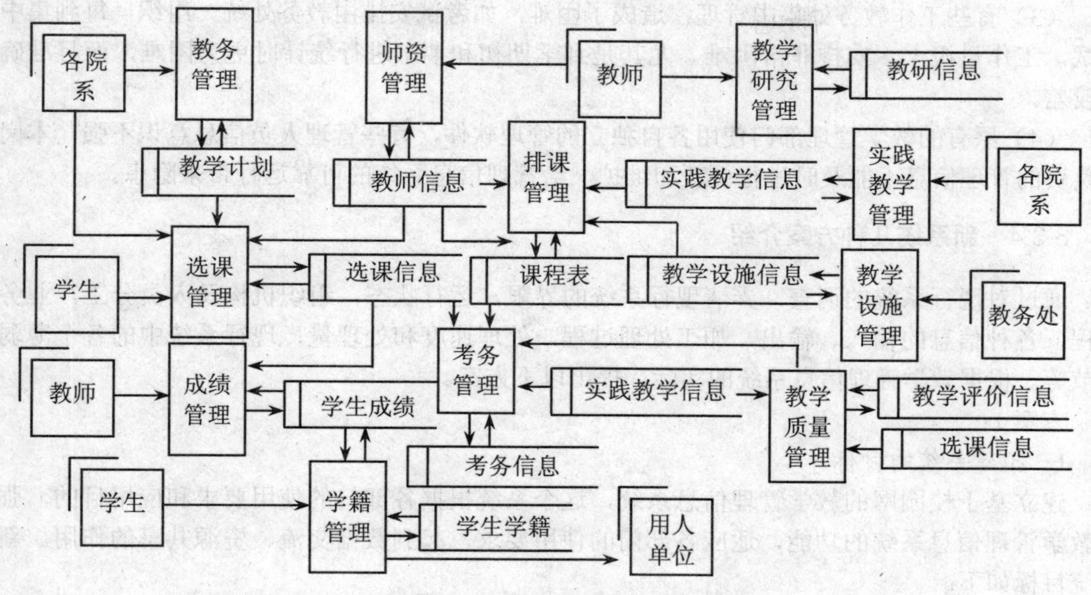

图 3.18 教学管理数据流程

4. 费用调查

现在教务处有 14 人，由于到学生毕业时工作量非常大，还要聘用学生助理，协助完成某些管理任务。学生助理费用为 10000 元，其他费用大约 50000 元。

5. 计算机及软件应用情况调查

教务处现有计算机 14 台，有一个工作室，有学籍管理系统和成绩管理系统，学生负责对教学系统的维护。由于应用软件的开发时期不同、使用要求不同、技术应用水平不同，表现出各系统发展的不均衡。学籍管理和成绩管理系统是局域网管理系统。在教学管理各部门之间，通过集线器，将若干台计算机联网，组成了一个内部的计算机网络，实现初步的数据交换和共享，对本部门的信息管理起到了一定的作用。但由于网络规模过小，网络技术水平较低，同时各个部门的内部网络无法联接，不能相互交换数据，难以真正实现资源共享，无法组建全校性的教学管理信息系统。

6. 现行系统存在的主要问题和薄弱环节

教学管理系统存在的主要问题有：

（1）教务处的某些业务活动处于手工工作状态，工作量大，误差较多，造成人力的浪费。另外，各管理岗位及管理部门对于信息化建设重视程度不同，有些教学管理信息，尤其是基础信息，管理的职能部门不明确，信息的准确性和可靠性无法保证。比如学生信息，它涉及学生处、教务处、教学院部等多个部门，往往数据不统一。在日常教学管理中，学生信息应当以教务处学籍管理信息作为唯一依据，否则会带来管理混乱。

（2）在教学管理信息系统的建设进程中，各教学管理岗位和学校各管理部门围绕局部业务工作，开发或引进许多应用系统。这些分散开发或引进的应用系统，缺少统一的规划和技术标准，不能实现信息资源的共享，形成了“信息孤岛”。现有教学管理系统的信息资源无法共享，已不适应教学综合管理实际工作的要求，严重制约了学校信息化建设前进的步伐。另外，这些系统无法充分利用校园网先进的性能与功能来提高教学管理日常工作效率。

（3）有些工作教务处集中管理，造成了困难，如考试安排由教务处统一组织，每到集中考试，工作量极大，安排非常困难。尤其是到学期初和期末进行统计时更为困难，而且准确性较差。

（4）原有的教学管理部门使用各自独立的管理软件，有些管理人员信息意识不强，本岗位负责的管理信息不能及时进行更新和维护，给管理信息系统的可靠运行带来隐患。

3.3.4 新系统几种方案介绍

通过对现行系统的调查，弄清现行系统的界限，运行状态，组织机构及人员分工，业务流程，各种信息的输入、输出，加工处理过程，处理速度和处理量，现行系统中的各个薄弱环节等。根据教学管理信息系统的实际，提出以下方案。

方案 1：

1. 拟建系统的目标

建立基于校园网的教学管理信息系统，这个系统根据各部门的使用要求和应用目的，强化教学管理信息系统的功能，适应各部门的使用要求，起到数据交流、资源共享的作用。新系统目标如下：

（1）将学生从入学至毕业乃至分配的全部培养过程，纳入到统一的信息系统管理，建立包括学生完整培养过程的数据库系统，以便改进管理手段；提高和改进教学服务质量；加快信息的查询速度和准确性。

（2）系统处理的覆盖面应尽可能广泛，不但能处理统招本科生，而且包括专科生的信息。

（3）系统具有良好的查询与统计功能，并能用报表的形式输出其结果。

2. 系统规划及初步开发方案

（1）功能与边界。通过初步的调查分析，对系统进行了统筹规划，全面设计，既立足于学校的当前情况，也考虑到将来的发展。在进行总体设计时，采用先进的模块化理论。根据对现行系统的业务流程重组，新系统主要实现的功能大致有教务管理、学籍管理、课程管理、教学研究管理、教学设施管理、成绩管理、师资管理、实践教学管理、教学质量评价和系统维护管理等子系统组成。其中每个子系统又包含有相应的模块，如课程管理包括选课管理、排课管理和考务管理等功能，每个模块有数据处理、查询统计、报表打印等功能，如图 3.19 所示。

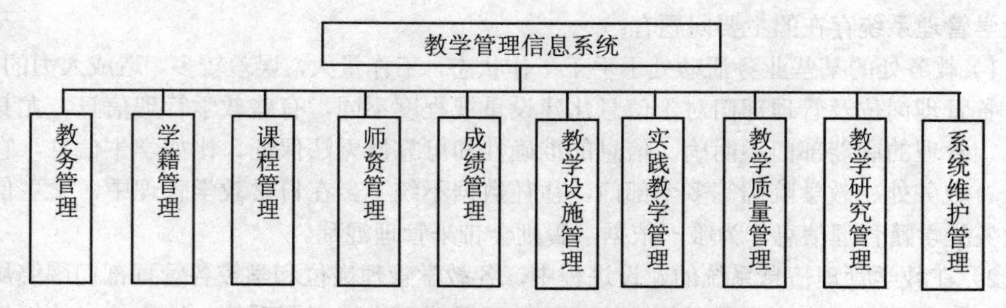

图 3.19 方案 1 教学管理信息系统的功能模块

该系统明确了教学工作职责，使教学管理进一步制度化和规范化。该系统的主要使用者为教务处管理者、各院系的教学秘书和教学干事等。从权限管理等的角度保证教学管理工作中信息的准确性，有效保证教学工作的流程化。它为教务处安排和管理日常教学提供了科学的、规范的、快捷的电子化手段，使广大教学和教务工作人员从繁琐的工作中解脱出来，提高工作效率和教学质量；它整合了各种信息和数据，涵盖了教学管理的全过程，实现了教学管理的科学化和规范化、电子化和信息化，促进了教育整体质量和办学效益的提高。

1）教务管理。教学系统将教学培养方案在数据结构上进行统一规范，教务管理主要完成教学培养方案的制定、修改、删除、审核、批准及根据教学培养方案生成学期开课计划，即教学执行计划。培养方案是制定教学大纲、规范排课、指导选课；作为学期审查、毕业审查、学历审查等的执行标准；作为教学评估、教学工作量统计等重要教学环节的操作依据。

2）学籍管理。教务处学籍管理记录学生从入学到毕业的各种信息，学籍信息集中管理，使得统计数据准确、及时、全面。该模块基本功能包括：新老生数据导入、报到、注册，新生分班、编学号和新生名册打印，学生基本信息维护，学生个人网上修改信息审核，学生专业维护，学生任职奖惩维护，学生学籍异动维护，不及格成绩学籍处理，毕业生信息管理，各类报表的输出打印、信息查询、数据管理等。

3）课程管理。选课管理负责学生的选课，排课管理功能模块为本系统的核心，通过合理的条件设置、优化的数学模型及算法，进行全校统一排课，统筹安排全校各种教室、实验室的使用。根据选择的学年、学期从教学任务书中提取数据生成课程表，方便用户在排课过程中自动检测冲突，打印全校班级、教师、教室总课表，输出全校总课表，解决以往手工排课中检查冲突困难和制作各类课表繁琐的问题。智能排课可以让用户在排课前对排课时间进行设置，对课程、教师、教室、班级的相关优先级别进行设定，可以进行排课时间限制。系统自动排课后，用户可以通过人机交互方式来调整教师的上课时间、地点，可以进行调课通知单维护，部门、教师和学生还可以直接上网查询班级课表、教室课表、教师课表。教务处通过系统打印全院选课汇总表和各班、各门课程的学生选课情况汇总表。任课教师可通过上网查询学生的选课情况并打印选修该课程的学生名单及成绩登记表。考务管理模块基本功能包括考试课程安排、考试时间安排（包括统一考试、随堂考试）、考试地点安排（包括统一考试、随堂考试）、不规则考试安排（补考考试等）、各类考试报表打印（准考证、考场标贴、座位标贴、试卷封条、证书等）等。

4）师资管理。师资管理是学校各项管理工作中的一个重要环节，可以辅助学校管理人员进行日常的教师工作管理，提高管理效率，使师资管理工作更加规范化、制度化、科学化。基本功能包括教师信息录入与维护、教学日历管理、工作量系数维护、工作量统计等。教师可以上网修改个人信息、查询教学任务及课表，可以维护授课计划、教学大纲，可以录入成绩及打印相关成绩登记表或试卷分析报表，也可以对同行进行教学评价等。

5）成绩管理。任课教师可以上网录入指定班级、指定课程的成绩。系统统一进行学生学习成绩的学期审查及毕业审查。教学系统设定各种审查功能和标准，将各种项目的审查统一在一个标准下进行，准确、及时、公正、公平地向有关部门提供审查结果，避免了不必要的纠纷。该模块基本功能包括成绩对照表维护，成绩综合处理（补考、重修、补修、缓考、毕业补考的名单统计及相应成绩录入、特殊成绩处理、免修处理），各类统计分析报表（学生成绩综合分析、学生总评成绩统计排名、学生成绩综合统计、课程成绩综合分析、根据学籍管理规范统计满足学籍处理条件的学生名单、班级单科成绩分析），成绩统计结果可以用直方图显示或按比例图显示；主要报表包括成绩报告单、学生成绩单、补考学生名单、重修学生名单、准考证、班级成绩统计表、班级单科成绩分析表、毕业生历年不及格统计表、毕业生历年重修统计表等。

6）教学设施管理。对全校教室、实验室和各种教学设施进行管理，包括教室、实验室分布、编号、容纳学生数等基本情况的录入、修改和删除等，可进行教室、实验室及教学实施的统计。

7）实践教学管理。实践教学管理包括实验、课程设计和教育实习等管理，具体有实践教学相关的代码设置、实践教学任务分配（分班任务下达和分组任务下达）、实践教学成绩录入、查询、相关统计查询报表的生成（包括实践教学任务表、实践教学人数统计表、实践教学名单表、实践教学成绩表、毕业论文成绩汇总表、指导教师统计表、指导教师所带学生数一览表）等。学生证书的录入、修改和统计等。

8）教学质量评价管理。记录学生、教师和督导组对教师教学质量的评价结果，迅速统计评价结果并及时反馈给教师。参评人员由学生和学院有关人员两部分组成。评价的权重和指标可以由用户进行自定义设置。用户可进行相关功能的设定，如课程库（类型维护）设定、评价指标设定、学生评分与院系评分比例设定、五级制比例设定、可评价学期设定、评价任务设定；可进行评分统计、分析，如学生评价统计、评价汇总统计和其他评价信息统计；可打印学生评价统计报表、图表和学生评分结果查询（包括部门课程评分结果查询和部门教师评分结果查询）。

9）教学研究管理。负责教学改革方案录入；教改项目申报记录、评审结果、中期检查管理、成果鉴定记录的录入、查询和统计等工作；记录院内外各类教研交流活动；年度教学经费使用情况记录、查询和统计。教材出版、获奖、资助情况的记录、查询和统计等。

10）系统维护管理。系统维护在整个教学管理中起到控制、管理、授权、基础设定、约定规则、数据更新备份、操作日志记载等作用。系统管理员在该模块中担当授权、安全性管理、基本信息设置的角色，主要负责权限维护、系统设置、数据备份/恢复和操作日志等，可以灵活地对使用者进行客户端、Web 服务器端权限分配，并由操作日志来记录操作者的相应操作。

（2）数据类分析。按照实体分析方法设计的数据类有：

1）教务管理数据类。该数据类记录教学培养方案和教学执行计划的详细内容。

2）学生学籍管理数据类。该类数据记录学生的基本信息、学生的奖惩、学生的学籍变动情况、参加学校课外活动等情况。

3）课程管理数据类。主要记录开设的课程，课程的类型、专业、考试时间、监考老师、评估等情况。

4）教师基本信息数据类。反映教师的基本信息和讲授的课程情况，学生的评价，学生基本信息，管理人员信息和各院系信息等。

5）课表管理数据类。记录实际开设的课程，授课教师，授课学期，授课班级等信息。

6）学生成绩管理数据类。主要记录学生的各门课程的学习成绩及补缓考成绩，反映学生在校期间的学习情况。

7）教学设施管理数据类。记录教室的分布、设施、容纳的学生数和教室中的各种教学设备等信息。

8）教学实践管理数据类。记录教育实习时间、地点、指导教师、实习情况等，毕业设计记录毕业设计的题目、指导教师、设计时间、答辩成绩等。记录学生证书名称、获得时间、获得级别等。

9）教学质量管理数据类。主要记录优秀课程、精品课程的有关信息，教学评估的有关信息和教学质量评价等内容。

10）教学研究管理数据类。记录教改项目的立项、验收、鉴定和获奖等一些情况。

此外，还有统计信息管理数据类，记录教师、学生的各种统计信息。

教学管理系统不是一个孤立的系统，它和人事管理系统、学生管理系统，财务管理系统等都有一定的联系，该系统不仅可以和人事管理系统、学生管理系统，财务管理系统等共享数据，协调工作，同时也可以独立运行，为了将来与其他系统连接要留出接口。另外，它还和上级管理部门等有联系，所以在进行总体规划时一定要考虑到学校的其他部门、上级部门的信息需求是否被包含在这些数据类中了。只有考虑到潜在的需求，建立的数据模型才会稳定。

3. 计算机逻辑配置方案

本系统采用 C/S（Client/Server，客户端/服务器）架构。计算机局域网络系统设计为开放式 C/S 体系结构，由服务器和数据库系统管理软件进行数据库事务处理；由微机工作站上用户工具进行数据加工处理；经 TCP/IP 网络软件连接客户与服务器；服务器与客户机入网连接均采用以太网卡。按系统逻辑方案和分布方案，在教务处配备服务器一台和 14 台工作站、普通打印机、激光打印机、扫描仪等，各院系均配置一台工作站来实现数据的交换和处理，并配有打印机，如图 3.20 所示。

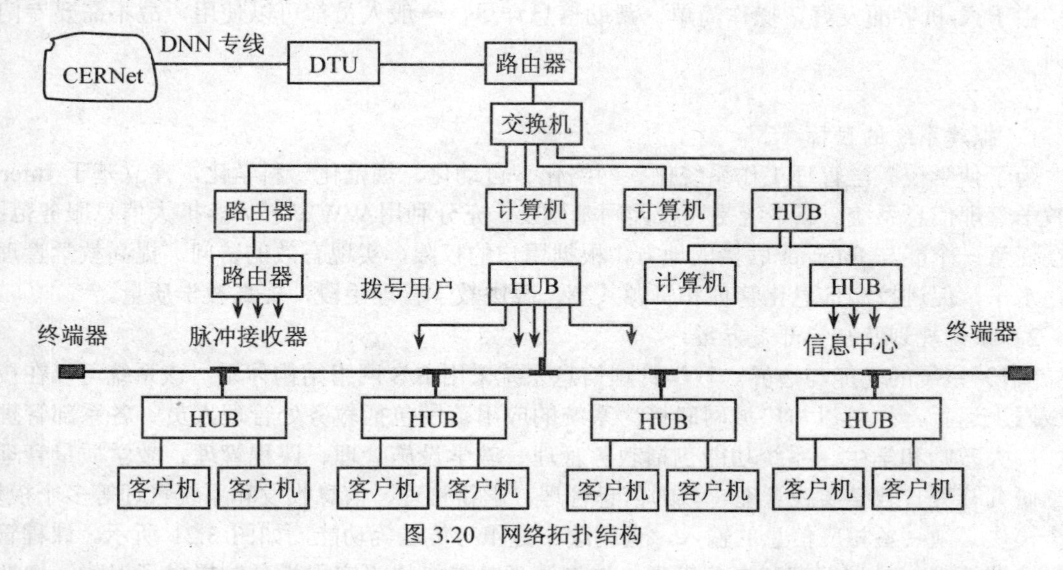

图 3.20 网络拓扑结构

网络的主干线采用同轴粗缆，也可以用光纤。通过脉冲收发器和集线器（HUB）建立分支，集线器下通过双绞线连接到客户机或服务器的网络适配器上。主干线贯穿于各教学楼及信息中心等有关楼舍，在每个楼内通过脉冲收发器和集线器连接客户机或服务器。在信息中心通过路由器与教育科研网（CERNet）专线连接。在服务器端使用 SQL 数据库管理系统，在客户端利用 Power Builder 这一良好的开发平台进行系统开发。选课管理使用信息中心的校园网进行。具体配置如下：

服务器上运行 Windows NT4.0 操作系统，支持多用户环境。

客户端运行 Windows XP；采用 TCP/IP 网络软件连接客户机与服务器。

数据库系统采用 MS SQL Server 6.5 系统。

数据库前端开发工具为 Power Builder 7.0。

4. 系统的实施方案

本系统由 GL 软件中心开发，大约需要 13 个月时间。具体表图 3.16 所示。

表 3.14　方案 1 系统开发工作进度表

阶段	人数	时间（月）	人月	起止时间
系统分析	4	3	12	2009.01～2009.03
系统设计	7	2	14	2009.04～2009.06
程序设计	10	4	40	2009.07～2009.10
系统测试	6	1	6	2009.11
系统试运行	4	2	8	2009.12～2010.01
验收	2	0.5	1	2010.01

5. 投资方案

此系统由 DBDL 大学一次性投资 60000 元（不包括硬件购买费用），在 2009 年 1 月拨入。

6. 人员培训及补充方案

由于人-机界面友好，操作简单，帮助信息详尽，一般人员都可以使用，故不需要专门的培训。

方案 2：

1. 拟建系统的目标

为了使学校教学管理工作系统化、网络化、自动化、规范化、科学化，建立基于 Internet 的教学管理信息系统。该系统是在校园网基础上，充分利用 WWW 技术，扩大信息服务范围，可在任意一个能与 Internet 联接的地方，根据用户的权限，实现有效的访问。提高教学管理现代化水平，促进校园信息化管理和资源共享，改进教学管理手段，提高教学质量。

2. 系统规划及初步开发方案。

（1）系统的功能与边界。教学管理信息系统采用 B/S 网络结构体系，该系统可以在校园局域网上运行，也可以与广域网联接。系统的应用范围包括教务处管理人员、各系部管理人员、广大教师和学生。系统功能包括教务管理、教学设施管理、课程管理、教学质量管理、教学研究管理、教学实践管理、教师信息管理、学籍管理、信息收发和系统管理等多个模块，每个模块必须具备相应信息的输入、查删改、打印与传送等功能，如图 3.21 所示。课程管理包括选课管理、排课管理和考务管理。选课管理功能模块为实现学分制提供了保障，主要用于学校各教学单位面向全校学生开设公共选修课、专业选修课的选课工作；通过后台对选课规则进行设置，安排学生选课的轮次、时间、选课范围、选课对象，确保学生的选课活动有序、合理，对选课结果及时反馈。其工作流程是：网上公布选修课信息，包括开课单位、任课教师、总课时、学分、限选人数、课程内容简介等。学生通过上网了解课程的各项信息，确定自己所要选修的课程，完成网上选课工作。信息收发目的是上传文件等信息和向外发布信息或提供文档下载，系统管理是属于对整个系统进行管理的模块，其功能包括对代码的管理、用户的管理及数据库的初始化、远程备份和恢复等。各处理职能部门还能通过系统的网络功能实现各部门间的文件传输，信息传递与交流，通过校园网实现教学信息的共享与发布，它为学生选课、教师教学、全校师生查询教学信息等提供了很好的服务（其他功能详细介绍略）。

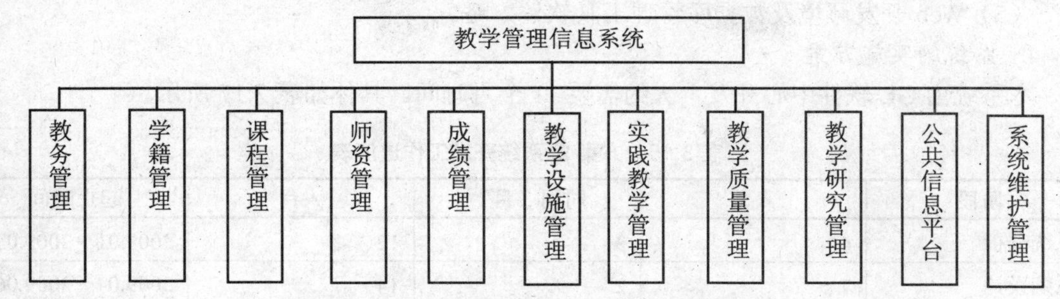

图 3.21　方案 2 教学管理信息系统的功能模块

（2）数据类分析。与方案 1 相同部分省略，数据类除了方案 1 中列出的外还包括选课数据类。选课数据包括学生选课的轮次、时间、选课范围、选课对象、授课教师和人数限定等。

3．计算机逻辑配置

该系统的体系结构采用 B/S 模式。根据学校学年制与学分制共存的特点，学生的学籍管理年限最长达 6 年，每年招生人数 3500 人左右，在校生在 15000 人左右。学年、学分制的选课制及弹性学分制决定了教学管理的复杂性。数据量大、网络管理要求高及跨多个年度的数据处理问题等，要求系统具有良好的响应能力和支撑能力。系统具备的支撑用户数要求：最大用户数不少于 10000；峰值在线用户数不少于 3000；峰值并发用户数不少于 200。网络拓扑结构如图 3.22 所示。

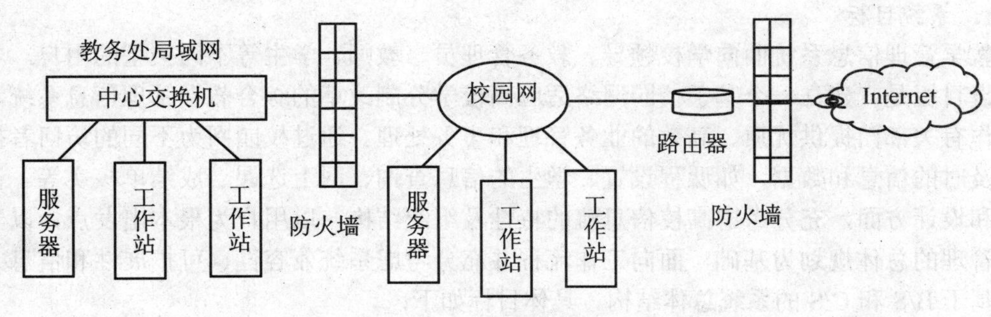

图 3.22　B/S 模式的网络

（1）系统实时性要求。能快速响应用户各类处理请求。

（2）系统安全性要求。具有相应的数据完整性、一致性检测，数据安全保护与恢复措施，有效防止信息泄密及对信息的非法窃取、篡改。与校园网的安全机制相结合，采用路由技术，设立系统防火墙。设计时充分考虑用户身份的安全、功能权限、身份信息的安全传递、数据的加密和签名等功能。实现系统功能及数据权限控制。所有子系统必须实现统一和一致的日志功能。

（3）系统可靠性要求。避免由于单点故障或系统的升级而影响整个系统的正常运行；系统在每周 7 天，每天 24 小时内都应是可以使用的；平均故障间隔时间应超过 3 个月；应在正常情况下和极端情况下，保证业务逻辑的正确性；避免由于模块故障或系统的升级而影响整个系统的正常运行。

（4）Web 服务器与数据库服务器主要配置，略。

（5）Web 开发环境及数据库管理工具软件，略。

4. 系统的实施方案

本系统由 GL 软件中心开发，大约需要 11 个月时间。具体如表 3.17 所示。

表 3.15　方案 2 系统开发工作进度表

阶段	人数	时间（月）	人月	起止时间
系统分析	4	3	12	2009.01～2009.03
系统设计	7	2	14	2009.04～2009.06
程序设计	10	4	40	2009.07～2009.08
系统测试	6	1	6	2009.09
系统试运行	4	2	8	2009.10
验收	2	0.5	1	2009.11

5. 投资方案

此系统由 DBDL 大学一次性投资 50000 元（不包括硬件购买费用），在 2009 年 1 月拨入。

6. 人员培训及补充方案

由于人—机界面友好，操作简单，帮助信息详尽，一般人员都可以使用，故不需要专门的培训。

方案 3：

1. 系统目标

教学管理信息系统面向学校领导、教务管理员、教师、学生等不同类型的用户。本系统的建设目标是，建立一个基于校园网络适应高校学分制改革的综合教学管理信息系统，为教学工作有关部门提供优质、高效的业务管理和事务处理。通过校园网为不同的访问者提供全面、及时的信息和数据，如课程设置、学生的信息查询、网上选课、成绩单核实等。在系统规划和设计方面，充分考虑高校信息流的特性及组织结构，以用户为根本出发点，以学校信息化管理的总体规划为基础，面向工作流程并充分考虑系统兼容性、可扩展性和信息共享，建立基于 B/S 和 C/S 的系统总体结构。具体目标如下：

（1）统一规划，教学信息管理标准化、规范化。该系统的设计将以国家教育部《教育管理信息化标准》为依据，基于校园网现有各种软、硬件资源，充分利用计算机技术和数据规划技术，对各种正在使用的涉及教学管理工作的信息系统进行整合，建立一个完整统一、技术先进、高效稳定、安全可靠、易于扩展和维护的教学管理信息系统，实现数据同步。实现信息从哪里产生就从哪里入网，把信息的采集工作分散到教学管理的日常事务处理中，保证数据库数据的完整性和一致性。教学管理信息系统中各类信息资源实现标准化。尤其对于教学管理所涉及的重要基础信息，如学生、教师、教学班、人才培养方案、开课计划、教室等，实现统一编码标准，统一管理，为学院教学管理提供准确、可靠的信息保障。通过该系统对教学资源进行统一管理、实时调度和合理调配，从而实现对教学信息管理的规范化、系统化。

（2）充分利用校园网络，开发完善的数据发布系统，实现教学管理工作的“无纸化”办公，使教学运行管理公开化、透明化，使教师和学生参与到教学管理工作中。

（3）实现教学全过程管理。新建的教学管理信息系统包括教学管理的全部过程，实现教学的全过程管理。另外，系统还应具有较好的可扩展性和包容性，易于扩充升级，既能满足当前业务的需求，又为今后的扩充留有空间。在后续的设计与实现中要预留发展的空间与接口。

（4）实现信息资源共享。网络条件下的教学管理信息系统，要面向全校不同部门的信息资源，实现信息资源共享。各部门信息系统平台不一，数据库不尽相同，这就需要系统结构应具有跨平台访问不同数据源的机制，建立与其他系统的数据接口。

（5）加强教学过程的管理与监督。目前运行的教学管理信息系统，侧重于结果数据的分析和汇总。在新的系统设计中加强教学过程的管理与监督，设计出能够反映适时教学进程的系统，改进教学管理手段；实现教学过程的适时调控，加快信息的查询速度和准确性，以提高和改进管理信息服务质量。通过提供多层次的教学信息服务，满足校内外对教学信息的共享和利用。提供全面的统计分析功能，为各级领导提供有效的辅助决策服务。实现教学管理的自动化，促进学校管理的信息化进程。

2. 系统规划及初步开发方案

（1）系统功能与边界。考虑到学校的中长期发展规划，在网络结构、网络应用、网络管理、系统性能及远程教学等各个方面能够适应未来的发展，最大程度地保护学校的投资。学校借助校园网的建设，可充分利用丰富的网上应用系统及教学资源，发挥网络资源共享、信息快捷、无区域限制等优势，真正把现代化管理、教育技术融入学校的日常教育与办公管理当中。根据对现行系统的业务流程重组，新系统主要实现的功能大致由学籍管理、课程管理、教学研究管理、成绩管理、教务管理、师资管理、实践教学管理、教学质量评价和系统维护管理等子系统组成。其中每个子系统又包含有相应的模块，如课程管理包括选课管理、排课管理和考务管理等功能，每个模块有数据处理、查询统计、报表打印等功能。教务处各职能部门还能通过系统的网络功能实现各部门间的文件传输，信息传递与交流，通过校园网实现教学信息的共享与发布，它为学生选课、教师教学、全校师生查询等提供了很好的信息服务（功能详细介绍略）。

（2）数据类分析。数据类分析结果与方案 2 相同（略）。

3. 计算机逻辑配置

根据目前的计算机技术和软件开发技术，整个系统基于校园网，采用数据集中式、操作分布式设计。系统采用 C/S 与 B/S 混合的体系结构，其中基础数据的管理采用 C/S 模式，以保证数据的安全性和一致性；面向校园用户的数据查询与统计报表采用 B/S 模式，以方便系统的维护与管理，如图 3.23 所示。

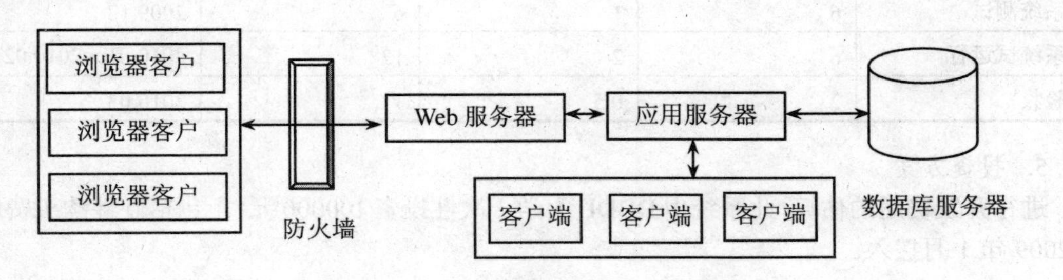

图 3.23　C/S 与 B/S 相结合模式的网络

数据安全设计：教学管理系统中保存了很多敏感的信息，如学生的成绩、教师的基本情况等。为了保证系统的安全性，设立了安全高效的通信机制、身份认证和权限检查，以解决教学信息系统的安全性、保密性问题，防止信息泄密和对保密信息的非法侵入。考虑了教学管理信息系统与校园网的安全机制相结合，采用路由技术，设立教学管理信息系统的防火墙。广域网采用 B/S 体系结构，可以在保证系统安全的条件下最大限度地浏览查询系统的共享信息。广域网用户通过静态 IP 或学校主页的超级连接，实现教学管理系统数据的查询、网络选课或信息交流等。面向广域网的信息存放在一台共享服务器上，通过该服务器上的 Internet Information Server 及其与该服务器上的 MS SQL Server 的信息交换，实现广域网客户对教学管理信息的查询。局域网教学管理服务器将定时更新共享服务器上 MS SQL Server 数据库中的数据，数据的更新通过程序定期或人工随机完成。

系统基本配置，略。

教学管理系统建立在校园网的基础上，数据库高度集中，存放在教务处中心数据库中。在教务处内部组建局域网，安装服务器，并拥有独立的 IP 地址，通过星形网络将各处室、系部计算机连通。每个部门使用自己的终端 PC，通过校园网，在自己权限范围内实时地向系统提供信息或使用系统已有的信息。基于安全性的考虑，与系统相关的外部业务系统（如 MIS 系统）和系统通过防火墙隔离，并分布在不同的网段上。系统通过中间件、组件技术和模块化设计，分为数据库服务器、应用服务器、客户端，使系统更加安全，维护更加方便。由于采用 3 层结构，C/S 客户端的安装非常方便，不需要安装繁琐的数据库连接件，只需要下载执行文件即可，并通过系统管理员的设置可以实现 C/S 客户端的自动升级。系统强化基于 Internet Intranet B/S 结构面向师生的服务和互动管理，使教学管理工作效率大大提高。为了保证系统的业务数据的安全性，需要提供 Backup Server，以便系统备份和恢复使用。

4. 系统的实施方案

在完成教学管理系统的逻辑配置方案、计算机网络配置方案后，就要制定系统的开发计划工作。本系统由 GL 软件中心开发，大约需要 15 个月时间，系统开发的工作进度如表 3.18 所示。

表 3.16　系统开发工作进度表

阶段	人数	时间（月）	人月	起止时间
系统分析	4	3	12	2009.01～2009.03
系统设计	7	2	14	2009.04～2009.06
程序设计	10	8	80	2009.07～2009.11
系统测试	6	1	6	2009.12
系统试运行	6	2	12	2010.01～2010.02
验收	2	0.5	1	2010.03

5. 投资方案

进行开发费用的估算，此系统由 DBDL 大学一次性投资 100000 元（不包括硬件购买费用），在 2009 年 1 月拨入。

6. 人员培训及补充方案

由于人—机界面友好，操作简单，帮助信息详尽，一般人员都可以使用，故不需要专门的培训。

3.3.5　几种方案的比较分析

1. 技术上的可行性分析

教学管理信息系统在许多高校已经有成功的应用案例，信息技术和计算机软硬件发展已经完全可以满足本系统的技术要求，因此，在开发技术上 3 种方案都不存在问题。数据库技术从最早的单机模式和主从体系，发展到近年来应用较广的客户机/服务器（C/S）模式和浏览器/服务器（B/S）模式。C/S 模式主要由客户应用程序（Client）、服务器管理程序（Server）和中间件（Middleware）3 个部件组成。方案 1 中 C/S 模式具有交互性强、存取模式更安全和降低网络通信量的优势。如对于多个用户大数据量的统计、学籍监控、自动排课等如果采用 C/S，服务器运算量很大，速度会很慢，对服务器的要求也很高。但 C/S 也显现出开发成本高、兼容性差、扩展性差、维护升级麻烦等缺点。故方案 1 存在一些问题。

方案 2 由于采用 B/S 模式开发，系统具有简化客户端、简化系统的开发和维护、使用户的操作变得更简单等优势；可以减少教学压力，避免造成浪费。B/S 架构比起 C/S 架构有着很大的优越性，C/S 依赖于专门的操作环境，这意味着操作者的活动空间受到极大限制；而 B/S 架构则不需要专门的操作环境，在任何地方，只要能上网，就能够操作 MIS 系统。方案 2 也存在一些问题，比如教学数据联机分析与统计、日常的大批量数据的转储、备份与恢复等操作，都不适合由 B/S 模式来完成。

方案 3 鉴于教学管理内容复杂、涉及繁多、管理面较广及未来系统的扩充性等，系统的体系结构全部采用 C/S 模式或 B/S 模式都存在一定的弊端。根据目前的计算机技术和软件开发技术，系统宜采用 3 层 C/S 和 B/S 结构的混合模式，并采用模块化设计。采用方案 3 开发系统的安全性和可靠性较强。因此，采用方案 3 比较合适。采用 C/S 与 B/S 结合模式，该系统运行于校园网上，既能满足教学管理用户集中、大量处理数据的要求，又能满足教师、学生最大范围地使用该系统。GL 软件中心拥有具备这些技术的专门人才，因此，完全有能力开发并维护此系统。

通过前面的综合分析可以知道，从技术上来说开发教学管理信息系统是可行的。

2. 经济上的可行性

各个方案的经济数据如表 3.19 所示。

表 3.17　各个方案的经济数据

方案 1

现金流	第 1 年	第 2 年	第 3 年	第 4 年	第 5 年	第 6 年
开发费用（元）	60000					
运行和维护费用（元）		1200	1300	1400	1600	1700
收益（元）		17000	19380	21501	23600	25300

续表

方案2						
现金流	第1年	第2年	第3年	第4年	第5年	第6年
开发费用（元）	50000					
运行和维护费用（元）		800	1200	1200	1200	1200
收益（元）		10000	18500	19500	19749	20600

方案3						
现金流	第1年	第2年	第3年	第4年	第5年	第6年
开发费用（元）	100000					
运行和维护费用（元）		1300	1300	1460	1630	1780
收益（元）		27890	31080	39501	34600	41353

投资回报率计算：

方案1：ROI=（估计的收益–估计的成本）/估计的成本=0.449=44.9%。

方案2：ROI=（估计的收益–估计的成本）/估计的成本=0.589=58.9%。

方案3：ROI=（估计的收益–估计的成本）/估计的成本=0.623=62.3%

上面计算的是6年的ROI，3个方案平均的ROI为每年7.48%、9.8%和10.4%，通过方案的比较知，采用方案3是最佳的方案。

3. 系统运行可行性分析

方案1系统使用后，要对组织结构产生一定的影响，要有人员的变动，但这些变动是局部的，不会影响整个组织。方案2系统为网络系统，可以通过安装防火墙连接到校园网，保证了系统的运行安全。方案3使用C/S和B/S模式，由于有相应的防火墙和用户权限限制，系统的运行是安全的，可以保证系统运行。由于本软件界面友好，帮助信息详尽，易学易用，因此，对现有人员基本不用进行培训。所以，系统具有运行的可行性。

4. 进度的可行性分析

通过对3个方案的实施进度进行分析，认为3个方案的实施进度都是合理的、实用的。因此，3个方案的进度都是可行的。

通过方案1、方案2和方案3的比较可知，方案1安全性比较好，但是系统外的用户使用困难。方案2功能较全面，教师和学生在任何地方、任何时间都可以进行查询，但是有些处理的数据量太大，采用B/S模式难以实现。方案3具有方案1和方案2的优点，适合信息技术的发展趋势，从长远来看，选择方案3是比较理想的。

3.3.6 结论

通过前面的分析论证，认为采用方案3进行开发是比较合适的，依据可行性分析的结果，可按方案3立即进行系统的开发工作。

小　结

可行性分析首先要进行系统的初步调查，然后回答现行系统的现状是什么？存在什么问题？设计新系统的目标是什么？有什么功能？会带来什么好处？提出新系统的建议方案，提出开发新系统的计划安排和人力安排，提出开发新系统的关键技术问题，并分析新系统方案是否合理?是否可行?最后提交一份可行性分析报告。进行可行性分析时，需要考虑系统开发中涉及的经济、技术、管理和运行等方面的因素。需要进行费用和效益分析，费用和效益可以是确定性的或不确定性的、直接或间接的、固定的或可变的。费用的估计要考虑软硬件、人员、装备和消耗材料等的支出，以便进行最终评价。在费用估算时，往往会出现低估现象。而在进行效益的估计时，往往会出现高估现象。另外，应准备几套方案，客观地指出各种方案的利弊得失。

关键成功因素法（CSF）主要通过分析找到影响组织成功的关键因素，围绕关键成功因素确定组织对于信息系统的需求，根据信息系统的需求进行信息系统规划。战略目标集转化法（SST）是把组织的战略目标变成系统的战略目标的过程。企业系统规划法（BSP）是自上而下识别系统目标，识别企业过程，识别数据，然后再自下而上地设计系统，以支持目标，总体规划可以确定出未来信息系统的总体结构，明确系统的子系统组成和开发子系统的先后顺序，对数据进行统一规划、管理和控制，明确各子系统之间的数据交换关系，保证信息的一致性。

复习思考题

1．为什么在系统开发的初期要进行可行性分析？
2．可行性分析的结论有几种？
3．对图书馆管理信息系统进行可行性分析，并写出可行性分析报告。
4．为什么要对信息系统的开发进行总体规划？
5．如何由初始的 C/U 矩阵转换为信息系统体系结构图？
6．组织的高层领导在信息系统总体规划中起什么作用？
7．如何定义数据类？定义数据类的规则是什么？
8．列出诺兰模型的各个阶段，并分析我国企业总体上处于什么阶段。
9．C/S 和 B/S 各代表什么？各有哪些特点？

第4章　系统分析

总体规划与可行性分析阶段提出了新系统的初步方案，并论证其开发是否可行。系统分析（System Analysis）阶段是整个系统建设最关键的阶段之一，系统分析工作做的好坏将直接影响整个系统的成败。系统分析就是根据系统规划所确定的范围，对现行系统进行详细的调查，描绘出现行系统的业务流程，指出现行系统的局限性和不足之处，确定新系统的基本目标和逻辑功能要求，即提出新系统的逻辑模型。逻辑模型描述系统是什么或者系统做什么，它们与实现无关。系统分析也叫"逻辑设计（Logical Design）"，"逻辑设计"意味着"与技术实现无关"，它将系统业务需求转化为系统模型——数据流程图。系统分析阶段的结果在系统分析说明书中描述，系统分析说明书是下阶段工作的依据，也是衡量一个信息系统优劣的依据。较流行的系统分析方法有结构化方法、获取原型和面向对象方法，本章介绍结构化系统分析方法。

4.1　系统分析概述

系统分析工作是一种问题解决技术。它将一个系统分解为各个组成部分，目的是研究各个部分如何工作，如何交互，以实现其系统目标。系统分析强调业务问题方面，而非技术或实现方面。

4.1.1　信息系统分析的任务

系统分析阶段的任务是从现行系统入手，对现行系统进行调查，详细了解每一个业务过程、业务活动及广大用户对信息系统的需求。系统分析员根据现行系统的功能及存在的问题，运用管理知识、计算机知识及系统分析技术进行分析；然后对现行系统进行数据流程抽取，并用数据流程图表示出来；确定出新系统应具有的逻辑功能，采用适当的方法表达出来，即目标系统（新系统）逻辑模型。新系统逻辑方案要与用户反复讨论、分析，并加以修改，直到用户满意，最后写出系统分析报告。系统分析就是定义或制定将来新的系统应该"做什么"，暂且不涉及"怎么做"。

系统分析阶段的关键在于开发人员对系统需求的理解和确切表达。系统的需求包括用户明确表达出来的和用户没有明确表达出来的需求及潜在需求。因此，要求系统分析人员要善于挖掘出用户没有明确表达出来的需求，要正确理解用户的需求，要善于通过系统分析修正用户提出的要求。"表达"就是系统分析员把对系统的理解通过逻辑模型表示出来，以便于用户检查，确定系统分析员对需求的"理解"是否正确，同时这个逻辑模型又是下一阶段的工作基础。表达的关键是用什么样的工具描述对系统的理解，这个工具既要使用户能够看懂，能够与系统分析员共同讨论和修改，又要使得系统设计员和程序员能够正确理解，保证开发的系统符合用户需求。"理解"和"表达"过程的实质是要把原来由最终用户所进行的各项具体的管理工作准确表达出来。

4.1.2　系统分析的原则

系统分析是一项复杂的系统工作，为了更好地做好分析工作，在进行系统分析时应遵循系统分析的原则，这样才能保证分析工作能够顺利进行。系统分析的原则如下：

1. 逻辑设计与物理设计分开的原则

逻辑设计（Logical Design）主要处理独立于任何技术方案的业务需求，物理设计（Physical Design）描述用户的业务需求的技术实现，它代表了某个特定的方案。逻辑设计和物理设计分开是结构化方法的特点之一，两种设计之间的关系如图 4.1 所示。

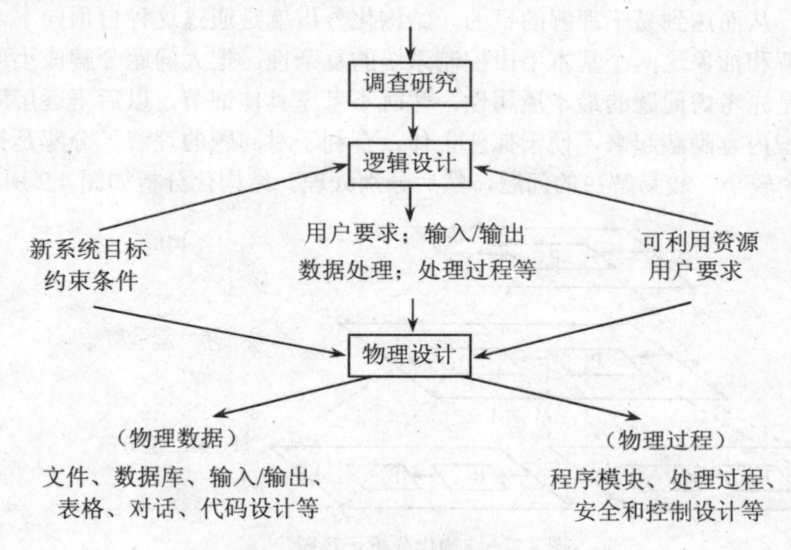

图 4.1　逻辑设计和物理设计的关系

在用传统方法进行系统开发时，设计人员过早地考虑了具体的物理细节，在选择处理方法及具体硬、软件配置方面，花了很多时间和精力。但到开发后期又往往发现有些内容不合适，或者根本不需要，这时候再推翻重来，造成人力、物力和财力的巨大浪费，尤其是大系统开发，后果更为严重。

系统的逻辑设计好比是全局的总体规划（总体设计）；系统的物理设计则是在总体规划下各个局部细节的安排。因此，在系统分析阶段集中力量搞好系统的逻辑设计，有利于保证系统整体的合理性和最佳性；在系统设计阶段以逻辑设计的成果作为依据，可使物理设计具有更好的全局观念和多种物理方案选择的余地。这种分阶段安排，既保证了系统开发的质量，也节省了人力和物力。

2. 面向用户的原则

在结构化方法中强调用户至上的原则，用户是信息系统开发的起源和最终归宿，故整个开发过程要面向用户，用户的参与程度和满意程度是系统成功开发的关键。新系统逻辑模型是否满足用户的需求，这是系统开发所面临的重要问题。因为以后的工作都是在此基础上进行的，在系统分析阶段，如果不把用户的需求放在第一位，就不可能提出成功的新系统逻辑模型。交流的不畅和误解是系统分析中存在的主要问题，系统研制人员要充分理解用户的需求，并把理解的需求明确地表达出来。只有符合用户的要求，才有可能开发出成功的系统。

另外，有些用户对开发系统有抵制的情绪，把信息技术看作是一种威胁，克服这种威胁的最好方法就是经常和用户进行交流。

3. 结构化分析的原则

结构化分析与设计方法的基本思想是用系统的思想，系统工程的方法，按用户至上的原则，结构化、模块化、自顶向下地对信息系统进行分析与设计。按照系统的观点，任何事物都是互相联系的整体，在进行系统分析时应首先站在整体的角度，将各项业务或活动放到整体去考察，保证全局的正确，然后再一层层地深入研究，这就是所谓自顶向下的分析设计思想。结构化分析的基本思想是以抽象和分解为手段，对系统进行自顶向下的逐层分解、逐步细分、逐步求精，从而达到易于理解的目的。结构化分析就是通过这种自顶向下，逐层分解的方法，利用分解和抽象这两个基本手段控制系统的复杂性。把大问题分解成小问题，然后分别解决。抽象是先考虑问题的最本质属性，暂时不考虑具体细节，以后再逐层添加细节。抽象把复杂的处理内容隐蔽起来，便于抓住主体，有利于对问题的理解。分解是把一个复杂问题分割成若干个较小、较易解决的问题，然后分别处理。结构化分析如图 4.2 所示。

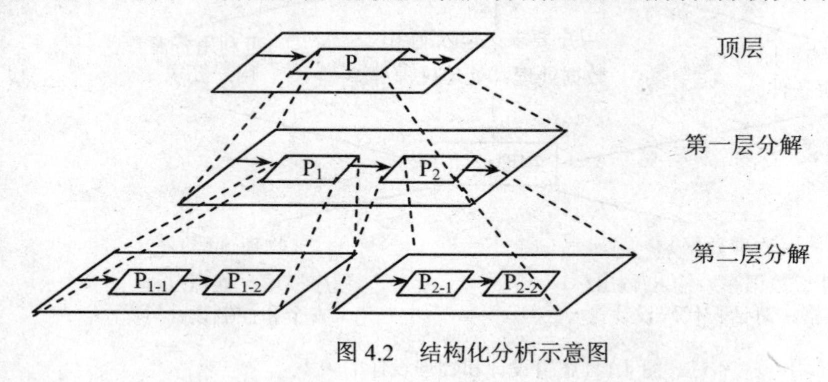

图 4.2 结构化分析示意图

4.1.3 系统分析的工作步骤

系统分析工作是一个非常重要的阶段，它的开发步骤如下：

（1）现行系统的调查。

对现行系统进行详细的调研，了解系统的现有状况、系统的各项需求，如系统的功能要求；系统性能要求；联机系统响应时间；系统需要的存储容量；后援存储重启动和安全性；运行要求；将来可能提出的要求等。弄清楚某项业务是谁来做，为什么做，在哪里做，何时做，如何做以及为什么要做，在做的过程中产生了哪些数据。

（2）业务流程分析。

在详细调查基础上对业务流程进行详细的调查与分析，并用业务流程图表示出来。

（3）进行数据流程分析。

对业务流程进行抽取，并将分析结果用数据流程图表示。

（4）确定新系统逻辑结构。

在上述分析的基础上，依据现行系统存在的问题，确定出新系统的开发目标，确定出新系统的逻辑功能结构，并用数据流程图（DFD）表示。也可用“输入－处理－输出”图（即 IPO 图）来表示。

（5）对数据进行分析。

对数据进行分析，设计出系统的概念数据模型，并对实体运用数据存储规划技术进行规范化处理。

（6）建立数据字典。

对数据建立数据字典，对系统内的功能描述运用结构式语言、判断树和判断表等工具完成其定义工作。

（7）撰写系统分析总结报告。

根据以上的分析，按照系统分析报告的格式，撰写出系统分析报告。

系统分析工作的具体步骤如图 4.3 所示。

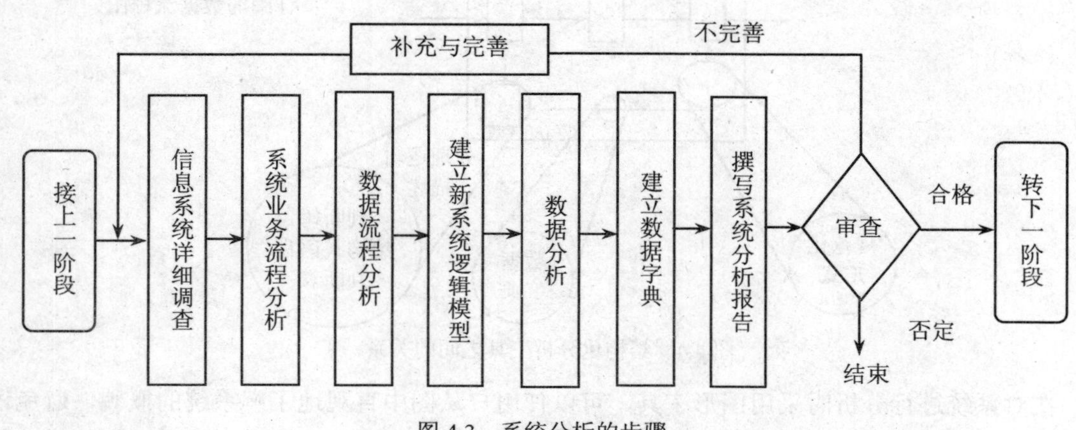

图 4.3 系统分析的步骤

4.1.4 结构化系统分析的工具

结构化系统分析的工具主要有以下几种：

（1）对系统进行概要描述的工具：业务流程图（Business Flow Diagram）和数据流程图（Data Flow Diagram，DFD）。

（2）数据部分详细描述的工具：数据字典（Data Dictionary，DD）。

（3）数据库逻辑设计的工具：数据存储结构规范化。

（4）功能详细描述的工具：结构式语言、判断树和判断表。

结构化系统分析的工具是相辅相成的，它们一起用于系统的分析，如图 4.4 所示。

进行系统分析时，首先要对现行系统进行详细调查分析，确定其业务流程，业务流程用业务流程图描述，然后从业务流程中识别出信息流程，用数据流程图表示出来。数据流程图表达了系统数据的来源和去向；指出了系统的各个逻辑功能，同时也说明一个逻辑功能可以通过一组数据和另一个逻辑功能连接起来；数据流程图还表达了每一个要进行数据访问的数据存储。这些都是对现行系统总的概要描述。在对数据流程图中每一个数据流详细分析之后，要把所有的数据元素及由数据元素组成的数据结构明确地定义出来，并把它记录到数据字典中去。数据字典是对数据流程图的补充解释。对数据流程图中的每一个逻辑功能都可以采用“自顶向下”的方法逐级分解成更详细的数据流程图，直到每一个逻辑功能不能再分解为止。低层的处理功能可以用判断树、判断表、结构式语言等方法表达，处理功能描述对数据流程图起注释作用。数据流程图中的每一个数据存储，必须进行规范化处理，以保证数据的一致性，然后把它记录到数据字典中。

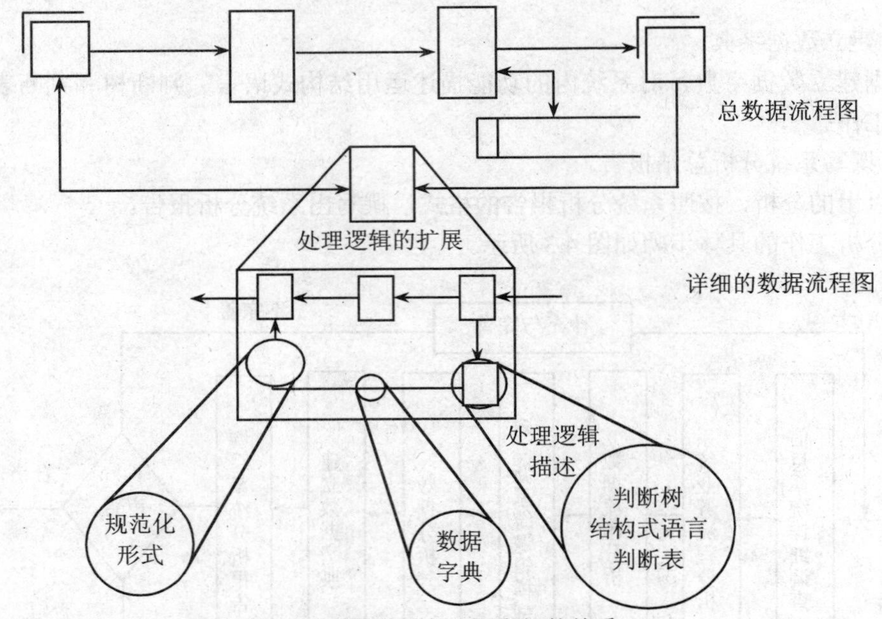

图 4.4　结构化分析工具之间的关系

在对系统进行分析时采用图形工具，可以使用户从图中直观地了解系统的概貌，避免语言描述所带来的理解偏差，保证系统分析员能正确理解现行系统，同时也可以更好地描述新系统，便于用户和开发人员进行沟通。另外，对于系统设计员来说，可以根据这些图形进行系统设计，保证设计的正确性。这些分析工具是系统分析员和用户、系统分析员和系统设计员之间交流的“通信工具”。

4.2　信息系统的详细调查

详细调查是在系统初步调查的基础上进行的。详细调查与初步调查的对象与方法相同，只不过调查的内容要详尽。详细调查的目的是完整地掌握现行系统的状况，发现系统存在的问题和薄弱环节，为系统分析和建立新系统逻辑模型打下基础。详细调查研究需要做大量细致的实际工作，是一个相当长的过程。

4.2.1　详细调查的原则

在进行详细调查时可遵循以下的原则：

（1）系统性原则。从整体出发，全面地对问题进行分析比较。调查从系统的总目标出发，逐步进行分解，逐步求精，逐步细化。即根据调查目的和调查目标，对各项问题进行分类，规定每项问题应调查收集的资料。

（2）计划性原则。在调查前要列出详细计划，有针对性地对目标进行调查，做到有的放矢。可以列出调查表，通过拟定调查表，收集有关信息管理系统的基础资料。制定调查的工作进程，工作进度日程可以使整个调查活动有节奏地进行，使每一位从事调查工作的人员行动有方向。对工作进度进行监督检查，可以及时发现问题，克服薄弱环节，保证整个调查顺利进行。

（3）科学性原则。调查所得的数据要进行科学分析，切忌主观臆断，只有坚持科学性原则，才能在错综复杂的环境中避免或减少调查失误，为信息系统的建立提供科学依据。

（4）前瞻性原则。业务过程是在不断变化的，用户的需求是变化的。调查结果会随着经济环境、政治气候等诸多因素的变化而变化，在调查中要看到系统调查的可变性，否则就不能了解潜在的需求。

4.2.2 详细调查的内容

详细调查的内容分为一般调查内容和重点调查内容。

1. 一般调查内容

与初步调查一样，要了解现行系统的发展历史、现状、规模、经营状况、业务范围，与外界的联系，确定系统的边界；对系统的组织结构进行调查，了解各个部门的权限、职责、人员分工和关系等；了解系统的资源状况，现有系统的物资、资金、设备、建筑平面布局和其他的资源。如果有计算机配备，要了解计算机的功能、容量和外设等情况；了解系统的约束条件，如系统在资金、人员、设备、处理时间和方式等方面的限制条件和规定；系统目前运行的薄弱环节；系统目前的开发状况，投入的资金、人员等；各部门对现行系统和拟建系统的态度，是否满意及满意的程度等。

2. 重点调查内容

详细调查的重点是对业务流程及数据的调查。在进行调查时，要弄清楚某项业务由谁来做，为什么做，在哪里做，何时做，如何做及为什么要做，在做的过程中产生了哪些数据。即：

Who：谁来做。谁负责执行系统中的各项程序？

What：做什么。已经做过了什么？遵循什么程序？为什么需要经过那些流程？

Where：在哪里做。要执行的业务流程在哪里？在哪些地方执行？如何执行？如果在其他的地方执行是否更有效？

When：什么时间做。系统什么时候执行？为什么在这个时候执行？是否有最佳的执行时间？

How：如何做。业务流程如何执行？为什么这样执行？是否可以采用其他的方式将它做得更好？

数据的调查内容主要包括输入信息、输出信息、信息处理过程、存储方式、代码信息及信息需求调查等。

输入信息包括输入信息的名称、使用的目的、收集方式、发生周期、信息量、编码方式、保存期、相关业务及使用文字和其他。

输出信息调查的内容有输出信息的名称、使用的目的、使用单位、发生份数、发送方式、使用文字、输出时间、输出方式及其他方面。

信息处理过程调查的内容有处理内容、处理周期、处理方法、处理时间、处理场所及其他。

存储方式调查的内容有文件名称、保管单位、保存时间、总信息量、保密要求使用频率、删除周期、追加周期及增加、删除比率。

代码信息调查的内容有代码名称、分类方式、编码方式、使用目的、起始码、终止码、未使用码、备码率、追加或废弃频率及其他。

信息需求调查的内容有：所需信息名称、需求目的、需求单位、需求者、时间和期限、所需信息的形式及信息表达的要求等。

4.2.3 调查的方法

在调查研究的过程中主要是对数据进行收集。下面具体讲述调查的方法。

1. 询问法

（1）面谈调查。调查人与被调查人面对面地询问有关问题，从而取得第一手资料的一种调查方法。在面谈前要做好准备，设定面谈的对象、目标、问题等，做好面谈记录。这一方法具有回收率高、信息真实性强、搜集资料全面的优点，但所需费用高，调查结果容易受调查人业务水平和态度的影响。

（2）电话调查。这种方式速度快，省时间，费用低，但由于通话时间不宜过长，因而不易收集到深层信息。

（3）邮寄调查。这种方式调查区域广泛，调查成本低，真实性强，结果可靠。但回收率低，回收时间长，且调查者难以控制回答过程。

（4）留置问卷调查。面谈调查和邮寄调查的结合。这种方法常采用调查表（Questionnaire）方法。

2. 观察法

观察法（Observation）是由调查人员到各种现场进行观察和记录的一种调查方法。被调查者往往是在不知不觉中被观察调查的，总是处于自然状态，因此收集的信息较为客观、可靠、生动、详细。但这种方法一般只能观察到事实的发生，观察不到行为的内在因素，所需费用也大。

3. 实验法

实验法（Experimentation）是先在小范围内进行实验，然后再研究是否大规模推广的一种调查方法。如业务的吞吐量、各项工作的时间、费用等。这种方法比较科学，结果准确，但调查成本高，实验时间长。

4. 抽样调查法

从调查对象中选择部分作为样本，加以调查，从调查结果推断出总体情况的调查方法。抽样（Sample）可以采用系统抽样（System Sample）、分层抽样（Stratified Sample）和随机抽样（Random Sample）等方式进行，样本的主要作用是它可以代表整体。

5. 查阅档案资料法

调查人员通过查阅企业的各种文档、表格和数据库，如企业的计划、财务记录与报表、各种档案、工作记录、汇报总结、统计数据、各种录音录像资料、流程图、设计文档和操作手册等来获取所需的基本信息。

6. 联合需求计划

联合需求计划（Joint Requirement Planning，JRP）也有的称为联合应用开发（Joint Application Development，JAD），它是一个方法论，它将一个应用程序的设计和开发中的客户或最终用户聚集在一起，通过一连串的合作研讨会获得需求，也叫JRP会议。它通过一个2～

5天的集会，让开发者与客户能够快速、有效而且深入地检讨需求并取得共识。具体结果是产生完整的需求文件。传统调查方法中，开发者通过一系列面谈或查阅资料等得到客户输入信息来调研系统需求，联合需求计划被认为其成倍地加快了开发的速度，并且增大了客户的满足感，因为客户参与了开发的全过程。

计划一个JRP会议包括3个步骤：

（1）选择JRP会议地点。JRP会议应该在公司工作地点以外召开。在外面举行JRP会议，与会者的精力集中在与JRP会议有关的问题和活动上，避免他们在工作地点出现打断和分心。JRP会议的房间布局如图4.5所示。

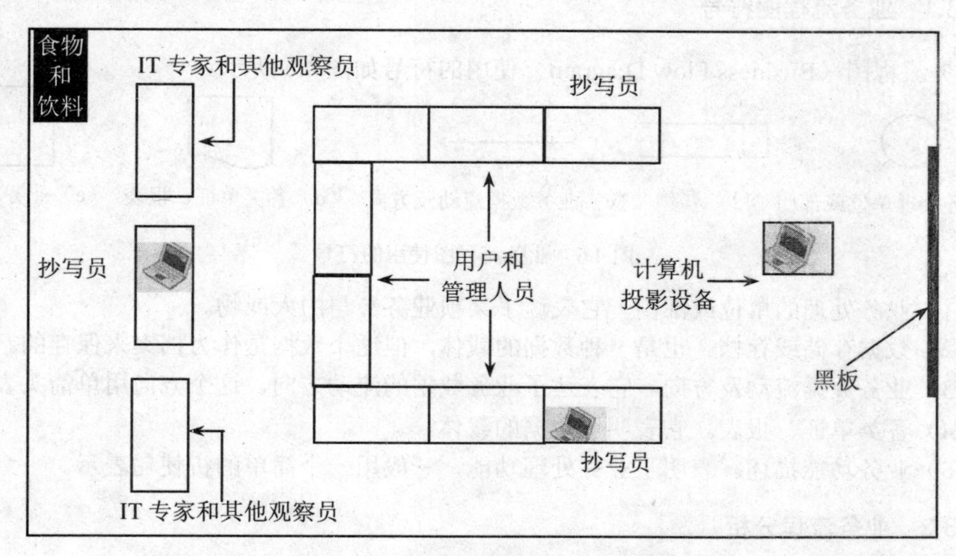

图4.5 JRP会议的典型房间布局

（2）选择JRP会议参加者。参加者包括JRP主持人、抄写员和用户团体代表。

（3）准备JRP会议议程。JRP主持人必须准备材料，以简要地向与会者介绍会议的范围与目标。会议议程应该包括开始、主体和结论 3 个部分。开始部分用于交流会议的预期，沟通基本规则，影响或激发与会者参与；主体部分用于细化要在JRP会议中涉及的主题或问题；结论部分用于留出时间总结当天的会议，提醒与会者在会上没有解决的问题的讨论将继续进行下去。JRP会议的成功在很大程度上依赖于计划及JRP会议主持人和抄写员的能力。上述的调查结果如表4.1所示。

表4.1 调查结果对照表

调查类型	收集资料
通过与用户交谈而收集到的信息	面谈记录、有效的调查问卷、观察记录、会议记录
现有的文档和文件	商业使命和战略声明、商业表格和报告及计算机显示样例、操作手册、作业描述、培训手册、现有系统的流程图和文档、咨询报告
基于计算机的信息	联合设计会议的结果、现有系统的CASE存储库内容和报告、系统原型的现实报告

在调查时还可以采用快速应用开发（RAD）方法，以便获得更多的用户需求信息。

4.3 信息系统业务流程分析

对前面的调查结果要和业务人员进行反复的交流，得到业务人员的确认，然后用一些简单、方便的方法和工具把它们表达出来，使之成为系统分析员和用户之间进行交流的共同工具。业务流程分析采用的是自顶向下的方法，首先对高层管理业务进行分析，画出高层管理的业务流程图，然后再对每一个功能描述部分进行分解，画出详细的业务流程图。

4.3.1 业务流程图符号

业务流程图（Business Flow Diagram）使用的符号如图 4.6 所示。

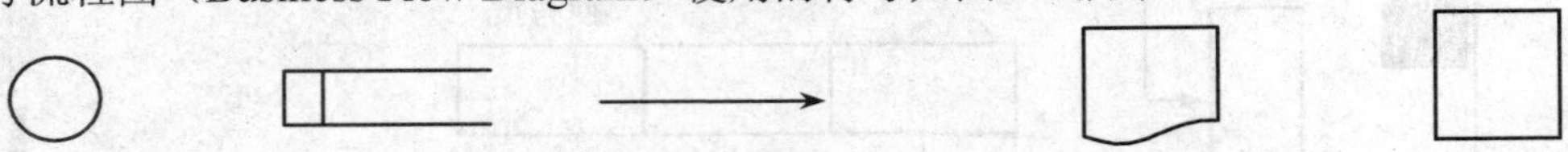

（a）业务处理单位或部门 （b）存档 （c）业务数据流动及方向 （d）各类单证、报表 （e）业务功能描述

图 4.6 业务流程图使用的符号

（1）业务处理的单位或部门。它表达了某项业务参与的人或物。

（2）数据存储或存档。也是一种数据的载体，但这个数据是作为档案来保存的。

（3）业务数据流动及方向。它表达了业务数据的流动方向，这个方向用单箭头表示。

（4）各类单证、报表。它表明了数据的载体。

（5）业务功能描述。表明了业务处理功能，一般用一个简单的祈使句表示。

4.3.2 业务流程分析

以教学管理信息系统为例介绍业务流程分析方法。教学管理信息系统实际上是学校各项管理系统中的一个职能域，是学校信息系统的一个子系统。教学管理的业务流程是：学生入学前一个学期，各个专业要制定人才培养方案，人才培养方案由各个专业进行讨论，教学院长审核后，上报教务处，由教务处出面组织进行全校讨论，协调各专业人才培养方案，最后形成综合人才培养方案下发各院、部。新生入学后填写学生情况登记表，各院、部审核后，再上报教务处，教务处将这些登记表汇总后与学校招生名单进行核对，准确无误后存档，并对新生进行分班、建立学籍档案。每学期期中，各院、部根据人才培养方案制定下一个学期各个专业的教学执行计划，院、部教学院长审核后上报教务处，然后各院、部根据教学执行计划安排授课教师，形成教师任务分配表。各院、部将落实后的教师任务分配表汇总后上报教务处，由教务处进行统一协调。学校实施学分制管理后，在每学期开学以前要进行学生选课工作。最后根据教师任务分配表、学生选课统计情况、实践教学安排和教室情况编制出全校课程表，将课程表下发各院、部的教师和学生。期末考试结束后，教师将学生成绩录入，各院、部进行归档处理，然后教务处对学生成绩进行统计分析，打印出补缓考学生名单，将补缓考学生名单下发到各院、部，各院、部组织有关教师出题、判卷，各院、部教学干事将补缓考成绩录入、存档。教务处根据学生成绩统计降留级学生，报领导审批执行，并进行学籍处理。期中和期末考试后学生要填写教学质量评价表，对教师的授课情况进行评价，督导组教师和各院、部的教师也要对教师授课情况进行评价。另外，学生因病或其他原因可以申请休学、复学、退学等，学生提出申请经领导批准后执行，要将执行的结果记入学籍管理数据库中。为了促进教学改革，提高教学质量，每年教务处要进行教学改革项目的立项、验收等工作，教学研究主管要进行教改项目的管理。教务处还要将学生学籍变动等进行统计，形成各种报表上报省教委、学校领导及各有关单位。学生毕业后要将档案邮寄到用人单位。根据教学管理系统有关高层业务管理内容的文字叙述，可抽象出高层业务主要有学籍管理、教务管理、成绩管理、课程管理、教学改革、师资管理和统计管理等，可以画出该子系统高层的业务流程图，如图 4.7 所示。

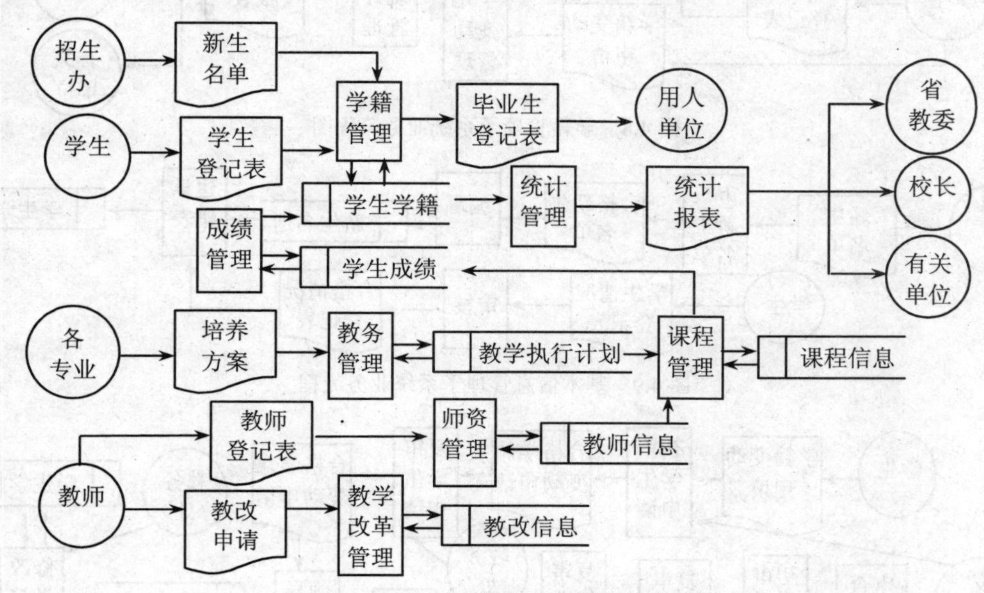

图 4.7　高校教学管理系统高层业务流程

这张高层业务流程图反映出了系统总体业务概况，由于各项业务是在教务处及各院、部有关教学人员的共同参与下完成的，所以在业务流程图中没有将他们反映出来，仅把该系统外的其他部门或人等表达出来。在高层业务流程图中确定了系统的边界。系统的边界确定是非常重要的，它规定了系统业务的范围。

通过对“学籍管理”业务的调查发现，“学籍管理”记录新生从入学建立学籍开始，直到学生毕业离开学校期间学生的情况等，包括学生基本信息管理、学籍变动和学籍统计等部分。“学籍变动管理”业务包括学生在校期间因种种原因申请休学、复学、退学，或因学习成绩太差或违反校纪、校规被开除学籍、勒令退学、留级等种种情况的处理。学校每年要将这些情况上报有关部门。“学籍管理”的详细业务流程如图 4.8 所示。

图 4.8 学生基本信息包括学生从招生办转过来的信息和分班信息等，具体如图 4.9 所示。

通过对“学籍变动管理”业务过程的详细调查，可以发现其业务流程有跳级、转专业、休复学、退学、降留级处理等。学生的降留级或因成绩不合格退学等需要根据成绩进行判断处理。而学生的跳级和转专业、自动退学是由本人提出申请，经院学生工作委员会初步同意后，报教务处进行复核，经校领导批准后由教务处负责执行，执行结果记入学生档案。学生的学籍管理还包括毕业生的学籍处理。每年学生毕业前，各院、部对应届毕业生进行初步的毕业资格审查，然后报教务处复审，核查无误后，审批实施，并将结果记入学生学籍，将证书下发给学生。“学籍变动管理”的详细业务流程如图 4.10 所示。

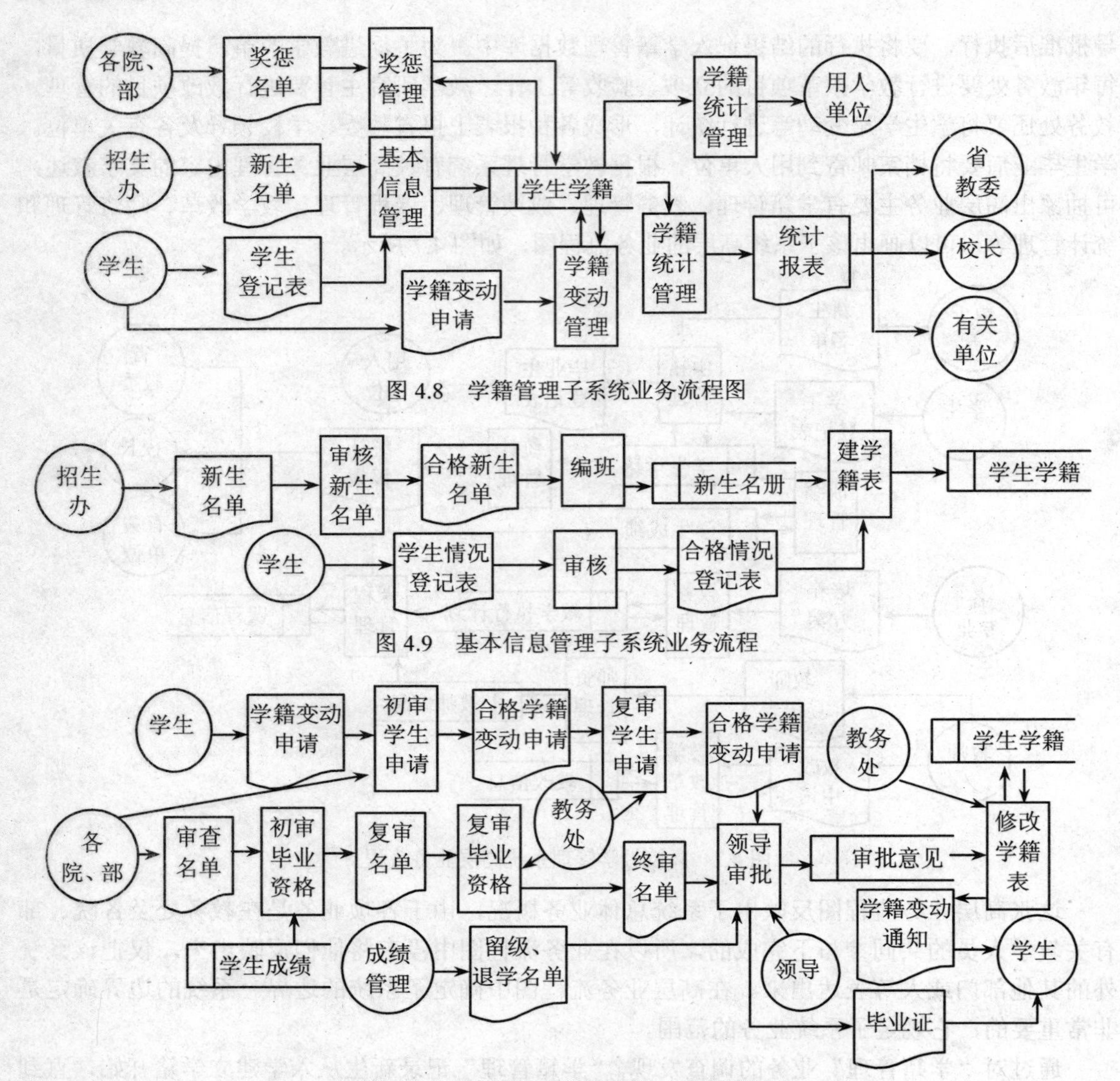

图 4.8　学籍管理子系统业务流程图

图 4.9　基本信息管理子系统业务流程

图 4.10　学籍变动管理子系统业务流程图

通过对“教务管理”业务的调查知，教务管理包括人才培养方案的制定、打印，日常的事务管理和生成教学执行计划等业务，如图 4.11 所示。

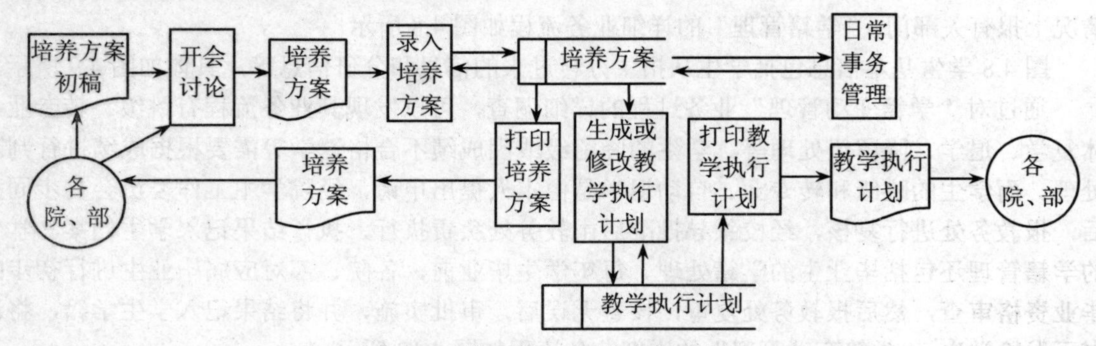

图 4.11　教务管理子系统业务流程

通过对“成绩管理”业务的调查知，每门课程结束后，任课教师把学生成绩单一式 3 份分别送教务处、教学干事和学生工作办公室，教务处和教学干事将成绩单存档。教务处根据成绩单统计各年级各科成绩，决定留级、退学学生的名单。因此，成绩管理包括成绩的存档和分析等业务，如图 4.12 所示。从调查知，教师要报 3 份成绩单，存在数据的冗余。在建立新系统逻辑模型时应考虑去掉数据的冗余。

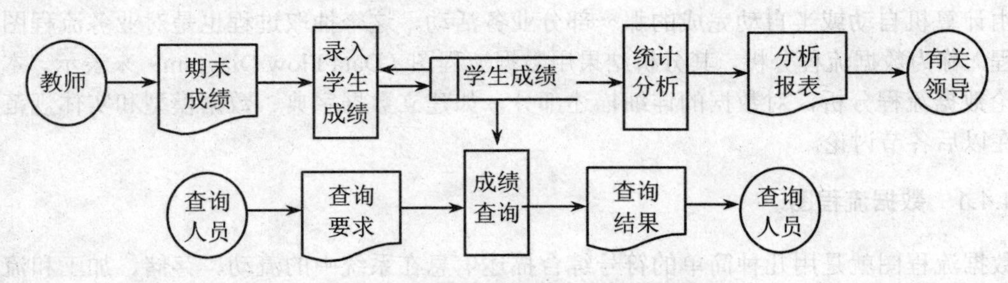

图 4.12　成绩管理子系统业务流程图

通过对“课程管理”业务调查知，课程管理包括选课管理、排课管理、课程质量管理等业务过程。选课管理是学生根据教学执行计划和教师任务分配表来选择课程。排课管理则是教务处管理人员根据教师任务分配表、学生选课表、教室信息表等进行排课，打印出课表发给教师和学生。课程质量管理是专家、教师和学生对教师的教学情况、课程情况等进行评价，对评价结果进行统计，反馈给教师。教学质量管理还进行精品课程、优秀课程的管理，如图 4.13 所示。

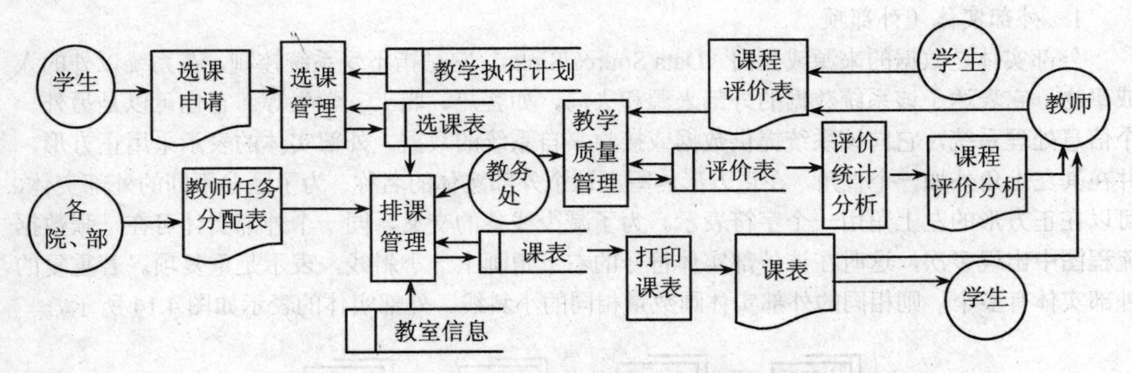

图 4.13　课程管理子系统的业务流程图

图 4.9 至图 4.13 是对图 4.7 的业务流程部分功能进行分解得到的。哪些需要分解，分解到什么程度，需要根据实际情况来决定（其他子系统的业务流程分解图自行完成）。业务流程图绘制完毕后，要和用户进行反复的讨论。首先检查业务流程图的工作流程是否正确，是否有遗漏部分；其次检查业务流程图的一致性，即高层流程图中出现的各类报表、单证、数据存储等一定要在低层的业务流程图中反映出来，要标出相应的操作人员；再其次检查低层的业务流程图中存在的业务活动是否有输入和输出的数据载体；最后检查各类名称的命名是否准确。业务流程图的审查是一项非常重要的工作，一定要有用户的积极配合，要同用户进行反复的协商，直到双方都满意才进入到下一步工作。

4.4 信息系统数据流程分析

计算机信息系统完成的是数据处理和信息处理的工作，这项工作包含在大量的业务处理过程之中，但并非所有的业务处理都能够由计算机来完成。因此，需要从现行业务中抽取出能够由计算机自动或半自动完成的那一部分业务活动，这个抽取过程也是对业务流程图分析的过程，称为数据流程分析，其分析结果用数据流程图（Data Flow Diagram）来表示。本节主要讨论数据流程分析，对数据的详细描述部分，如建立数据字典、数据模型和实体规范化等则放在以后各节讨论。

4.4.1 数据流程图

数据流程图就是用几种简单的符号综合描述信息在系统中的流动、存储、加工和流出等具体情况的图表。数据流程图是结构化系统分析的主要工具，也是设计系统总体逻辑模型的有力工具。它不但可以表达数据在系统内部的逻辑流向，而且还可以表达系统的逻辑功能和数据的逻辑变换。常见的数据流程图有两种：一种是以方框、连线及其变形为基本图例来表示数据流动的过程；另一种是以圆圈及连接弧线来表示数据流的过程，称为泡泡图法。这两种方法在表示数据流动时大同小异，但是针对不同的数据处理流程却各有特点。在此介绍方框图。

4.4.1.1 数据流程图的符号

数据流程图中有 4 个基本符号，即外部实体、数据流、数据处理和数据存储。

1. 外部实体（外部项）

外部实体是数据的来源或去向（Data Source/Sink），它是指不受系统控制，在系统以外的人或事物，它表达了该系统数据的外部来源和去向，如客户、职工、学生等。它也可以是另外一个信息处理系统，它向该系统提供数据或接收来自系统的数据。外部实体的表示采用正方形，并在其左上角外加一个直角，在正方形内写上这个外部实体的名称。为了区分不同的外部实体，可以在正方形的左上角用一个字符表示。为了减少线条的交叉，同一个外部实体可在一张数据流程图中出现多次，这时在该外部实体符号的右下角画上一小斜线，表示是重复项。若重复的外部实体有多个，则相同的外部实体画数量相同的小斜线。外部实体的表示如图 4.14 所示。

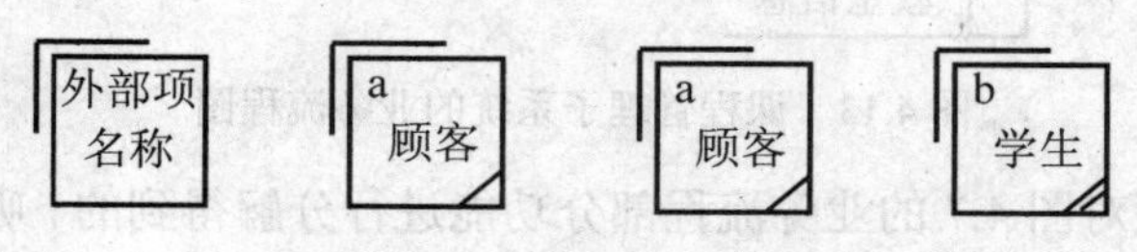

图 4.14 外部实体

确定系统的外部实体，实际上就是确定系统与外界的分界线。要想确定系统与外界的分界线，必须详细地分析用户需求及系统的目标。一个计算机信息系统的外部实体应该是很少的，如果外部实体过多，则说明系统缺少独立性，系统的人-机界面定得不合适。因此要尽可能减少外部实体，提高计算机信息系统的独立性。外部实体也不是越少越好，需要确定一个比较适当的人-机交互界面。

2. 数据流

数据流（Data Flow）是一个过程的数据输入，或者来自一个过程的数据（信息）输出。

它是一束按特定方向从源点流向终点的数据，它指明了数据及其流动方向。用一个水平箭头或垂直箭头表示数据流，在数据流的上方或侧方写上数据流的名称。数据流的名称用描述性的单数名词或名词短语来表示，不要用复数名词或词组。如果不能给一个数据流合理的名字，它可能就不存在。数据流名称应该描述数据流，而不是描述数据流如何或者可以如何实现。数据流表明了数据的流动方向及其名称，它是数据载体的表现形式，如信件、票据，也可以是电话等。数据流采用单箭头，数据流应该是唯一的。一般来说，对每个数据流都要加以简单的描述，以便于用户和设计人员理解数据流的含义，如图 4.15（a）所示。但对某些含义十分明确的数据流，也可以不进行说明，如图 4.15（b）所示。

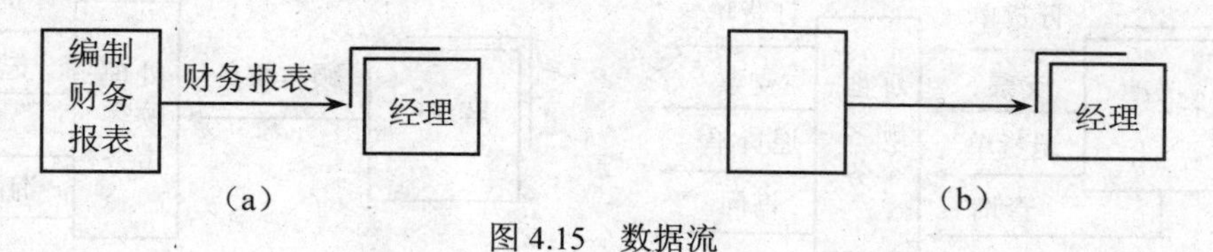

图 4.15 数据流

数据流有很多种，可能的数据流主要有：外部实体向系统输入数据，如图 4.16（a）所示；系统向外部输出数据，如图 4.16（b）所示；也可以由某一个处理功能产生数据流，经处理后形成新的数据，如图 4.16（c）所示；与数据存储相关的数据流，如图 4.16（d）所示。

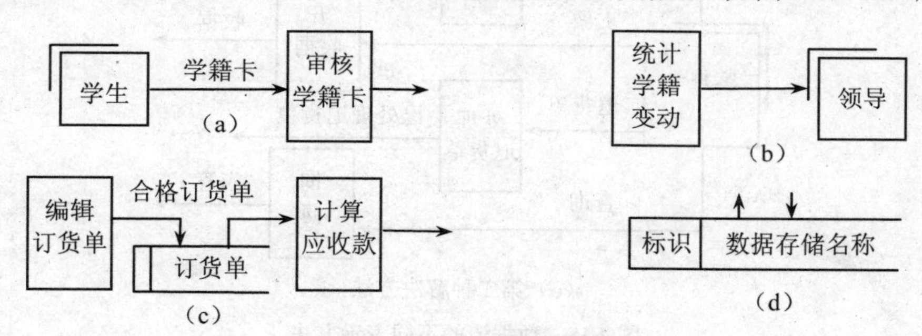

图 4.16 不同的数据流

数据流必须有一端和处理逻辑相连接，数据流不能从外部实体到外部实体；不能从数据存储直接到外部实体或从外部实体直接到数据存储；也不能从数据存储到数据存储，中间必须经过数据处理，如图 4.17 所示。

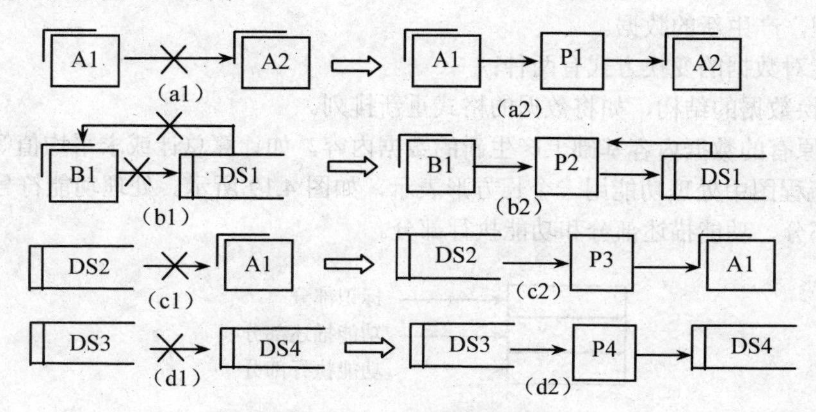

图 4.17 非法的数据流

有时很难用简单而又适当的语句表达某一个数据流的内容。例如，在某公司的销售管理中，客户可能寄来订货单、支票、退货请求，或前来询问某件事等。如果把这些数据全部表达出来，这个数据流程图就不好看了，如图 4.18（a）所示。

对于这种情况有两种解决方法，一种是把这些事务都归并成一个数据流，叫做“客户事务”，经过“处理客户事务”变换成相应的具体数据流，如图 4.18（b）所示。第二种解决方法是，对客户不同的事务，按业务分别给予相应的处理。在这种情况下，不同的数据流，进入不同的处理功能中，如图 4.18（c）所示。

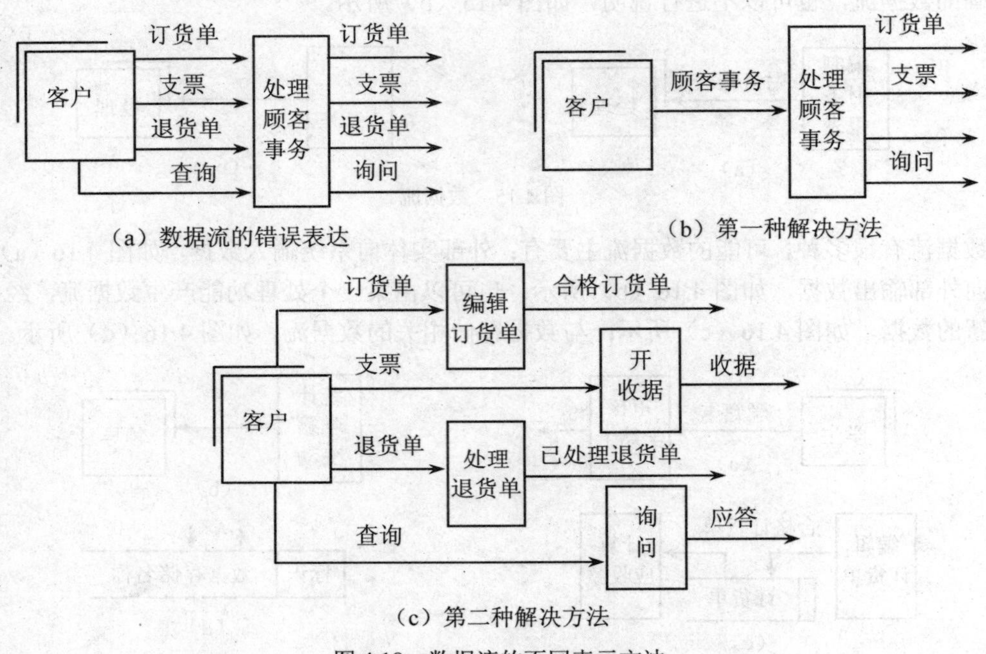

图 4.18　数据流的不同表示方法

3. 处理功能

如果把数据流比喻成工厂的零件传送带，那么每一道加工工序就相当于数据流程图中的处理功能，它表达了对数据的处理，也就是对数据的变换功能，就是把流向它的数据进行一定的变换处理，产生新的数据。

处理功能对数据的变换方式有两种：

（1）变换数据的结构，如将数据的格式重新排列。

（2）在原有的数据内容基础上产生新的数据内容，如计算总计或求平均值等。

在数据流程图中处理功能用一个长方形表示，如图 4.19 所示。处理功能符号由 3 部分组成，即标识部分、功能描述部分和功能执行部分。

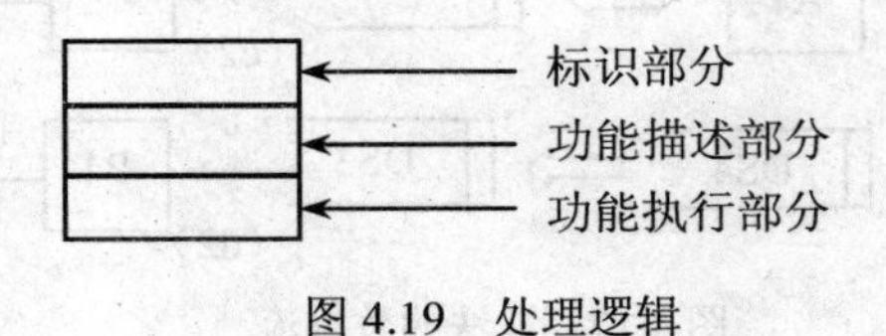

图 4.19　处理逻辑

标识部分就是用简单的符号来唯一地标识出这个处理功能，以区别于其他处理功能，一般用数字表示，也可用“P+数字”表示，另外应表示出它的层数，如 P1、P1.1、P1.2、P1.1.1、P1.1.2 等。通常在一张数据流程图最后定稿，不再改变的情况下，才对每一个处理功能加以编号。标识部分可以省略。

功能描述部分是处理功能中必不可少的组成部分。要求用一句简单的祈使句来直接表示这个处理功能所要完成的事情，也就是它的逻辑功能是什么。功能描述应有唯一的名称，一般用一个动词加一个做宾语的名词来表示，不能用一个名词或一个动词来表示，如编辑订货单、计算工资、检索书目等。

功能执行部分表示这个功能由谁来完成，可以是一个人、一个部门或是一个计算机程序。一般来说，功能执行部分同标识部分一样，不是必须有的，如图 4.20 所示。

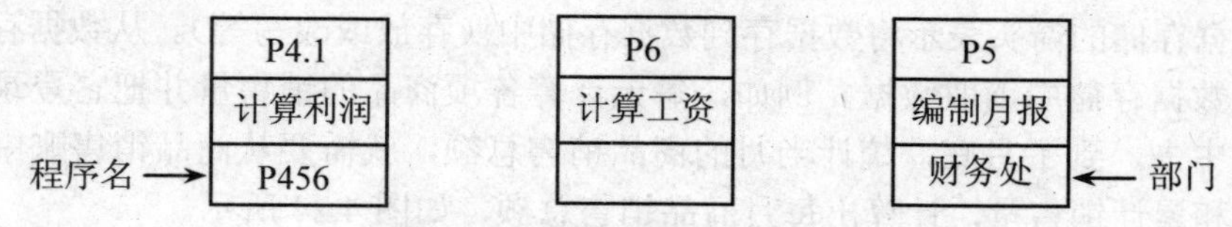

图 4.20　处理功能表达举例

在数据流程图中，处理功能必须有输入/输出的数据流，可以有若干个输入/输出的数据流，但不能只有输入数据流而没有输出数据流，如图 4.21 中 P3.1 所示。也不能只有输出的数据流而没有输入数据流的处理功能，如图 4.21 中 P3.2 所示。如图 4.21 中 P3.3 所示，输入不足以产生输出，称之为灰洞。产生灰洞的原因可能为一个错误的命名；也可能是错误命名的输入和/或输出；还可能是不完全的事实。灰洞是常见的错误，也是最难发现的错误。

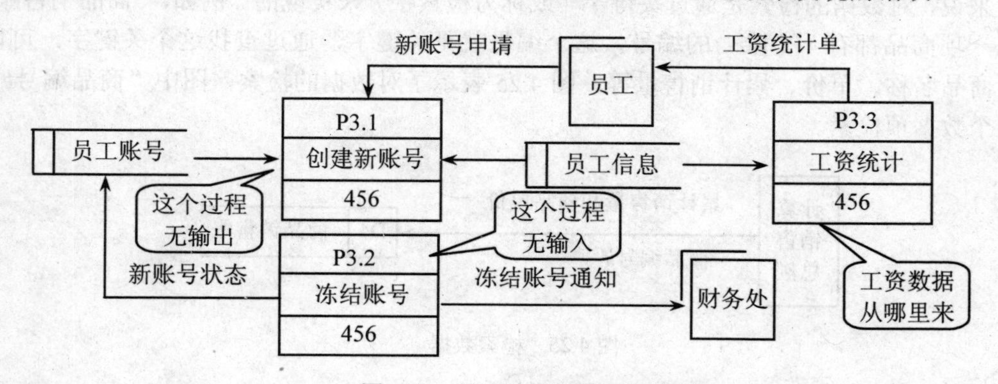

图 4.21　处理功能和数据流的关系

处理功能在不同的资料中可以有不同的表示方法，如图 4.22 所示。

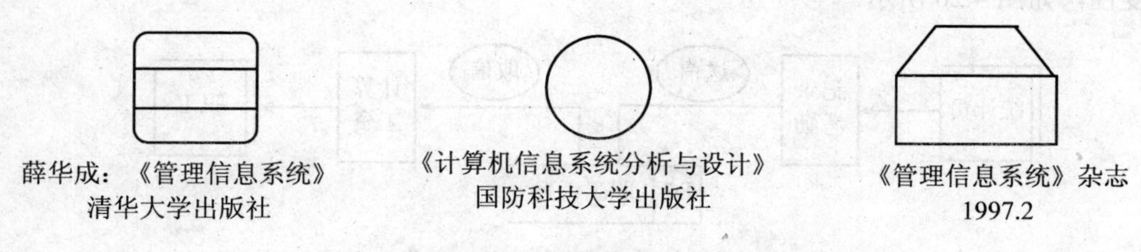

图 4.22　处理功能的不同表示方法

4. 数据存储

数据存储是一个数据的“仓库”，同义词为文件或数据库，事实上就是数据库的逻辑描述，存储的数据提供日后使用。数据流是运行中的数据，数据存储是静止的数据。在数据流程图中，数据存储用右边开口的长方条表示。在长方条内写上数据存储的名称。名称要适当，以便用户理解。为了区别和引用方便，再加一个标识，用字母 D 和数字表示，为了避免数据流程图中线条的交叉，同一个数据存储可以出现若干次。为了清楚起见，用竖线表示同一数据存储在图上的不同地方出现，如图 4.23 所示。

图 4.23 数据存储的表示

指向数据存储的箭头表示将数据存到数据存储中（存放或改写等）。从数据存储发出的箭头，表示从数据存储中读取数据。例如，每天计算各项商品的销售量并把它登录到“商品销售账”文件中去，到了月底，统计当月的商品销售总额，就需要从商品销售账中读出各项商品销售单价和累计销售量，计算出每月商品销售总额，如图 4.24 所示。

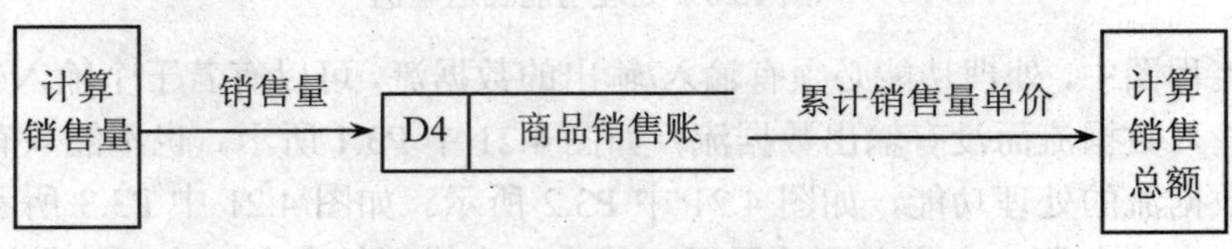

图 4.24 数据的读取与存储

一般来说，对数据的检索是通过关键字（或称为检索字）来实现的。例如，“商品销售账”中，对每一项商品都有一个唯一的编号，这个编号就是关键字，通过查找这个关键字，可以知道该项商品名称、单价、累计销售量等。图 4.25 表示了对数据的检索，图中“商品编号#”表示按这个数据项检索。

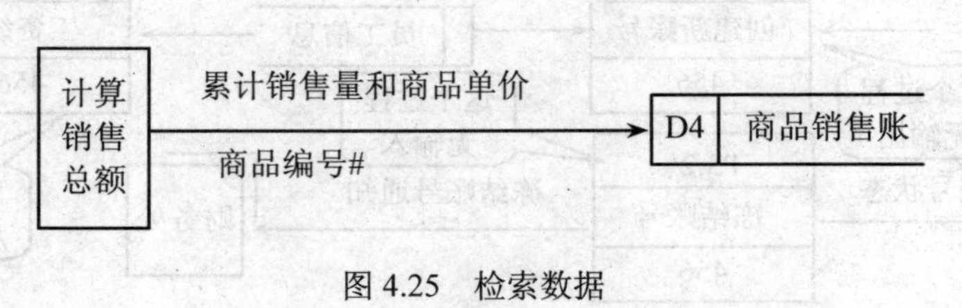

图 4.25 检索数据

数据存储在系统中应起“邮政信箱的作用”。处理功能和处理功能之间尽可能避免有直接的箭头联系，最好通过数据存储发生联系，这样可以提高每个处理功能的独立性，减少系统的重复性，如图 4.26 所示。

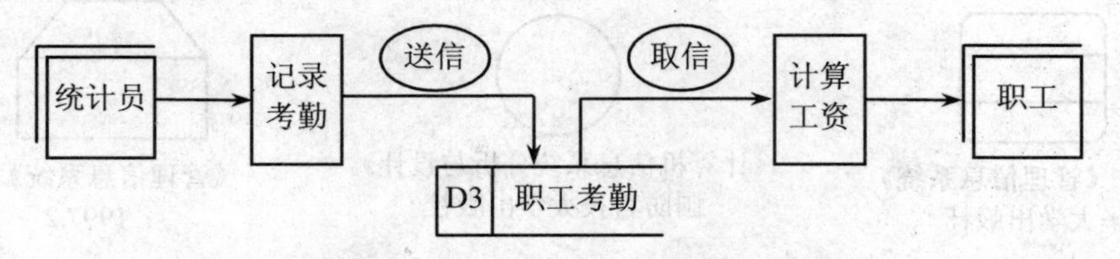

图 4.26 数据存储的“邮政信箱”作用

图 4.26 中的处理功能“记录考勤”每天将每个职工的出勤和生产完成情况记录到数据存储“职工考勤”中，到月底处理功能“计算工资”根据数据存储“职工考勤”中记录的每个职工在本月的出勤与生产完成情况计算应得的工资。因此“记录考勤”的作用是“送信”，处理功能“计算工资”的作用是“取信”，而数据存储“职工考勤”则起着“邮政信箱”的作用。

4.4.1.2　典型数据流程图的绘制步骤

对于一个大而复杂的系统来说，如果分析人员试图一次就建立完整的数据流程图，并将它的所有外部实体、处理功能、数据存储等画在一张图上，那只能导致失败。系统中大量的数据流和处理功能就好像一团乱麻，会把用户、系统分析人员等搞糊涂。因此，在建立数据流程图时，应按照步骤来进行。

数据流程图的设计采用结构化系统分析方法，其基本思想是：自顶向下，由外向里，逐层分解。数据流程图的设计过程是一个由整体到局部、由粗到细、逐步地将一个复杂的系统分解成若干个简单子系统的过程。数据流程图是分层次设计的，所以一个系统的数据流程图是由一组不同细化级的数据流程图构成的。下面通过一个典型的例子说明数据流程图的绘制。

1. 对系统的数据流程进行分析

（1）确定系统的主要逻辑功能。对系统的数据流程进行抽取，确定系统的整体功能。在较高层的数据流程图中只反映主要的、正常的逻辑功能，使人一目了然。

（2）确定系统的外部实体。系统分析员要识别不受系统控制的，但是影响系统运行的外部因素有哪些，即系统的数据输入来源和输出对象是什么。系统的外部实体确定下来以后，人工和自动化处理的界面也就基本确定下来了。

（3）确定系统的主要输入和输出数据流。确定系统在正常运行时外部实体的输入数据流和输出数据流，可以用列表的方式表达输入的来源和输出的去处。对于错误和例外条件，一般不直接列在输入/输出表中，而是另外专门加以解释。

（4）系统中要保存的数据。也就是说为了满足用户的要求，应该把什么样的数据（只要指出其性质或类别即可）作为资源保存在系统中，即分析它的数据存储。

2. 绘制顶层数据流程图

顶层数据流程图也叫 TOP 图，它用来确定系统与外部环境的关系，是对系统的高度概括。它反映信息系统最主要的逻辑功能、外部实体、输入和输出数据流、数据存储等，暂时不去考虑它内部的各种信息存储、加工变换和数据流等情况，如图 4.27 所示。

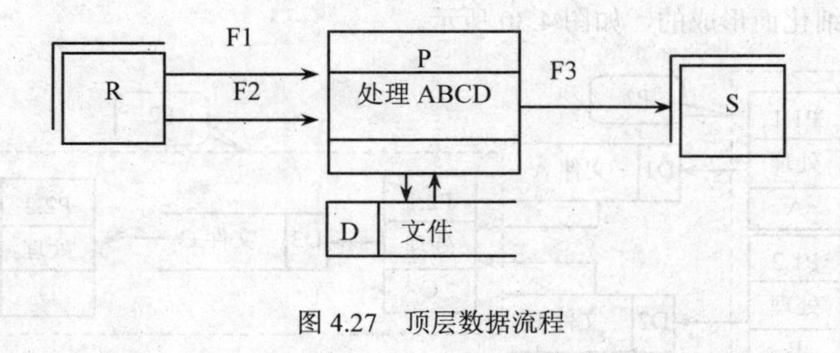

图 4.27　顶层数据流程

在顶层数据流程图中表示出数据来源、数据处理和数据去向，如图 4.28 所示。

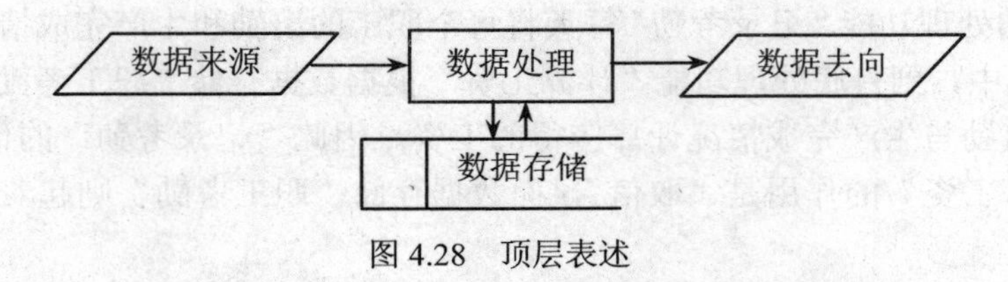

图 4.28　顶层表述

3. 细化数据流程图

细化图是逐层扩展的数据流程图，是指对上一层中的每个处理功能分别加以扩展。随着处理功能的扩展，功能也就越来越具体，数据存储、数据流也就越来越多，特别是输入和输出数据流的个数也会增加。但必须注意，下一层的外部项、输入和输出数据流及数据存储至少要和上一层相对应。一般来说，随着逐层扩展，外部实体、输入和输出数据流和数据存储只能增加，绝不能减少。每一层的数据流程图中的处理功能不宜过多。

（1）一级细化数据流程图。一级细化数据流程图是对 TOP 图中的处理功能作进一步的分解而得到的。这一步分解仅是将一个整体分成几个大的部分，而不需太细。好比一部机器，这一步只分解到部件而不是零件，如图 4.29 所示。

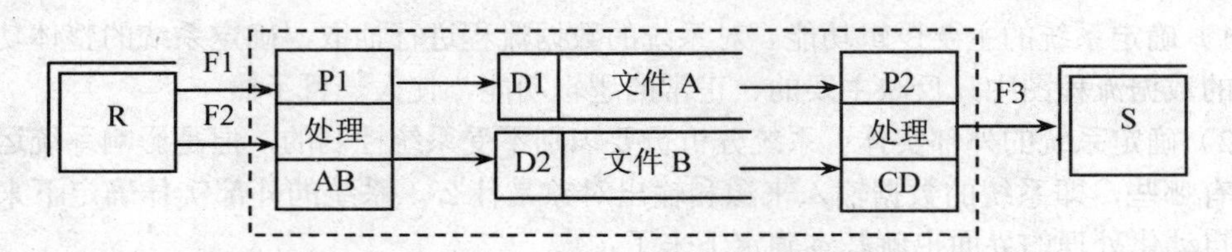

图 4.29　一级细化数据流程图

图 4.29 是对 TOP 图（图 4.27）的一级细化，它将 TOP 中的处理功能 P 分解为处理功能 P1 和 P2，存储 D1 和 D2 是在 TOP 图中没有而在此新出现的。P1 的功能是接受外部实体 R 输入的数据 F1 和 F2，并产生两个数据文件 D1 和 D2。处理功能 P2 的功能是利用存储 D1 和 D2 的数据，进行加工，产生数据 F3，然后将数据 F3 输出给外部实体 S。图 4.29 虚线框内的部分是对图 4.27 中处理功能 P 的分解，因此，与虚线框相连的输入和输出的数据流及外部实体要与图 4.27 中的外部实体及系统的输入和输出数据流保持一致。在图 4.29 中，数据存储 D1 和 D2 的输入输出数据流名称与存储名称相同，所以不必标出。

（2）二级细化数据流程图。二级细化数据流程图是在一级细化数据流程图的基础上，进一步对处理功能细化而形成的，如图 4.30 所示。

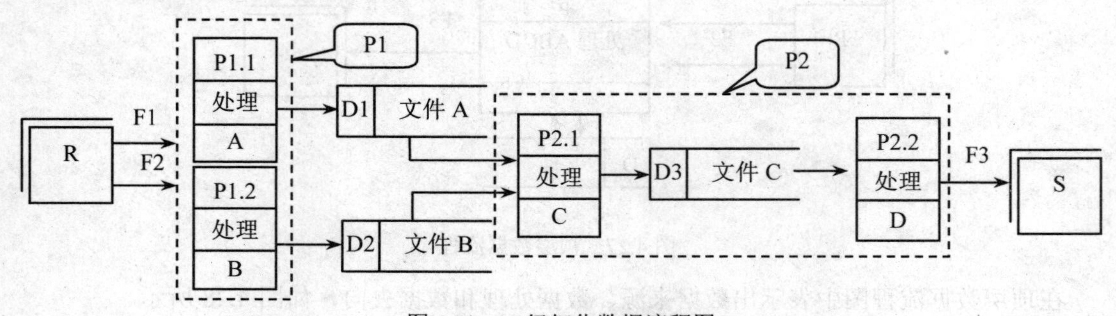

图 4.30　二级细化数据流程图

图 4.30 中虚线框 P1 内的部分是对图 4.29 处理功能 P1 的分解，即将处理功能 P1 分解为 P1.1 和 P1.2 两个处理功能。从图 4.30 可以知道，分解后的处理功能 P1.1 和处理功能 P1.2 作为一个整体来看，其输入、输出数据流与图 4.29 中的处理功能 P1 是一致的，如虚线框所示。处理功能 P1.1 和处理功能 P1.2 的功能是各自独立的。从图 4.30 可以知道，分解后的处理功能 P2.1 和处理功能 P2.2 作为一个整体来看，其输入、输出数据流与图 4.29 中的处理功能 P2 是一致的。

数据流程图的分解，需要根据实际情况来进行，一般来说，分解后的处理功能，系统设计人员和程序设计人员看到后知道如何用程序实现就可以了。在分解的过程中，也不是每个处理功能必须分解到相同的细化程度。分解后的处理功能个数不一定相同，这需要分析它们所包含的功能，如功能单一，就不必分解，如果分解后还包含几个功能就有必要进行分解。如果细化的数据流程图包含的内容很多，一张纸上画不下，可以分解成几个部分，每个图与上一级图中的一个或几个处理功能相对应。而且要与上一级数据流程图中的边界有重复的数据流或数据存储，以便大家在读图时明确它们之间的连接关系。

（3）三级细化数据流程图。三级细化数据流程图是在二级细化数据流程图的基础上，对其处理功能进行分解而得到的。对图 4.30 中的处理功能 P2.2 分解后，得到如图 4.31 所示的细化图。

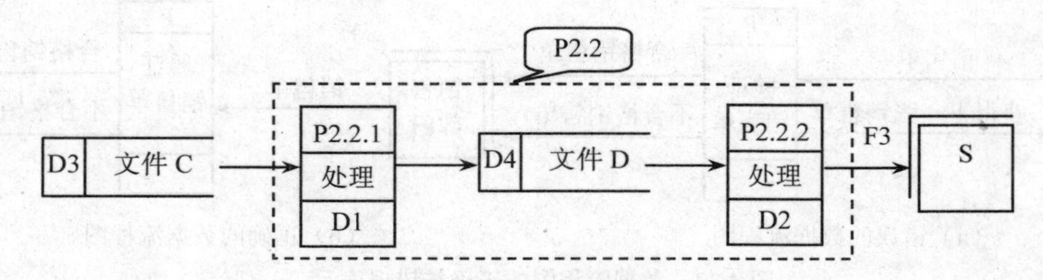

图 4.31　三级细化的数据流程图

处理功能 P2.2 进一步分解为两个处理功能 P2.2.1 和 P2.2.2。图 4.31 中，处理功能 P2.2.1 和 P2.2.2 作为整体的输入是读取数据存储 D3 的数据，输出数据 F3，这与二级细化图图 4.30 中的处理功能 P2.2 是一致的。图 4.31 是局部细化的数据流程图，只需将此图中的处理功能 P2.2.1 和 P2.2.2 作为一个整体放入二级细化图中的处理功能 P2.2 处即可。处理功能 P1.1、P1.2 和 P2.1 的功能已经单一，不需要再进行细化了。

以上讲述的是一个典型的数据流程图分解的过程，实际的设计只需根据以上方法和实际功能需要进行细化分解，并且多数是局部的细化。自顶向下逐层扩展的目的是要把一个复杂的大系统逐步地分解成若干个简单的系统。逐层扩展并不等于肢解和蚕食，使系统失去原有的面貌，而是要始终保持系统的完整性和一致性。扩展出来的数据流程图便于用户理解系统的逻辑功能，有利于分析人员对用户需求的理解。如果扩展出来的数据流程图已经基本表达了系统所有的逻辑功能和必要的输入、输出，那么就没有必要再向下扩展了。如果一个处理功能向下扩展出的数据流程图有 10 多个子处理功能，那就显得太复杂了，不容易使人把握它的主要逻辑功能。一般来说，由一个处理功能向下一层扩展出来的数据流程图，所包含的处理在 7±2 范围比较合适。

4.4.1.3　数据流程图绘制注意的问题

数据流程图不但能反映现行系统的逻辑功能，而且能反映将要建立的新系统的逻辑功能，熟练地掌握数据流程图的画法，对系统分析员来说是十分重要的。绘制数据流程图应该注意以下的问题：

（1）数据流程图的布局。

绘制数据流程图的时，习惯上是先从左侧开始，标出外部实体。左侧的外部实体，通常是系统主要的数据输入来源，画出由该外部实体产生的数据流和相应的处理功能，如果需要将数据保存，则标出其数据存储，接收系统数据的外部实体一般画在数据流的右侧。

（2）数据流程图与程序框图的区别。

程序框图有严格的时间顺序，有起始点和终止点，而且可以反映循环过程和条件判断。而数据流程图则完全不反映时间的顺序，不反映出判断、循环或控制条件等，只反映数据的流向、自然的逻辑过程和必要的逻辑数据存储，不反映起始点和终止点。另外所有与计算机有关的专业技术都不反映出来，这样才能和用户有共同交谈的语言。图 4.32（a）是一张错误的数据流程图。在图 4.32（a）中的数据流“获得下一张销售单”就是错误的数据流，因为这是一个判断，没有必要在数据流程图中反映出来。正确的画法如图 4.32（b）所示。

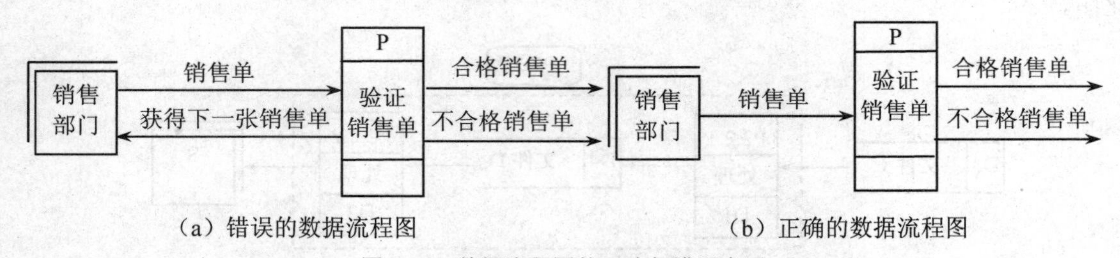

图 4.32　数据流程图的正确与错误表示

（3）出错和例外情况的处理。

第一张草图只是集中反映系统主要的、正常的逻辑功能和与之有关的数据变换，不反映出错和例外处理。在进一步细化的数据流程图上，要表示非常情况的处理，以便设计相应的程序模块。即出错和例外处理应该放在以后比较低层的数据流程图里反映，有些则在系统设计中去考虑。错误和例外情况不宜表示太细，除非是频繁发生直接影响大局的。因为数据流程图只是作为新系统模型的组成部分，太细反而会影响重点，失去整体概念。但在系统设计阶段，必须考虑此类意外情况。

（4）反复修改。

数据流程图不是一次就可以画好的。首先要画出草图，然后反复修改这张草图。在修改的过程中，要和输入/输出表相对照，检查是否有所遗漏或不符。在修改的过程中，要和用户反复讨论，和其他的系统分析员也要进行交流，直到取得一致的意见。

（5）避免线条交叉

正式画出的数据流程图，尽量避免线条的交叉，必要时可以用重复的外部实体符号和重复的数据存储符号，数据流程图中各种符号布局要合理、整齐和清楚，分布要匀称。

（6）数据流程图的规模。

根据第一张定稿的数据流程图，对其中每一个处理功能，逐层向下扩展出详细的数据流程图，扩展层次与管理层次相一致，也可划分更细些，但要注意功能的完整性。如果在一张数据流程图中某些处理已是基本加工，而另一些却还要进一步分解三、四层，这样的分解就不均匀，不均匀的分解不易被理解。出现这种情况时，应重新考虑分解，尽量避免特别不均匀的分解。每一层数据流程图中的处理功能在 7±2 范围比较合适。下一层的数据流程图中的输入和输出至少要和上一层数据流程图中的输入和输出分别相对应。在数据流程图扩展到足以把系统全部逻辑功能都表达出来以后，这项工作就算完成了。

4.4.1.4　数据流程图的特点

（1）数据流程图的概括性。数据流程图把系统对各项业务过程或业务活动联系起来作为一个整体考虑，从而反映出系统中各项业务过程或业务活动之间错综复杂的数据流通、加工、交换关系，反映数据处理之间的相互制约关系，反映系统处理的全貌，便于掌握系统的主要部分，理清思路。

（2）数据流程图的抽象性。数据流程图中不考虑具体的组织机构、信息载体、工作场所、物流、资金流等，只考虑数据的加工、存储、流动或使用情况，它可以使系统分析员快速地总结出新的信息系统的任务及各项任务之间的关系。

4.4.2　数据流程分析

数据流程分析的过程是：按业务流程图理出数据流程顺序，分析数据的流动、传递、处理和存储等情况，一边绘图，一边核对相应的数据、报表模型等，在分析的过程中可以发现和解决数据流程不畅、前后数据不匹配、数据处理不合理等问题。然后绘制成一套完整的数据流程图。数据流程分析采用结构化的分析方法，其基本思想是：自顶向下，逐步细分，逐步求精。数据流程分析实质上是对业务流程进行“自顶向下”的分析，然后用数据流程图表示出来的过程。以教学管理信息系统为例介绍数据流程的分析方法。

首先对业务流程的高层进行分析，确定高层的数据流程图。在教学管理信息系统中，主要功能是教学管理，外部实体有“招生办”、“用人单位”和“省教委”，输入的数据流是“新生名单”，输出的数据流是“毕业生登记表”和“统计报表”，主要数据存储是“学生学籍”，“学生学籍”主要记载学生的基本信息、学籍变动情况等，如图 4.33 所示。

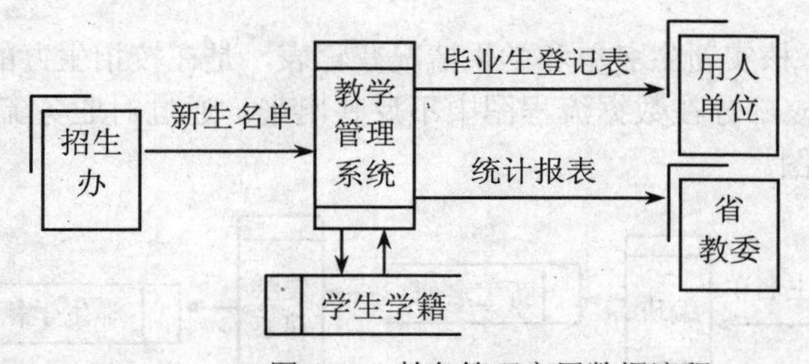

图 4.33　教务管理高层数据流程

图 4.33 描述了系统的范围，标出了最主要的外部实体和数据流，随着数据流程图的扩展，还会增加一些外部实体、数据流和数据存储，这样做主要是便于抓住主要矛盾，使系统轮廓更清晰。数据流程图扩展依据高层数据流程图和业务流程图进行，教学管理系统的扩展数据流程如图 4.34 所示。

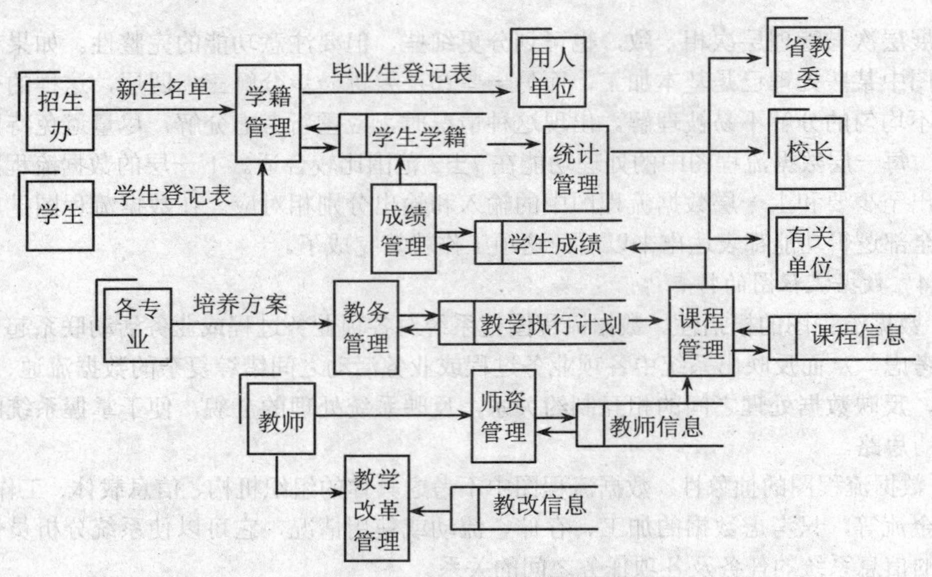

图 4.34　教学管理扩展的数据流程图

对扩展出的数据流程图中的处理功能仍然需要进一步展开，对模块“学籍管理”子系统进行分析。对业务流程图 4.8 进行抽取，得到的数据流程图 4.35 所示。

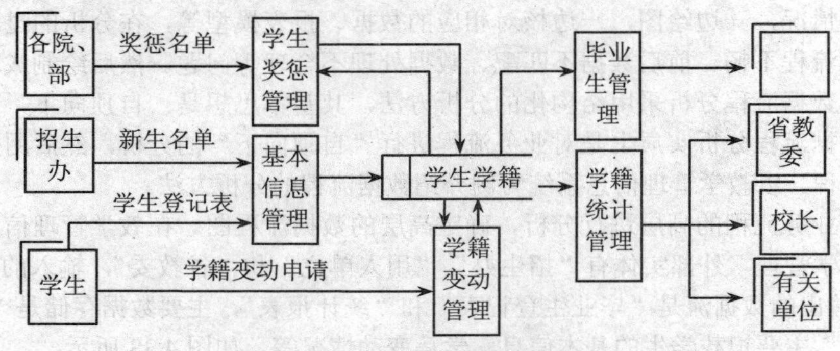

图 4.35　学籍管理子系统数据流程图

在业务流程图 4.9 中，核实新生名单和学生情况登记表，是在校招生办的配合下进行的。在这里只记录结果，故审核部分在数据流程图中不反映出来。通过对业务流程图的分析形成如图 4.36 所示的数据流程图。

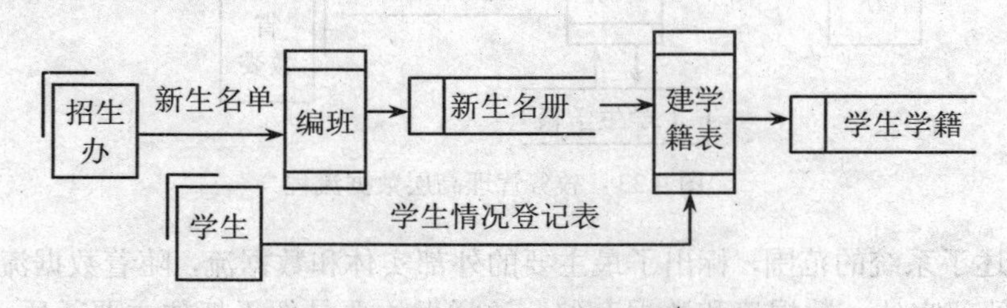

图 4.36　学生基本信息管理数据流程

从图 4.10 所示的学籍管理系统业务流程图可以看出各院、部对学籍变动申请、毕业资格初审等，并不在系统中记载，因此不必在数据流程图中画出。另外，校长对学籍变动的审批过程在信息系统中也不能实现，在此仅记录审批结果，所以在数据流程图中也不反映出来。学籍变动管理系统的数据流程如图 4.37 所示。

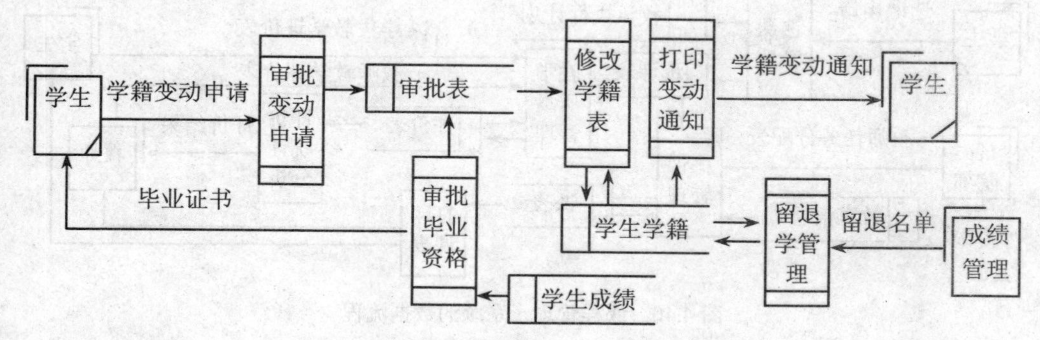

图 4.37　学籍变动管理子系统数据流程

在图 4.11 中对人才培养方案要开会进行讨论，最后大家取得一致意见后上报教务处。开会讨论在计算机中无法实现，在此仅仅将讨论好的结果输入到系统中，故开会在数据流程图中不反映出来。“日常事务管理”业务中经常涉及一些检索查询或是一些手工处理的业务，因此，将日常事务处理分解到其他各类事务中，而不考虑其他的具体过程。通过对教务管理业务流程图的分析形成如图 4.38 所示数据流程图。

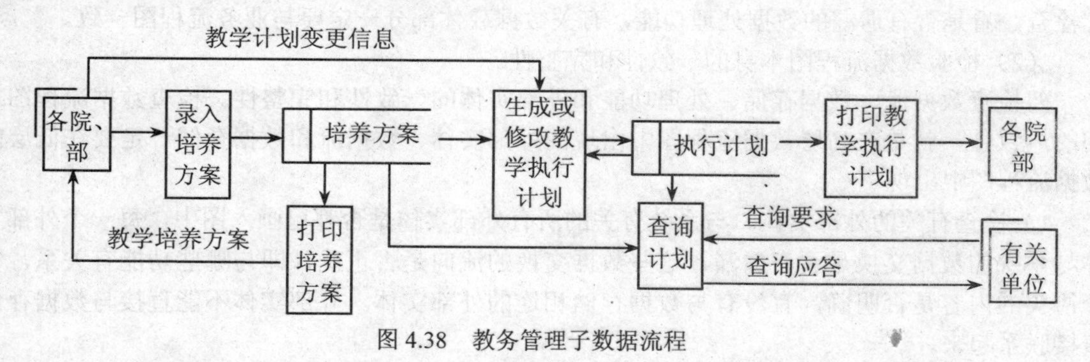

图 4.38　教务管理子数据流程

由图 4.12 所示的成绩管理业务流程图分析知，成绩管理包括成绩的存档、分析和查询等数据流程，如图 4.39 所示。

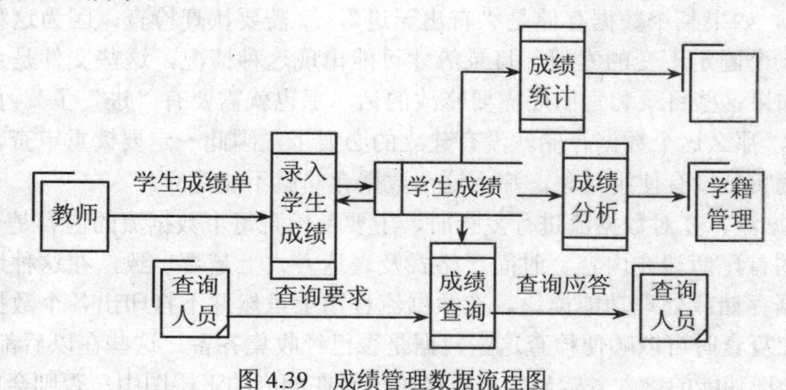

图 4.39　成绩管理数据流程图

由图 4.13 所示的课程管理业务流程图分析知，课程管理包括选课、排课和教学质量管理等数据流程，如图 4.40 所示。

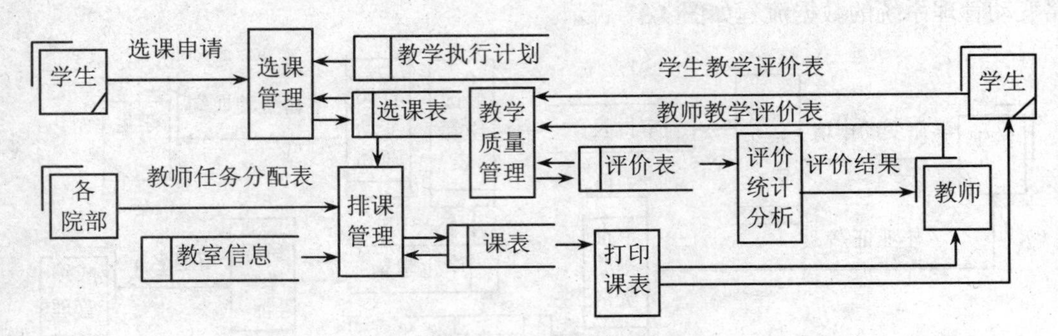

图 4.40　课程管理子系统的数据流程

4.4.3　数据流程图的检验

完成的数据流程图是十分复杂的，应该有步骤地对所完成的图进行复核。复核可以从以下几个方面进行：

（1）检验数据流程图与业务流程图的一致性。

检验工作是采用“自顶向下”的原则进行的，将数据流程图与相应的业务流程图进行对比检查，看是否有遗漏的数据处理功能，有关数据载体部分一定要与业务流程图一致。

（2）检验数据流程图本身的一致性和完整性。

要检查数据流、数据存储、处理功能和外部实体的一致性和完整性。检查数据流程图之间的一致性，就是在高层数据流程图中出现的外部实体、数据流和数据存储一定要在低层的数据流程图中出现。

1）检查有关的外部实体。与系统有关的所有外部实体是否都已画入图中，每一个外部实体与系统的数据交换是否有遗漏，这些数据交换的流向是否正确，即与哪些功能有关系，每个箭头的内容是否明确，有没有与数据存储相连的外部实体。外部实体不能直接与数据存储直接联系起来。

2）检查各个数据存储。看数据存储是否确实需要，是否有相应的处理模块把信息传送出去，进行修改、调用等。一般来说，每个数据存储都应该有输入的数据流和输出的数据流，即“有进有出”。如果某个数据存储是“有出无进”，就需要认真检查，因为这种情况是比较少见的。只有一个固定不变的索引、目录等才可能出现这种情况，这些文件是系统研制时已经建立好的（如果这些目录和索引还需要修改的话，那也就需要有“进”了）。如果数据存储是“有进无出”，那么这个数据存储就没有建立的必要了，因此一定要慎重审查，看是否缺少数据流，如果确实是没有使用对象，那么这个数据存储就不能建立。

3）检查数据流。在对数据流进行复查时，主要是检查每个数据流的内容是否明确，同时要检查数据流的首尾两端在内容、时间、格式及表达方式上是否一致，在这种地方往往容易发现遗漏的数据存储或处理功能模块。在数据流程图上虽然并不打印出各个数据流的各种定量指标，但是在复查时可以顺便检查这些数据是否已经收集齐备，这些在以后都是要用到的。上层图中某一处理功能的输入、输出数据流必须出现在相应的下层图中，否则会出现上层图与下层图的不平衡。任何一个数据流至少有一端是处理框，即数据流不能从外部实体到数据存储，不能从数据存储到外部实体，也不能从数据存储到数据存储，数据流是处理的输入或输出。

4）检查处理逻辑。对于每个处理功能模块，主要是检查是否已经确切地规定了它们的功能，然后判断它的输入数据和输出数据是否匹配，有没有遗漏，即为了完成这一功能，所需的输入数据是否已经齐备，如果遗漏了某些数据流，这一功能就无法实现。如果某些输入在处理过程中没有被使用，就必须研究为什么会出现这种情况，是否可以简化，在数据流程图中处理功能的数据流越少，各个处理功能就越独立，所以应尽量减少处理功能间的输入、输出数据流的数目。另外，还要检查处理所得的结果是否都已经送往适当的地点去继续处理或存储起来。

4.5 数据分析及数据存储结构规范化

数据是系统要处理的主要对象，管理信息系统的建设以数据为中心。因此全面、准确地收集、整理、分析数据是系统分析阶段的重要工作之一。

4.5.1 数据分析

数据收集和调查只反映了某项管理业务数据的需求和现有数据的管理状况，对这些数据还必须进行分析。数据分析是组织有目的地收集数据、分析数据，使之成为信息的过程。它是为了提取有用信息和形成结论而对数据加以详细研究和概括总结的过程。数据分析的目的是从一大批看来杂乱无章的数据中把信息集中、萃取和提炼出来，以找出所研究对象的内在规律。数据分析与数据收集往往不能截然分割，在做数据分析时要不断地收集和取舍原始数据，以补充和完善之。

1. 数据分析过程与内容

数据分析过程主要由识别信息需求、收集数据、分析数据、评价并改进数据分析的有效性组成。从业务处理角度分析，为了满足正常的信息处理业务需要哪些信息，哪些信息是冗余的，哪些信息是短缺的，有待于进一步收集。从管理角度分析，为了满足科学管理的需要，这些信息的精度如何，能否满足管理的需要，信息的及时性和信息的处理区间如何，能否满足对生产过程进行及时处理的需要，对于一些定量化的分析（如预测、控制等）能否提供信息支持等。弄清信息源周围的环境，这些信息是从现有组织结构中哪个部门来的，目前用途如何，受周围哪些环境影响较大，如有的信息受具体统计的计算方法影响较大，有的信息受检测手段的影响较大，有的受外界条件影响起伏较大，它的上一级（或称层次）信息结构是什么，下一级的信息结构是什么，围绕现存的业务流程进行分析，分析现有报表的数据是否全面，是否满足管理的需要，是否正确反映了业务的实物流。

2. 数据汇总

首先要对收集到的数据进行汇总分析，将其分为3数据：

（1）本系统输入数据类，主要是来自其他系统或网络要传送的内容。

（2）本系统内要存储的数据类，主要指各种台账、账单和记录文件，它们是今后本系统数据库要存储的主要内容。

（3）本系统产生的数据类，主要指各类报表，是本系统输出或网络传递的主要内容。

然后，对每一类数据进行汇总检验、分析。对收集到的数据资料，按业务过程分类，再按管理阶段模型对业务过程进行排列。按业务过程自顶向下对数据项进行调整，将原始数据和最终数据分类整理出来，原始数据是以后确定管理数据库表的依据，而最终输出数据是反映管理业务所需求的主要数据指标，确定数据的字长和精度。

3. 数据分析的工具

数据汇总是从某项业务的角度对数据进行整理，还不能确定收集数据的具体形式及整体数据的完整性、一致性和冗余性等，因此，可对其做进一步分析，分析方法可借用 BSP 的 U/C 矩阵来进行，U/C 矩阵本质是一种聚类方法，可用于过程/数据、功能/组织或功能/数据等各种分析中。建立 U/C 矩阵后，就要对其进行分析，分析原则是“数据守恒原理（Principle of Data Conservation）”，即数据必定有一个产生的源，而且必定有一个或多个用途。

4. 建立数据字典

根据上述对数据的分析，建立统一的数据字典。数据字典是系统开发的主要参考工具。任何一个信息系统中都有成千上万个数据项，仅仅描述这些数据项是不够的，更重要的是如何把它们以最优的方式组织起来。这是系统分析员和设计人员所关心的主要问题。数据字典的建立见 4.6 节。

4.5.2 概念数据模型的设计

4.5.2.1 *数据库设计步骤*

在数据库系统概论中已经学习过数据库设计的步骤，由于数据库系统已经形成为一门独立的学科，当把数据库设计原理应用到管理信息系统开发中时，数据库设计的几个步骤就要与系统开发的各个阶段相对应，并且要融为一体。按照规范化设计方法，将数据库设计分为以下 6 阶段：需求分析；概念结构设计（概念数据模型）；逻辑结构设计（逻辑数据模型）；物理结构设计（物理数据模型）；数据库实施；数据库运行与维护。数据库设计与管理信息系统开发阶段的对应关系如图 4.41 示。

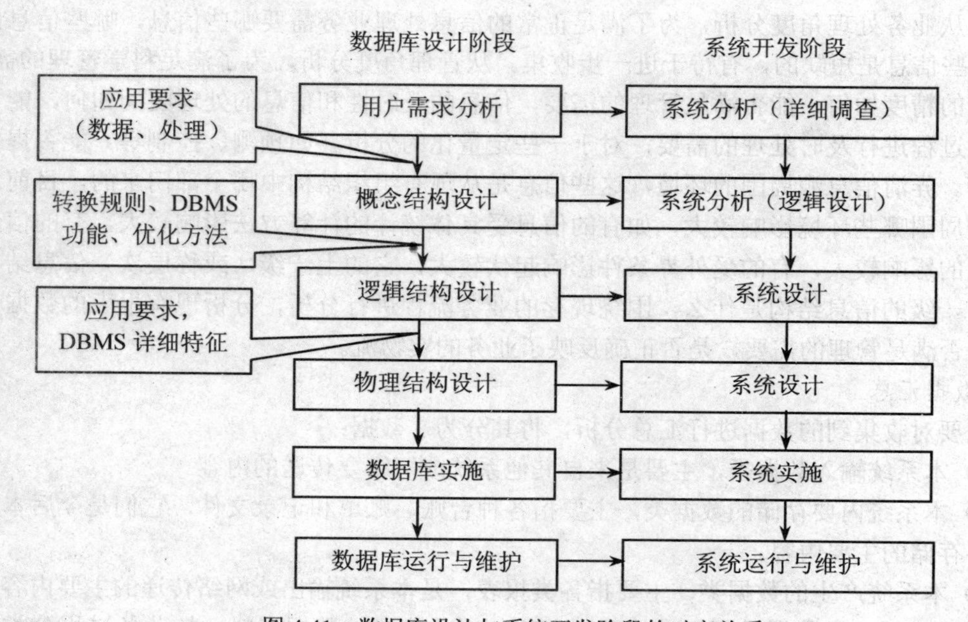

图 4.41 数据库设计与系统开发阶段的对应关系

在数据库设计过程中，要把数据库的设计和实践中数据处理的设计紧密地结合起来，将这两个方面的需求分析、抽象、设计、实现在各个阶段同时进行，相互参照，相互补充，以完善两个方面的设计。设计过程的描述如表4.2所示。

表4.2　设计描述

设计描述 / 设计阶段	数据	处理
需求分析	数据字典、全系统中的数据项、数据流、数据存储的描述	数据流程图和判断表、判断树、数据字典处理过程的描述
概念结构设计	概念模型（E-R图）、数据字典	系统说明书包括：新系统的要求、方案和概图；反映新系统的数据流程图
逻辑结构设计	某种数据模型（关系或非关系）	系统结构图（模块结构）
物理设计	存储安排、方法选择、存取路径建立	模块设计——PO表
实施阶段	编写模式、装入数据、数据库试运行	程序编码、编译联接、测试
运行维护	性能监测、转储/恢复数据库重组和重构	新旧系统转换、运行、维护

需求阶段，综合各级用户的应用需求；在概念设计阶段形成独立于机器特点，独立于各个数据库管理系统产品模式的概念模式，如使用E-R图；在逻辑设计阶段将E-R图转换成具体的数据库产品支持的数据模型，如关系模型，形成数据库逻辑模式；然后根据用户的处理要求、安全性的考虑，在基本表的基础上建立必要的视图（View），形成外模式；在物理设计阶段，根据数据库管理系统的特点和处理需要，进行物理存储安排，建立索引，形成数据库内模式。下面讲述系统分析阶段数据库设计的任务。

4.5.2.2　需求分析

需求分析在数据库设计中的作用与其在系统分析中的作用一样，是十分重要的，数据库设计的需求分析是在系统分析阶段进行的。准确了解与分析用户需求（包括数据与处理）是整个设计过程的基础，是最困难、最耗费时间的一步。需求分析的结果准确与否将直接影响到后面各阶段的设计。

需求分析的任务是通过详细的调查，充分了解原系统的工作概况，明确用户的各种需求，然后在此基础上确定新系统的功能。在设计数据库时，还要充分考虑到新系统可能有的扩充和改变。在调研时，既要考虑“数据”，也要考虑“处理”，要把两者结合起来考虑。一般情况要考虑以下的要求：

（1）信息的要求。指用户需要从数据库中获得信息的内容与性质。由信息要求可以导出数据要求，即在数据库中需要存储哪些数据。

（2）处理要求。指用户要完成什么处理功能，对处理的响应时间有什么要求，采用批处理还是联机处理方式。

（3）安全性与完整性要求。安全性是指如何防止数据库中的数据受到非法破坏和损失。完整性是指保证数据库中数据的正确性和一致性。

数据库的需求分析是系统需求分析的一个方面，确定用户需求是一件困难的事情，因此设计人员要和用户反复地协商，才能逐步地确定用户的实际需求。前面已经对组织结构、业务流程等进行详细的调查，确定系统的边界，然后用数据流程图来表示用户的需求和系统的功能，通过对功能的分解形成若干层次的数据流程图。数据流程图表达了数据和处理过程的关系。处理过程的处理功能常常借助判断表或判断树来描述。系统中的数据则借助数据字典来描述。对用户需求进行分析之后，就要采用适当的工具表达出来。用户需求的确定需要和用户反复交流，要征得用户的认可。需求分析的过程如图 4.42 示。

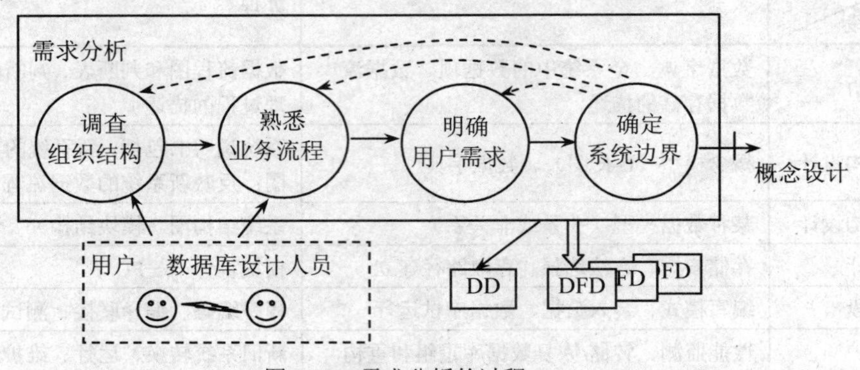

图 4.42　需求分析的过程

4.5.2.3　概念数据模型

概念结构设计任务是将需求分析得到的用户需求抽象为信息结构，即根据用户需求设计数据库的概念数据模型（Conceptual Data Model，简称为概念模型），它是整个数据库设计的关键。概念结构是从用户的角度看到的数据库，通过对用户需求进行综合、归纳与抽象，形成一个独立于具体 DBMS 的概念模型。概念结构是各种数据模型的共同基础，它比数据模型更独立于机器、更抽象，从而更加稳定。它可以使用 E-R 模型表示，也可以使用 3NF 关系群表示。详细内容请参看数据库系统概论。

概念结构的设计通常有 4 方法：

自顶向下。即首先定义全局概念结构的框架，然后逐步细化，如图 4.43（a）所示。

自底向上。即首先定义局部应用的概念结构，然后将它们集成起来，得到全局概念结构，如图 4.43（b）所示。

逐步扩张。即首先定义最重要的核心概念结构，然后向外扩充，以滚雪球的方式逐步生成其他概念结构，直至总体概念结构，如图 4.43（c）所示。

混合策略。即将自顶向下和自底向上相结合，用自顶向下策略设计一个全局概念结构的框架，以它为骨架集成自底向上策略中设计的各局部概念结构。

其中最常用的策略为自底向上方法。即自顶向下地进行需求分析，然后再自底向上地设计概念结构。本书只介绍自底向上设计概念结构的方法。自底向上设计概念结构通常分为两步：

（1）抽象数据并设计局部视图。

（2）集成局部视图，得到全局的概念结构，如图 4.44 所示。

概念模型用来描述世界的概念化结构，它摆脱计算机系统及 DBMS 的具体技术问题，集中精力分析数据及数据之间的联系等，与具体的数据管理系统（DBMS）无关。概念数据模型必须换成逻辑数据模型，才能在 DBMS 中实现。

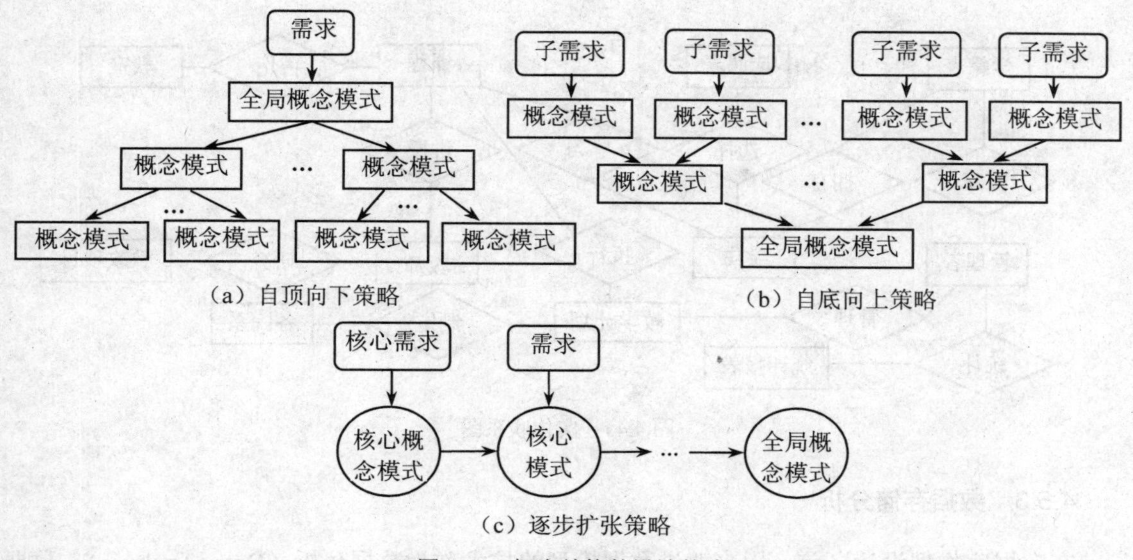

图 4.43　概念结构的设计策略

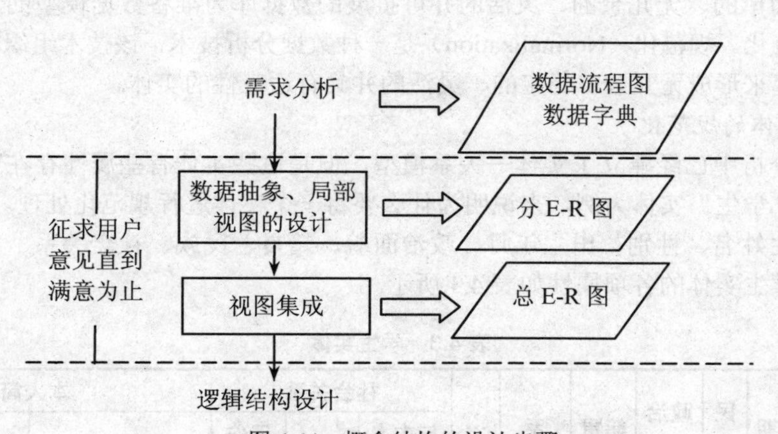

图 4.44　概念结构的设计步骤

实体-联系模型（简称 E-R 模型）是由 P. P. Chen 于 1976 年首先提出的。它提供不受任何 DBMS 约束的面向用户的表达方法，在数据库设计中被广泛用作数据建模的工具。E-R 数据模型问世后，经历了许多修改和扩充。E-R 模型的构成成分是实体集、属性和联系集，其表示方法如下：

（1）实体集用矩形框表示，矩形框内写上实体名。

（2）实体的属性用椭圆框表示，框内写上属性名，并用无向边与其实体集相连。

（3）实体间的联系用菱形框表示，联系以适当的含义命名，名字写在菱形框中，用无向连线将参加联系的实体矩形框分别与菱形框相连，并在连线上标明联系的类型，即 1:1、1:m 或 m:n。

采用实体分析方法，可建立相对稳定的数据模型结构，而对于一些需求零散、随机的信息，可放在系统分析和设计阶段考虑。教学管理系统的实体与联系的关系如图 4.45 所示。由于空间的关系，没有画出实体的属性。实体属性由学生自己完成。

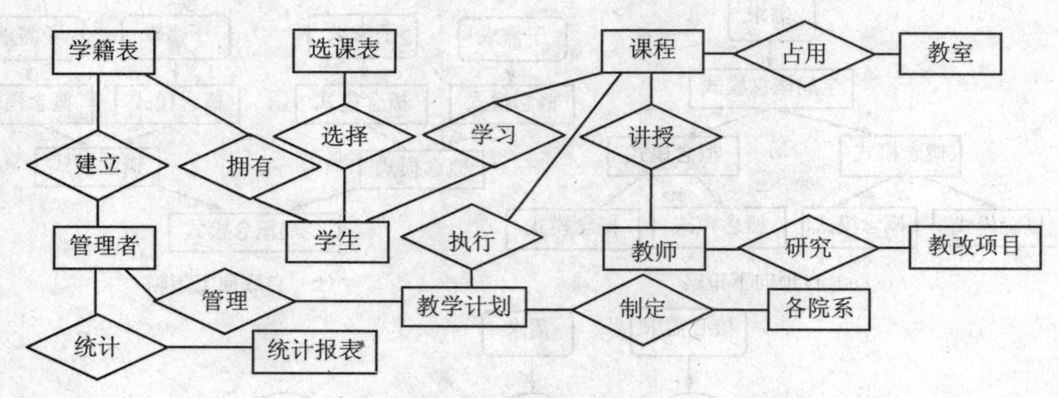

图 4.45　实体联系图

4.5.3　数据存储分析

在数据库物理设计之前，用来改进数据模型的技术称为数据分析（Data Analysis）。数据分析是为实现简单的、无冗余的、灵活的并可扩展的数据库为准备数据模型的过程。其专门的技术称为规范化。规范化（Normalization）是一种数据分析技术，该技术组织数据属性以便它们可以组合起来形成无冗余、稳定的、灵活的并具有适应性的实体。

4.5.3.1　实体的规范化

在前面的分析中已经建立了实体—关系模型，但是这些实体有些属性存在冗余。现以教学管理系统中“学生”实体为例，来说明为什么要将一个实体进行规范化处理。“学生”这个实体属性由学生姓名、性别、出生年月、政治面貌、籍贯、民族、社会关系、本人简历等属性组成。有关学生实体的各项属性如表 4.3 所示。

表 4.3　学生实体

学生姓名	性别	出生日期	民族	政治面貌	籍贯	系	…	社会关系			本人简历		
								与本人关系	姓名	工作单位	起止时间	所在单位	证明人
王昊	男	1982.5.4	汉	团员	河南	管理	…	父亲	王刚	天津	1988.9～1993.8	天津五小	李竟
王昊	男	1982.5.4	汉	团员	河南	管理	…	母亲	刘佳	天津	1993.8～1999.7	天津一中	王野
王昊	男	1982.5.4	汉	团员	河南	管理	…				1999.9～现在	北京大学	赵军
张赧	男	1983.6.7	汉	团员	北京	管理	…	父亲	张扬	北京	1988.9～1993.8	北京一小	刘洋
张赧	男	1983.6.7	汉	团员	北京	管理	…	母亲	武辉	北京	1993.8～1996.7	北京二中	宋颂
张赧	男	1983.6.7	汉	团员	北京	管理	…				1996.8～1999.7	地坛中学	赵嵩
张赧	男	1983.6.7	汉	团员	北京	管理	…				1999.9～现在	北京大学	刘文

从表 4.3 中可以看出属性“社会关系”包含 3 个属性：与本人的关系、姓名、工作单位；“本人简历”包括 3 个属性：起止时间、所在单位、证明人。如果用这些属性描述学生实体，有关学生姓名、性别、出生日期、政治面貌、籍贯、民族等属性值就要被重复多次，由此就会产生大量的属性冗余，并且当某个学生的基本信息需要改变的话，如王昊的政治面貌由“团

员”改为“党员”，那么有关它的所有属性值都要逐个修改，这样就可能产生数据的不一致问题。另外，属性冗余使数据存储量增大，数据的不一致将带来数据处理功能的复杂性，这些对于物理实现是非常不利的。因此，要对实体进行规范化处理。

1．函数依赖

在进行规范化处理之前，要弄清楚数据依赖的关系。数据依赖是通过一个关系中属性值的相等与否体现数据间的相互关系，它是现实世界属性间相互联系的抽象，是数据内在的性质，是语义的体现。现在人们已经提出了许多种类型的数据依赖，其中最重要的是函数依赖（Functional Dependency，FD）和多值依赖（Multi-Valued Dependency，MVD）。函数依赖在现实世界中普遍存在。比如描述一个大家都非常熟悉的学生关系，学生可以有学号（S#）、姓名（SN）、系名（SD）等几个属性。由于一个学号只对应于一个学生，一个学生只对应一个系。因而，当“学号”的值确定之后，姓名和其所在的系的值也就唯一地确定了。就像自变量 x 确定之后，相应的函数值 $f(x)$ 也就唯一地确定了一样，可以说 S#函数决定 SN 和 SD，或者说 SN、SD 函数依赖于 S#，记为：S#→SN，S#→SD。

要建立一个数据库来描述学生的一些情况，相关的对象有学生（用学号 S#描述）、系（用系名 SD 描述）、系负责人（用姓名 MN 来表示）、课程（用课程名 CN 来描述）和成绩（用 G 来表示）。于是得到一组属性：

U={S#，SD，MN，CN，G}

从实践可得到以下的事实：

一个系有若干学生，但一个学生只属于一个系。

一个系只有一名负责人（正职）。

一个学生可以选修多门课程，每门课程有若干学生选修。

每个学生学习一门课程，并且有一个成绩。

于是得到了属性组 *U* 上的一组函数依赖

F={ S#→SD，SD→MN，（S#，CN）→G}

这组函数依赖如图 4.46 所示。

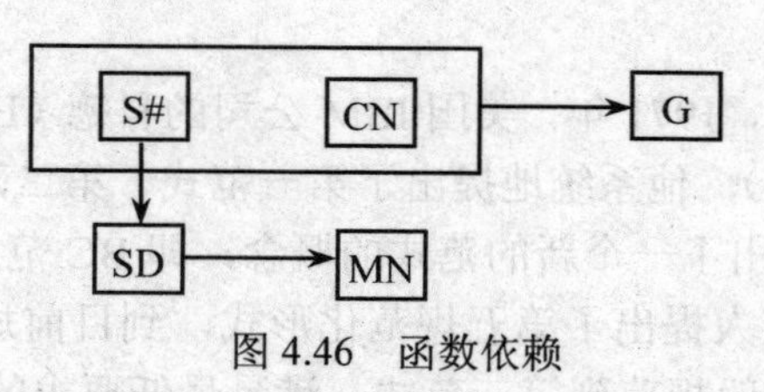

图 4.46　函数依赖

如果只考虑函数依赖这一种数据依赖，就得到一个实体 *S*<*U*,*F*>。描述学校的数据库模式就由一个单一的实体构成。这个模式存在插入异常、删除异常和冗余。为什么会发生插入异常和删除异常呢？这是因为这个实体中的函数依赖存在某些不好的性质，对这个实体需要进行分解，分成以下 3 个实体：

S<S#,SD,S#→SD>;SG<S#,CN,G,(S#,CN)→G>;DEPT<SD,MN,SD→MN>。

上述 3 个模式就不会发生插入异常、删除异常的问题，数据的冗余也得到了控制。

一个模式的函数依赖会有哪些不好的性质，如何改造一个不好的模式就是规范化的问题。实体必须是规范化的（Normalization），即每一个分量必须是不可分的数据项。但这只是最基本的规范化。上面的例子说明并非所有这样规范化的实体都能很好地描述现实世界，必须做进一步的分析，以确定如何设计一个好的、反映现实世界的模式。

函数依赖的定义：设 $R(U)$是属性集 U 上的关系模式，X、Y 是 U 的子集，若对于 $R(U)$任意一个可能的关系 r，r 中不可能存在两个元组在 X 上的属性值相等，而在 Y 上的属性值不等，则称“X 函数确定 Y”或“Y 函数依赖于 X”，记作 $X \rightarrow Y$。

函数依赖和别的数据依赖一样是语义范畴的概念，只是根据语义来确定一个函数依赖。例如，姓名→性别这个函数依赖只有在没有同名人的条件下才成立，如果允许有相同名字，则性别就不再函数依赖于姓名了。

在 $R(U)$中，如果 $X \rightarrow Y$，并且对于 X 的任何一个真子集 X' 都有 $X' \nrightarrow Y$，则称 Y 对 X 完全函数依赖，记作 $X \xrightarrow{f} Y$。

若 $X \rightarrow Y$，但 Y 不完全函数依赖于 X，则称 Y 对 X 部分函数依赖，记作 $X \xrightarrow{p} Y$。

在 $R(U)$中，如果 $X \rightarrow Y$，$Y \rightarrow Z$，且 Y 不函数决定 X，Y 不包含于 X，则称 Z 对 X 传递函数依赖，记作 $X \rightarrow Z$。

2. 主键

设 K 为 $R<U,F>$中的属性或属性组合，若 $K \xrightarrow{f} U$，则 K 为 R 的候选键（Candidate Key），若候选键多于一个，则选定其中的一个作为主键（Primary Key）。

包含在任何一个候选键中的属性，叫做主属性（Prime Attribute）。不包含在任何键中的属性称为非主属性（Nonprime Attribute）或非主键属性（Non-Key Attribute）。最简单的情况，单个属性是主键；最极端的情况，整个属性组是主键，称为全主键（All-Key）。如在实体 S（S#，SD，SA）中，S#是主键。而在实体 SC（S#，C#，G）中，属性组合（S#，C#）是主键。

实体 R 中属性或属性组 X 并非 R 的主键，但 X 是另一个实体的主键，则称 X 是 R 的外部键（Foreign Key），也称为外键。如在 SC（S#，C#，G）中，S#不是主键，但 S#是实体 S（S#，SD，SA）的主键，则 S#对实体 SC 来说是外键。主键与外键提供了一个表示实体间联系的手段。如实体 S 与实体 SC 的联系就是通过 S#，S#在 S 中是主键，在 SC 中是外键。

3. 规范化形式

为了简化数据存储结构，1971 年，美国 IBM 公司的科德（E. F. Codd）首先提出了规范化理论（Normalization Theory），他系统地提出了第一范式、第二范式和第三范式的概念，1974 年 Codd 和 Boyce 又共同提出了一个新的范式的概念，即 BC 范式。1976 年，Fagin 又提出了第四规范化形式，后来又有人提出了第五规范化形式，到目前规范化理论有了很大的进展。在管理信息系统研究中，一般规范到第三范式。满足最低要求的叫第一范式，简称 1NF。在第一范式中进一步满足一些要求的为第二范式（2NF），其他类推。

（1）第一规范化形式（1NF）。如果所有属性对于实体的单个实例都具有一个值，则这个实体是第一范化（First Normal Form），简称为一范式或 1NF。任何可以有多个值的属性实际上描述了一个独立的实体，也可能是一个实体关系。

表 4.3 所示的“学生”实体不满足 1NF，每个实体都包括一个重复的组，也就是说，对实体的单个实例可以有多个值的一组属性，即学生序号、学生姓名、性别、出生年月、籍贯、民族、政治面貌、学生所在系。因此，需要进行处理，也就是转换成规范化的形式。规范化处理过程实际上是对实体进行分解（具体地说是投影分解）的过程，也就是要将学生这个实

体分解成若干个实体。首先去掉对学生实体的一个实例具有可能有多个值的属性，这个去掉的属性组符合第 1 范式，将其称为学生基本信息实体。剩余的实体还具有重复的属性值，因此，把其分解为两组，一组为学生社会关系，另一组为学生简历，分解后的实体均满足 1NF。如图 4.47 所示。从图 4.47（a）所示的“学生”实体可以看出，有 3 类不同的属性组：一类是有关学生的固定信息，如姓名、出生日期等；另一类是社会关系；还有一类为工作简历。可以把它分解成 3 个实体，如图 4.47（b）所示。在图 4.47（b）中的三个实体都是规范化的实体，因为不再出现重复的属性值。

（2）第二规范化形式（2NF）。如果在一个满足第一范式的实体中，所有非主键属性都完全依赖于整个主键，则称它是第二规范化形式（Second Normal Form），简称为第二范式或 2NF。

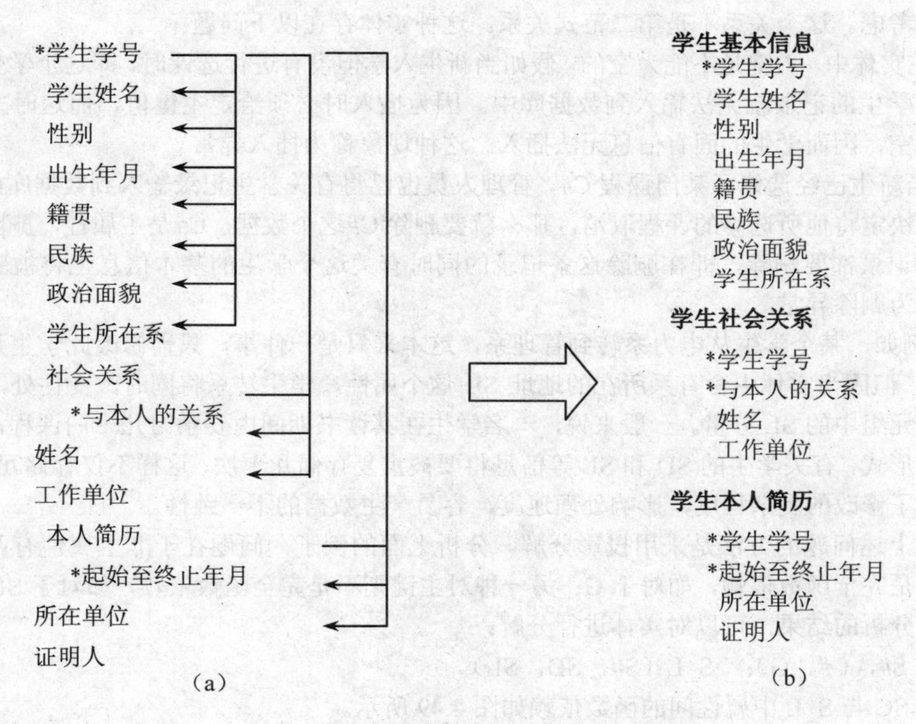

图 4.47 第一规范化形式

根据第二规范化形式的定义，如果一个规范化的实体中，其主键仅由一个属性组成，那么这个实体就已经是 2NF 的了，不需要进行处理。只有复合组键需要判断属性值是否仅由主键的一部分决定，而不是由整个的复合键决定属性。图 4.47（b）中的 3 个实体的非主属性都是完全依赖该实体的主键（带有*号的数据元素），因此这 3 个实体都是第二范式。

现假设有一个关系，它所具有的属性如下：学生学号（*S#*）、所在系名（*SD*）、所在系学生的住处（SL）、课程号（C#）、成绩（G）。其中 SL 为学生的住处，并且规定每个系的学生只住一个地方。这里主键为（S#，C#）。依赖关系如下：

$$(S\#,C\#)\xrightarrow{f}G\text{；}\ S\#\rightarrow SD\text{；}\ (S\#,C\#)\xrightarrow{p}SD\text{；}\ S\#\rightarrow SL\text{；}\ (S\#,C\#)\xrightarrow{p}SL$$

SD→SL（因为每个系只住一个地方）。

函数依赖关系可以用图表示，如图 4.48 所示。

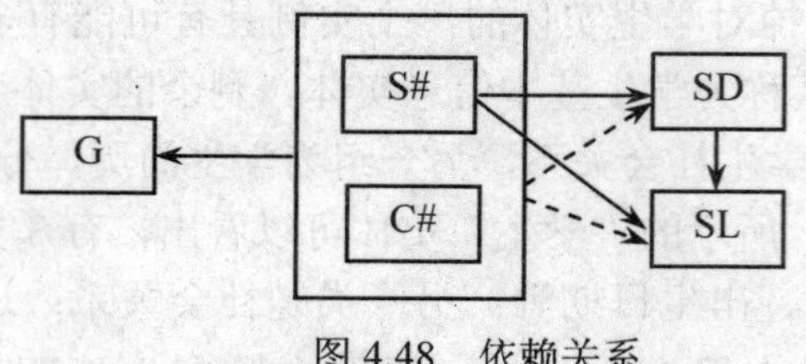

图 4.48　依赖关系

在图 4.48 中，（S#，C#）两个属性一起函数决定 G。（S#，C#）也函数决定 SD，SL。但实际上只要 S#就可以函数决定 SD 和 SL。因此非主要属性 SD、SL 只是部分函数依赖于主键（S#，C#），图中用虚线表示部分函数依赖。另外，SD 还函数决定 SL，这一点在讨论第二范式时暂不考虑。这个关系不是第二范式关系。这种实体存在以下问题：

1）在实体中，主键是不能为空的，假如当新生入学但没有进行选课时，即这个学生无 *C#*，这时有关学生的记录就无法输入到数据库中。因为插入时必须给定主键值，而这时主键值的一部分为空，因而学生的固有信息无法插入。这种现象称为插入异常。

2）当新生已经选修了某门课程 C#，管理人员也已将有关学生记录输入到数据库中时，这个学生又决定将他所选修的课程取消，那么就要删除 C#这个数据，C#是主属性，删除了 C#，该生整个记录都要删除，即在删除这条记录的同时有关这个学生的基本信息也将被删除，这种现象称为删除异常。

3）例如，某个学生从电力系转到管理系，这本来只是一件事，只需修改此学生元组中的 *SD* 分量，但因为实体中含有系所在的地址 SL 这个属性，学生转系将同时改变住处，因而还必须修改元组中的 SL 分量。一般来说，一名学生在其读书期间内要学习几十门课程，如果按这种组织形式，有关学生的 SD 和 SL 等信息将要被重复存储几十次，这样不仅存储冗余度大，而且增加了修改的复杂程度，影响处理速度，容易产生数据的不一致性。

解决上述问题的方法是采用投影分解。分析上面的例子，问题在于非主属性有两种，一种对主键是完全函数依赖，如对于 G；另一种对主键则不是完全函数依赖，如对于 SD 和 SL。根据上述分析的结果，可以对实体进行分解：

SC（S#，C#，G）；　S_L（S#，SD，SL）

投影 SC 与 S_L 中属性间的函数依赖如图 4.49 所示。

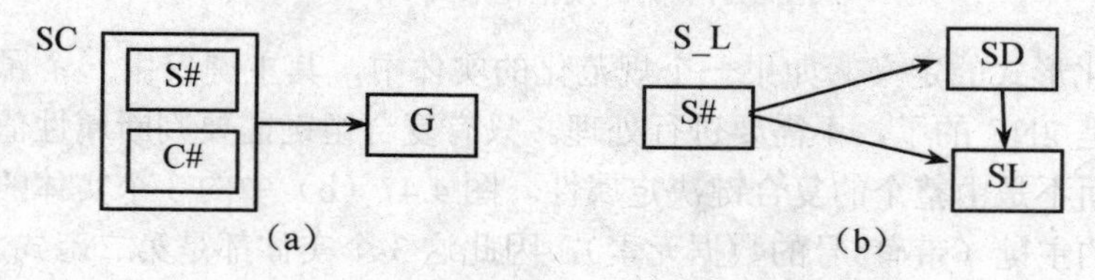

图 4.49　函数依赖

（3）第三规范化形式（3NF）。如果在一个满足第二范式的实体中，它所有的非主键属性都是彼此函数独立的，换句话说，在所有的非主键属性之间，不存在函数依赖关系，则称这个实体符合第三规范化形式（Third Normal Form），简称为第三范式（3NF）。

若 $R\in$3NF，则每一个非主属性既不部分依赖于主键也不传递依赖于主键。第三规范化分析寻找两类问题：导出的数据和依赖的关系。在这两种情况中，基本的错误都是非主键属性依赖于其他的非主键属性。

第一类3NF分析简单，就检查每个实体的导出属性。导出属性是其值可以从其他的属性中计算出来或者可以从其他的属性值通过逻辑导出的属性。存储导出的属性没有实际的意义，它不但浪费了磁盘的空间，而且它使简单的修改变得复杂化。因为每次修改基本属性时，都必须记着重新计算并修改导出的属性。

另一类3NF是分析检查传递依赖关系。当一个非键属性依赖于另一个非键属性时（而不是导出），就存在依赖关系。如果不改正这种关系，当未来的一个新需求最终要求把那个未发现的实体变成一个独立的数据库表时，就会引起灵活性和适应性的问题。

在图4.49（a）中实体SC没有传递依赖，因此SC∈3NF。而在图4.49（b）中实体中S_L存在非主属性对主键的传递依赖。在S_L中，由S#→SD，SD→S#，SD↛SL，可得 $S\# \xrightarrow{传递} SL$ 。因此，属性之间的依赖关系如下：S_L∉3NF。

一个实体 *R* 若不是3NF，就会产生插入异常、删除异常、数据冗余等问题。例如，当某校新建一个系，但还没有招生，则有关这个系的名称和系所在地点的信息就无法存入数据库中，这就是插入异常；如果某个系招收了几届学生后，有若干年没有招生，随着这些学生毕业离校，学生记录将被删除，有关这个系的系名和系所在地点信息也将被删除。这就是删除异常。另外，如果一个系的在校学生有几百人，则关于系所在地点信息要重复存储几百次，从而造成数据的冗余，并带来修改不一致等一系列问题。

其规范化方法仍是采用投影分解的方法，将S-L分解为两个实体：S_D（S#，SD）和D_L（SD，SL）。分解后的实体S_D与D_L不再存在传递依赖。

将每个数据类所包含的各类数据载体（各种单证、报表、账册等）收集在一起，消除冗余的属性，最终确定出这些实体中应该包含的属性，并分析它们之间的数据依赖关系，必要时可以将这组依赖关系列在一张表上。把一个非规范化的实体转换成第三规范化的实体，步骤如图4.50所示。

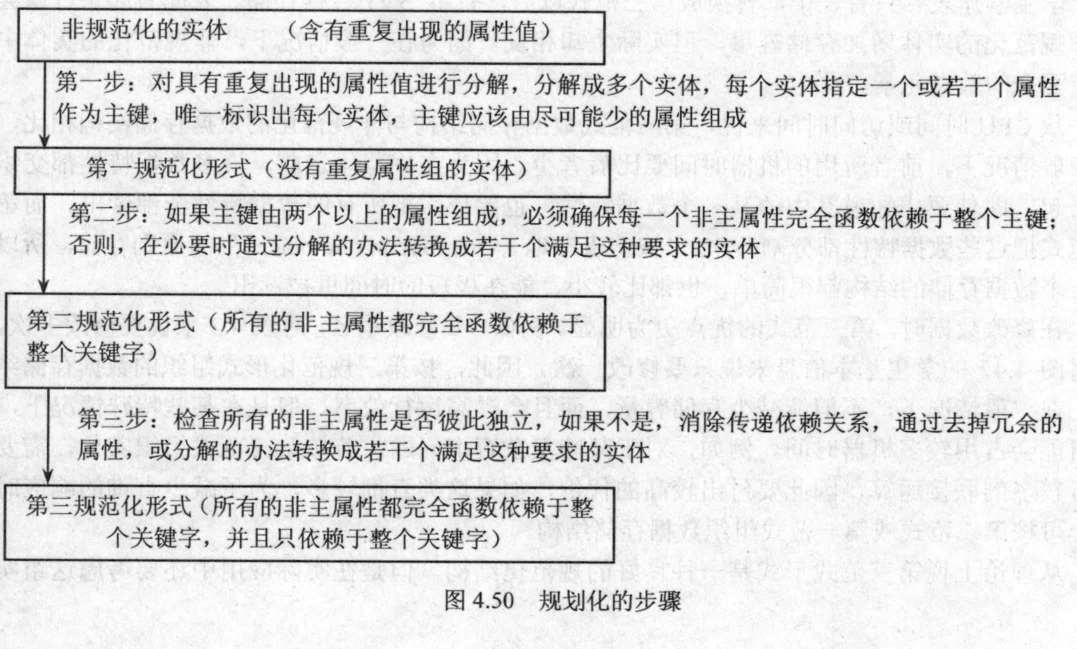

非规范化的实体　（含有重复出现的属性值）

↓ 第一步：对具有重复出现的属性值进行分解，分解成多个实体，每个实体指定一个或若干个属性作为主键，唯一标识出每个实体，主键应该由尽可能少的属性组成

第一规范化形式（没有重复属性组的实体）

↓ 第二步：如果主键由两个以上的属性组成，必须确保每一个非主属性完全函数依赖于整个主键；否则，在必要时通过分解的办法转换成若干个满足这种要求的实体

第二规范化形式（所有的非主属性都完全函数依赖于整个关键字）

↓ 第三步：检查所有的非主属性是否彼此独立，如果不是，消除传递依赖关系，通过去掉冗余的属性，或分解的办法转换成若干个满足这种要求的实体

第三规范化形式（所有的非主属性都完全函数依赖于整个关键字，并且只依赖于整个关键字）

图4.50　规划化的步骤

将一个非规范化的实体转换成第三规范化形式的实体，其过程也可以用符号来表示，如图 4.51 所示。

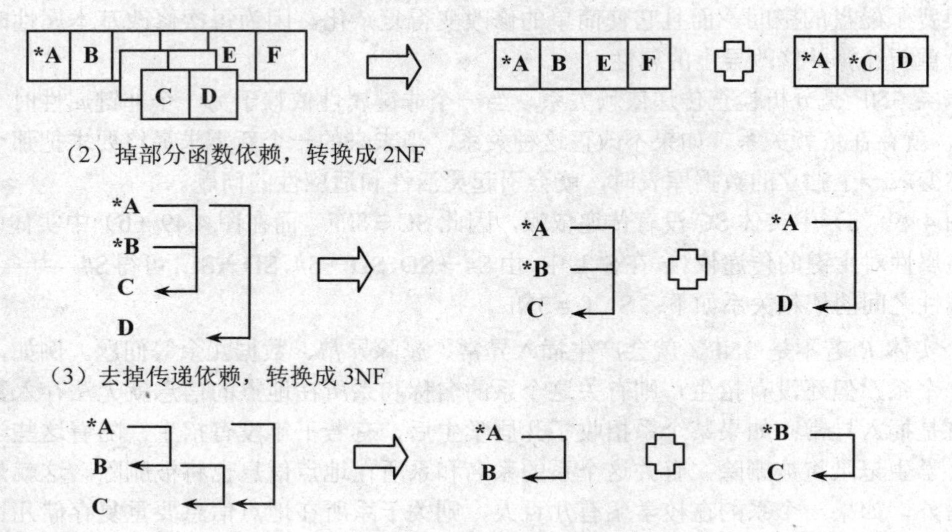

图 4.51 规范化的过程

4.5.3.2 规范化的作用

按照数据库规范化理论，将这些数据类规范化成第三范式，形成一组关系表。必要时可以对这些关系进行证明，从理论上论证这组经过投影分解所得到的关系是正确的。有人认为数据按照第三规范化形式组织起来后，可能需要比较大的存储容量和较多的机器时间，其实未必如此。虽然实体变多了，但数据的冗余大大地减少了，所以一般情况下，按第三规范化形式组织的实体，只会比非规范化的实体减少存储空间。例如，在教学管理系统中，数据存储“学生学籍表”只有一个，转换成第三范式以后，有了 3 个数据存储。表面看起来好像会比非规范化的实体增加存储容量，但实际上却相反。因为在一般情况下，非规范化的实体中含有冗余的数据元素。

从 CPU 时间或访问时间来说，第三范式数据存储结构与非规范化的数据存储结构相比，在一般情况下，前者所用的机器时间要比后者少。因为在规范化之前，许多数据特性都交织在一起，即使要想知道其中的某一个数据特性，也要依次把所有的数据特性全都读出。而第三范式把这些数据特性都分割开来，“按一事一地（One face in one place）”的原则存储，所以每一个数据存储的结构都很简单，也都比较小，能在极短的时间里被读出。

在修改数据时，第三范式的优点更为明显。例如，要修改系名，对表 4.3 来说要修改多次，而对图 4.47 的学生基本信息来说只要修改一次。因此，按第三规范化形式组织的数据存储结构，在一般情况下，不但能减少存储容量，而且会提高运行效率。但是在某些特殊情况下，也可能会占用较多机器时间。例如，对于某些复杂查询问题，若按第三范式组织实体，需要进行较多的联接运算，因此要付出较高的代价，如果这类查询较多，为了减少查询的响应时间，可按第二范式或第一范式组织数据存储结构。

从理论上说第三范式形式是一种良好的规范化结构，但是在实际应用中还要考虑这组实体是否能够真正满足应用的需求，在物理实现过程中又将会产生什么问题，从而要对这组数据存储结构进行调整。从实际应用出发，将有关的数据存储结构调整到第二范式甚至是第一范式。即使可能发生某些特殊情况，在系统分析阶段，对数据存储的逻辑设计，仍然要按照第三规范化形式的原则进行设计，以尽可能简单的形式表达数据元素之间的关系。第三规范化的实体也能解决插入、删除时出现的异常问题。在系统分析阶段所确定的逻辑数据库，将会有助于系统设计阶段中对数据库的物理设计，按第三范式组织的数据存储结构，能够帮助物理数据库设计人员了解数据之间的关系，更加灵活和容易地用适当的方法建立数据库。第三规范化形式不仅适用于“关系数据库”的建立，而且也适用于其他类型数据库的建立，甚至适用于文件系统的建立。当然，在设计物理数据库时，在某些情况下，例如，对比较多的而且复杂的查询要求，为了提高运行的效率，缩短响应时间，允许设计人员修改第三规范化的实体。

4.5.3.3　数据存储结构规范化的步骤

（1）将需求调查阶段收集到的各类载体（各种单证、报表、账簿等）收集在一起，分析它们的冗余性，将冗余数据删除。

（2）按照规范化理论，将数据类分解成第三范式，形成一组关系表。具体分解需要根据实际情况而定，并不是所有的数据存储都分解为第三范式，有的可能只是符合第一范式的要求。

（3）经过前面的分析处理，便可最终确定出数据存储逻辑结构。这些逻辑结构只有与用户进行充分地讨论和确认，才能形成正式的数据库逻辑模型。

以教学管理系统为例，分析该系统中的数据存储，建立稳定的数据模型。在教学管理系统的总体方案中规划出了 9 个数据类（见总体规划）。将有关信息的载体收集上来后，对其进行规范化处理。以学籍管理数据类为例，在这个数据类中包括：学生基本信息表；学生处分信息表；学生奖励信息表；学生学籍变动信息表。

这些表的结构如表 4.4 所示。

表 4.4　学籍管理数据类表单

表名	数据项						
学生基本信息表	学生学号	姓名	曾用名	性别	民族	籍贯	…
学生处分信息表	学生学号	姓名	处分原因	处分形式	处分时间	撤消时间	…
学生奖励信息表	学生学号	姓名	奖励原因	奖励形式	奖励类别	奖励时间	…
学生学籍变动信息表	学生学号	姓名	变动原因	变动时间	经手人	…	

从表 4.4 可以发现，在学生处分信息表、学生奖励信息表、学生基本信息表等表都有学生学号和姓名。似乎可以建立一个学生姓名和学生学号对照表，从学生学号可以查到学生姓名，这样可以减少学生姓名冗余度，但在信息查询时势必要增加表之间的连接，要带来一些连接运算，从而影响处理速度，因此，有时以存储空间来换取处理速度。数据存储允许有一定程度的冗余度，没有冗余是不可能，但要尽可能减少不必要的冗余。在数据模型设计的同时，还要对所有数据元素进行详细的分析和定义，并将这些有关数据的数据——元数据的内容写进数据字典中。

4.6 数据字典

数据流程图抽象地描述了系统数据处理的概貌，描述了系统的分解，即系统由哪些部分组成、各部分之间的联系等。但它不能说明系统中各成分是什么，如图 4.34 中，毕业生登记表包括哪些成分不清楚、各个处理（加工）的详细内容也不知道，如处理框“课程管理”如何进行处理从图上是看不出来的。只有当数据流程图中出现的每一个成分都给出定义之后，才能比较完整、准确地描述一个系统。为此就需要有一些其他工具对数据流程图加以补充，数据字典就是这样的一种工具。

4.6.1 数据字典概述

数据字典就是将数据元素、数据结构、数据流、数据存储、处理功能和外部实体等的详细情况加以记录，并按照一定方式进行排列所形成的一部关于数据的字典。数据字典是进一步定义和描述所有数据项的工具，是关于数据的数据（Data about Data）。它包括对一切动态数据（数据流）、静态数据（数据存储）和数据结构及相互关系等的说明，是数据分析和数据管理的重要工具。最初数据字典被用于数据库管理系统，它为用户、数据库管理员、系统分析员和程序员提供某些数据项的综合信息。系统分析中使用的数据字典就是把数据流程图上所有的数据都加以定义，并按特定格式予以记录，以备随时查询和修改。数据字典是数据流程图的辅助资料，对数据流程图起注解作用。

结构化系统分析中，数据字典主要用于描述数据流程图中的数据流、数据存储的逻辑内容、外部实体及处理过程中的数据特性等。它是系统开发人员在各个阶段必不可少的依据，系统设计人员要根据它制订系统设计方案，程序设计人员在对系统进行修改或扩充功能时，必须以这部数据字典为依据，必要时要修改或充实它。数据字典是所有开发人员共同的依据、统一的标准，它能按各种要求列表，能提供标准的术语和词汇，指出系统内各种数据、各个处理功能之间的关系，只有它才能确保数据在系统中的完整性和一致性。

4.6.2 数据字典建立

4.6.2.1 数据字典的建立方式

数据字典的建立方式有 3 种，即人工方式、自动方式和半自动方式。

（1）人工方式，即把各类数据字典条目，如数据元素、数据结构、数据流、数据存储、处理功能、外部实体等定义在一张张的卡片上或事先印好的表格上，然后按一定顺序排列，并对这 6 项条目分别建立一览表。

（2）自动方式，即将数据字典建立在计算机的数据库中，采用人机交互方式将所需的信息录入到系统中，它是关于数据的数据库。运用该系统可完成数据字典的各项维护工作。优点是便于修改；便于查询，并且随时可以打印出来，发给所有的开发人员。

（3）半自动方式，即利用现有的文字处理软件和制图软件在计算机上建立数据字典，这种方式只能完成数据字典的编辑功能，而关于数据的维护工作还必须靠人来完成。

数据字典的最小组成单位是数据元素（基本数据项），若干个数据元素可以组成一个数据结构（组合的数据项）。数据结构是一个递归概念，即数据结构的成分也可以是数据结构，如

表 4.5 所示。数据字典通过数据元素和数据结构来描述数据流、数据存储的数据内容。数据元素组成数据结构，数据结构组成数据流或数据存储。

表 4.5　学籍卡

学号	联系电话
姓名	本人简历
性别	开始时间
年龄	终止时间
民族	单位
籍贯	职务
家庭住址	证明人

建立数据字典的工作量很大，并且相当繁琐，技术性也不高，因此许多人不愿意建立数据字典。但是这项工作是必不可少的，在开发的整个过程中都有非常重要的意义。在系统分析阶段利用它可以发现漏掉的数据，在设计阶段需要根据它进行设计。系统运行后它是系统维护的必要依据。本节不讨论数据字典的物理实现方法，而着重讨论数据字典每一种条目应该记录的内容。

4.6.2.2　数据字典各类条目的建立

数据字典中有数据元素、数据流、数据存储、外部实体和处理功能等条目。每个实际项目不一定把各类条目的数据字典全部建立起来，需要根据实际情况决定。在这里对不同类型的条目分别进行介绍。

1. 数据元素

数据元素（Data Element）是最小的数据组成单位，也就是不可再分的数据单位，如学号、姓名和年龄等。在数据字典中，对数据元素的定义包括：数据元素的名称；在其他场合下的别名，取值范围和取值的含义；数据元素的长度；还应包括对这些数据元素的简单描述，与之相关的数据元素和数据结构及与之有关的处理功能等。具体描述如下：

（1）数据元素的名称。数据元素的名称要能够反映该数据元素的含义，使人易于理解和便于记忆。元素的名称必须是唯一的，以区别于其他的数据元素。

（2）别名。同一个数据元素，其名称可能不止一个，而是有若干个。有些是因为习惯上的不同，有些是因为用户的不同，有些是由于程序的不同，但都是指的同一项数据元素。例如，在教学管理系统中使用学号，而在学生管理系统中则使用学生学号，学号和学生学号实际指的是同一个代码。有时为了反映某数据元素的含义，其正式名称很长，但是在某些程序语言或数据库系统中，其字符个数是有限制的，因此要起个别名，用缩写名称来代替该数据元素的正式名称。

（3）类型。说明取值属于哪一种类型，如字符型、数字型等。

（4）取值范围和取值的含义，指数据元素可能取什么值或每一个值代表的意思。数据元素的取值可以分为离散型和连续型两类。例如，人的年龄是连续的，取值范围为 0～150 岁。这里所说的“连续”与“高等数学”中的“连续”的含义不同。又例如，履历表中，有关人的婚姻状况，如果用 1、2、3、4 这 4 个数字分别表示未婚、已婚、离婚和丧偶，那么数据元素“婚姻状况”的取值为 1、2、3、4，显然该数据元素的值域是离散的。一个数据元素是连续的，还是离散的要视具体情况而定。例如，在一般情况下，用岁表示一个人的年龄，是连续的，但有时为了某些统计需要，年龄要分段，用“幼年、少年、壮年和老年”表示，或者区分为成年和未成年两类，这时年龄便是离散的。

在有些情况下不可能把某项数据元素的所有取值或其含义全部记录在数据字典中。例如，“零件编号”如果它由数字和字母组成，从理论上来讲其值域是离散的，而且每一个数值都有具体的含义，表示一种具体零件的名称、规格、单价和供应单位等。如果某公司的零件种类很多，把“零件编号”这项数据元素的取值范围和取值含义全都记录在数据字典中是不可能的。需要单设一个文件，记录它的具体内容。一般来说，数据字典只记录数据的逻辑内容，而不记录它的具体物理内容。也就是记录它的数据项，不记录数据项的具体值。

（5）长度，数据元素所占的字符或数字的个数。例如，正常情况下年龄用 3 位整数表示。在数据字典中记录数据元素的长度，有助于估计所需要的计算机的存储容量。

除了以上内容外，对数据元素的定义还包括对这项数据元素的简单描述，与之有关的数据元素或数据结构及与之有关的处理功能。表 4.6 是一个数据元素定义的例子：

表 4.6　数据元素的定义

项目	定义
数据元素编号	001
数据元素名称	电力配件编号
简述	电力配件公司经营的电力配件零配件的代码
别名	FITTINGS-NO（程序内部用名）
长度	10 个字节
类型	字符型
取值/含义	
第 1 位	进口/国产标识
第 24 位	类别
第 57 位	牌号
第 810 位	品名编号
有关的数据元素或数据结构	配件目录、配件库存
有关的处理功能	销售、采购、会计

当所有的数据元素都定义完时，就可以建立一张数据元素一览表，如表 4.7 所示。

表 4.7　数据元素一览表

编号	数据元素名称	别名	类型	长度	小数点位数
DE001	电力配件编号	FITTINGS-NO	字符型	10	
DE002	电力配件名称	NAME	字符型	30	
DE003	电力配件规格	SPECIFIC	字符型	30	
DE004	电力配件单价	PRICE	数字型	3	2
DE005	供应商编号	SUP-NO	数字型	3	
DE006	供应商名称	SUP-NAME	字符型	30	
DE007	供应商地址	ADDRESS	字符型	50	
	……		……		

如用计算机进行处理，可建立一个“数据元素一览表”文件，共有 6 个字段。如果这个信息系统有 300 个数据元素，对应在这个文件中就有 300 条记录。若要修改某一个数据元素的定义，十分方便。

2. 数据结构

在数据字典中使用数据结构（Data Structure）对数据之间的组合关系进行定义。数据结构也是一种逻辑的描述。一个数据结构可以由若干个数据元素组成，也可以由若干个数据结构组成，还可以由若干个数据元素和数据结构混合组成。在数据字典中，对数据结构的定义如表 4.8 所示，它包括以下内容。

表 4.8 数据结构定义表

项目	定义
数据结构编号	001
数据结构名称	电力配件
简述	电力配件公司经营的电力配件基本信息
类型	字符型
长度	26B
组成	电力配件编号
	电力配件名称
	电力配件规格
	电力配件单价
	供应商
有关的数据流/数据结构	客户的订货单
有关的处理功能	编辑订货单

（1）数据结构的编号和名称。用来唯一地标识这个数据结构，以区别于在系统中其他的数据结构。一般情况下，一个数据结构只有一个名称，没有别名。

（2）数据结构的组成。如果是一个简单的数据结构，直接列出它所包含的数据元素就可以了。如果是一个嵌套的数据结构，只需列出它所包含的数据结构名称即可。

（3）对数据结构的简单描述。用一句简单的语言来描述数据结构的基本意思。

（4）与之有关的数据流或数据结构及与之有关的处理功能。

在表 4.8 中，组成部分“供应商”是一个数据结构，可以在数据字典中找到有关的定义，其他的为数据元素，在数据字典中都可以找到这些数据元素的定义。

在把所有的数据结构定义完以后，可以建立一张数据结构一览表，如表 4.9 所示。

表 4.9 数据结构一览表

编号	数据结构名称	程序内部用名	包含的数据元素/数据结构
DS001	电力配件	FITTINGS	DE001 电力配件编号
			DE002 电力配件名称
			DE003 电力配件规格
			DS002 供应商

续表

编号	数据结构名称	程序内部用名	包含的数据元素/数据结构
DS002	供应商	SUPPLIER	DE004 电力配件单价 DE005 供应商编号 DE006 供应商名称 DE007 供应商地址
……		……	

如把这张表建到数据库文件中，最好建立两个表“数据结构内容”和“数据结构名称索引”。“数据结构内容”包括数据结构编号、包含的数据元素/数据结构编号，如表 4.10 所示。“数据结构名称索引”包括数据结构编号、数据结构名称、程序内部用名，如表 4.11 所示。

表 4.10　数据结构内容

数据结构编号	包含的数据元素/数据结构编号
DS001	DE001
DS001	DE002
DS001	DE003
DS001	DS002
DS001	DE004
DS002	DE005
DS002	DE006
DS002	DE007
……	……

表 4.11　数据结构名称索引

数据结构编号	数据结构名称	程序内部用名
DS001	电力配件	FITTINGS
DS002	供应商	SUPPLIER
……	……	……

3. 数据流

数据流（Data Flow）表示数据的流向。在数据字典中所定义的数据流有两类：一类是从外部实体输入到系统中的数据流；另一类是从系统输出到外部实体的数据流。一般来说，在数据字典中只需定义系统的输入和输出的数据流，在系统分解过程中产生的数据流就不需要定义了。一个数据流可以包含一个或若干个数据结构，数据流的定义包含以下内容：

（1）数据流的来源。它可能是来自系统的某个外部实体，如“学生学籍卡”来自于外部实体“学生”；数据流也可能来自系统中的某个处理功能或数据存储，如“毕业生登记表”来自数据存储“学生学籍”。

（2）数据流的去处。数据流的去处可能不止一个，它可能流向系统中的某个或者若干个处理功能，也可能流向系统的某个或若干个外部实体，如“学生情况登记表”流向处理功能“审核登记表”。

（3）数据流的组成。这是指数据流所包含的数据结构，一个数据流可以包含一个或若干个数据结构。如果该数据流只包含一个简单的数据结构，这时数据流和数据结构的名称要一致，避免产生二义性。

（4）数据流的流通量。指单位时间内的传输次数。如果对系统的输入和输出数据流的流通量有了一个大致的估计，那么在设计这个信息系统时，其处理能力也就知道了。

（5）高峰时的流通量（峰值）。有些业务活动的频繁程度和时间有关。例如，每学期的开学学生领取教材，业务最繁忙，要处理的书籍到货单和销售单最多，这段时间称为“高峰时期”，因此要估计高峰时期的数据流的流通量。

输入/输出的流通量关系到系统的计算机选型，关系到系统开发的成败，它还决定系统的处理能力和运行效率。因此在系统分析阶段，要考虑系统的输入和输出数据流在高峰时的流通量。表4.12是其中的一张数据流定义表。

表4.12 数据流定义表

项目	定义
数据流编号	DF001
数据流名称	客户的订货单
简述	客户向电力配件公司订货时填写的订货单
来源	外部项“客户”
去处	处理功能“编辑客户订货单”
组成	订货单编号
	日期
	电力配件
	数量
	客户
流通量	每天100份
高峰时期流通量	每天上午：9：00～11：00约80份

对所有的数据流定义完以后，可以建立一张数据流一览表，如表4.13所示。

表4.13 数据流一览表

数据流编号	数据流名称	来源	去处	流通量	高峰流通量	组成
DF001	客户订货单	客户	编辑订货单	300份	140份	订货单编号
						日期
						电力配件
						数量
						客户

续表

数据流编号	数据流名称	来源	去处	流通量	高峰流通量	组成
DF002	发货单	开发货单	客户	280 份	120 份	发货单编号
						日期
						电力配件
						数量
						金额
						客户

如把这张表建到数据库文件中最好建立两个表，"数据流名称索引"和"数据流内容"。"数据流名称索引"包括数据流编号、数据流名称、来源、去处、流通量和高峰流通量，如表 4.14 所示。其中"来源"和"去处"两个字段用外部项编号或处理功能编号表示，而不用其名称来表示，这是因为可以从外部项和处理功能定义中得到。"数据流内容"，包括数据流编号和包含的数据元素/数据结构编号，如表 4.15 所示。

表 4.14　数据流名称索引

数据流编号	数据流名称	来源	去处	流通量	高峰流通量
DF001	客户订货单	E01	P001	300 份	140
DF002	发货单	P004	E01	280 份	120
……	……	……	……	……	……

表 4.15　数据流内容

数据流编号	包含的数据元素/数据结构编号
DF001	DE010
DF001	DE014
DF001	DS001
DF001	DE016
DF001	DS003
DF002	DE020
DF002	DE014
DF002	DS001
DF002	DE016
DF002	DE011
DF002	DS003
……	……

4. 处理功能

处理功能（Process）的定义是指最低一层数据流程图中的处理功能（功能单元）的定义。实际上每一个处理功能就是一个程序，可以使用判断树、判断表和结构式语言等进行描述。

在数据字典中只能给予简单的描述。处理功能的定义主要有以下内容：

（1）处理功能编号、名称及在数据流程图中的层次号。

（2）对处理功能的简单描述。其目的是使人知道这个处理功能是做什么用的及在什么场合使用，实际上是对处理功能名称的进一步解释。

（3）处理功能的输入和输出。指输入到这个处理功能的数据流和由这个处理功能输出的数据流，还要分别指出输入数据流的来源和输出数据流的去处。

（4）处理功能的功能描述。可采用处理功能表达工具描述处理功能（见4.7节），也可以使用公式等描述。

（5）有关的数据存储。它是指该处理功能从哪些数据存储中获得数据，或者该处理功能产生的数据写到哪些数据存储中去。

处理功能定义如表4.16所示。

表4.16 处理功能（功能单元）定义表

项目	定义
处理功能编号	P001
处理功能名称	编辑订货单
处理功能层次号	1.1.1
简述	接收从终端录入的客户订货单并验证是否正确
输入数据流	客户订货单，来源：外部项“客户”
输出数据流	1. 合格的订货单，去向：处理功能“确定客户订货”
	2. 不合格的订货单，去向：外部项“业务员”
	3. 新客户，去向：处理功能“登录新客户”
处理	1. 从终端录入客户订货单
	2. 按电力配件名称、规格检索数据存储“电力配件目录”，验证是否正确
	3. 按客户名称检索数据存储“客户目录”，若检索到是老客户，否则经确认正确是新客户，否则出错
有关的数据存储	电力配件目录，客户目录

每一个处理功能有一张表，在把所有的处理功能定义完以后，建立一张处理功能一览表，如表4.17所示。输入/输出标识的含义是：“1”代表“输入”；“0”代表“输出”。

表4.17 处理功能（功能单元）一览表

编号	处理功能名称	层次号	输入/输出标识	数据流名称	来源/去处	数据存储
P001	编辑订货单	1.1.1	1	客户订货单	客户	客户目录
			0	合格订货单	确定客户订货	电力配件目录
			0	不合格订货单	业务员	
			0	新客户	登录新客户	
P002	登录新客户	1.1.2	1	新客户	编辑订货单	客户目录
			0	客户	客户目录	

如把这张表建到数据库文件中，最好建立3个表，“处理功能名称索引”、“处理功能输入输出”和“处理功能有关的数据存储”。“处理功能名称索引”包括处理功能编号、处理功能名称和处理功能层次号，如表4.18所示。“处理功能输入输出”包括处理功能编号，输入/输出标识、数据流编号和来源/去处，如表4.19所示。“处理功能有关的数据存储”包括处理功能编号和数据存储编号，如表4.20所示。

表4.18 处理功能名称索引

处理功能编号	处理功能名称	处理功能层次号
P001	编辑订货单	1.1.1
P002	登录新客户	1.1.2
…….	…….	…….

表4.19 处理功能输入/输出

处理功能编号	输入/输出标识	数据流编号	来源/去处
P001	1	DF001	E01
P001	0	DF003	P003
P001	0	DF004	E03
P001	0	DF006	P002
P002	1	DF006	P001
P002	0	DF005	DB002
……	……	……	……

表4.20 处理功能有关的数据存储

处理功能编号	数据存储编号
P001	DB002
P001	DB001
P002	DB002
……	……

5. 数据存储

数据存储（Data Store）是指在系统中应该保存的数据结构及具体的数据内容。实际上它是信息系统的资源，用户要从系统中获取的全部数据都来自于数据存储。数据存储是信息系统的核心，也是技术性很高的工作。这些还需要进一步研究，在数据字典中只研究每一个数据存储所包含的数据内容就够了，因此任何一个数据存储至少包含一个或若干个数据结构。在数据字典中定义的数据存储内容有以下几项：

（1）数据存储编号及其名称。

（2）简述。描述数据存储的主要内容。

（3）输入数据流。向数据存储输入的数据。

（4）输出数据流。从数据存储发出的数据流。

（5）数据存储的组成，是指它包含的数据结构。

（6）是否有立即查询要求。

下面是一个数据存储定义的例子，如表4.21所示。

表4.21　数据存储定义表

项目	定义
数据存储编号	DB005
数据存储名称	向供应商的订货单
简述	电力配件公司向供应商签订的设备订货合同单
输入数据流	电力配件订货合同单，汇总的订货合同单
输出数据流	电力配件订货合同单
组成	订货单编号（数据元素）
	日期（数据元素）
	供应商（数据结构）
	电力配件（数据结构）
	数量（数据元素）
	要求到货日期（数据元素）
立即存取要求	有

除了每一个数据存储有一张数据存储定义表以外，在定义完所有的数据存储后还应建立一张数据存储一览表，如表4.22所示。

表4.22　数据存储一览表

数据存储编号	数据存储名称	组成部分		立即查询要求
DB001	电力配件目录	DS001	电力配件	有
DB002	客户目录	DS003	客户	有
DB003	供应商目录	DS002	供应商	有
DB004	客户的订货单	DE011	订货单编号	有
		DE015	日期	
		DS003	客户	
		DS001	电力配件	
		DE020	数量	
DB005	向供应商的订货单	DE011	订货单编号	有
		DE015	日期	
		DS002	供应商	
		DS001	电力配件	
		DE020	数量	
		DE015	要求到货日期	
		……	……	

如把这张表建到数据库文件中最好建立两个表，“数据存储名称索引”和“数据存储内容”。“数据存储名称索引”包括数据存储编号、数据存储名称和查询标志，如表 4.23 所示。“数据存储内容”包括数据存储编号和包含的数据元素/数据结构编号，如表 4.24 所示。

表 4.23　数据存储名称索引

数据存储编号	数据存储名称	立即查询标识
DB001	电力配件目录	1
DB002	客户目录	1
DB003	供应商目录	1
DB00	客户的订货单	1
DB005	向供应商的订货单	1
……	……	……

表 4.24　数据存储内容

数据存储编号	包含的数据元素/数据结构编号
DB001	DS001
DB002	DS003
DB003	DS002
DB004	DE011
DB004	DE015
DB004	DS003
DB004	DS001
DB004	DE020
DB005	DE011
DB005	DE015
DB005	DS002
DB005	DS001
DB005	DE020
DB005	DE015
	……

6. 外部实体

外部实体（Exterior Entity）在数据字典中的定义包括以下内容：

（1）外部实体编号和名称。

（2）简述。用一句简单的语言来描述外部实体的基本含义。如果外部实体是另外一个计算机系统，应该标出其电子计算机的型号，使用的语言，有关的信息来源，后者也就是指出从哪里可以获得有关接口问题的信息。

（3）有关的数据流。这里指由外部实体产生的数据流或输出给外部实体的数据流。

（4）外部实体的个数。

表4.25是一个外部实体定义的例子。

表4.25 外部实体定义表

项目	定义
外部项编号	E01
外部项名称	客户
简述	购买电力配件公司物品的单位或个人
输出数据流（去向）	客户订货单，客户付款单
输入数据流（来源）	发货单
个数	大约10000个客户

在把所有的外部项定义完以后，可以建立一张外部项一览表，如表4.26所示。

表4.26 外部项一览表

外部项编号	外部项名称	输出数据流	输入数据流	个数
E01	客户	客户订货单	发货单	10000
		客户付款单		
E02	供应商	供应商发货单	订货单	250
		应付款通知	付款单	

如把这张表建到数据库文件中最好建立两个表，“外部项名称索引”和“外部项内容”。“外部项名称索引”包括外部项编号、外部项名称和个数，如表4.27所示。“外部项内容”包括外部项编号、输出/输入数据流标识和数据流编号，如表4.28所示。

表4.27 外部项名称索引

外部项编号	外部项名称	个数
E01	客户	10000
E02	供应商	250
……	……	……

表4.28 外部项内容

外部项编号	输出/输入数据流标识	数据流编号
E01	0	DF001
E01	0	DF004
E01	1	DF002
E02	0	DF003
E02	0	DF005
E02	1	DF006
E02	1	DF008
……	……	……

4.6.3 数据字典的作用

数据字典的内容是随着数据流程图自顶向下地扩展而逐步充实的。在系统的整个开发过程中，包括系统交付运行使用后的维护阶段，一直在充实和修改这部数据字典，以保持它的一致性和完整性。它是系统开发人员在各个阶段必不可少的依据。开发一个计算机信息系统，是一项复杂的系统工程，有许多人共同工作，数据字典是所有开发人员共同的依据，统一的标准。它能按各种要求列表，也能提供标准的术语和词汇，指出系统内各种数据、各个处理功能之间的关系，只有它才能确保数据在系统中的完整性和一致性，降低维护数据的成本等。对信息系统用户而言，数据字典为他们提供数据的明确定义，特别是对那些联机系统的用户，具有十分重要的使用价值，他们可以用查询语言访问数据库。

数据字典实际上是“关于系统数据的数据库”。在整个系统开发过程及系统运行后的维护阶段，数据字典都是必不可少的工具。具体来讲，数据字典有以下作用。

1. 按各种要求列表

使用数据字典，可将数据元素、数据结构、数据流、数据存储、处理功能、外部实体的名称等按字母顺序全部列表，这样在系统设计时不会发生遗漏。

如果系统很大，数据字典的内容是非常多的，仅数据元素的个数就是相当可观的，除了完全列表外，还可以摘要列表，即根据要求，列出某一类的项目名称及其简述。

如果系统分析员要对某个数据存储的结构进行深入分析，需要了解有关的细节，了解数据结构的组成乃至每个数据存储的属性，数据字典也可提供相应的内容。

2. 相互参照，便于系统修改

根据初步的数据流程图，建立相应的数据字典后，在系统分析过程中，常会发现原来的数据流程及各种数据定义中的错误或遗漏，需要修改或补充，这时对数据字典也做相应的审查和修改。有了数据字典，这种修改就变得容易多了。例如，在某个库存管理系统中，“商品库存”这个数据存储的结构是代码、品名、规格、当前库存量。一般来讲，考虑能否满足用户订货，有这些数据项就够了，但如果要求库存数量不能少于某个“安全库存量”，这时，在这个结构中就要增加“安全库存量”这个数据项。这一改动可能影响其他项目，如“确定客户订货”的处理功能，以前只在“当前库存量不小于客户订货量”，就认为可以满足用户订货，现在则需要“当前库存量减客户订货量之差不小于安全库存量”才能满足客户订货。有了数据字典，这个修改就容易了。因为在这个数据存储的条目中，记录了有关的数据流，由此可以找到数据存储的改动而可能影响的处理功能，不至于由于遗漏而造成不一致。

3. 由描述内容检索名称

在一个稍微复杂的系统中，系统分析员可能没有把握判定某个数据项在数据字典中是否已经定义，或者记不清楚其确切名字时，可以由内容查找其名称，就像根据书的内容查询图书的名字一样。

4. 一致性和完整性检验

随着数据流程图的逐层扩展，已经基本上表达了系统所有主要逻辑功能，建立了比较完整的数据字典。如果是一部自动化的数据字典，可以使用一些相应的软件回答下面 4 个问题：

（1）是否存在没有指明来源或去向的数据流？

（2）是否存在没有指明数据存储的数据元素，或者是没有指明所属数据流的数据元素？

（3）是否存在这样的处理功能，它应该使用某些数据元素，但是输入的数据流却没有包含这些数据元素？或者是存在根本没有输入或输出数据流的处理功能？

（4）是否存在这样的数据元素，它虽然作为数据流已经输入到某一处理功能中去，但是却没有被这个处理功能使用？

为了保证数据的一致性，数据必须由专人（数据管理员）管理。其职责就是维护和管理数据字典，保证数据字典内容的完整一致。任何人，包括系统分析员、系统设计员、程序设计员，若想修改数据字典的内容，都必须通过数据管理员。数据管理员要把数据字典的最新版本及时通知有关人员。

4.7　信息系统处理功能的分析与表达

系统分析阶段的重要任务是理解和表达用户的要求，构造新系统的逻辑模型，而不是具体考虑系统如何去实现。因此一个处理逻辑应描述的是系统做什么，而不是用计算机编程语言来描述具体的操作过程，如内存分配和执行控制等，也不涉及具体物理设备和工具。

4.7.1　处理功能表达概述

处理过程中对数据的所谓处理和加工，一般包括3个含义：

（1）数学运算。对输入的数据进行数学变换，通过数学工具予以表达。

（2）数据交换。与数据存储或外部实体进行信息交流。

（3）逻辑判断。根据判别各种条件的结果，执行不同的操作或采取不同的行动。

数学运算和数据交换可以用一种精确的语言予以表达，而逻辑判断往往不能用精确的语言来表达。因为它们可能涉及一些非精确的、意义不明确的描述，反映一种决策的选择。一般来说，在表达一个处理功能时，会存在以下几类问题：

（1）界限不明确。有些描述其界限不是十分明确的，不同的人会得到不同的答案。例：成绩在60～70分为中，60分以下为不及格，应表示为$60<L\leqslant70$为中，$L<60$为不及格。

（2）逻辑条件次序不明确。如学校有一项奖励条件："凡各科成绩平均在92分以上或单科最低分在85分以上，且英语成绩平均在90分以上者，可申请特等奖学金"。对于这项政策可有不同的解释。有两类学生可以申请奖学金：各科成绩平均在92分且英语成绩平均在90分以上者；单科成绩最低在85分以上且英语成绩平均在90分以上者。

（3）意义模糊的形容词或副词。如评定三好学生的标准是"学习好、思想道德修养好、身体健康"这个"好"的标准是什么？在计算机中如何表示这个"好"字？为了避免产生上述各种问题，在结构化分析中采用了若干种决策分析工具来对逻辑判断做出描述解释。这些工具并非严格的形式语言，但可以比较明确地把用户的要求表达出来，便于用户和开发人员理解。这组标准工具有结构式语言（Structured Language）、判断树（Decision Tree）和判断表（Decision Table）。

4.7.2　结构式语言

由上述分析可知，采用自然语言来描述处理功能存在许多弊病。于是有人提出采用"程序框图"来表达这些基本的处理功能，使用程序框图来表达处理功能存在以下问题：系统分析员要付出较高的代价来撰写这份资料；用户不容易懂，交流和讨论较困难。程序设计语言的优点是严格精确，但不易被用户接受。自然语言的优点是容易理解，但不够精确，易于产生二义性。结构式语言是介于自然语言和程序设计语言之间的语言，结构式语言由程序设计语言的框架（即允许 3 种基本结构：顺序结构、分支结构和循环结构）和自然语言的词汇（如动词和名词等）组成，这种结构式语言既易于编写，又能简明地描述较复杂的处理功能。

结构式语言和自然语言的不同之处在于只用了极其有限的词汇和语句，同程序设计语言不同之处在于没有严格的语法规定。结构式语言使用的词汇主要有 3 类：

（1）祈使句中的动词。

（2）数据字典中已定义的名词。

（3）某些逻辑表达中的保留字。如：

集合运算符：∪、－、∩

特殊运算符：б、π、∞、÷、×

比较运算符：>、≥、<、≤、=、≠

逻辑运算符：¬、∧、∨

结构式语言只使用 4 类语句：

（1）简单祈使句。

（2）判断句。

（3）循环句。

（4）上述 3 种语句的复合语句。

1. 祈使句

祈使句是指要做什么事情，它至少包括一个动词，明确地指出要执行的功能，至少包括一个名词作为宾语，表示动作的对象。例如，“计算运费”，“获得订货数量”，“单价乘以订货数量得到金额”。祈使句要尽量简短，不要使用形容词和副词，例如人们到书店买书。

用自然语言表示：某人到书店首先选择一本自己满意的书籍，然后携带该书到服务柜台，请服务员开票，到收银台交款，再回到服务台，盖付款标记，然后可以携带该书离开书店。

用结构式语言描述如下：

选择书籍；

携书到服务台；

开票；

交款；

盖付款标记；

离开书店。

上述描述中每一条都是祈使句，并按顺序显示出 6 个步骤，步骤中没有包括任何一个决策或条件，仅按次序列出。每一步骤都有特定的次序，乱了顺序，买书过程就不成立了，对处理过程的描述必须指出行动的正确次序。

2. 判断语句

判断语句类似于结构化程序设计中的判断结构，它的一般形式如下：

如果　条件 1（成立）

　　则 动作 A

否则（条件1不成立）

就 动作B

动作A或动作B可以是一组祈使句或是循环句，甚至是另外一个判断句。

例如，判定学生成绩等级。

如果 成绩大于等于90，小于等于100

则 等级定为“优”

否则 如果 成绩大于等于80

则 等级定为“良”

否则 如果 成绩大于等于70

则 等级定为“中”

否则 如果 成绩大于等于60

则 等级定为“及格”

否则 等级定为“不及格”

例如，到书店买书。

如果 找到一本书籍

则 携书到服务台

开票

交款

盖付款标记

离开书店

否则

离开书店

在嵌套的判断句中，要使得“如果”和“否则”配对，并且书写要正确。如果判断嵌套层次过多，理解其意义就很难。因此，在这种情况下，使用下面的形式：

情况1 则 动作 A1；

情况2 则 动作 A2；

… …

情况 *n* 则 动作 An

学生成绩评定使用上述结构如下：

成绩≥90，成绩≤100 则 等级定为“优”

成绩≥80 则 等级定为“良”

成绩≥70 则 等级定为“中”

成绩≥60 则 等级定为“及格”

成绩<60 则 等级定为“不及格”

3. 循环语句

循环语句指在某种条件下，连续执行相同的动作，直到这个动作不成立为止。它也可以明确地指出对某一种相同的事务，都执行同一个动作。其一般形式为：

当条件成立做

动作A

例如，教师给学生判考试卷及评定成绩时，通常连续、重复地对每张试卷判分和评定等级。其结构式语言描述如下：

当还有未判试卷做

判断试卷得分

评定成绩等级（前面判断句描述过的动作）

4. 复合语句

上述 3 种语句可以嵌套使用，在判断句中可以嵌套循环句；在循环句中可以嵌套判断句；循环句中仍然可以嵌套循环句；判断句中也可以有判断句。

5. 使用结构式语言的原则

在使用结构式语言表达一个处理功能时，系统分析员要遵循以下原则：

（1）所有的语句必须力求精炼，具有较高的可读性，使人容易理解。即做到言简意赅，清晰准确，不要使用修饰或漫谈的形式。

（2）祈使句中必须有一个动词，明确地表达执行的动作，但不要使用“做”、“处理”、“控制”之类的动词。描述功能中避免使用界限不明确的词汇、含义模糊的词或逻辑次序不清晰的现象存在。

（3）祈使句中必须包括一个宾语，以明确地指出要做的事情。所有的名词必须在数据字典中已经定义。

（4）不要使用形容词和副词。

（5）在同一个系统中不要使用各种意义相同的动词，只确定其中的一个动词，而且始终用这一个词。例如，“修正”、“修改”和“改变”，这 3 个动词意义相似，在确定使用“修改”这个动词后，就不要再使用其他意义相似的动词。

（6）判断句中的“如果”和“否则”要成对出现，每一层次要对齐。

4.7.3 判断树

如果某个动作的执行不是只依赖于一个而是多个条件的话，那么用结构式语言表示动作则需要多层的判断嵌套结构，从而使得这个逻辑表示不清晰。在这种情况下可以使用判断树表示。判断树是用一种树型图形方式来表示多个条件、多个取值所应采取的动作。

判断树代表的意义是：在判断树的左边是树根，它是决策序列的起点；右边是各个分支，即每一个条件的取值状态；最右侧（叶子）为应该采取的策略（即动作）；树中的非叶结点代表条件，它指出必须在能够选择下一条路线之前做出决定，查看条件是否满足，并依据条件做出决策。树的叶结点表明要采取的行动，这种行动依赖于它左边的条件序列。从树根开始，自左至右沿着某一个分支，能够做出一系列的决策。

实例：假设某校奖学金类别及具体评选条件如下：

（1）优秀学生奖学金。学校优秀学生奖学金分为 3 等，评定比例和奖学金金额为：优秀学生一等奖学金比例为 4%，奖金金额为 1500 元；优秀学生二等奖学金比例为 7%，奖金金额为 1000 元；优秀学生三等奖学金比例为 18%，奖金金额为 600 元。各等级优秀学生奖学金的具体获奖条件如下：优秀学生一等奖学金，必修及限选课程加权平均学分绩点在 85 分以上，以综合素质测评成绩排序。优秀学生二等奖学金，必修及限选课程加权平均学分绩点在 78 分以上，以综合素质测评成绩排序。优秀学生三等奖学金，必修及限选课程加权平均学分绩点在 68 分以上，以综合素质测评成绩排序。

（2）单项奖学金。单项奖学金总的评定为学生人数的 4%，每年评定一次。社会工作优秀奖学金（比例为 3%），奖金金额为 400 元。社会实践奖学金（比例为 1%），奖金金额为 400 元。

在分析一项政策时，首先要确定有哪些条件；其次是确定每一个条件有几种可能的状态，即有几种取值；第三要确定有哪些动作，即有几项政策；第四要确定每一项动作要依赖哪些条件及其取值。

（1）确定条件。在这项政策中，有两个条件，奖学金种类及评定条件。

（2）确定每一个条件有几种可能的状态，即有几种取值。第一个条件有 2 个状态，优秀学生和单项奖学金。第二个条件有必修及限选课程加权平均学分绩点和综合素质测评成绩排序及学生的比例。

（3）确定动作。最后确定每一项动作要依赖于哪些条件及取值。有 5 个处理动作，即最后发放的奖学金金额。

通过以上分析可以很容易地画出判断树以表示奖学金的发放政策。在绘图中，G 代表必修及限选课程加权平均学分绩点，PX 代表综合素质测评成绩排序号。D_i 代表 I 等奖学金名额，D_i=int（奖学金等级比例×学生人数）。每个取值下的处理动作如图 4.52 所示。

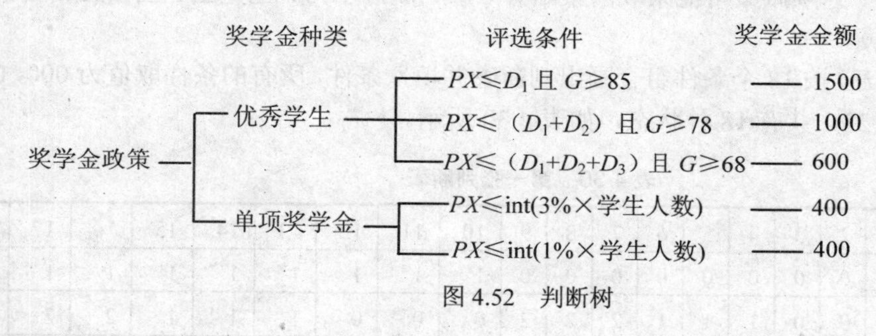

图 4.52　判断树

4.7.4　判断表

对判断分析来说，判断树并不经常是最好的工具。当系统复杂时如果使用判断树，系统的规模变得难以控制、分支的数目太大，而且通过的路径太多，对分析不但没有帮助，反而会使得分析人员束手无策。当某个判断结果依赖于较多的条件且有较多的取值时，用判断表能够把所有的条件组合一个不漏地表达出来，相应地可以分析不同的条件组合应该采取什么动作。使用判断表可以避免在某种条件和取值下可能无相应的动作；可以避免在某种条件和取值下有动作却不依赖某个条件和取值而存在的现象；可以帮助系统分析员澄清问题；甚至可以发现用户可能遗漏的、尚未提出的逻辑要求。

实例：某工厂人事部门对一部分职工重新分配工作，其分配原则如下：“如果年龄不满 20 岁，文化程度是小学，则脱产学习，文化程度是中学，则当电工；如果年龄满 20 岁但不满 40 岁，如果文化程度是小学或中学，若是男性，则当钳工；若是女性，则当车工，如果文化程度是大学，则当技术员；如果年龄满 40 岁及以上者，文化程度是小学或中学，则当材料员；文化程度是大学，则当技术员。

对上述问题使用判断表进行分析：

（1）条件分析。这项政策所包括的条件有性别、年龄、文化程度。

（2）条件取值。每一个条件的取值列在表 4.29 中。

表 4.29　条件名称

条件名称	取值	含义
性别	0	男性
	1	女性
年龄	0	未满 20 岁
	1	满 20 岁但不满 40 岁
	2	40 岁以上
文化程度	0	小学毕业
	1	中学毕业
	2	大学毕业

（3）条件的组合。性别取值为 2 个，年龄取值有 3 个，文化程度取值有 3 个。所以总的组合有 2×3×3=18（个）。

（4）考察策略。这项政策可能采取的策略有 6 项：脱产学习、当电工、当钳工、当车工、当技术员、当材料员。

（5）画出判断表。按 18 个条件组合画出判断表并填入条件，所有的条件取值为 000，001，002，010，……，122，共有 18 种状态，如表 4.30 所示。

表 4.30　第一张判断表

	1	2	3	4	5	6	7	8	9	10	11	12	13	14	15	16	17	18
C1：性别	0	0	0	0	0	0	0	0	0	1	1	1	1	1	1	1	1	1
C2：年龄	0	0	0	1	1	1	2	2	2	0	0	0	1	1	1	2	2	2
C3：文化程度	0	1	2	0	1	2	0	1	2	0	1	2	0	1	2	0	1	2
A1：脱产学习																		
A2：当电工																		
A3：当钳工																		
A4：当车工																		
A5：当技术员																		
A6：当材料员																		

（6）填上行动。分析每一种条件组合应该采取的行动，在相应的格子里填写符号“×”，如表 4.31 所示。

表 4.31　有相应动作的判断表

	1	2	3	4	5	6	7	8	9	10	11	12	13	14	15	16	17	18
C1：性别	0	0	0	0	0	0	0	0	0	1	1	1	1	1	1	1	1	1
C2：年龄	0	0	0	1	1	1	2	2	2	0	0	0	1	1	1	2	2	2
C3：文化程度	0	1	2	0	1	2	0	1	2	0	1	2	0	1	2	0	1	2

续表

A1：脱产学习	×									×								
A2：当电工		×									×							
A3：当钳工				×	×													
A4：当车工													×	×				
A5：当技术员						×									×			×
A6：当材料员							×	×								×	×	

由表 4.31 可知，在第 3 列和第 12 列的条件下没有相应的动作，说明这项动作没有考虑到年龄未满 20 岁但文化程度是大学的男性或女性职工。虽说这种情况很少出现，但是如果出现这种情况，则会束手无策。当分析员指出这种遗漏后，用户应该重新修改这项政策。假定本例修正后的策略是不论男女都分配当技术员，修正后的结果如表 4.32 所示。

表 4.32　修正后的判断表

	1	2	3	4	5	6	7	8	9	10	11	12	13	14	15	16	17	18
C1：性别	0	0	0	0	0	0	0	0	0	1	1	1	1	1	1	1	1	1
C2：年龄	0	0	0	1	1	1	2	2	2	0	0	0	1	1	1	2	2	2
C3：文化程度	0	1	2	0	1	2	0	1	2	0	1	2	0	1	2	0	1	2
A1：脱产学习	×									×								
A2：当电工		×									×							
A3：当钳工				×	×													
A4：当车工													×	×				
A5：当技术员			×			×			×			×			×			×
A6：当材料员							×	×								×	×	

在列出包括全部条件组合的判断表以后，就需要采取适当的办法对判断表逐步进行化简。化简的办法就是合并，即在相同的动作下，检查它所对应的各列条件组合是否依赖于条件，如果不依赖就可以合并。第一次化简后的判断表如表 4.33 所示。最后化简的判断表如表 4.所示。

表 4.33　第一次化简后的判断表

	1/10	2/11	3/12	4	5	6/15	7/16	8/17	9/18	13	14
C1：性别	/	/	/	0	0	/	/	/	/	1	1
C2：年龄	0	0	0	1	1	1	2	2	2	1	1
C3：文化程度	0	1	2	0	1	2	0	1	2	0	1
A1：脱产学习	×										
A2：当电工		×									
A3：当钳工				×	×						
A4：当车工										×	×
A5：当技术员			×			×			×		
A6：当材料员							×	×			

表 4.34　最后化简的判断表

	1	2	3	4	5	6	7	8	9
C1：性别	/	/	/	0	0	/	/	1	1
C2：年龄	0	0	/	1	1	2	2	1	1
C3：文化程度	0	1	2	0	1	0	1	0	1
A1：脱产学习	×								
A2：当电工		×							
A3：当钳工				×	×				
A4：当车工								×	×
A5：当技术员			×						
A6：当材料员						×	×		

4.7.5　3 种表达工具的比较

在描述系统处理功能时，可以使用结构式语言、判断树和判断表这 3 种工具，结构式语言、判断树和判断表一般都要交替使用，互为补充。这 3 种工具各有优、缺点，如表 4.35 所示。所以在不同的情况下可以选择使用 3 种不同的工具。

表 4.35　结构式语言、判断树和判断表的比较

比较指标	结构式语言	判断树	判断表
直观性	一般	很好	一般
用户检查	不便	方便	不便
可修改性	好	一般	不好
逻辑检查	好	一般	很好
机器可读性	很好	差	很好
机器可编程性	一般	不好	很好

（1）从掌握这项工具的难易程度看，判断树最容易被初学者接受，易于掌握；结构式语言的难度居中；而判断表的难度最高。

（2）对于逻辑验证，判断表最好，它能够把所有的可能性全部考虑到，能够澄清疑问；结构式语言较好；而判断树不如这两项工具。

（3）从直观表达逻辑来看，特别是表达判断逻辑结构，判断树最好，它用图形表达，一目了然，易于和用户讨论；结构式语言居中；而判断表的表达能力最低。

（4）作为程序设计资料，结构式语言和判断表最好，而判断树却不如这两种工具。

（5）对于机器可读性，也就是计算机自动编制程序，判断表和结构式语言的机器可读性最好，能够由计算机自动生成程序；而判断树却不好，没有这种可读性。

（6）对于可修改性，结构式语言的可修改性较高；判断树居中；而判断表的可修改性最低。

通过对上述情况的分析，可得到以下的结论：

（1）对于一个不太复杂的判断逻辑，也就是说，条件只有两个或 3 个，条件组合最多只有 15 个，相应的动作也只有 10 个左右，使用判断树最好。有时可以将判断表转换成判断树，

便于用户检查。

（2）对于一个复杂的判断逻辑，也就是说，条件很多，组合也很多，相应的动作有任意多个，使用判断表最好。

（3）如一个处理功能既包含了一般的顺序执行动作，又包含了判断或循环逻辑，则使用结构式语言最好。

4.8 新系统逻辑模型的构建

新系统逻辑模型是在现行系统逻辑模型的基础上提出来的。通过对现行系统的调查分析，抽象出现行系统的逻辑模型，分析其存在的问题，如某些数据流向不合理，某些数据存储没有规范化，处理原则不合理等。在调查分析中，要抓住系统运行的"瓶颈"，把本次系统开发的人力、物力投入到关键之处，才会收到较大的效益。新系统来自于原系统，它是对原系统中不合理的方面进行改造后形成的。将现行系统的数据流程图转换成新系统的数据流程图，即形成新系统的逻辑结构。

4.8.1 新系统逻辑模型的建立

新系统逻辑模型是经过系统分析和优化后，新系统拟采用的管理模型和信息处理方法，因为它不同于系统的计算机配置方案和物理模型等实体结构方案，故称为逻辑方案。经过对现行系统的详细分析，已经建立了现行系统的数据流程图，建立新系统逻辑模型的依据是总体规划的数据类和原系统的数据流程图。

1. 新系统逻辑模型建立的步骤

（1）确定新系统的目标。在总体规划和可行性分析阶段已经提出了新系统的目标，在这里需要对这些目标进一步细化，新系统目标应该是精确的、可度量地定义新系统预期的业务性能描述，从而实现企业经营管理目标到系统处理功能的转变。

（2）对业务过程进行重构，用数据流程图表示。对现行系统业务过程进行重构，以消除冗余和不合理的过程。根据现行系统存在的问题，对数据流程进行优化，确定合理的新系统数据流程，建立新系统的逻辑模型。新系统数据流程图的绘制方法与现行系统数据流程图的绘制方法一样，但它反映的是新系统对数据进行处理的流程。新的数据处理流程是建立在数据库基础上的，因此，在系统内部所进行的数据交换都是基于数据库的。

（3）建立概念数据模型。分析系统实体和联系关系，用E-R图来表示概念数据模型，并对实体进行规范化处理。

（4）建立数据字典。分析新的数据流程图，列出外部实体、处理逻辑、数据流、数据存储等的详细信息，用数据字典来表示。

（5）建立处理逻辑描述。根据数据流程图和数据字典，确定需要进一步详细描述的处理逻辑，并采用合适的处理逻辑描述工具加以详细描述，这部分可以放入数据字典的功能描述部分。

新系统总体逻辑模型具有以下特征：

（1）数据位于数据处理中心，系统内各功能部分之间的数据存储及交换关系都是通过数据库来实现的。

（2）数据库的建立是在总体规划时确立的，是在充分考虑到全局利益的前提下形成的，因此解决了由分散开发带来的一系列问题。

（3）数据流出现在相关的外部实体和处理功能之间，表明了该系统与外界的接口。

2. 新系统模型建立实例

以教学管理系统为例，在前面提出了 9 个数据类（见 3.3 节），在系统分析阶段对数据类进行规范化处理，建立数据模型。这些数据模型就是建立新系统逻辑模型结构的基础。新系统逻辑功能都是围绕数据类进行的，如学籍管理数据库包括：学生基本信息表；学生处分信息表；学生奖励信息表；学籍变动信息表；学生验证信息表等。

各院部送交的教师任务分配表进入系统后，其信息要进入“教师任课信息数据表”，教学培养方案和教学执行计划数据在新系统中被存放在“教务管理数据表”中。学生成绩档案信息放在“学生成绩数据表”中，相应地根据由教师递交的学生成绩单所进行的学生成绩存档功能由“成绩管理”功能模块来完成。为了保证教师信息的一致性，使教师信息共享，教师的基本信息从人事部门转入。“实践教学管理”由“课程管理”中独立出来。根据“课程信息数据表”、“教室信息数据表”、“实践教学信息数据表”和“教师任课信息数据表”信息进行“排课管理”，产生的排课信息放入“课表信息数据表”中。根据具体应用的需要，将现行系统中的“学生情况统计”所实现的功能放在新系统中分解为“统计管理”和“报表管理”两个模块，统计信息放入“统计数据表”中。统计数据表中存入了大量的统计信息，可以根据实际应用需求和决策需求进行扩充。有关教学改革方面信息由“教改项目管理”模块来实现。根据以上各部分的分析，可绘出教学管理系统的总体逻辑结构图。教学管理系统总体逻辑结构如图 4.53 所示。

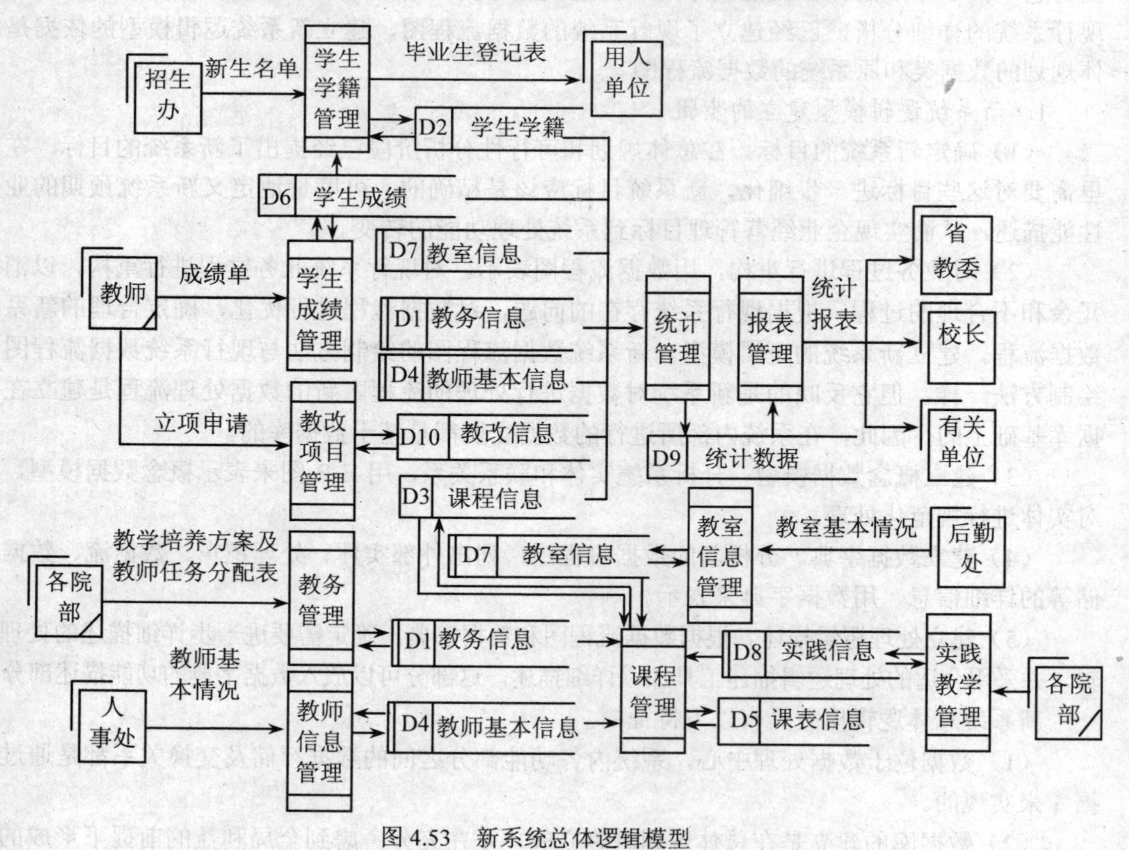

图 4.53 新系统总体逻辑模型

总体逻辑结构图的各项处理功能实际上是教学管理系统的子系统，表示的是各子系统之间的数据存取与交换关系，有关这些子系统的功能描述部分只是表达了它们内部数据处理业务的范围。为了进一步研究，需要对它们进行扩展分析，设计出每个子系统的逻辑结构。由新系统总体逻辑结构图 4.53 知，与学籍管理子系统最相关的数据表有“学籍管理数据表”和“学生成绩数据表”。而与之相联系的是来自外部实体的数据流学生情况登记表。主要处理包括“学生基本信息”、“学籍变动”、“学籍统计”等，与现行系统相同。学生的“降留级处理”和“毕业生处理”均在教务处根据“学籍管理数据表”、“学生奖惩数据表”和“学生成绩数据表”的信息来进行处理。学生自愿提出的学籍变动、跳级、转专业和修复学等由“学籍变动处理”功能来完成，该项功能如何实现在这张二级数据流程图中表示的并不十分明确，因此还需要进一步将其扩展成 3 级数据流程图，如图 4.54 所示。

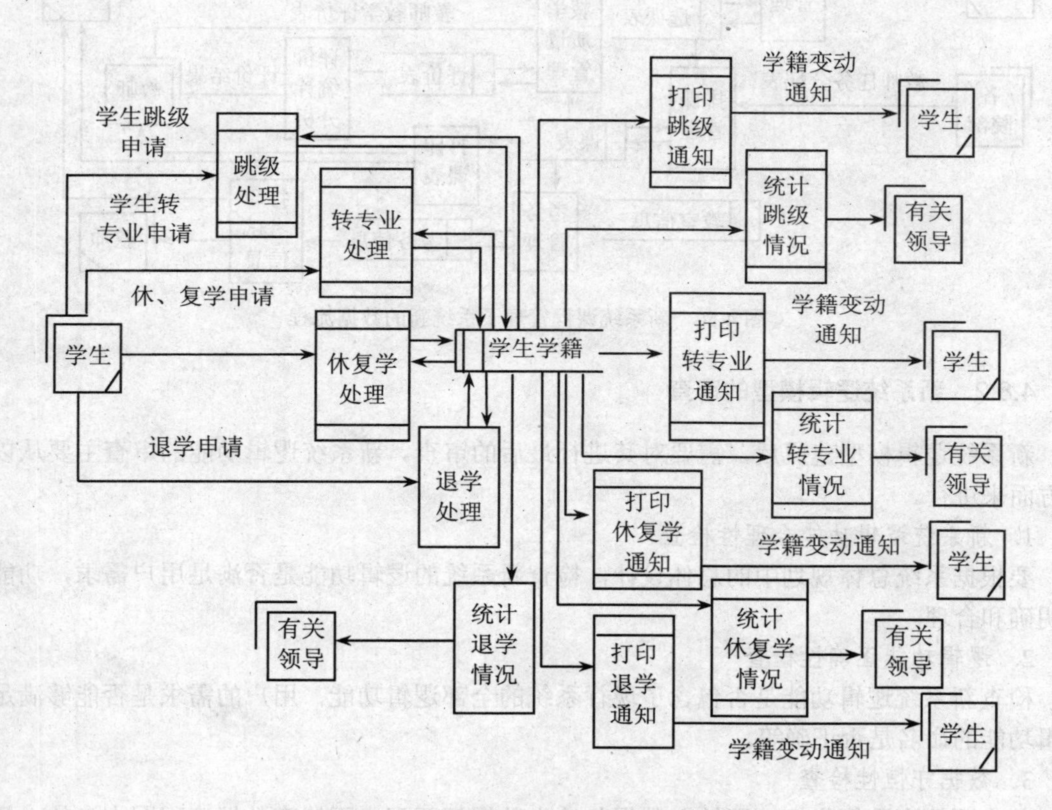

图 4.54 “学籍变动处理”扩展的数据流程

在原系统中教师要上报 3 份成绩单，这不仅加大了教师的工作量，而且也容易造成数据的不一致。建立以计算机为基础的信息系统时，就要对这类问题认真分析，去掉不必要的冗余。图 4.39 可以转化成图 4.55。

在课程管理中除了选课管理、排课管理和质量管理外，还应该有考务管理。因此，图 4.40 课程管理子系统可以转化为图 4.56。

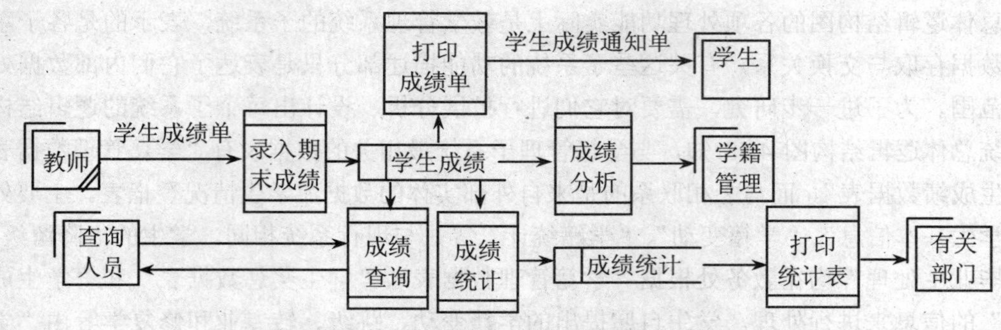

图 4.55　新系统学生成绩管理扩展数据流程

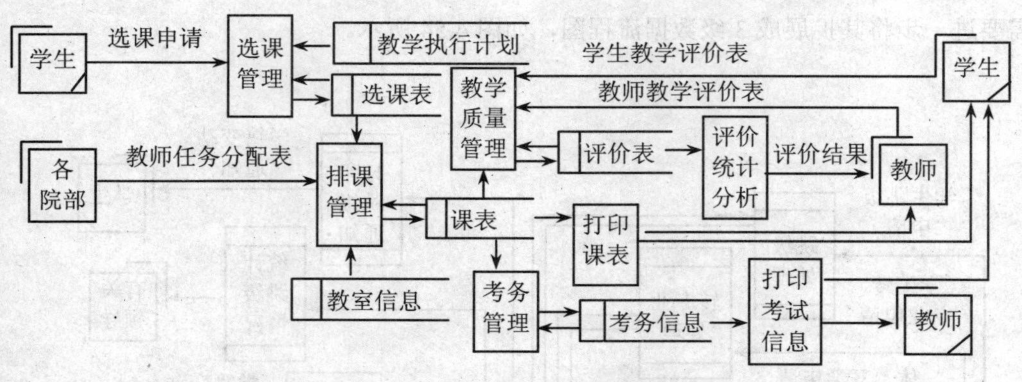

图 4.56　新系统课程管理子系统新的数据流程

4.8.2　新系统逻辑模型的审查

新系统逻辑模型建成后，需要对其进行最后的审查。新系统逻辑功能的审查主要从以下几方面来进行。

1. 新系统逻辑功能合理性检查

要根据系统总体规划中的总体设计，检查新系统的逻辑功能是否满足用户需求，功能是否明确和合理。

2. 逻辑功能正确性检查

检查新系统逻辑功能是否包含了现行系统的全部逻辑功能，用户的需求是否能够满足，逻辑功能的命名是否正确等。

3. 数据守恒性检查

首先要检查数据守恒，即输入数据与输出数据相匹配，再检查数据流程图本身的一致性和完整性，即检查高层数据流程图中出现的数据流、数据存储、外部实体是否在低层的数据流程图中反映出来；每一个数据存储是否适当命名，是否都有写入和读出的数据流；处理功能是否都有输入/输出的数据流；数据流的名称是否合理；处理功能的标识是否唯一，并且是否表明了层次关系等。任何一个数据流至少有一端是处理框，数据不能从外部实体直接进入数据存储，也不能从数据存储流向外部实体。

以上各项检查都完成后，新系统的逻辑结构就形成了。从形式上看，新系统的逻辑模型与原系统的逻辑模型相比变化不大，可能只是在一个或几个处理中有所改变。例如，改变几处数据的流程，或者改变某些数据存储的组织形式等。即使所做的变更不大，也必须谨慎地考虑其影响，因为管理信息系统会带来组织管理方式的变化，会造成某些组织结构的变化。如果变动较大，则牵涉面会过大，会出现预想不到的困难，从而造成不应有的影响，扰乱日常的正常工作。

4.9　信息系统分析报告

新系统逻辑模型建成后，就要编写系统分析报告。系统分析报告的内容如下：

1. 概述

（1）系统分析的原则。

（2）系统分析方法。

2. 现行系统分析

（1）现行系统现状调查说明：现行系统目标、规模、界限、主要功能、组织机构等。

（2）业务流程分析。

（3）数据流程分析。

（4）系统存在的主要问题和薄弱环节等。

3. 新系统逻辑设计

（1）新系统目标。根据薄弱环节，提出更加明确和具体的新系统目标。

（2）新系统逻辑模型。与现行系统比较，在各种处理功能上进行重组，重点突出计算机处理的优越性。

（3）系统数据分析，用E-R图表示，并进行实体的规范化处理。

（4）数据字典。对数据元素、数据结构、数据流、处理逻辑、数据存储、外部项等建立字典，并对处理逻辑进行描述。

（5）系统逻辑设计方案的讨论情况及修改、完善之处。

（6）遗留问题：根据目前条件，暂时无法满足的一些用户要求或新系统设想，并提出今后解决的措施和途径。

4. 数据量估计

（1）数据容量总计。

（2）数据的分布与传输。

5. 数学模型及说明

6. 运行环境规定

7. 用户领导审批意见

系统分析报告通过后，就可以进入下一个阶段——系统设计。

4.10　信息系统分析实例

4.10.1　系统简介

某电力配件公司是一家专门经营电力配件的公司，该公司向客户供应电力配件，客户可以是一个单位，也可以是个人。电力配件有许多种类，每种又有不同的规格。该配件公司向电力配件生产厂家或批发商订货。电力配件公司从客户那里接受订货要求，把配件卖给客户。客户可以当时购买，也可以预先订货，大件商品公司负责托运。当存货不足时，配件公司向供应商发出订货要求，以满足销售的需要。该公司与销售有关的主要业务有采购、供应和会计财务处理等。

4.10.2 系统调查

电力配件公司的具体业务流程如下：客户到电力配件公司选择电力配件，然后填写订货单，将订货单交给销售人员，销售人员审核客户填写的订货单，如果存在错误则重新填写订货单；否则进行下一步处理。如果是新客户，则进行登记。然后根据用户的订货量对库存情况进行检索，确定是否有现货卖给客户，如果有现货，并且能如数供应，则开收款单，客户付款后开收据和发货单，会计将应收款金额记入应收款明细账（本公司采用银行转账方式），修改明细账。客户携带发货单到仓库提货，库管人员发货并修改库存，同时记入销售历史存档。如果现货数量不能完全满足订货要求，将现货部分卖给客户，不足部分询问客户是否预订，如果同意则预订。将预订单放入暂存订货单文件中，通知采购部门向供应商订货。采购部门按配件编号汇总客户预订单，根据配件预定情况，确定要向哪个供应商订购哪些种类的配件，及预订的配件数量，然后按供应商汇总，将订购种类和数量打印出来，向供应商发送订货单。供应商根据订购配件的价格，向电力配件公司发付款通知，电力配件公司核对供应商的付款通知，付款给供应商并修改应付款明细账。当供应商把货发来时，要和订货单进行核对，核对无误后入库，并打印到货通知单，通知销售部门已到货。销售部门核对客户预订单后，通知客户并开收款单，客户付款后开收据和发货单，修改明细账，将配件卖给客户。销售部门还要定期编制销售、库存报表和各种营业报表，而且允许经理查询有关销售和库存等信息。财务部门要根据应收款明细账和应付款明细账修改会计总账，并编制会计报表。

4.10.3 系统业务流程分析

通过对电力配件公司的详细业务过程分析得知，电力配件公司的主要业务有销售管理、采购管理和财务管理。其高层业务流程如图 4.57 所示。

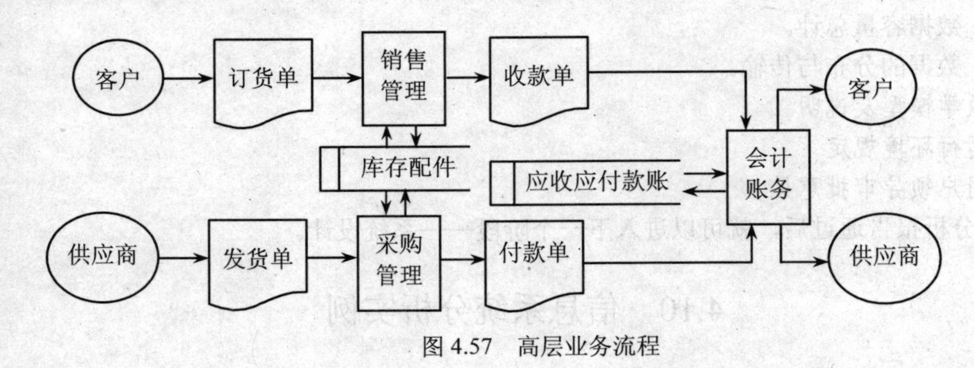

图 4.57 高层业务流程

经过进一步的调查分析，销售管理要做的主要事情是：

（1）编辑订货单。审核客户填写的订货单，如果有错误返给客户。

（2）登录新客户。如果是新客户，则进行登记。

（3）确定客户订货。根据库存情况确定是否有现货卖给客户。

（4）开发货单。如果有货，并且能如数供应，则开发货单允许客户提货，此时应修改库存，并将应收款金额记入应收款明细账（本公司采用银行转账方式）。

（5）产生暂存订货单（客户预订单）。如果现货数量不能完全满足，将现货部分卖给客户，不足部分询问客户是否预订，如果同意则填写预订单，将预订单放入暂存订货单表中。

（6）暂存订货单处理。采购部门将客户预订的配件买来并入库后，通知销售部门已到货，销售部门核对客户预订单后，将配件卖给客户，并修改库存和暂存订货单。

（7）编制销售和库存报表。定期编制各种营业报表。

（8）检索库存。允许经理查询有关销售和库存等信息。其业务流程如图 4.58 所示。

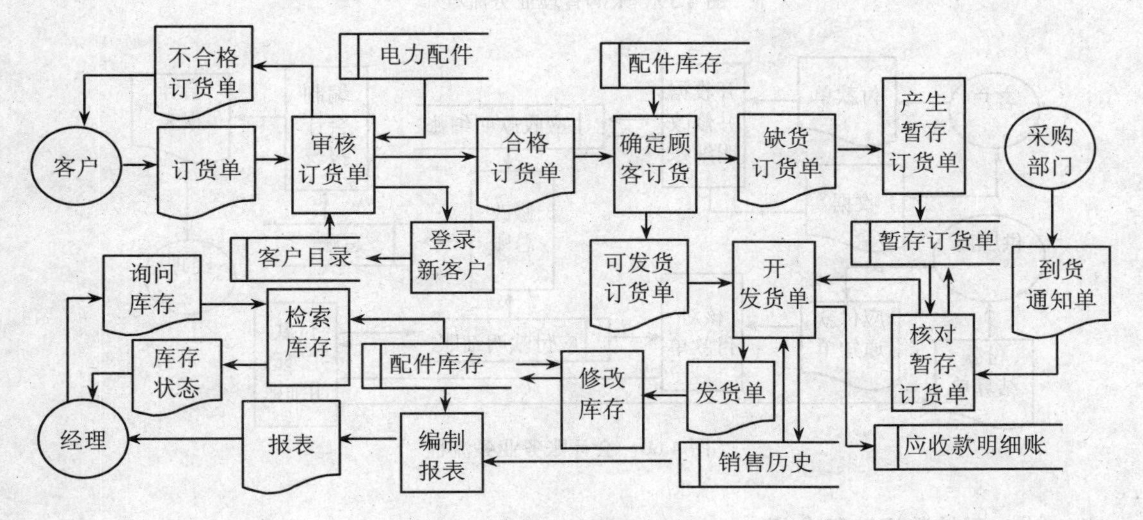

图 4.58　销售管理业务流程

采购管理要做的主要事情是：

（1）按配件汇总客户预订单。

（2）确定要向供应商订购的各种配件数量。

（3）按供应商汇总，打印向供应商的订货单。

（4）当供应商把货发来时，要核对订货单。

（5）核对无误后，入库，修改待订货量。

（6）打印到货通知单，通知销售部门可将客户预订的配件卖给客户，业务流程如图 4.59 所示。

会计账务系统主要完成以下业务：

（1）应收款账务（债权处理），客户付款后开收据给客户，并且修改收款明细账。

（2）应付款账务（债务处理），对来自供应商的付款通知要进行核对，无误后付款给供应商，并修改付款明细账。

（3）根据应付款明细账和应收款明细账修改总账。

（4）根据总账编制会计报表，并定期将会计报表送给经理。业务流程如图 4.60 所示。

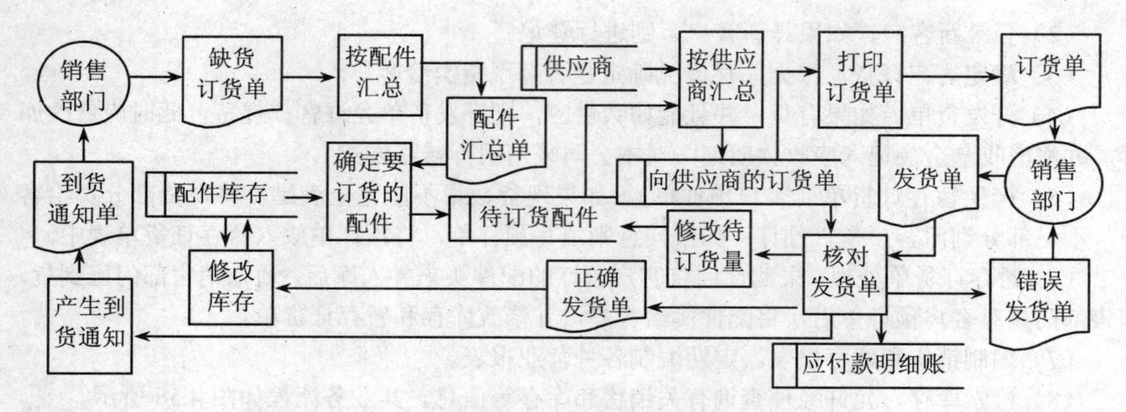

图 4.59 采购管理业务流程

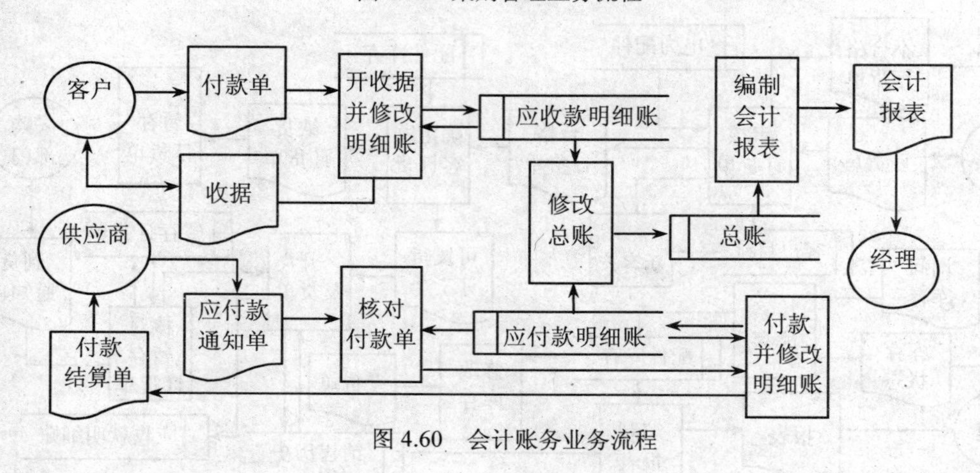

图 4.60 会计账务业务流程

4.10.4 系统数据流程分析

根据对电力配件公司的详细调查及领导的要求，系统分析员认为电力配件公司的处理业务可分解为销售管理、采购管理和会计账务管理。系统的主要外部实体有两个：客户和供应商。系统主要的输入和输出数据流如表 4.36 所示。

表 4.36 输入/输出数据流

输入	来源	去处	输出	来源	去处
订货单	客户	销售管理	收据	会计账务	客户
发货单	供应商	采购管理	付款单	会计账务	供应商

信息系统的主要数据存储是有关电力配件库存的数据和应收/应付款明细账。因此，可以画出电力配件公司信息系统的第一层数据流程图，如图 4.61 所示。

在画出第一层数据流程图后，再对其中的每一个处理功能进行扩展。也就是分别对销售管理、采购管理和会计账务管理等进一步扩展。

根据图 4.58 业务流程图及对处理功能“销售管理”做进一步调查后知，外部项有客户；经理和“采购管理”。其中“采购管理”是电力配件公司信息系统的一个子系统。

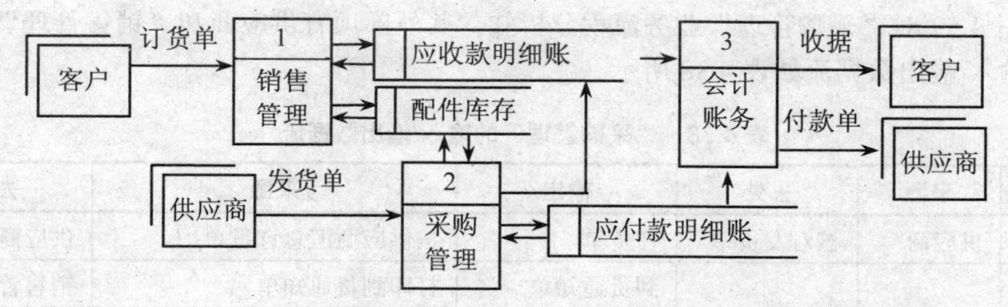

图 4.61 电力配件公司信息系统高层数据流程

销售管理的输入和输出数据流如表 4.37 所示。

表 4.37 “销售管理”的输入/输出数据流

输入	来源	去处	输出	来源	去处
订货单	客户	编辑订货单	发货单	开发货单	客户
到货通知	采购管理	核对客户预订单	报表	编制报表	经理
查询要求	经理	检索库存	应答	检索库存	经理

与“销售管理”有关的数据存储如下：

D1，电力配件。

D2，客户目录。

D3，配件库存。

D4，暂存订货单（客户预订单）。

D5，销售历史。

D6，应收款明细账。

根据上述分析，可将图 4.61 中的处理功能“销售管理”进一步扩展成如图 4.62 所示。

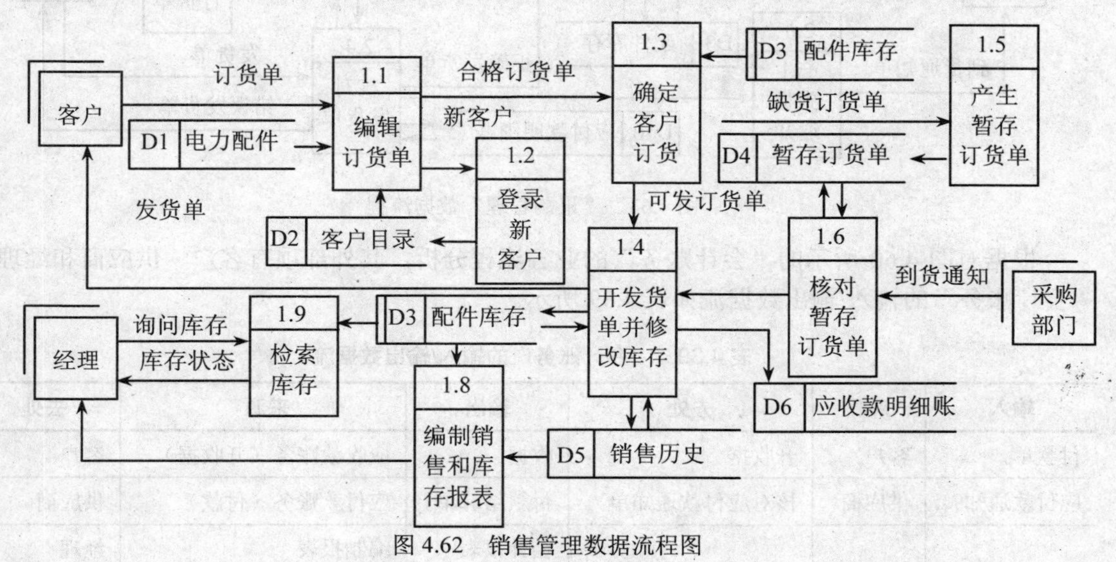

图 4.62 销售管理数据流程图

根据图 4.59 对“采购管理”业务流程分析知，其外部项有供应商和“销售管理”。“采购管理”的输入/输出数据流如表 4.38 所示。

表 4.38 “采购管理”的输入/输出数据流

输入	来源	去处	输出	来源	去处
发货单	供应商	核对发货单	订货单	按供应商汇总订货单	供应商
			到货通知单	打印到货通知单	销售管理

与“采购管理”有关的数据存储如下：

D1，电力配件。

D3，配件库存。

D7，待订货的配件。

D8，供应商。

D9，向供应商的订货单。

D10，应付款明细账。

根据上述分析，可将图 4.61 中的处理功能“采购管理”进一步扩展成如图 4.63 所示的数据流程图。

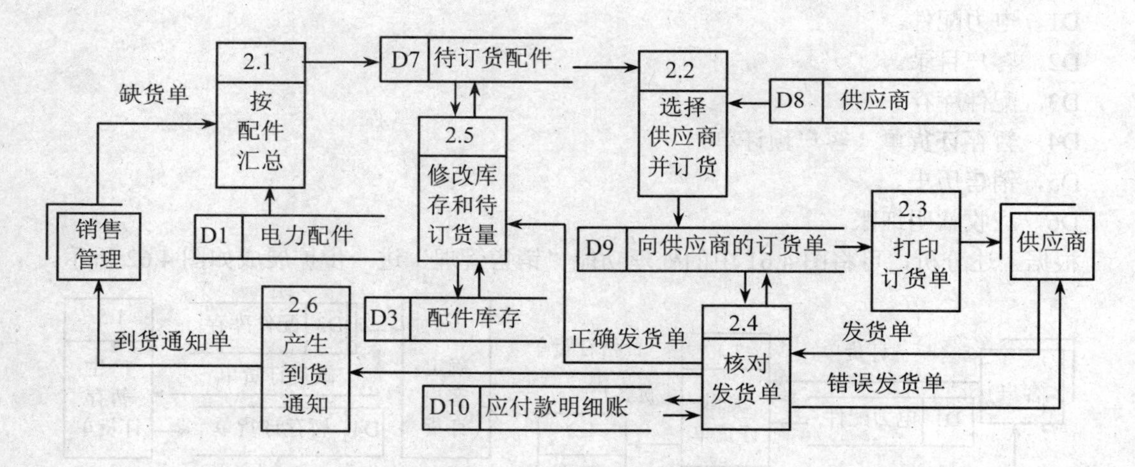

图 4.63 “采购管理”数据流程

根据对图 4.60 所示的“会计账务”的业务流程分析，其外部项有客户、供应商和经理。“会计账务”的输入/输出数据流如表 4.39 所示。

表 4.39 “会计账务”的输入/输出数据流

输入	来源	去处	输出	来源	去处
付款单	客户	开收据	收据	应收款账务（开收据）	客户
应付款通知	供应商	核对应付款通知单	付款结算单	应付款账务（付款）	供应商
			会计报表	编制报表	经理

与“会计账务”有关的数据存储如下：

D10，应付款明细账。

D6，应收款明细账。

D11，总账。

根据分析，可将图 4.61 中的处理功能“会计账务”扩展成图 4.64 所示的数据流程图。

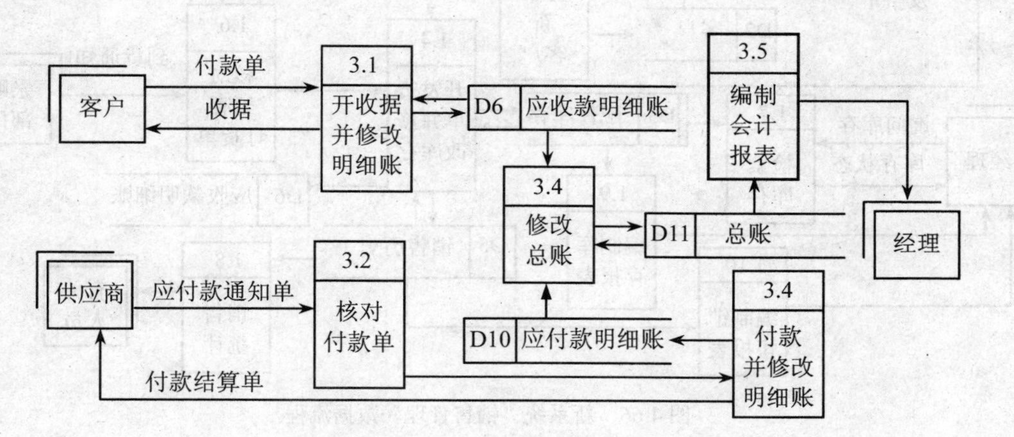

图 4.64　“会计账务”数据流程

4.10.5　新系统逻辑模型的建立

新系统逻辑模型的建立，上层的数据流程图与原有系统相同，采购管理应增加供应商的订货统计，如图 4.65 所示。

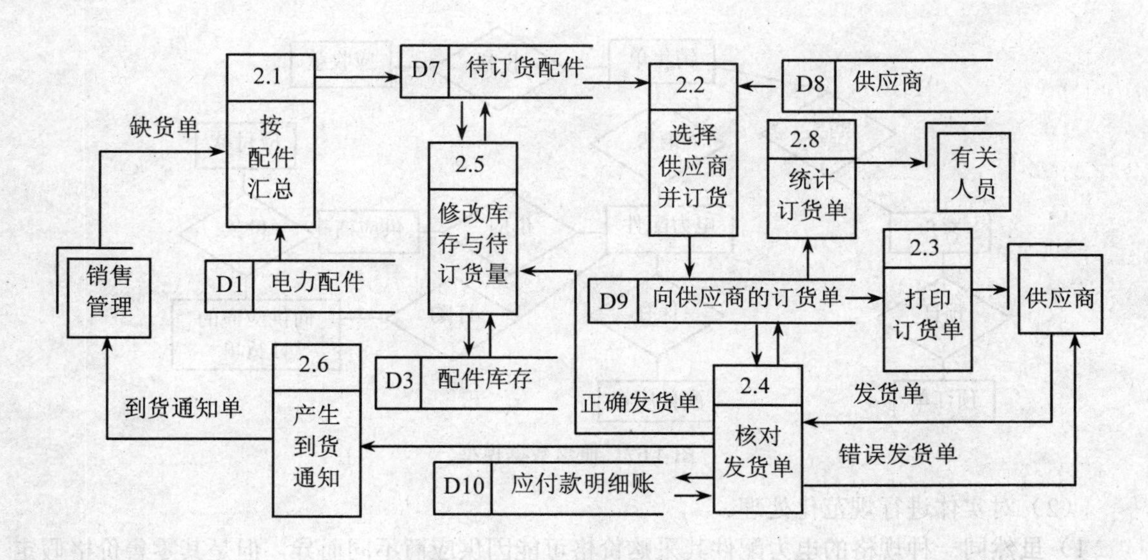

图 4.65　新系统“采购管理”数据流程

销售管理增加了销售统计，另外，将编制销售和库存报表，分解为编制销售报表和编制库存报表。具体如图 4.66 所示。

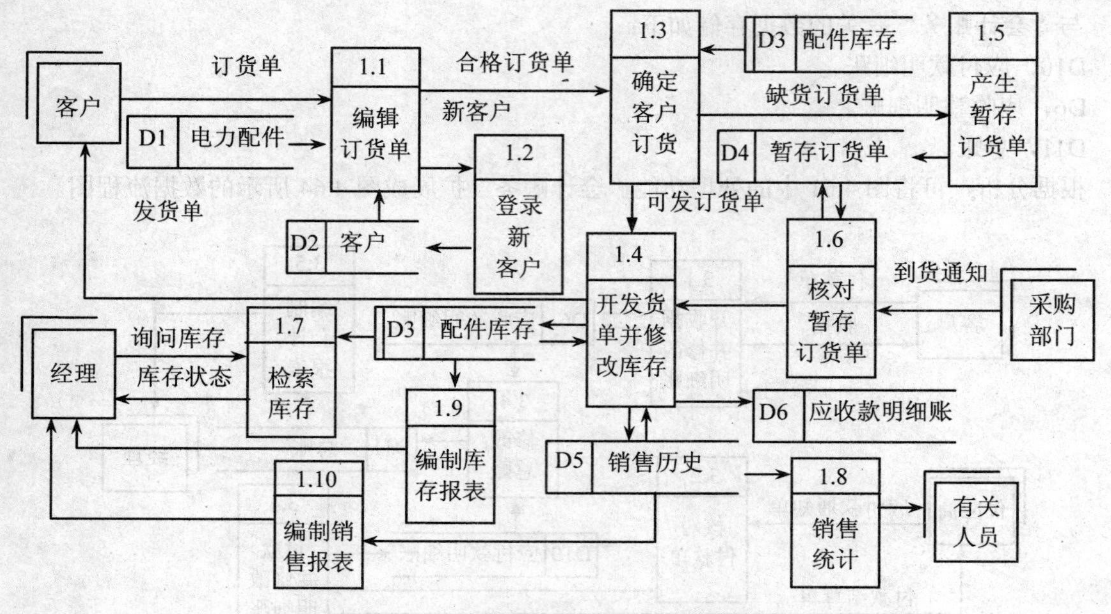

图 4.66　新系统“销售管理”数据流程

4.10.6　数据分析

（1）建立概念数据模型。通过对系统的分析，系统的实体有客户、预订单、销售单、配件、配件库存、应收款、应付款、供应商、向供应商的订货等，实体的属性略。简化的实体联系如图 4.67 所示。

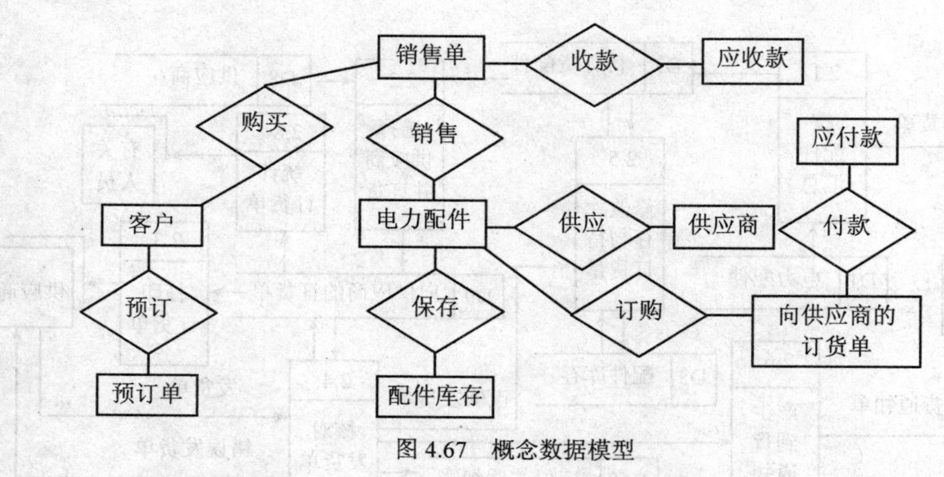

图 4.67　概念数据模型

（2）对实体进行规范化处理。

1）虽然同一种规格的电力配件其采购价格可能因供应商不同而异，但是其零售价格假定是相同的，在这种条件下，“电力配件”的实体结构如下：

电力配件

*配件编号

配件名称
规格
价格

这个实体符合 3NF。

2）假设同一个客户名称下，有若干个不同的地址，每一处允许有若干个联系人，每一位联系人只有一个电话号码，那么“客户”实体的属性如下：

客户
- 客户名称
- 客户地址
- 联系人
  - 联系人姓名
  - 电话号码
- 开户银行
- 账号

在这个属性组中存在着重复的属性组“客户名称”、“客户地址”、“开户银行和账号”，因此，不是规范化的实体，要把重复的属性组去掉，分解成两个实体。

客户
*客户名称
*客户地址
开户银行
账号

客户联系人
*客户名称
*客户地址
*联系人姓名
电话号码

上述两个实体中，主键较复杂，故引进一个新的属性“客户编号”作为主键，唯一地标识一个客户，而且它所包含的字符个数是很少的。新的实体如下：

客户
*客户编号
客户名称
客户地址
开户银行
账号

客户联系人
*客户编号
*联系人姓名
电话号码

3）“配件库存”实体的结构如下：

配件库存
*配件编号
当前库存量
安全库存量

显然配件库存是一个 3NF 的实体。

4）“暂存的订货单”的实体如下：

暂存的订货单
*客户编号
*配件编号
*订货日期（年、月、日）
订货数量
计划交货日期

暂存的订货单可简化如下：

暂存的订货单

*客户编号

*配件编号

订货数量

5）“销售单”的实体结构如下：

销售单

*销售单号

*配件编号

销售时间（年、月）

销售量

经手人

它符合第三范式。有时业务上要求按客户分别统计，以便于对客户销售量作一个分析，那么“销售历史”的实体如下：

销售单

*销售单号

*配件编号

*客户编号

销售时间（年、月）

销售量

经手人

6）“应收款明细账”实体的结构如下：

应收款明细账

*客户编号

*配件编号

数量

单价

支票编号

支票金额

收款日期

收款时间

经办人

记账员

它符合第三范式，应付款明细账实体的结构与此相似。

7）“待订货的配件”实体如下：

待订货的配件

*配件编号

待订货数量

“待订货配件”符合第三范式的要求。

8）“供应商”实体规范化与“客户”实体规范化相类似，因此应当由 3 个第三范式的实体组成。“供应商”实体结构的设计如下：

供应商
*供应商编号
供应商名称
供应商地址
开户银行
账号

供应商联系人
*供应商编号
*联系人姓名
电话号码

供应商—配件
*供应商编号
配件编号
厂价

9）“向供应商的订货单”是由“待订货的配件”和“供应商”两个实体产生的，故其结构可如下：

向供应商的订货单
*配件编号
*供应商编号
*订货日期
订货数量
要求到货日期

它符合第三范式的要求。

数据字典和处理逻辑描述等略。

小 结

结构化分析（SA），是一种面向数据流的分析方法，采用结构化分析解决问题主要通过“分解”和“抽象”两种方式。在这一阶段采用了诸如数据流程图（DFD）、数据字典（DD）、处理逻辑表达（PL）、数据存储规范化（NF）等工具或理论。通过 SA 过程就能得到一个系统的抽象的逻辑模型。

信息系统分析强调业务问题方面，而不是技术或实现方面。系统分析就是发现用户需求，搜集现有系统的信息，研究现有系统，验证其存在的问题，确定期望新系统为满足用户要求应具备的功能。系统分析人员必须清楚要收集哪些信息，去何处查找，怎样收集及其构成。要使用正确的收集方法，这些方法是：传统的面谈法、查阅书面资料、问卷法和实地观察法（直接观察法）等。用语言对系统进行描述经常是十分模糊的，因此，常常采用业务流程图进行分析，进而采用数据流程图进行数据流程的抽取，再辅以数据字典、判断树、判断表和结构式语言等进行补充分析和说明。系统分析强调系统的逻辑功能，而不是它的物理实现的方法，即强调系统能够“做什么”，而不是系统“怎么做”。最后编写出系统分析报告。

数据流程图描述在一个系统中现有的或建议的过程及它们的输入、输出和文件。数据流程图由一系列从高层到最低层的数据流程图组成。

数据字典，它对整个系统的每一个数据元素、数据结构、数据存储、数据流、处理功能和外部实体都有明确的定义，并且指出了数据字典中每一个项目的数据流程图之间的关系。

在系统分析阶段，要用规范化方法确定实体中的属性，即对每个实体进行规范化处理，使每一个实体满足第三规范化形式。这样便于在数据库设计时保持数据的一致性。如果每个非主属性都依赖于主键（整个主键），而且除了主键以外再不依赖于任何属性，这个实体就被称为是第三规范化形式。

处理功能说明表达了最低一层的数据流程图中每一个处理功能，即每一个功能单元对数据流的转换路径和策略。处理功能说明的内容应以结构式语言为主，对存在判断问题的处理功能，辅以判断树或判断表加以说明。

复习思考题

1．什么是系统分析？系统分析的内容有哪些？系统分析有哪些特点？

2．业务流程图与数据流程图在系统分析过程中起什么作用？

3．在数据分析中，是否应将所有的数据存储都设计成第三范式？

4．处理功能使用什么工具表达？每种工具适用于哪种情况的表达？

5．系统分析的原则有哪些？

6．简述结构化系统分析的基本思想。

7．系统分析报告应该包括哪些内容？

8．画数据流程图时应该遵循哪些原则？

9．储户到储蓄所去存（取）款时，要将填写好的存（取）单与存折交给营业员，营业员处理完这笔业务后，把存折交给储户。请画出数据流程图。

10．假设某校对考试升留级有如下规定：如果在英语、数学、政治等 3 门主要课程中有两门或两门以上不及格者就留级。试用判断树表示。

11．请绘制出图书馆流通部和采购部的业务流程图和数据流程图。

第5章　系统设计

系统设计是信息系统开发过程中的第二个重要阶段。前一个阶段提出了新系统的逻辑模型，系统设计阶段就是从信息系统的总体目标出发，根据系统分析阶段对新系统的逻辑功能描述，寻求如何实现这些逻辑要求提出的物理模型。物理模型描述系统是什么或者系统做什么，而且还描述系统实际上及技术上如何实现。它们与实现相关，因为它们反映了技术选择和所选技术的限制。系统设计根据结构化分析资料，并考虑经济、技术和运行环境等方面的条件，来确定这个系统应该由哪些子系统、哪些模块组成，如何实现这些组成部分之间的接口，也就是说应该用什么方式把这些组成部分有机地连接在一起，最后怎样把这些工作成果表达出来。系统设计使用一组标准的工具和准则来进行，这就是所谓"结构化系统设计（Structured System Design）的思想"。

5.1　信息系统设计概述

系统设计的依据是系统分析的结果、现行技术、现行的信息管理和信息技术标准有关的法律法规、用户的需求及系统的运行环境等。系统设计包括系统结构设计、处理流程设计、代码设计、输入/输出设计、数据库设计及网络设计等，另外，还要给出系统实施计划，编写系统设计说明书。系统设计大体可以分成总体（概要）设计和详细设计两个阶段。总体设计阶段的主要任务是完成对系统总体结构和基本框架的设计；详细设计阶段的主要任务是在总体结构设计的基础上，将设计方案进一步详细化、条理化和规范化。它给出建设系统时应如何去做和怎样去做的细节，其重点是要把系统功能需求转化成系统设计说明书。在系统设计的实际工作中，上述系统设计各步骤的划分只是粗略的，有些设计需要在各步骤之间多次反复才能完成。系统设计的总原则是：在保证系统设计目标实现的基础上，使技术资源的运用达到最佳。

5.1.1　结构化系统设计的原理

1974年，美国的W. Stevens、G. Myers和L. Constantine等3人联名在IBM系统杂志（IBM System Journal.Vol.13，No.2）上发表了一篇题目是"结构化设计"（Structured Design）的论文，第一次提出了结构化系统设计的思想，指出可以利用一组标准的工具和准则从事系统设计工作。

结构化系统设计就是"用一组标准的准则和工具帮助系统设计员确定系统应该由哪些模块，用什么方式连接在一起，才能构成一个最好的系统结构。"

1. 结构化设计的基本思想

结构化设计方法的基本思想是：将系统设计成由多个相对独立、功能单一的模块组成的结构，即把一个系统自上而下逐步分解为若干个彼此独立而又有一定联系的组成部分。对于任何一个系统都可以按功能逐步由上而下，由抽象到具体，逐层将其分解为一个多层次的，具有相对独立功能的模块所组成的系统。

采用模块化设计可以使整个系统设计简单，结构清晰，可读性、可维护性增强，提高系统的可运行性，同时由于模块之间相对独立，每一模块就可以单独地被理解、编写、测试、排错和修改，从而有效地防止错误在模块之间扩散蔓延，提高了系统的质量（可维护性、可靠性等）。因此，大大简化了系统研制开发的工作，也有助于信息系统的管理。

2. 结构化系统设计的特点

结构化系统设计具有以下 5 个特点：

（1）对于一个复杂的系统，采用系统的观点，按照“自顶向下，逐步求精”的原则将系统分解成若干个功能模块，形成层次结构。逐步求精是“为了能集中精力解决主要问题而尽量推迟对问题细节的考虑。”逐步求精是人类解决复杂问题时采用的基本方法；是许多软件工程技术（如规格说明技术、设计和实现技术）的基础；逐步求精遵守认知过程 Miller 法则：一个人在任何时候都只能把注意力集中在（7±2）个知识块上。

（2）采用图形表达工具——结构图来表达最初方案和优化结果。

（3）有一组基本的设计策略，将数据流程图转换成结构图。

（4）有一组基本的设计原则对这个最初方案进行优化。

（5）有一组评价标准和质量优化技术。

5.1.2 系统设计的任务

系统设计的任务是以系统分析说明书为依据确定新系统在计算机内应该由哪些程序模块组成，各模块用什么方式连接在一起可以构成一个最好的系统机内结构，使用某些工具将设计的成果表达出来，并对各个细节进行设计。系统设计的基本任务大体上可以分为两个方面。

1. 总体设计（概要设计）

把总任务分解成为许多基本的、具体的任务，这称为总体设计（Architectural Design），又称为概要设计（Preliminary Design），总体设计包括系统模块结构设计和计算机物理系统的配置方案设计。

（1）系统模块的结构设计任务。

1）将系统划分为模块。模块就是“具有输入和输出、逻辑功能、运行程序和内部数据 4 种属性的一组程序语句”。

2）决定每个模块的功能。

3）决定模块的调用关系。

4）决定模块的界面，即模块间的数据传递。

模块结构设计的过程分为两步：第一步由数据流程图转换为初始的结构图，在转换的过程中采用系统设计策略；第二步对初始的结构图进行优化，运用系统设计的原则对初始结构图进行优化，使得模块的结构更合理。

（2）计算机物理系统配置方案设计。在进行总体设计时，还要进行计算机物理系统配置方案的设计，要解决计算机软件和硬件系统的配置、通信网络系统的配置、机房设备的配置等问题。计算机物理系统配置方案要经过用户单位和领导部门的同意才可实施。

总体设计是系统开发过程中非常关键的一步，系统的质量及一些整体特性基本上是由这一步决定的。系统越大，总体设计的影响越大。因为一个系统的优化是指系统整体的优化，而不是局部的最佳化。

2. 详细设计

在总体设计基础上，进行系统的详细设计。详细设计是为各个具体任务选择适当的技术手段和处理方法。具体包括：

（1）处理过程设计。

（2）代码设计。

（3）数据库详细设计。

（4）输入/输出界面（人机界面）设计。

（5）网络设计等。

5.1.3 系统设计的目标和质量评价标准

1. 系统设计的目标

建立一个新的信息系统，用户总是期望它在原有的基础上在以下方面有所改进：能够更快捷、更准确、更多地提供信息；能够提供更新的信息；能够具有更多、更细的处理功能；能够提供更有效、更科学的管理方法。

系统设计的目标是：在保证实现系统逻辑模型的基础上，尽可能地提高系统的各项指标，即系统的运行效率、可靠性、可修改性、灵活性、通用性和实用性。系统设计的目标是从保证系统的变更性入手，设计一个易于理解、易于维护的系统。系统设计的目标是评价和衡量系统设计方案优劣的基本标准，也是选择系统设计方案的主要依据。

2. 系统设计的质量评价标准

评价和衡量系统目标实现程度的指标有运行效率、可靠性、可修改性、灵活性、通用性和实用性等，其中前3项是最主要的指标。下面分别加以介绍。

（1）运行效率。一般来说，人们希望建立的新系统具有较高的运行效率。而任何一个系统，它的资源毕竟是有限的，所以要设法提高这些资源的使用效率。一个计算机信息系统所具有的硬件资源主要包括中央处理器、内存储器、外存储器、输入/输出设备等，另外还应包括处理机的运行时间、外部设备运行时间和线路的传输时间等。

运行效率主要是指系统的处理能力、运行时间和响应时间。处理能力，即指单位时间内能够处理事务的个数；运行时间是指在批处理状态下，系统运行一次所需要的时间；响应时间是指在联机处理状态下，在终端上向计算机发出一项请求，到计算机在终端上给出回答所用的时间。不同处理方式的系统，其运行效率有不同的含义。联机实时系统的运行效率主要使用响应时间表示；批处理系统的运行效率主要用运行时间（处理速度）来表示；一个数据库系统，通常希望有较高的处理能力和响应时间等。实际上处理能力、运行时间和响应时间是从不同角度描述系统运行效率的。其中，处理能力是根本的因素，起决定作用。

一般来说，影响处理能力的因素很多，从大的方面来讲，可分为硬件和软件两方面。在硬件方面，主要是计算机的CPU处理速度、内外存配置及系统的体系结构；在软件方面，主要是设计方面的问题。这里主要从设计的角度来说明影响系统运行效率的几个因素及设计应努力的方向。

1）系统的体系结构。系统的体系结构对运行效率有较大的影响。因为管理信息系统是一种在网络环境下的分布式计算与处理系统，其中每一个具体的事务处理一般都可分为几个不同的部分或进程，合理地设计系统的体系结构，使构成事务处理的各个进程具有最大并行处理特性是提高系统处理能力的重要方面。例如，采用 C/S 模式的体系结构，既可以减少网络的传输量及时间，又可以提高系统处理的并行性，从而提高系统的运行效率。

2）临时文件的组织结构和数量。在设计系统的软件时，有时为了处理的方便，需要设计一些临时文件作为系统运行时暂时的信息交换场所。临时文件过多或不合理的组织方式均会影响系统的运行效率。应根据具体的处理要求，设计合理的临时文件及文件的数据组织方式。

3）文件传输的次数及外存访问次数。系统的文件传输次数和外存访问次数多，将影响系统的运行效率。

4）软件结构或程序调用关系。采用结构化的设计方法，设计合理的软件结构或程序调用关系。例如，在保证模块化的前提下，尽量减少模块的调用次数；使一些通用的、使用频率高的模块常驻内存；或使被调用的多个模块并行执行等。

5）程序执行时间。程序的运行时间与程序的质量有关。程序设计方法不同，运行的时间就不同。但现在的计算机速度很快，对于一般的系统来说，程序的执行时间对运行效率的影响并不显著。

（2）可靠性。系统的可靠性指系统正常运行时对外界各种干扰的抵御能力。它包括系统硬件、软件和运行环境的可靠性。异常情况源于系统的硬件故障、软件故障及人为误操作。一个可靠的系统，在正常运行的情况下是不会引起危险和严重失灵的。

衡量系统可靠性的指标是“平均故障间隔时间”（Mean Time Between Failures，MTBF），它是指平均发生前后两次故障的间隔时间。例如，第一次故障在 3:00 发生，第二次故障在 11:00 发生，第三次故障在 23:00 发生，那么：

平均故障间隔时间 MTBF=（8+12）/2=10（h）

和系统可靠性密切相关的是系统的可维护性，即“平均修复时间”（Mean Time To Repairs，MTTR），它是指在系统发生故障以后，平均每次所用的修理时间，也称为排除故障时间。

显然，平均故障间隔的时间越长，系统的可靠性越高。系统平均修复时间越短，则系统的可维护性越高。有了“平均故障间隔时间”MTBF 和“平均修复时间”MTTR 这两项指标，就可以衡量系统的有效性：

$$\text{系统的有效性}=\frac{\text{MTBF}}{\text{MTBF}+\text{MTTR}}$$

系统的有效性是一个大于零小于 1 的数，这项指标越接近于 1，则系统的有效性就越高。

提高系统的可靠性可从系统的硬件、软件和运行环境 3 个方面来考虑。从硬件方面来看，应该选用可靠性较高的设备；从软件方面来说，在程序中应设置各种检验措施，以防止误操作和非法使用；从系统运行环境来考虑，对系统的硬件和软件要有各种安全保证措施，有操作的规章制度等。

从系统设计的角度来看，提高系统的可靠性有以下途径：

1）设计中应尽量避免软件的逻辑错误。

2）对可能出现的错误，系统要有完善的检、纠错功能和对安全的考虑。如对输入数据进行校验，建立运行日志和监督跟踪，规定文件的存取权限及及时备份等。

3）对可能出现的错误进行出错冗余设计，如硬件的选择及备份、软件的容错能力等。

一般情况下，提高系统的可靠性是要付出代价的。例如，引起系统处理效率的降低，或增加必要的硬件设备而使系统的成本增加等。因此，应根据具体情况，对一些重要的因素，诸如可靠性、运行效率和系统成本，做出折衷选择。

（3）可修改性。一个系统总是为一个目标服务的，而系统是在实际环境中运行的，它的数据来自于现实世界，现实世界是在不断变化的，计算机技术也是在不断发展的；在系统的测试阶段会出现问题和故障；系统运行后，还会逐渐暴露出来一些问题和缺陷；在使用过程中会出现硬、软件的故障，因此需要对系统进行修改和维护。系统的可修改性是指修改和维护系统的难易程度，也称为系统的可变更性。

系统修改的难易程度取决于以下方面：

1）系统硬件的可扩充性、兼容性和售后服务质量。

2）系统软件的可操作性、先进性和版本升级的可能性等。

3）数据存储规范化程度及方便性。

4）应用软件的设计方式等。如对应用软件采用好的设计方法，将会增加系统模块的独立性，使系统的结构清晰，便于维护和修改，从而提高系统的适应性。

近几年，随着计算机技术应用的发展，系统维护时间和费用所占的比例越来越大。一个可修改性好的系统维护相对容易，生命周期就长。

（4）通用性。系统的通用性是指同一软件在不同组织的可应用程度。系统的通用性好，可以保证系统的使用条件发生变化时，该系统不经变动或少量变动后，仍能完成预定的使用功能。对于一般用户来说，都希望购买的软件不经过修改或经少量修改后就可以使用。因此，提高软件系统的通用性，可以扩大软件的应用范围，降低开发成本。

影响系统通用性的因素有系统功能的完善程度和业务处理的规范化、标准化程度。

（5）实用性。实用性指系统为用户提供所需要信息的准确程度、操作的简便性、输出表格的实用性等。为了满足系统的实用性，要求设计人员在各个环节都要精心设计，如输入/输出设计、代码设计、人机界面设计等。

系统目标评价指标是相互联系、互相制约的。在某些条件下，它们是互相矛盾的，但在某些条件下，可能又是彼此促进的。例如，为了提高系统的可靠性，就需要增加校验措施及对错误情况进行处理的功能，这将会延长系统的处理时间，从表面上看，降低了系统的运行效率，但由于系统的可靠性提高了，系统出现故障的概率就减少了。因此，设计人员必须根据具体系统的目标要求和实际情况，权衡利弊后再决定把哪个指标放在主要位置上加以考虑，哪一个可以放在次要位置上考虑。一般情况下，系统的可变更性会更重要一些。因为系统的维护是非常重要的，一个系统维护得好就可以提高系统的生命周期，增强系统的生命力。

5.1.4　系统设计使用的工具

结构化系统设计使用的基本工具有：

（1）结构图。它是一种重要的图形工具，不仅可以表示一个系统的层次结构关系，还反映出模块的调用关系和模块之间数据流的传递关系等特性。

（2）两个设计策略。它们属于面向数据流的设计策略，分别是以事务为中心的设计策略（也称事务分析）和以变换为中心的设计策略（也称变换分析）。运用这两项策略，能够比较容易地将数据流程图转化成结构图，并且能够比较容易地将一个复杂的信息系统加以分解并简化。

（3）一组系统设计原则。包括系统中模块之间的耦合性（或称耦合程度）；每一个模块的内聚性（或称内聚程度）；模块的分解；扇入和扇出等原则。

5.2 信息系统设计策略

所谓设计策略，是指将数据流程图转化成结构图的方法，它属于面向数据流的设计方法。数据流程图有两种典型的结构，一是变换型结构（Transform），它是一种线性结构，可以明显地被分为输入、处理和输出 3 部分；另一种是事务型结构（Transaction），即接受一项事务，再根据事务类型决定执行某一事务处理，或者将某一个处理的输出分解为一串平行的数据流，然后选择后面的某一个处理予以执行。根据数据流程图种类的不同，有两种设计策略，一种是以事务为中心的设计策略，也称为事务分析；另一种是以变换为中心的设计策略，也称为变换分析。这两种方法都是先设计结构图的顶层主模块，然后再自顶向下逐步细化，得到满足数据流程图要求的系统结构。

5.2.1 结构图

结构图（Structure Chart）是系统结构设计的一项主要工具，用于表达系统内各部分的组织结构和相互关系，可反映模块的调用和被调用关系，它解决了传统方法所不能解决的问题。

1. 结构图的基本符号

（1）模块。模块用一个长方形表示。方框内写上模块的名称，如图 5.1（a）所示。模块的名称应该适当地反映模块的功能，应由一个动词和一个做宾语的名词表示。例如，计算工资、打印报表等，只用打印或工资都是错误的。

（2）调用关系。调用关系用一条带箭头的直线表示，从一个模块指向另一个模块的箭头表示前一个模块调用后一个模块。箭尾部分是调用模块。箭尾的菱形表示有条件调用，弧形箭头表示循环调用，如图 5.1（b）所示。

（3）数据。用带空心圆圈的有向直线表示模块与模块之间的数据传递关系。在直线旁边标上数据名称或编号，如图 5.1（c）所示。

（4）控制。用带圆点的有向直线表示模块与模块之间的控制信息传递关系。在直线旁边标上控制信息变量，如图 5.1（d）所示。

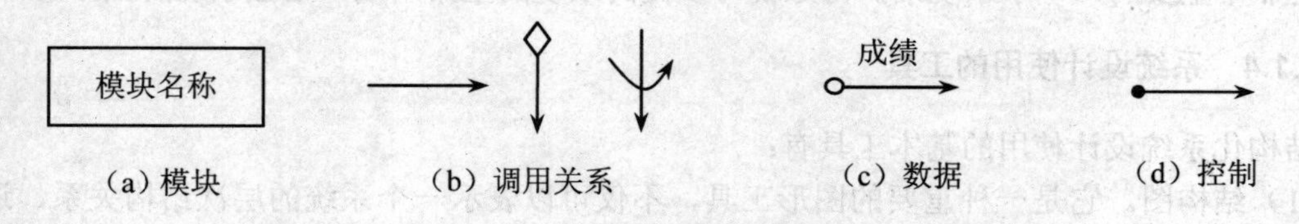

图 5.1 结构图使用的符号

2. 结构图中模块的调用关系

结构图中模块的调用关系如图 5.2 所示。

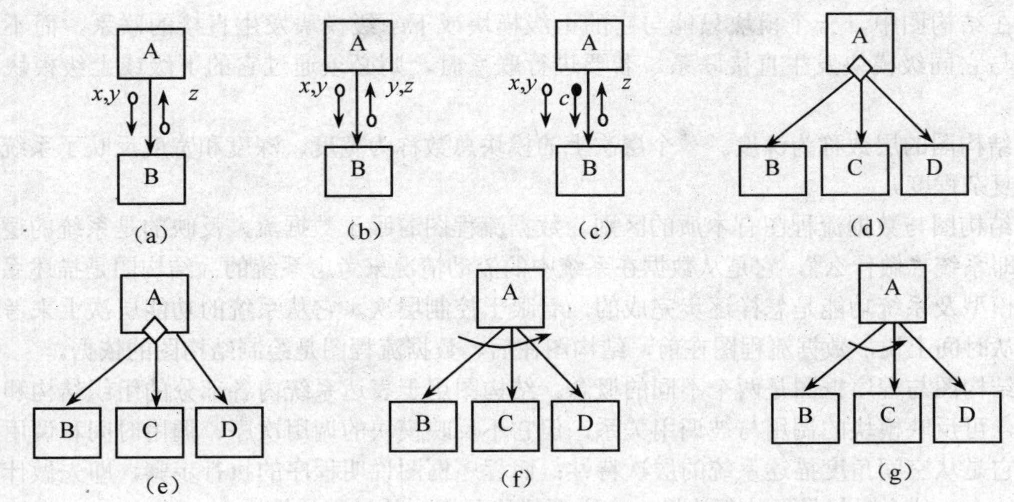

图 5.2 结构图的调用关系

图 5.2（a）所示的结构图说明了模块 A 调用模块 B 的情况，在模块 A 调用模块 B 的同时将数据 x 和 y 传送给模块 B，模块 B 处理完后，将新的数据 z 返回给模块 A。图 5.2（b）所示的结构图说明，在模块 A 调用模块 B 的同时将数据 x 和 y 传送给模块 B，模块 B 处理完后，将新的数据 z 和修改后的数据 y 返回给模块 A。图 5.2（c）所示的结构图说明了在模块 A 调用模块 B 的同时将数据 x、y 和控制信息 c 传送给模块 B，模块 B 处理完后，将新的数据 z 返回给模块 A。图 5.2（d）所示的结构图表示模块 A 有条件地选择调用模块 B 或模块 C 或模块 D，图中的菱形符号表示选择调用关系。图 5.2（e）所示的结构图与图 5.2（d）不同，它表示模块 A 有条件地选择调用模块 B 或模块 C，然后再调用模块 D。或者模块 A 先调用模块 D，然后再有条件地选择调用模块 B 或模块 C。图 5.2（f）所示的结构图表示模块 A 循环地调用模块 B、模块 C 和模块 D，图中的弧形箭头表示循环调用关系。图 5.2（g）所示的结构图表示模块 A 循环地调用模块 B 和模块 C，然后再调用模块 D。或者模块 A 先调用模块 D，然后再循环地调用模块 B 和模块 C。

在图 5.2 中只说明了模块之间的顺序调用、判断调用和循环调用关系，表示出了模块之间的连接关系。但在什么时候调用、什么条件下调用及调用多少次却是不知道的。另外，结构图并没有严格地表示模块的调用次序，只是表明模块的调用关系。虽然许多人习惯按调用次序从左到右画出模块，但结构图并没有这种要求，有时为了避免线条的交叉或其他某些方面的考虑，完全可按其他次序画图，如图 5.3 所示。

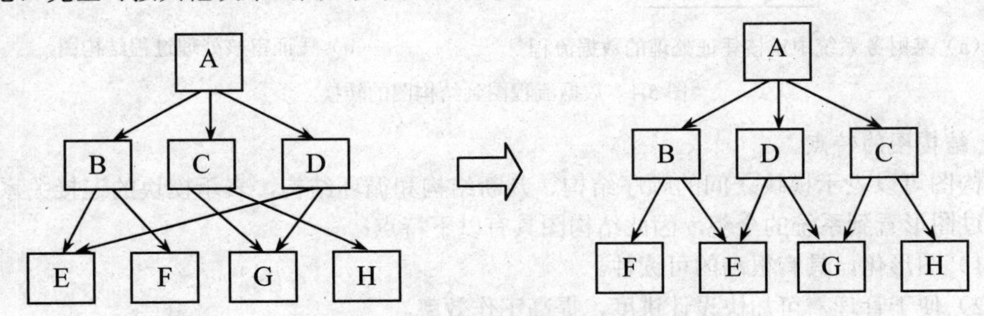

图 5.3 避免交叉的解决方法

在结构图中，一个模块只能与它的上级模块或下一级模块发生直接的联系，而不能越级或与它同级模块发生直接联系。若要进行联系时，则必须通过它的下级或上级模块进行传递。

结构图的层数称为深度。一个层次上的模块总数称为宽度。深度和宽度反映了系统的大小和复杂程度。

结构图与数据流程图有本质的区别。数据流程图着眼于数据流，反映的是系统的逻辑功能，即系统“做什么”，它是从数据在系统中的流动情况来考虑系统的；结构图是描述系统的物理模型及系统功能是怎样逐步完成的，着眼于控制层次，它从系统的功能层次上来考虑系统。从时间上说，数据流程图在前，结构图在后。数据流程图是绘制结构图的依据。

结构图与程序框图是两个不同的概念。结构图用于表达系统内各部分的组织结构和相互关系，可反映模块的调用与被调用关系，但它不反映模块的调用次序、调用时间和调用次数等，它是从空间角度描述系统的层次特性；而程序框图说明程序的执行步骤，即先做什么，后做什么，什么时候做及执行次数，它主要描述了模块的过程特性。

3. 结构图的表示

结构图是由数据流程图转换而来的，后面将讲述如何由数据流程图转换成结构图，在此先给出一个例子，大家通过这个例子，可以了解什么是结构图，结构图表示的主要内容和它所代表的意义。

图 5.4（a）是某财务系统中审核凭证处理的部分数据流程图，用户向系统输入需要审核的凭证号，系统从财务数据库中自动读取该凭证号下的记录，并予以审核，然后显示审核结果。该图可以转换成如图 5.4（b）所示的结构图。图 5.4（b）是凭证审核处理过程的结构图，这种图简单易懂，它可以反映出凭证审核处理由哪些模块组成，模块之间的连接关系。结构图既便于设计人员表达自己的设想，又便于编写程序的人员了解实现要求，也便于和管理人员进行商讨。

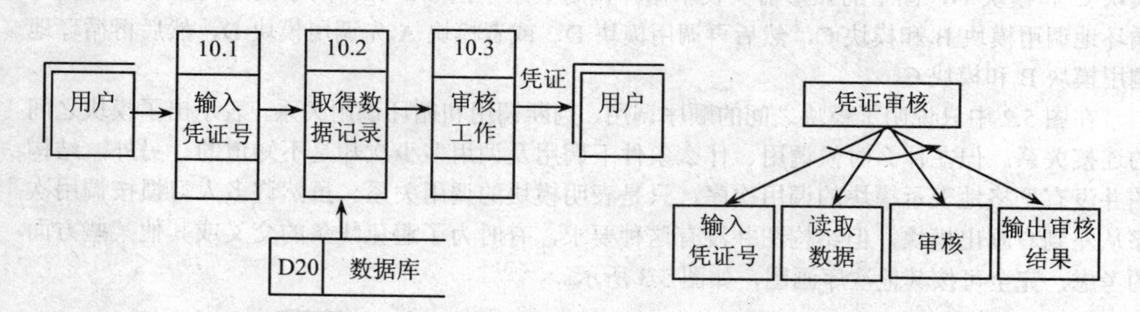

（a）某财务系统中审核凭证处理的数据流程　　（b）凭证审核处理过程结构图

图 5.4　数据流程图到结构图的转换

4. 结构图的特点

结构图可以表示模块之间的顺序结构、判断结构和循环结构，表示模块的连接关系，并可以通过图形看到系统的全貌，因此结构图具有以下特点：

（1）图形化，具有很高的可读性。

（2）便于管理，可加快设计进度，提高工作效率。

（3）具有较高的严密性和灵活性。

（4）在程序设计、系统测试和系统维护工作中仍起作用。

5.2.2　事务分析

对于一个比较大的、复杂的模块，可以采用分解的方法将它化简，把它分解成若干个从属于它的新模块。模块分解的对象就是事务型结构的数据流程图。一般来说，高层数据流程图中的处理功能，它们的功能都是彼此独立的，可以把每一个处理功能看成是一类特定的事务。所谓一件事务，就是指一组数据或事件流入系统，并引起一组处理动作。图5.5是一个事务型结构的数据流程图，它是某个系统的第一层数据流程图，图中的3个处理功能AA、BB、CC表达了3类不同的事务。在任何一张结构图中，最高层模块只有一个，因此，可以把整个信息系统看作是一个最高层模块，把它分解成3个从属的新模块，如图5.6所示。

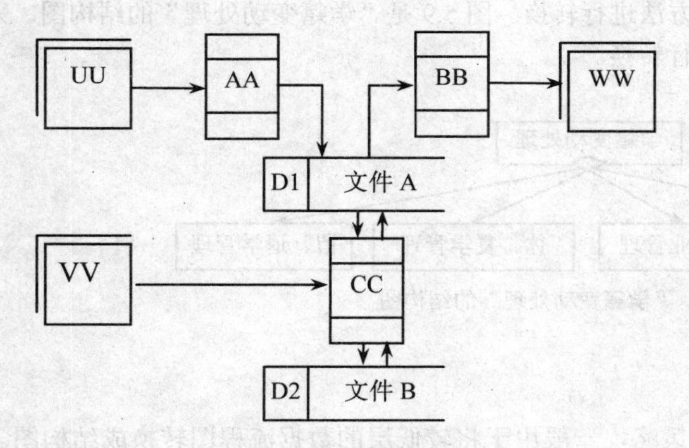

图5.5　事务型数据流程图

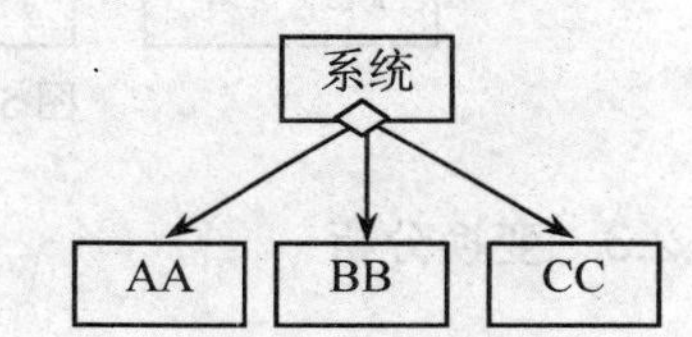

图5.6　事务分析后的结构图

事务分析就是对事务型结构的数据流程图进行变换，从而导出标准的结构图的一种方法，它是结构化系统设计的一项主要设计策略。事务分析的过程如下：

（1）分析数据流程图，设计出高层模块，即主模块。

（2）将处理分解成信息系统的事务，设计每个事务处理模块。

（3）为每个事务处理模块设计操作模块。

下面以大家比较熟悉的、前面讨论的教学管理系统为例，介绍如何由事务型结构的数据流程图转换成结构图。图4.53是教学管理系统的一级数据流程图，其中包含了10个处理功能，这10个处理功能是彼此独立的，因此可采用事务分析方法将其转化为结构图，如图5.7所示。

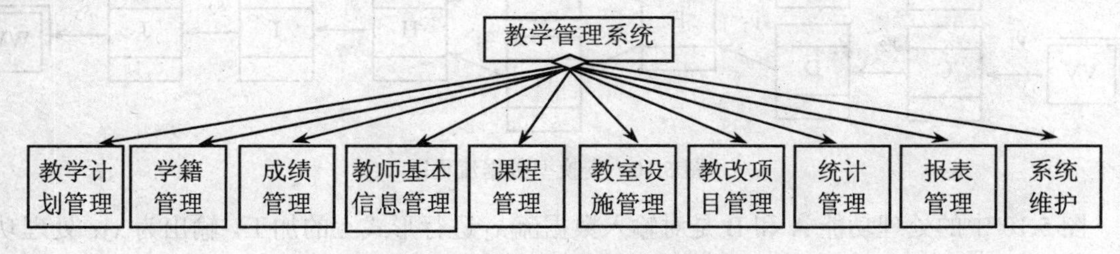

图5.7　教学管理系统高层结构图

图 4.35 是“学籍管理”子系统的数据流程图，将学生奖惩管理分为学生奖励管理和学生处分管理在“学籍管理”子系统中存在 7 类不同的事务，因此，对“学籍管理”子系统也可以采用同样的方法进行转换成。图 5.8 是“学籍管理”子系统的结构图。

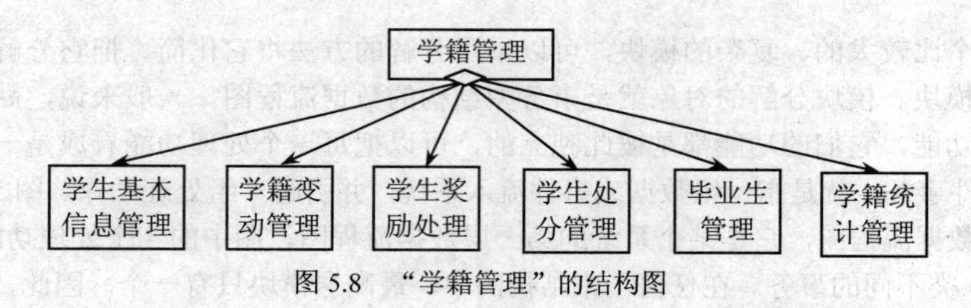

图 5.8 “学籍管理”的结构图

图 4.54 是“学籍变动处理”的数据流程图，在此图中包含了 4 类不同的事务，因此，对“学籍变动处理”仍然使用事务分析方法进行转换。图 5.9 是“学籍变动处理”的结构图。采用同样的方法可以对其他的子系统进行转换。

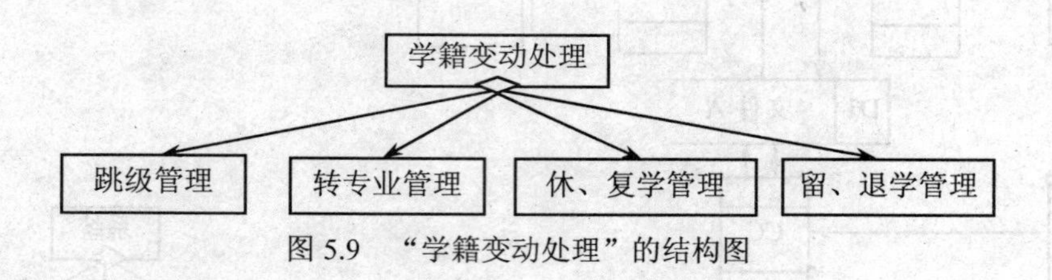

图 5.9 “学籍变动处理”的结构图

5.2.3 变换分析

变换分析也是结构化设计的一种策略，一般用于将较低层的数据流程图转换成结构图。如果在数据流程图中，从同一个数据来源流入的数据流在系统中所经过的逻辑路径几乎都是相同的，而且存在着以下 3 类处理功能，那么可以采用变换分析的方法。第一类处理功能执行输入功能，它们对输入数据流进行一系列形式上的加工，如编辑、验证、排列等。第二类处理功能执行变换功能，它对输入的数据流进行实质性的变换，也就是真正的处理，它是变换的中心。第三类处理执行输出功能，它对输入的数据流进行形式上的一系列加工，如排列显示格式等，然后输出数据。第二类处理功能就是变换中心，可以用变换分析的方法将数据流程图转换成结构图。图 5.10 是一个抽象的变换型结构的数据流程图。

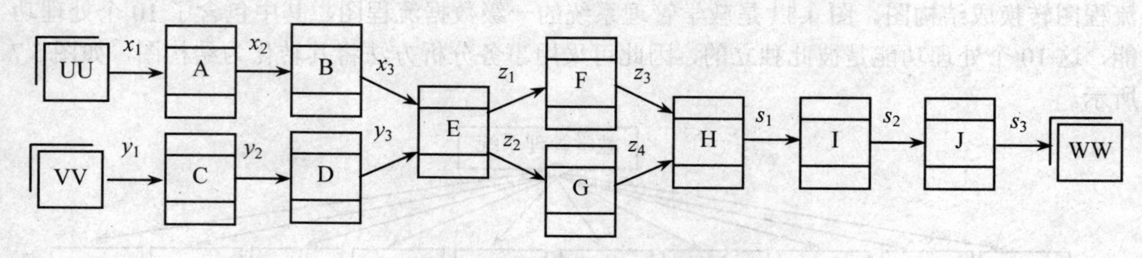

图 5.10 变换型数据流程图

图 5.10 中的处理功能 A 和 B 是对输入数据流 x_1 进行形式上的加工，输出为 x_3；处理功能 C 和 D 对输入数据流 y_1 进行形式上的加工，输出为 y_3。因此处理功能 A，B，C，D 属于第一

类，执行输入功能；图中的处理功能 E，F，G，H 属于第二类处理功能，对输入的数据流 x_3 和 y_3 进行真正的变换，输出数据流为 s_1；图中的处理功能 I、J 属于第三类处理功能，执行输出功能，对数据流 s_1 进行形式上的加工，输出数据流 s_3 给外部实体 WW。因此采用变换分析，可将图 5.10 转换成如图 5.11 所示的结构图。

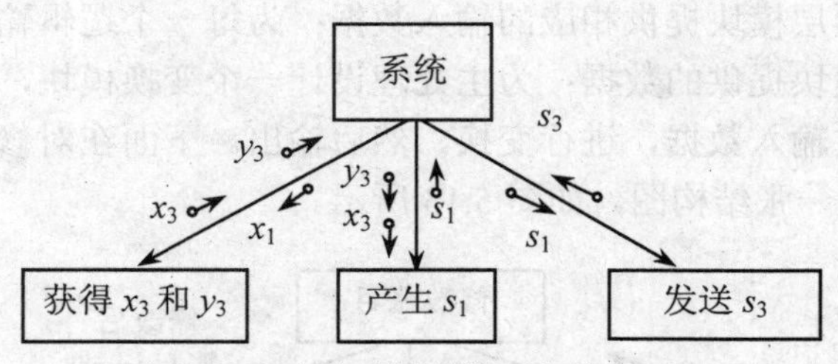

图 5.11　变换分析后的系统结构图

具体设计的步骤如下：

1. 分析数据流程图，确定中心变换、输入和输出

（1）从物理输入端开始，沿着每一个由数据源传入的数据流的移动方向进行跟踪，逐步向中心移动，直到数据流不再被看作系统的输入为止，这时它的前一个数据流就称为逻辑输入。换句话说，离物理输入端最远的，但仍可看作是系统输入的那个数据流就是逻辑输入，如图 5.10 中的数据流 x_3 和 y_3。

（2）与（1）跟踪的数据流的方向相反，应从物理输出端开始，逐步向系统的中间移动，直至找到离物理输出端最远的，但仍可被看作是系统的输出的那个数据流，即找到了逻辑输出，如图 5.10 中的数据流 s_1。

（3）找出系统的中心变换，即位于逻辑输入和逻辑输出之间的处理功能，如图 5.10 中位于数据流 x_3、y_3 和数据流 s_1 之间的处理功能。

图 5.12 是一个根据用户输入的编码修改账目的数据流程图的一部分。图中数据来源有两个，即用户输入内容和原账目数据库记录，在“修改账目”处理过程之前的数据流显然没有发生实质性的变化，因此属于执行输入功能；“修改账目”处理流程输出两条数据流，一条重新写账目数据库记录，另一条将反馈结果输出给用户。因此经分析它的输入、变换和输出功能如图 5.12 中虚线所示。变换中心为“修改账目”处理过程。

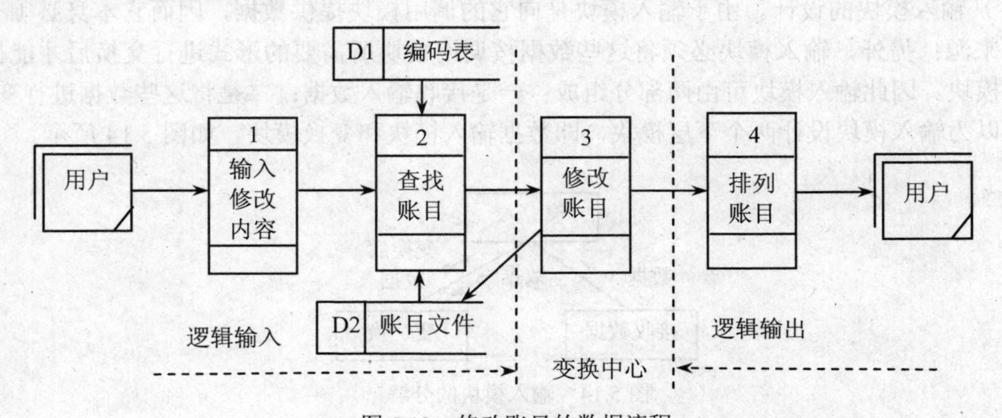

图 5.12　修改账目的数据流程

2. 上层模块的设计

自顶向下设计的关键是找出"顶"的位置。确定了变换中心实际上就决定了系统结构的"顶"。系统的上层模块分为两层，顶层为一个主模块，系统的主处理就是系统的顶层模块；第一层模块按输入、变换、输出等分支来处理。设计的原则是为每一个逻辑输入设计一个输入模块，其功能是为顶层模块提供相应的输入数据；为每一个逻辑输出设计一个输出模块，它的功能是输出顶层模块提供的数据；为主处理设计一个变换模块，它的功能是将逻辑输入变成逻辑输出，即接收输入数据，进行变换，然后输出。下面在对修改账目数据流程图分析的基础上，画出它的第一张结构图，如图 5.13 所示。

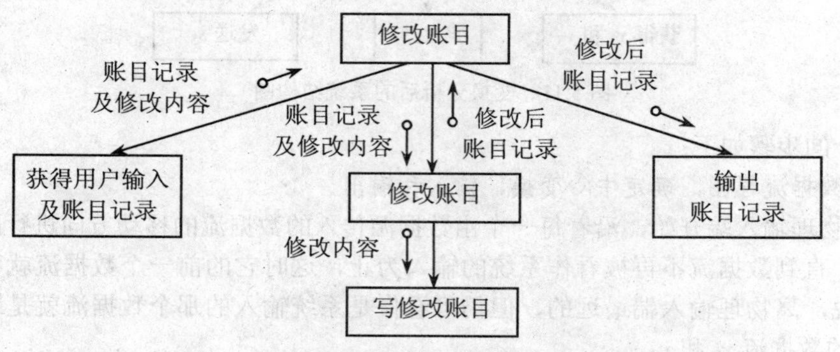

图 5.13 修改账目结构图

在图 5.13 中，高层模块"修改账目"起控制和调度的作用。它调用获得用户输入及账目记录模块，将账目记录及修改内容传送给主控模块，主控模块再调用修改账目模块，对账目记录进行修改，将修改后的内容写入账目文件，同时将修改后的内容传输给主控模块，主控模块再调用输出模块，将修改后的账目记录输出。

3. 设计输入、输出和变换中心的下层模块

设计下层模块的工作实际上是自顶向下、逐步细化上层模块的过程。这里要充分利用前面已经讨论的模块的设计原则和经验，如模块间的耦合度、模块内部的聚合度、模块的分解、扇入和扇出、控制范围和影响范围等设计原则。合理分解和组织系统的结构，必要时采取适当的方法改进系统的结构。对输入和输出部分可进行以下的设计。

（1）输入模块的设计。由于输入模块是向它的调用模块提供数据，因而它本身必须有一个数据来源；另外，输入模块必须将这些数据按调用模块所需要的形式进行交换后才能提供给调用模块。因此输入模块可由两部分组成：一是接收输入数据；二是将这些数据进行变换。这样可以为输入模块设计两个下层模块，即数据输入模块和变换模块，如图 5.14 所示。

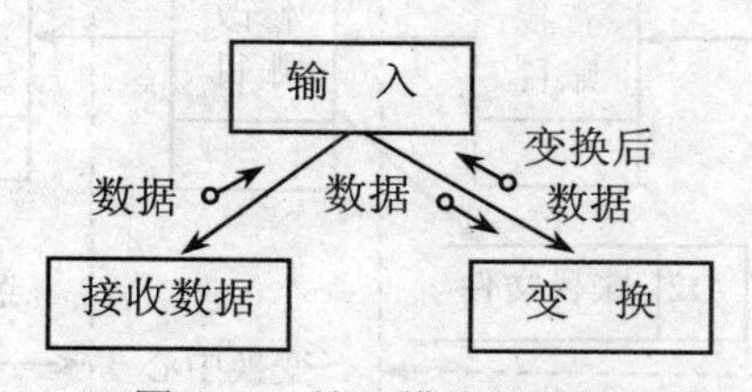

图 5.14 输入模块的分解

（2）输出模块的设计。输出模块的设计基本上同输入模块，也是分解为两部分：一是将

调用模块提供的数据转换成输出需要的形式；二是将变换后的数据输出。输出模块的分解如图 5.15 所示。

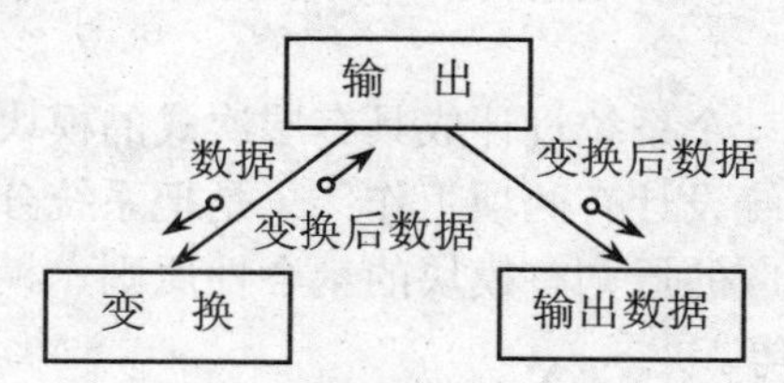

图 5.15　输出模块的分解

上述过程可以自顶向下、递推地进行，直至达到系统的物理输入端或物理输出端为止。

（3）确定变换模块的下层模块。设计变换模块的下层模块没有一定的规律可循，一般来说应仔细研究数据流程图中相应的主要变换部分，以及根据应用模块设计原则等来考虑变换部分的分解。

改进后的修改账目结构图如图 5.16 所示。转换得到的结构图并不是唯一的，完全可以根据数据流程图得出其他形式的系统结构图。

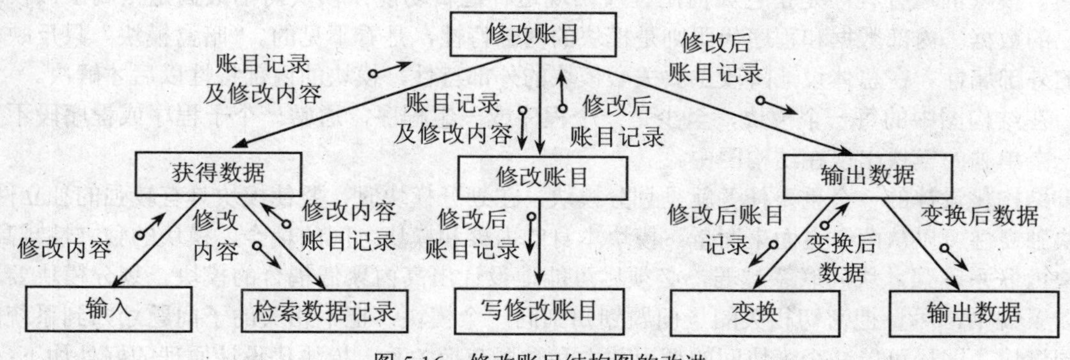

图 5.16　修改账目结构图的改进

在教学管理系统中，有些也可以采用变换分析处理，如在图 4.37“学籍变动管理”中的留退学管理就可以采用变换分析，如图 5.17 所示。

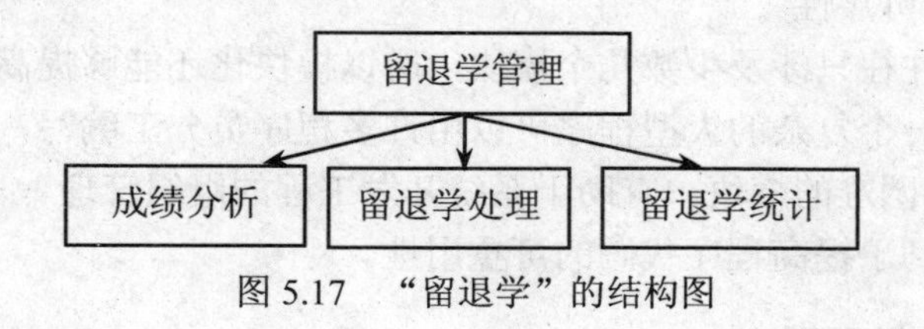

图 5.17　“留退学”的结构图

5.2.4　系统设计的策略

事务分析一般用于高层数据流程图转换成结构图，它能够把一个大的、复杂的系统分解成若干个较小的、简单的系统；变换分析一般用于将低层数据流程图转换成结构图，变换分析可将数据流程图中的处理功能分解成具有输入、中心变换、输出功能的简单模块；当然有时低层数据流程图的转换也可以采用以事务为中心的设计策略，这就要根据数据流程图和数据立即存取分析图来决定。

5.3 信息系统设计原则

结构化系统设计强调把一个系统设计成具有层次式的模块化结构。因此，系统设计的原则就是模块设计的原则。系统设计有两项工作：一是把系统分解成若干个暗盒模块；二是设法把模块组织起来。与此相应的原则有模块的耦合性原则、模块的内聚性原则、模块分解原则和模块的扇入、扇出原则等。

5.3.1 模块

模块（Module）一词使用很广泛，在传统的程序设计中，将能够执行某项动作的若干条程序语句，可以看作一个模块，但不够精确。在结构化设计中，模块具有输入和输出、逻辑功能、运行程序、内部数据 4 种属性。模块的输入、输出是模块与外部的信息交换。一个模块从它的调用者那里获得输入，把产生的结果再传递给调用者。模块的逻辑功能是指它能做什么事，表达了它是如何把输入转换成输出的。输入、逻辑功能、输出构成一个模块的外部特性。模块的运行程序是指它如何用程序实现这种逻辑功能；模块内部数据是指属于该模块自己的数据。内部数据和程序代码则是模块的内部特性，是看不见的。“暗盒模块”只反映模块的外部属性。在总体设计阶段主要关心模块的外部特性，模块的内部特性以后才解决。

在结构图中的每一个模块，至少是一个程序或一组程序，通常一个子程序或程序段不作为一个单独的模块出现在结构图中。

结构化设计的一个重要任务就是划分模块，在划分模块时，要使模块具有较强的独立性。模块独立性可以从两个方面来衡量：模块本身的内聚和模块之间的耦合，模块的独立性越高，则块内联系越强，块间联系越弱，必须尽可能地设计出高内聚低耦合的模块。划分模块要遵循以下规则：尽量把密切相关的子问题划归到同一个模块；把不相关的子问题划归到系统的不同模块。即尽可能减少模块间的调用关系和数据交换关系。模块化设计原理的好处如下：

（1）模块化使系统结构清晰，容易设计，也容易阅读和理解。

（2）程序错误通常局限在有关的模块及其接口中，所以模块化能使系统容易测试和调试，从而有助于提高系统的可靠性。

（3）系统的变动往往只涉及少数几个模块，所以模块化还能够提高系统的可修改性。

（4）模块化使得一个复杂的大型程序可以由许多程序员分工编写，并且可以进一步分配技术熟练的程序员编写困难的模块，有助于系统开发工程的组织管理。

（5）模块化还有利于提高程序代码的可重用性。

5.3.2 模块的耦合性原则

一般来说，模块之间的联系越多或越复杂，它们之间的相互依赖的程度就越高，即模块的独立性就越低。为什么模块的独立性很重要呢？因为具有独立性的系统比较容易开发，模块的独立性越好，模块的相互影响就越少。当系统中某一个模块出错时，产生连锁反应的概率就越低，从而可靠性就越高；独立的模块容易测试和维护。总之，模块独立是设计一个“好”系统的关键。两个模块彼此完全独立，是指其中任意一个模块在运行时与另一个模块存在与否根本无关。

模块之间的联系方式有两种："用过程语句引用"和"直接引用"。使用过程语句引用是通过被调用模块的名称来调用整个模块，使其完成一定的功能；直接引用是一个模块直接调用另一个模块内部的数据或指令。前一种调用方式模块之间的联系较少，独立性较强；后一种调用方式模块之间的联系增多，修改一个模块，将直接影响其他模块，降低了模块的独立性。

两个模块之间的相互依赖关系称为耦合（Coupling）。它是决定系统内部结构的一个重要因素，是设计模块的一个重要原则，它对系统设计方案的质量有重大影响。模块之间耦合程度低，说明系统分解得好，这样将有助于消除系统内部各种不必要的关系，加强必要的联系，减少系统的复杂性，使系统尽量简单，易于理解。影响模块之间耦合程度的最主要因素是模块之间信息传递的复杂性。

如果两个模块之间彼此完全独立，也就是各自可以独立运行，那么这两个模块之间没有任何的耦合关系。模块之间的耦合关系有以下几种：

1. 简单耦合（Simple Coupling）

如果两个模块之间仅仅存在着调用和被调用关系，除此之外，在它们之间没有任何的信息传递，这两个模块的耦合程度最低，称为简单耦合。简单耦合模块之间的关系最简单，这是期望的模块耦合方式。但是在系统中不可能使得所有模块之间都存在着这种耦合关系。

2. 数据耦合（Data Coupling）

如果两个模块之间不仅存在着调用和被调用关系，而且模块之间存在着数据通信，也就是模块之间的通信方式是数据传递，或称参数交换，这种耦合称为数据耦合。数据耦合在系统中经常出现，其耦合程度很低。但是模块之间数据传递参数的个数要控制在最小，以便减少信息通信的复杂性。在数据传递中能用单个参数就不用数据结构，如图 5.18 所示。

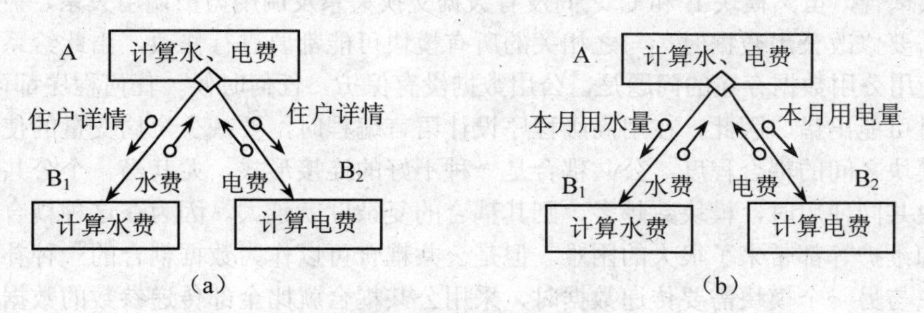

图 5.18　数据耦合

3. 控制耦合（Control Coupling）

如果两个模块之间不仅存在着调用和被调用关系，而且在模块之间存在着控制信息的传递。尽管这种控制信息表面上是以数据的形式出现，但实质上是一个"标识"或一个"开关"，或表示一种"状态"。接收这个控制信息的模块根据该控制信息的状态做出某种判断，这种耦合称为控制耦合。控制信息是指控制程序运行过程的信息。控制耦合是一种中等程度的耦合。如图 5.19（a）所示，模块 A 向模块 B 传递参数"平均/最高"，这个参数控制了模块 B 的内部逻辑，模块 B 根据参数的值是"平均"还是"最高"去取相应的成绩回送给模块 A。参数"平均/最高"实际上是一个开关量。模块 A 设置开关值，在调用模块 B 时就要理解开关量，根据开关量来进行处理。在实际设计中，控制耦合是可以避免的，如图 5.19（b）所示，它是图 5.19（a）的转换图。

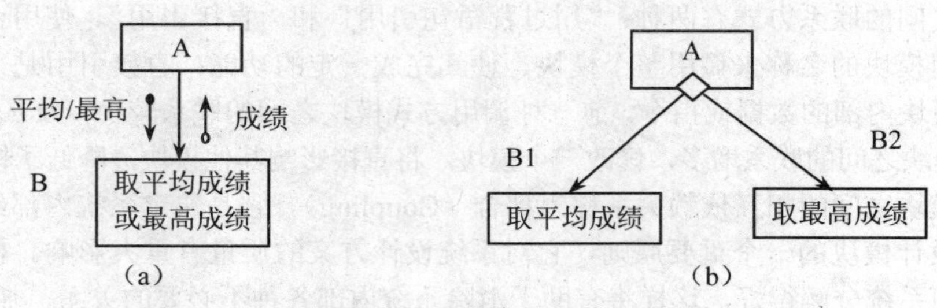

图 5.19　控制耦合

4. 公共耦合（Common Environment Coupling）

如果两个模块都和同一个公用数据域有关或两个模块与某一个公共环境联系在一起，就是公共耦合。例如，与指定的输入/输出设备及其通信规程联系在一起，则在系统中出现较强的耦合，如图 5.20 所示。

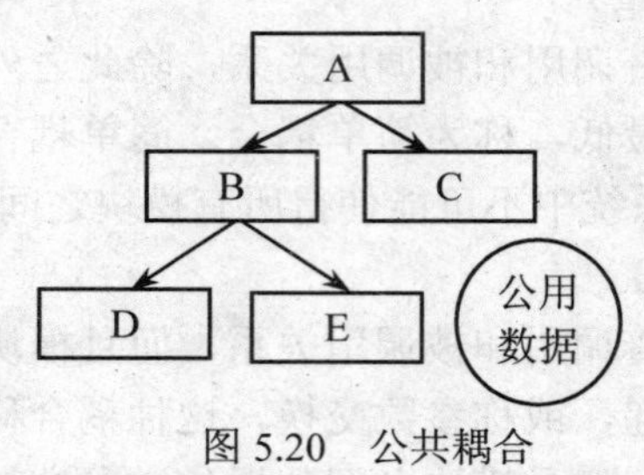

图 5.20　公共耦合

在图 5.20 中，假设有一个全局变量是这 5 个模块的公用数据，那么模块 E 和模块 C 之间存在着公共耦合，虽然模块 E 和 C 之间没有数据交换关系及调用与被调用关系，彼此功能独立。但当需要修改公用数据时，与之相关的所有模块可能都要进行修改，由此给系统维护带来困难。使用公用数据存在的问题是，公用数据没有保护，任何时候、任何程序都可以修改，模块执行时可能出错。因此，在用高级程序设计语言编程时，要减少全局变量的使用，可以大大降低模块之间的耦合程度。公共耦合是一种不好的连接形式，尤其当一个公共数据区域被多个模块共同使用时，模块数越多，则其耦合的复杂度就越大。因为在这种耦合下，给数据的保护和维护等都带来了很大的困难。但是公共耦合可以作为数据耦合的一种补充。如果当一个模块与另一个模块需要传递数据时，采用公共耦合就比全部传递参数的数据耦合方式要方便。

5. 内容耦合（Content Coupling）

如果一个模块与另一个模块的内部数据有关，使用该模块的内部数据或控制信息，这种耦合称为内容耦合。例如，一个模块访问另一个模块的内部数据；一个模块使用另一个模块内部的控制信息；一个模块调用执行另一个模块中间的部分程序代码；或者模块不符合单入口和单出口的原则等，如图 5.21 所示。内容耦合是一种耦合最强的连接关系，极大地增强了系统的复杂性，给系统的维护带来极大的困难，是系统设计中应避免使用的。

6. 几种耦合的比较

模块的几种耦合形式在可读性、可维护性、错误的扩散程度及公用性等方面是各不相同的，下面对这几个方面进行比较研究，以便大家更好地了解每种耦合形式的特点，更好地进行模块设计。几种耦合形式的比较如表 5.1 所示。

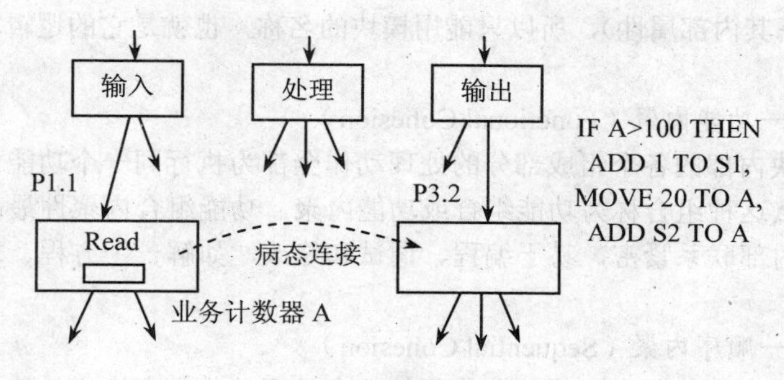

图5.21 内容耦合

表5.1 模块的耦合程度比较

耦合形式	可读性	可维护性	扩散错误的能力	公用性
简单耦合	好	好	弱	好
数据耦合	好	好	弱	好
控制耦合	一般	不好	一般	不好
公共耦合	最差	差	强	最差
内容耦合	最差	最差	最强	最差

7. 影响模块间耦合程度的因素

影响模块之间耦合程度的因素有3个方面：

（1）联系方式，即模块之间通过什么方式进行联系。

（2）传递信息的作用，模块间来往信息所起的作用。

（3）数量，模块间传递信息的多少。

8. 系统设计中模块之间的连接原则

在对一个系统进行模块设计时，遵循以下的原则：尽量采用低耦合形式，也就是尽可能采用简单耦合或数据耦合；减少控制耦合；必要时使用公共耦合，但一定要将数量控制在最少；绝对不能采用内容耦合。

5.3.3 模块的内聚性原则

模块的内聚性（Cohesion）这个概念，是L. Constantine（结构图的倡导者之一）在20世纪60年代中期首先提出的。70年代他又和W. Stevens、G. Myers、E. Yourdon等具体地提出了有关模块内聚性的理论，作为度量一个模块可修改性的标准，并以此来评价一个模块是属于“暗盒”模块还是“透明盒子”模块，或是介于两者之间的模块。内聚性是度量一个模块功能强度的一个相对指标，模块的内聚性，主要表现在模块内部各组成部分为了执行处理功能而组合在一起的相关程度，即组合强度。所谓模块内部的一个“组成部分”，是指该模块运行程序中的一条指令，或一组指令，或一个调用其他模块的语句。

模块的内聚和模块之间的耦合是一样的，对系统设计方案的质量有重大的影响。更进一步，一个模块的内聚程度往往决定了它和其他模块之间的耦合程度。由于在系统设计阶段，只考虑模块的外部属性，不考虑其内部属性（因为还没有进入程序设计阶段，因此不应该，而且也不可能考虑其内部属性），所以只能用模块的名称，也就是它的逻辑功能来表达其内聚程度。

1. 功能组合一功能内聚（Functional Cohesion）

如果一个模块内部的各个组成部分的处理动作全都为执行同一个功能而存在，并且只执行一个功能，那么这种组合称为功能组合或功能内聚。功能组合内聚性最高，它是一个“暗盒”模块。模块内部联系紧密，易于编程、调试和修改，如解一个方程、求平方根、计算利息等。

2. 顺序组合一顺序内聚（Sequential Cohesion）

如果一个模块内部的各个组成部分执行的几个处理动作具有这样的特征，前一个处理动作所产生的输出数据是下一个处理动作的输入数据，那么这种组合称为顺序组合。顺序组合模块的内聚性较高，其模块的连接形式也比较好。例如，图 5.22（a）所示的“输入并验证凭证”和图 5.22（b）所示的“统计打印”模块。但是顺序组合模块维护起来不如功能模块容易。顺序组合模块不像功能组合模块那样是一个“纯暗盒”，而是一个“不完全暗的盒子”。

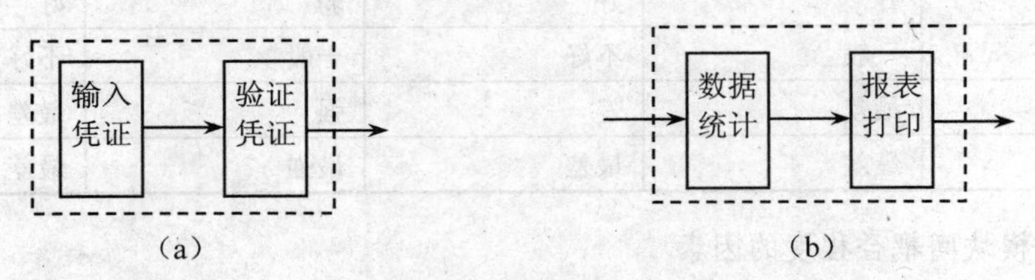

图 5.22　顺序内聚

3. 通信组合一通信内聚（Communicational Cohesion）

如果一个模块内部的各个组成部分的处理动作都使用相同的输入数据，或者一个模块内部的各个组成部分的处理动作都产生相同的输出数据，那么这种组合称为通信组合或通信内聚。通信组合的内聚性低于顺序组合模块，也是一个“不完全暗的盒子”，但是在某种情况下还是可以接受的，而且它和其他模块的连接形式也比较简单。例如，图 5.23（a）所示的“接收购货单并修改库存和开发货单”和图 5.23（b）所示的修改和删除数据就是通信内聚。

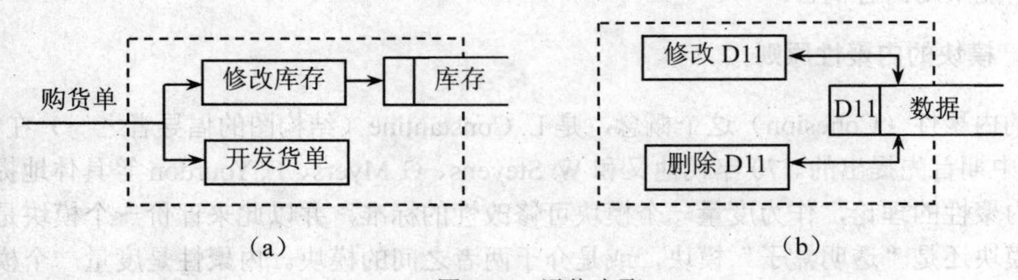

图 5.23　通信内聚

4. 过程组合一过程内聚（Procedural Cohesion）

如果一个模块内部的各个组成部分的处理动作各不相同，彼此没有什么关系，但它们受同一个控制流支配，并依此决定它们的执行顺序，那么这种组合称为过程组合或过程内聚。过程组合的内聚性较低。实际上，过程组合模块就是若干个处理动作的公共过程单元，这些处理动作要完成的功能彼此之间没有什么联系。过程组合模块和顺序组合模块有本质的不同，后者的每一个处理动作产生的输出数据流，必定是下一个处理动作的输入数据流，彼此有密切的关系；而前者的所有处理动作彼此无关，只是受同一个控制流（不是数据流）的支配，而聚集在公共过程单元（即这个模块）之中，它可能是一个循环体，也可能是一个判断过程，还可能是一个线性的顺序执行步骤。例如，“学籍变动管理”设计为一个模块，该模块接受的是同一个控制流——学籍变动申请，其内部的各个处理动作按照申请的内容而各不相同，有跳级的处理、转专业的处理、有休复学的动作和处理退学的动作，这些动作彼此是没有什么关系的，因此该模块是一个过程组合模块。提高模块内聚性的方法是将该模块分解为 4 个功能组合模块。

5. 时间组合一时间内聚（Temporal Cohesion）

如果一个模块内部的各个组成部分，它们的处理动作和时间有关，那么这种组合称为暂时组合、暂时内聚或时间组合。暂时组合模块在系统运行的时候，该模块的各个处理动作必须在特定的时间限制之内执行完，虽然这些处理动作彼此是无关的。例如，系统的初始化置初值，程序的结束处理模块等。暂时组合的内聚性低，耦合性高。

6. 逻辑组合一逻辑内聚（Logical Cohesion）

如果一个模块内部的各个组成部分的处理动作在逻辑上相似，但功能却彼此不同或无关，那么这种组合就称为逻辑组合或逻辑内聚。例如，在审计工作中，“输入并审核会计报表”就属于此模块。会计报表有几种，即“资金平衡表”、“固定资产报表”、“产品成本报表”、“利润报表”等。尽管它们在逻辑上相似，都是会计报表，但实际上各不相同，这种模块没有什么内聚性，维护非常困难，在进行调用时常常需要设置控制开关。逻辑组合的内聚性低。

7. 偶然组合一偶然内聚（Coincidental Cohesion）

如果一个模块内部的各个组成部分的处理动作彼此没有任何关系，它们只是根据设计人员的个人喜好而随意混合在一起的，这种组合称为偶然组合或偶然内聚。这种模块内部的各个组成部分之间几乎没有什么联系，只是为了节省存储空间或提高运算速度而结合在一起，无内聚性，即内部的紧密程度为零，无法将其作为一个独立的模块去理解。人们不能从它的外部属性理解它的功能，如果要求修改，维护人员必须把它的内部属性完全了解清楚，才能知道它到底能做什么事，因此，它是一个“完全透明的盒子”，没有可修改性，维护非常困难。

上述 7 种模块聚合方式中，其聚合度是依次降低的，即功能组合的聚合度最强，顺序组合次之，偶然组合聚合度最低，如图 5.24 所示。

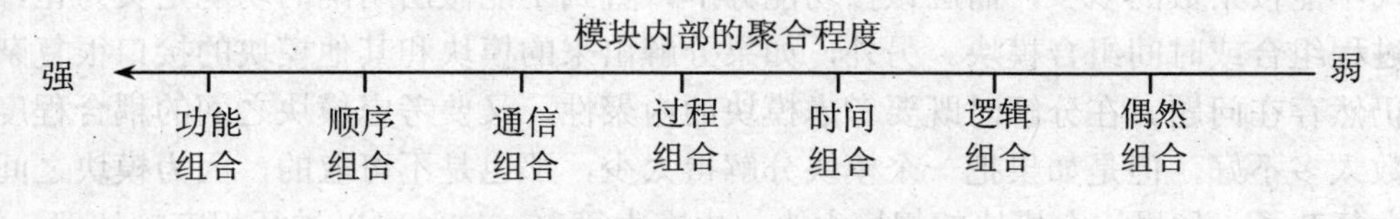

图 5.24　模块内部的组合程度比较

8. 系统设计中模块的内聚原则

模块组合形式比较如表 5.2 所示。所以在划分模块时，应尽量采用功能性聚合方式，其次是根据需要可以适当考虑采用顺序组合或数据组合方式，但要避免采用偶然组合和逻辑组合方式，以提高系统的设计质量和增加系统的可变更性。

表 5.2 模块组合形式的比较

块内联系	耦合性	可读性	可修改性	公用性	评分
功能组合	低	好	好	好	10
顺序组合	低	好	好	较好	9
通信组合	较低	较好	较好	不好	7
过程组合	一般	较好	较好	不好	5
时间组合	较高	一般	不好	差	3
逻辑组合	高	不好	差	差	1
偶然组合	最高	最差	最差	最差	0

判断一个模块的组合形式可以借助于判断树，如图 5.25 所示。

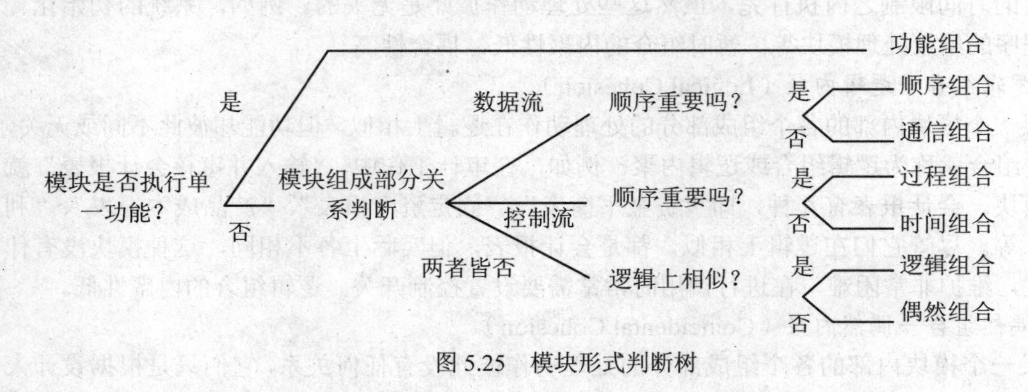

图 5.25 模块形式判断树

5.3.4 模块的分解性原则

模块的分解（Factoring）是指把一个模块分解成若干个从属于它的新模块。如果一个模块很大，那么它的内部组成部分必定比较复杂，它的内聚性可能就比较低，或者它和其他模块之间的耦合程度就比较高，因此要对其进行分解。把该模块分解成为若干个功能尽可能单一的较小的模块，而原有的模块成为它的上级模块，这时它本身的内容就会大大减少了。从经验上说，一个模块中所包含的语句条数为几十条较好，当然这不是绝对的，也许有的功能模块需要几百条语句。例如，“求线性规划的最优解”模块，功能单一，但语句较多。一般来说，分解模块不能按条数的多少，而应该按功能分解，直到不能做出明确的功能定义为止，否则会出现过程组合或时间组合模块。另外，如果分解出来的模块和其他模块的接口很复杂，说明分解仍然存在问题。在分解时既要考虑模块的内聚性，又要考虑模块之间的耦合程度。模块的条数太多不好，但是如果把一个模块分解得太少，那也是不可取的，因为模块之间的连接关系太复杂了。如果一个模块的规模太少，内容太简单，这时可以进行相应的处理。例如，在图 5.26 中，把一个模块 A 分解成 3 个下级模块 B、C 和 D，如果模块 C 从逻辑功能上来说应该单独存在，但是它所包含的语句实在是太少了，内容太简单，那么应该把它的内容放在模块 A 中，在结构图中 C 还是作为一个模块存在，所以在结构图中必须在模块 C 的上边加一顶帽子，如图 5.26 所示。

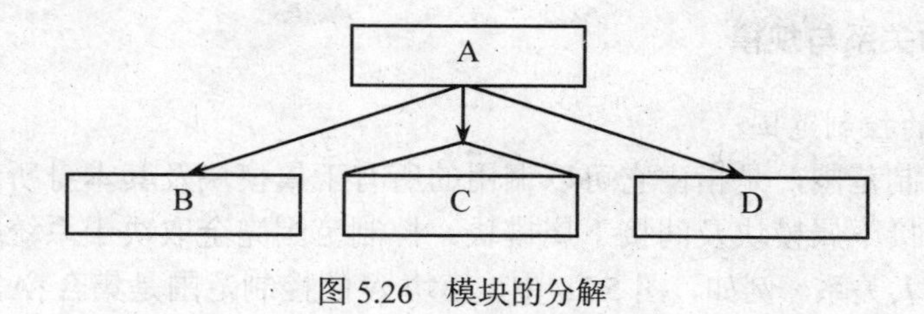

图 5.26　模块的分解

5.3.5　模块的扇入和扇出原则

5.3.5.1　模块的扇出

模块的扇出（Fan-Out）表达了一个模块与其直属下级模块的关系。模块的扇出系数是指其直属下级模块的个数。如图 5.27 所示，模块 A 的扇出系数为 3，模块 B 的扇出系数为 3，模块 C 的扇出系数为 2，模块 D 的扇出系数为 1。

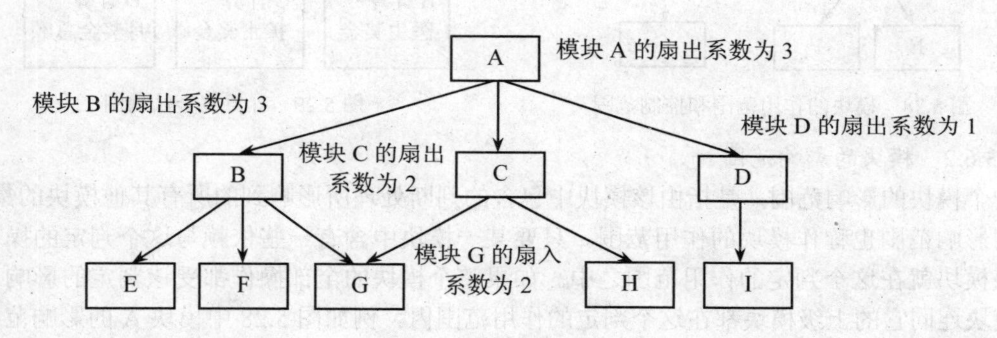

图 5.27　模块的扇出和扇入

模块的扇出原则是：模块的扇出系数必须适当。模块的扇出过大，则意味着该模块的直接下属模块较多，控制与协调困难，模块的聚合可能较低。模块的扇出过小，说明上下级模块或本身过大，应进行分解，使得结构变得合理。模块的扇出直接影响着系统的宽度。经验表明，一个设计得好的系统，它的平均扇出系数通常是 3～4，一般不应超过 7，否则出错的概率就会急剧增大。但是如果一个模块比较大，而它的扇出系数很小，等于 1 或 2，也是不合适的。在这种情况下，或者是它的上级模块仍然很大，或是它的下级模块很大，所以要适当地调整模块的扇出系数。

5.3.5.2　模块的扇入

模块的扇入（Fan-In）表达了一个模块与其直属上级模块的关系。模块的扇入系数是指其直接上级模块的个数。图 5.27 中模块 G 的扇入系数为 2。

模块的扇入原则是：模块的扇入说明系统的通用情况，模块的扇入系数越大，表明共享该模块的上级模块的数目越多，通用性越强。系统的通用性强，维护也方便。片面追求高扇入，可能使得模块的独立性降低。

5.3.5.3　模块的扇出/扇入总原则

一个较好的系统结构通常是：高层模块的扇出系数较大；中层模块的扇出系数较小；低层模块有较大的扇入系数。

5.3.6 模块的关系与规模

5.3.6.1 模块的控制范围

一个模块的控制范围，是指由它可以调用的所有下属模块及其本身所组成的集合。这里的下属模块包括直接下属模块及间接下属模块。控制范围完全取决于系统的结构，它与模块本身的功能并无多大关系。例如，图 5.28 中，模块 A 的控制范围是集合{A，B，C，D，E，F，G}，图 5.29 中模块 A 的控制范围是集合{A，B，C，D}。

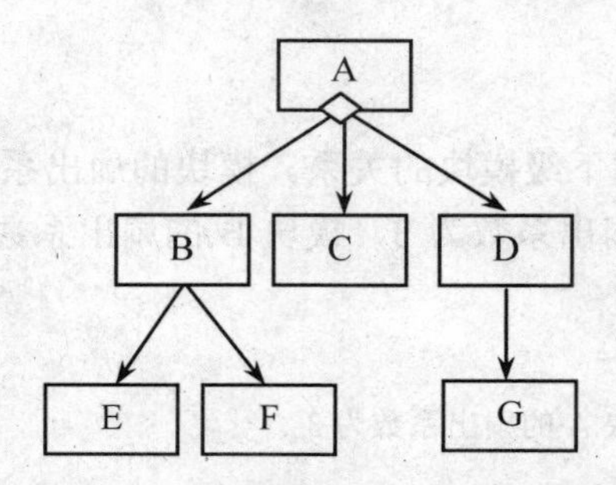

图 5.28 模块的作用范围和控制范围

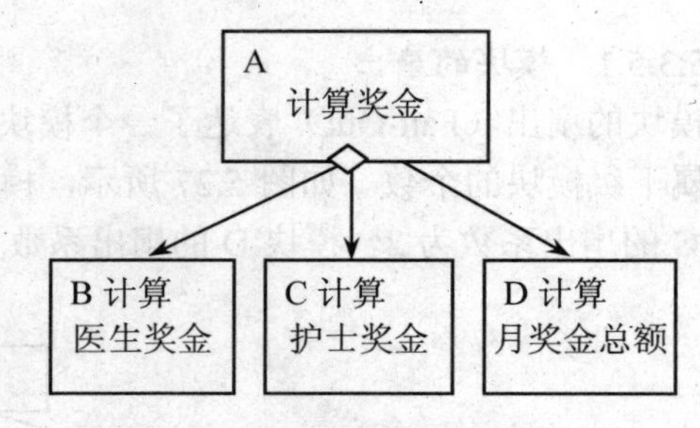

图 5.29 计算奖金结构图

5.3.6.2 模块的影响范围

一个模块的影响范围，是指由该模块中包含的判断处理所影响到的所有其他模块的集合。模块的影响范围也称作模块的作用范围。只要某一模块中含有一些依赖与这个判定的操作，那么该模块就在这个判定的作用范围之中。如果整个模块的全部操作都受该判定的影响，则这个模块连同它的上级模块都在这个判定的作用范围内。例如图 5.28 中模块 A 的影响范围是集合{B，C}，图 5.29 中模块 A 的影响范围为集合{B，C，D}。

5.3.6.3 系统结构设计遵循的原则

模块控制范围和影响范围的关系，直接决定了系统模块关系的复杂性及系统的可修改性和可维护性。在设计时应遵循以下的原则，对于任意具有判断功能的模块，其影响范围都应当是它的控制范围的一个子集。换言之，所有受判断影响的模块应该从属于做出判断的那个模块。图 5.28 和图 5.29 均满足这一要求。

5.3.6.4 影响范围和控制范围的关系

在图 5.30 中，用“◇”表示判断所在的模块，用灰色的模块表示判断影响范围内的模块。通常模块的影响范围和控制范围的关系，可以归结为以下 4 种类型。

（1）影响范围超出控制范围。如图 5.30（a）所示，模块 B 的影响范围是集合{A，B1，B2}，而模块 B 的控制范围是集合{B，B1，B2}，因此，它的影响范围超出控制范围，这样模块 B 需要把判断结果传给 Y，再传送到 A。判断结果是控制信息，这样便有了控制耦合。即使在模块 A 重新判断，这也有不便之处，修改判断时，两处都要修改。

（2）判断点在层次结构中的位置太高。如图 5.30（b）所示，模块 TOP 的影响范围是集合{A，B1，B2}，而模块 TOP 的控制范围是集合{TOP，X，Y，A，B，B1，B2}，因此，它的影响范围在控制范围内，但这样模块 B 需要把判断结果传给 Y，再传送到 B。这样便有了控制耦合。所以说模块 TOP 的判断点在层次结构中的位置太高，仍然需要进行某些改进。

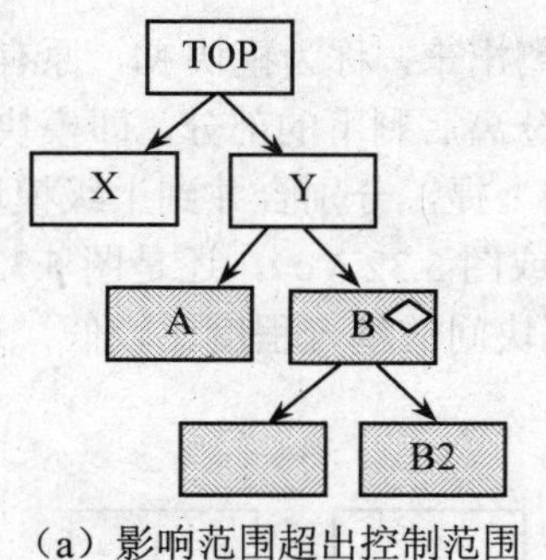

（a）影响范围超出控制范围

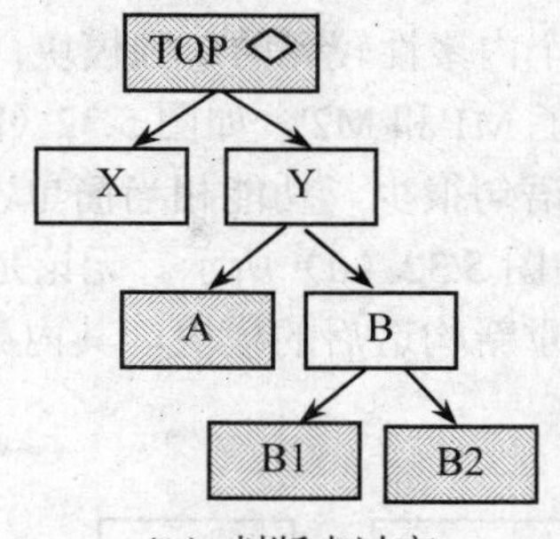

（b）判断点过高

图 5.30　影响范围与控制范围的关系

（3）判断点在层次结构中的位置适中。如图 5.31（a）所示，模块 Y 的影响范围是集合{A，B1，B2}，而模块 Y 的控制范围是集合{Y，A，B，B1，B2}，因此，它的影响范围在控制范围内。在这种结构中，仍然需要把判断传递给模块 B，所以也不是理想的设计。

（4）理想的设计。如图 5.31（b）所示，模块 B 的影响范围是集合{A，B1，B2}，而模块 B 的控制范围是集合{B，A，B1，B2}，因此，它的影响范围在控制范围内，而且模块 B 的影响范围恰好是它的直接下属模块，所以是一种理想的关系。

5.3.6.5　影响范围超出控制范围的改进

对图 5.30（a）所示影响范围不在控制范围之内的情况可以进行以下的改进。

（1）将系统结构中的判断点位置向上移动以扩大模块的控制范围，如图 5.31（a）所示。

（2）在结构层次中，将受到某个判断模块影响的模块下移，使其处于判断模块的控制范围之内，如图 5.31（b）所示。

（3）将具有判断功能的模块合并到它的上层调用模块中，从而提高判断点位置，如图 5.31（c）所示。

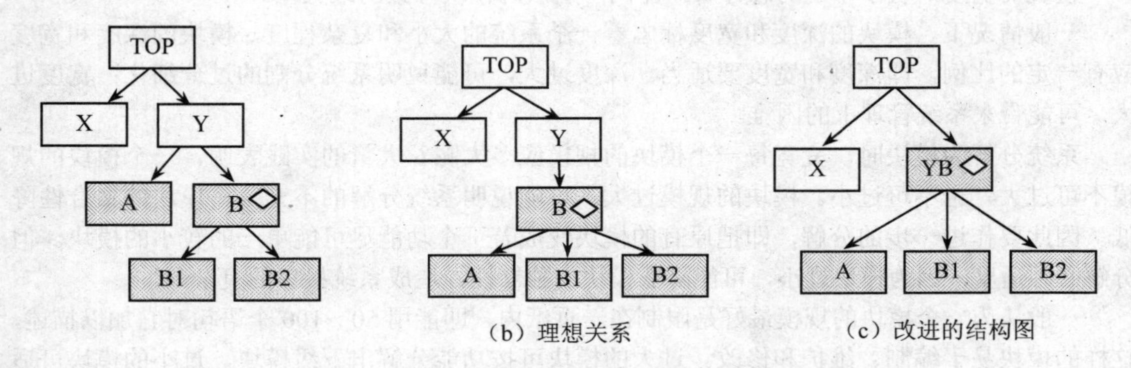

（b）理想关系　　（c）改进的结构图

图 5.31　判断点的位置变化

5.3.6.6　模块的构造

在整个系统设计过程中，每次在结构图上准备增加一个新模块之前，要审查一下是否在系统中已经存在了具有这种功能的模块，如果已经有了，只要用箭头把它连接起来就可以了，这样就可以提高模块的扇入系数。但有的时候，要增加的新模块和某个已经存在的模块在功能上相似，有某些共同之处，但并不完全相同。例如，要增加一个新的模块 M2，它和已有的模块 M1 在功能上相似，存在着相同的处理动作，如图 5.32（a）所示。如果这部分相同的动作可以构成一个内聚性较高的单独模块，那么就把它分离出来，称为模块 M，原有的模块 M1 和 M2 就变成了 M1'和 M2'，如图 5.32（b）所示。如果分离后剩下的部分，即模块 M1'或 M2'所包含的程序语句很少，功能相当简单，就可以把它向上提，分别合并到上级模块之中，如图 5.32（c）和图 5.32（d）所示。无论是图 5.32（b），或图 5.32（c），还是图 5.32（d）所示的结构，只要重新构造后的模块，其内聚性比较高，模块间的耦合程度比较低，这些都是允许的。

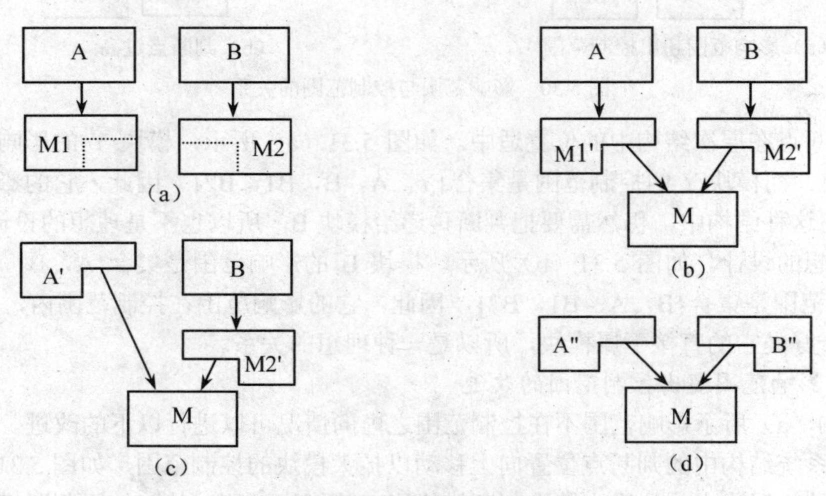

图 5.32　模块的重新构造

5.3.6.7　模块的规模

模块的深度：表示系统结构中的控制层数。

模块的宽度：表示系统的总分布，即同一层次的模块总数的最大值。

一般情况下，模块的深度和宽度标志着一个系统的大小和复杂程度，模块的深度和宽度应有一定的比例，即深度和宽度要适当。深度过大，可能说明系统分割的过分细化；宽度过大，可能带来系统管理上的困难。

系统分解为模块时，究竟每一个模块的规模应多大呢？大量的实践表明，一个模块的规模不可过大，也不可过小。模块的规模过大，可能说明系统分解的不充分，模块的聚合性降低。因此要作进一步的分解，即把原有的模块变成若干个功能尽可能单一的较小的模块。但分解必须适度，因为模块过小，可能降低模块的独立性，造成系统接口的复杂。

一般认为一个模块的规模最好是限制在一页纸内，即能用 50～100 个语句对它加以描述，这样的模块易于编制、维护和修改。过大的模块可按功能分解出下级模块，过小的模块可适当合并。当然，大模块的分解绝不应以模块的语句条数来决定，最主要的还是要按功能分解；否则，容易产生过程聚合和时间聚合模块。

5.3.7　结构图的优化

初始结构图的导出，并不意味着系统模块设计的完结，还需要进行大量的改进工作，当然这些改进工作可以在前面分析的过程中直接进行，也可以在初始结构图画出之后进行。优化的依据就是前面已经讨论过的设计原则和一些经验。值得注意的是，过分强调系统的最佳设计而不考虑系统的可运行性并不是可取的。因此设计人员应致力于研究能够满足所有功能和性能要求，而且符合系统设计原则和经验的设计方案，并从系统的角度出发，尽可能地使系统达到全局最优化，即首先应当使系统能进行工作，然后再想方设法地使系统运行得更快、更准确。

设计时要力求系统结构简单，因为结构简单通常意味着设计合理，系统的效率高。系统的设计要做到在有效模块化的前提下使用最少量的模块，即在满足信息需求的前提下，使用最简单的数据结构。

改进初始设计的基本原则仍然是降低模块之间的耦合，提高模块内部的聚合。一般采用如下步骤：

1. 检查初始设计方案

在仔细研究初始设计方案的前提下，重点检查以下几点：

（1）系统的结构。系统的深度与宽度，模块的扇入与扇出及模块的控制范围和影响范围等是否存在不合理的现象。

（2）模块之间的耦合程度。模块之间联系方式如何，是否满足低耦合的要求，模块的接口是否清晰、简单及是否是单入口、单出口等。

（3）模块内部的聚合度。每一个模块内部的功能应该清楚，内部的聚合度应高于通信聚合。另外还要检查输入/输出的表达是否明确。

（4）系统的性能。系统是否具有较强的可读性、可维护性、可修改性及可靠性等，系统与用户之间的接口是否简单、明确，易于理解，系统能否实现，能否正确地工作。

2. 优化的方法

系统改进的过程具有很强的试探性。如何对各种可能的方案做比较和权衡，除了基本的设计原则外，设计人员的经验是非常重要的。改进系统设计仍然需要从两个方面着手，即如何降低模块之间的耦合和提高模块的内聚。设计人员应从实践中不断总结经验，认真体会模块设计的基本原则和一些有益的经验，并结合实际加以合理的运用，这样才能够使设计出来的方案行之有效。

在设计中要注意，具有最佳设计，但不能正常工作的系统是糟糕的设计；系统全局的优化远远超过局部的优化；简单而又能满足所有功能和性能要求的设计方案，才是理想的方案，它才能保证运行高效，可靠性高；可读性、可维护性、可修改性好的系统具有更强的生命力。

5.4　计算机物理系统配置

总体设计的主要内容之一是设计计算机物理系统配置方案。计算机物理系统配置方案的设计是在总体规划阶段进行的计算机系统软硬件平台选型的基础上，按照新系统的目标及功能要求，综合考虑环境和资源等实际情况，根据信息系统要求的不同处理方式，进行具体的计算机软硬件系统及其网络系统的选择和配置，并提交一份详细的计算机物理系统配置方案报告。

由于计算机物理系统投资较多，而且满足同一企业用户功能要求的不同计算机物理系统配置，其结构可能存在较大差异。因此，选择一个合适的计算机物理系统配置方案是至关重要的。

5.4.1 设计计算机物理系统配置方案的方法

开发人员在设计计算机物理系统配置方案时可采用信息调查法、方案征集法、招标法、试用法及基准测试法等方法。

（1）信息调查法。该方法要求开发人员从要解决的实际问题出发进行调查，找出成功解决同样问题的用户，吸取他人的成功经验。具体做法是以要解决的问题为导向，首先确定软件系统平台，然后确定硬件结构及通信与网络系统结构。此方法时间短、见效快、花费少，它适合于较小型的信息系统。对于大、中型信息系统可先按此方法进行调查，了解相同类型企业的计算机物理系统配置及其应用情况。

（2）方案征集法。方案征集法又称建议书法。通常由用户向厂商提出要求，厂商根据要求提出计算机物理系统配置建议书，供用户评价和选择。

（3）招标法。招标法类似于其他工程项目的招标形式。要求“标书”撰写严密，工作程序严格，组成专家组对标书进行评价，然后选出合适的方案作为物理系统配置方案。大型管理信息系统常采用此法。

（4）试用法。试用法要求参与竞争的厂商进行现场试验演示，使用户得到实际的、直观的感觉。通过商议试用的办法，用户在产品试用一段时间后选择最满意的计算机系统。

（5）基准测试法。基准测试法是采用一定的算法或处理业务，来考察计算机系统处理能力的方法。常用方法有 3 种：①商用混合法，此法是通过算出加法、传送、比较、输入、输出等指令的执行时间，用以表示计算机的性能。这种方法可以评价计算机的事务处理能力；②吉布森混合法；此法主要用来评价计算机的科学计算能力。该方法把程序执行时常用的一些指令，如比较、计算、移位等指令分别加以执行，得出执行时间后再分别乘上加权值，求出总和；③业务实测法，这种方法采用预先建立的有关业务的原型系统，规定处理业务的信息量，然后在不同的计算机上运行，从而比较处理时间的长短。这种方法可以考察计算机的数据处理能力。

5.4.2 计算机物理系统配置方案的具体内容

（1）计算机物理系统配置概述。介绍物理系统总体结构情况及选择计算机物理系统的背景、要求、原则、制约因素等。

（2）计算机物理系统选择的依据。它包括功能要求、容量要求、性能要求、硬件设备配置要求、通信与网络要求、应用环境要求等。

（3）计算机物理系统配置。硬件结构情况、硬件的组成及其连接方式及硬件所能达到的功能，并画出硬件结构配置图。硬件系统配置的选择情况，列出硬件设备清单，标明设备名称、型号、规格、性能指标、价格、数量、生产厂家等。通信与网络系统配置的选择情况，列出通信与网络设备清单，标明设备名称、型号、规格、性能指标、价格、数量、生产厂家等。软件系统配置的选择情况，列出所需软件清单，标明软件名称、来源、特点、适用范围、技术指标和价格等。

（4）列出费用预算。列出计算机硬件、软件、机房及其他附属设施、人员培训及计算机维护等所需费用，并给出预算结果。

（5）具体配置方案的评价。从使用性能和价格等方面进行分析，提供多个物理系统配置方案。通过对各个配置方案进行评价，在结论中提出设计者倾向性的选择方案。

设计计算机物理系统配置方案时应该注意以下问题：满足新系统的应用需求，计算机系统能够满足新系统的目标、处理功能、存储容量、信息交互方式等方面的要求。选择的计算机物理系统实用性强，有较强的通信能力，性能价格比较高。随着应用需求的扩大，需逐步增添设备，扩充功能，这就要求所选择的计算机系统具有灵活的扩充能力和升格能力，使得先期购置的设备和开发的应用软件不被浪费。

5.5　信息系统处理流程设计

模块结构图主要从功能的角度描述了系统的结构，但在实际工作中许多业务和功能都是通过数据存储文件联系起来的，而这个情况在模块结构图中未能反映出来，系统处理流程图可以反映各个处理功能与数据存储之间的关系。系统处理流程图以新系统的数据流图和模块结构图为基础，首先找出数据之间的关系，即由什么输入数据，产生什么中间输出数据（可建立一个临时中间文件），最后又得到什么输出信息。然后，把各个处理功能与数据关系结合起来，形成整个系统的信息系统流程图。信息系统处理流程图不但设计出所有模块和他们之间的相互关系（即连接方式），并具体地设计出每个模块内部的功能和处理过程，为程序员提供详细的技术资料。

信息系统处理流程图绘制具体步骤如下：

（1）为数据流程图中的处理功能画出数据关系图。在图中表示出数据之间的关系，即输入数据、中间数据和输出数据之间的关系。

（2）对每一个处理都画出其数据关系图，然后，将各个处理功能的数据关系图综合起来，形成一个整体的数据关系图，即信息系统处理流程图。

目前国际上常用的处理流程图符号如图 5.33 所示。

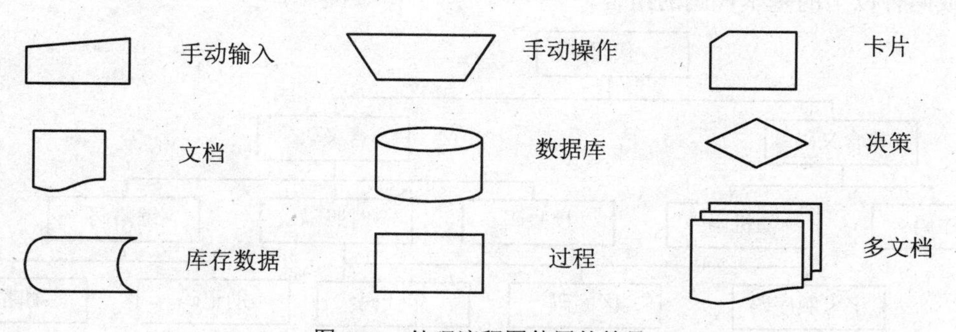

图 5.33　处理流程图使用的符号

处理流程图使用各种符号具体地规定了处理过程中的各个细节，包括程序名和文件名。处理流程图实际上是系统流程图的展开具体化，属于详细设计的内容，应和处理功能的模块设计一起进行。

作为一个相对独立的部分，各个处理功能有自己的输入和输出，其设计过程也要从输入格式开始，进而设计输出格式、文件格式等。图 5.34 是工资管理子系统信息处理流程图。

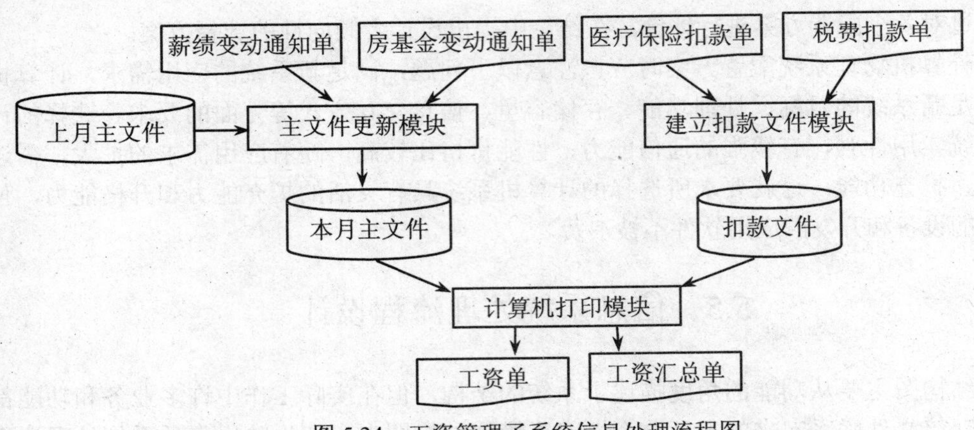

图 5.34　工资管理子系统信息处理流程图

5.6　信息系统代码设计

代码就是代表系统中客观存在的事物名称、属性或状态的符号。可用数字、字母或它们的组合表示。为了提高数据的输入、分类、存储、检索等操作的速度和准确性，节约内存空间，对数据库中的某些数据项的值要进行代码设计。代码设计是 MIS 的基础工作之一。对系统所涉及的一切人、物、事件都要予以编码。代码设计是将系统中具有某些共同属性或特征的信息归并在一起，并通过一些便于计算机或人进行识别和处理的符号来表示各类信息。

5.6.1　代码简介

5.6.1.1　代码的种类

代码的种类如图 5.35 所示，图中列出了最基本的代码。实际应用中，常常是根据需要采用两种或两种以上的基本代码的组合。

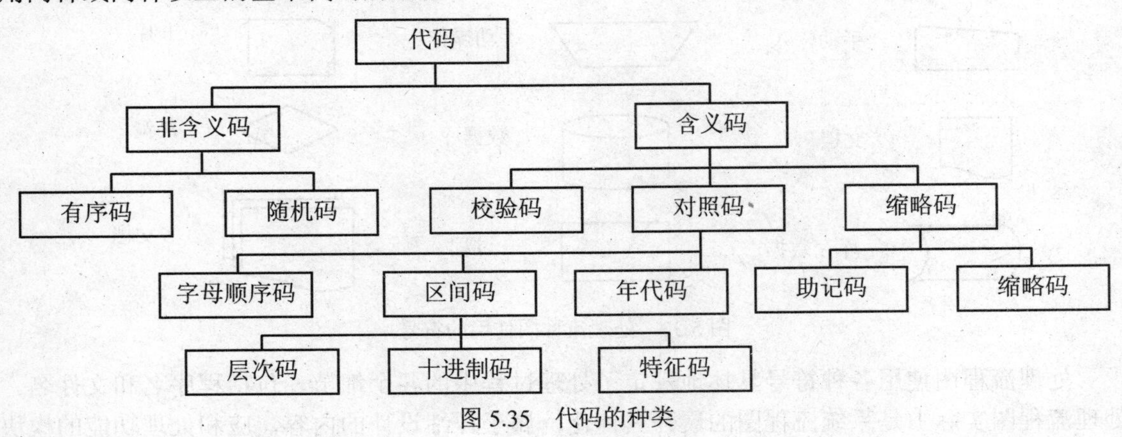

图 5.35　代码的种类

5.6.1.2　常用代码简介

1. 有序码

有序码又称为顺序码，是用一串连续的数字来代表系统中的客观实体或属性。它是一种无实义的代码，这种代码只能作为分类对象的一种标识，不提供对象的任何其他信息，这种代码是将顺序的自然数字或字母赋予分类对象。顺序码是一种最简单、最常用的代码，通常将它作为其他码的组成部分。

例如，各系代码

01 管理系

02 土木系

03 信息系

……

15 机电系

顺序码的优点是简单、使用方便、易于管理和处理，易于添加，对分类对象无任何特殊规定。

顺序码的缺点是不反映编码对象的特征，代码本身无逻辑含义，不便于记忆。由于按顺序排列，新增的数据只能排在最后，删除数据会造成空码，缺乏灵活性。

2. 区间码

区间码是按编码对象的特点把代码分成若干区段，每一个区段表示编码对象的一个类别。码中的数字和位置都代表一定意义。例如，邮政编码，第 1、2 位代表省、直辖市，第 3、4 位代表地市级，第 5、6 位代表县或区级。区间码又进一步分为层次码、特征码和十进制码。

（1）层次码。层次码是按分类对象的从属层次关系为排列顺序的一种代码。代码分为若干层并与对象的分类层次对应，代码左端为高层代码，右端为低层代码。每个层次的代码可采用顺序码或系列码，如《国民经济行业分类和代码》（GB4754－1984），又如某公司的组织机构的代码含义如表 5.3 所示。

表 5.3　公司组织机构代码表

公司级	科室级	小组级
1—总公司	1—销售科	1—订单处理组
2—北京分公司	2—会计科	2—广告组
……	……	3—会计组

112 就代表总公司销售科所属的广告组。

层次码应用比较广泛，其优点是能明确标出对象的类别，有严格的隶属关系，代码结构简单，容量大，便于机器汇总。但是，当层次较多时，弹性较差。

（2）十进制码。十进制码中每一位数字代表一类，一般用于图书分类等。例：

500 自然科学

510 数学

520 天文学、地质学

530 物理学、力学

……

620 工程和技术科学

621 机械和电气工程

621.1 蒸汽动力工程

621.2 水力机械

621.3 电气工程

621.38 电子学

621.39 通信工程

621.4 内燃机工程

621.5 气动机械与制冷工程

621.6 泵、管道工程

621.7 弹、塑性成形及加工

（3）特征码。特征码在码的结构中，为多个属性各规定一个位置，从而表示某一编码对象的不同方面特征。例如，某服装厂生产的服装编码如表 5.4 所示。

表 5.4　服装编码表

类别	尺寸	式样	料子
M（男装）	38	1～9	W1（毛料 1）
	39	1～9	C1（布料 1）
F（女装）	165/98		W2（毛料 2）
			D1（化纤 1）

如某一编码为 M38-2W1，它代表的是男装，38 号，式样为 2 的毛料上衣。

由于区间码中数字的值与位置均代表一定的含义，故使排序、分类、检索比较容易。缺点是代码的位数一般来说是较多的。区间码常和顺序码混合使用。

3. 助记码

助记码用可以帮助记忆的字母或数字来表示编码对象，将代码对象的名称、规格等作为代码的一部分。例如，TV-C-47 代表彩色 47 英寸的电视机。

助记码的优点是直观，便于记忆和使用。缺点是不利于计算机处理，当代码对象较多时，也容易引起联想出错，所以这种编码主要用于数据量较少的人工处理系统。

4. 缩略码

缩略码把人们习惯使用的缩写字直接用于代码，是助记码的特例。它从编码对象名称中提取几个关键字母作为代码。例如：

Amt——总额（amount）

Kg——千克（kilogram）

Cm——厘米（centimeter）

Cont——合同（contract）

Inv.No——发票号（invoice number）

缩略码的优点是简单、直观，便于记忆和使用。缺点是缩写字有限，它的适用范围有限，易于重复。

5.6.1.3　校验码

代码作为数据的一个组成部分，是系统中重要输入内容之一，它的正确与否直接影响到整个处理工作的质量。特别是人们需要重复抄写代码和通过手工将它输入到计算机中时，发生错误的可能性就比较大。例如，将 1234 写成 1235、将 1234 记为 1243 或将 1234 记为 1432 等，为了检验输入代码的正确性，要在代码本体的基础上，再外加校验位，使其成为代码的一个组成部分。

校验码是在代码结构设计的基础上，通过事先规定好的数学方法计算出来的，校验码一般为一位或两位，附在原代码的后面，与原代码一起构成编码对象的编码，也就是说，校验码是代码的一部分。使用时校验码和原代码一起输入，然后计算机会用同样的数学方法按输入代码数字计算出校验位，并将它与输入代码比较，以检验输入是否正确。

产生校验码的方法很多，各有其优、缺点，实际应用时，需根据设备的复杂程度、容量的大小及信息的重要程度和系统对可靠性的要求，来决定具体的产生方法。下面介绍一种常见的校验码产生方法。该方法的计算步骤如下：

1. 校验码的设计过程

（1）对原代码中的每一位加权求和。

设原代码为 n 位代码：$C_1C_2\cdots C_n$

权因子为：$P_1P_2\cdots P_n$

加权和：$S = C_1P_1 + C_2P_2 + \cdots + C_nP_n$

即　$S = \sum_{i=1}^{n} C_iP_i$

其中权因子可选为自然数 1，2，3，4，5，…，几何级数 2，4，8，16，32，…，质数 2，3，5，7，11，…。

（2）以模除和得余数。

$$R=S\bmod(M)$$

式中，R 为余数；M 为模数，模可取不同的数 10，11，…。

（3）求校验位。一般将模和余数之差作为校验码，$C_{n+1} = M - R$，也可将余数直接作校验码，附加在原代码后。例如：

原代码为 123456

权因子为 173173

模为 10

则加权和 $S = 1\times1+2\times7+3\times3+4\times1+5\times7+6\times3 = 81$

余数 $R = 81\bmod（10）= 1$

校验码为：$10-1 = 9$

所以带校验码的代码为 1234569，其中 9 是校验位。

18 位身份证号码最后一位校验码的计算方法是：

公民身份号码是一系列组合码，由 17 位数字本体码和 1 位校验码组成。排列顺序从左至右依次为：6 位数字地址码；8 位数字出生日期码；3 位数字顺序码；一位数字校验码。前 6 位的内容可以通过建立数据库存储相应信息，由于全国行政区划每年都在发生变化，需要经常更新。最后一位的校验码计算方法如下：

（1）17 位数字本体码加权求和公式，先对前 17 位数字加权求和。

$$S = \mathrm{Sum}（A_iW_i）\quad i = 0,1,2,\cdots,16$$

式中，A_i 为第 i 位置上的身份证号码数字值；W_i 为第 i 位置上的加权因子，W_i 为 7 9 10 5 8 4 2

1 6 3 7 9 10 5 8 4 2

（2）计算余数。$Y = \text{mod}(S, 11)$，Y 是 S 除以 11 的余数。

（3）通过模得到对应的校验码。

Y：0 1 2 3 4 5 6 7 8 9 10

校验码：0 X 9 8 7 6 5 4 3 2 1

双数是女的，单数是男的。

2. 用校验码检查代码的过程

校验码是输入代码的一部分，利用校验码对输入代码进行校验的过程是上述校验码设计过程的逆过程，即

（原代码与权数乘积之和+校验码）÷模=整数

设输入的代码（含检验码）为 C_1，C_2，C_3，…，C_n，C_{n+1}，其中 C_{n+1} 为校验位。当代码（含检验位）输入计算机后，对 $C_1C_2C_3\cdots C_n$ 每一位乘以它的原来的权，C_{n+1} 乘的权为 1。用所得的和被模除。即：

$$(C_1P_1 + C_2P_2 + \cdots + C_nP_n + C_{n+1}) \div M = \text{整数}$$

若余数为 0，则该代码一般来说是正确的；否则就是输入错误。

需要指出的是，有些错误可能查不出来。例如，上例中的编码 1234569 错记录为 2414569，则余数为 0，故不能判断原编码有错。

对于由数字和字母组成的编码，进行校验时，应将字母转化为数字，但此时校验码必须是两位，在计算时，要将 A～Z 转化为 10～35。

一般情况下，校验码是对数字代码进行检验。但是对于字母或字母数字组成的代码，也可以用校验码进行检查，但这时的校验位必须是两位，在计算时要将 A～Z 跟随着 0～9 的顺序变为 A=10，B=11，…，Z=35。

计算校验码时，由于权与模的取值不同，检测效率也不同。各种检错效率比较如表 5.5 所示。

表 5.5 各种检错效率比较表

系统类型	数字代码	字母数字代码
低可靠性系统	模：10 权：7，3，1，7，3，1 基本检错率：90%	
一般可靠性系统	模：11 权：* 基本检错率：90.909%	模：37 权：* 基本检错率：97.297%
高可靠性系统	模：97 权：* 基本检错率：98.969%	模：523 权：* 基本检错率：99.808%

*摆动的等差级数：权从 1，2，3，…递增到低于模的一半，然后再从模减 1，递减至高于模的一半；按此规律进行重复。例如，模是 11，则权为 1，2，3，4，5，10，9，8，7，6，1，2，3，…。

5.6.1.4 代码的作用

（1）识别功能。利用代码便于反映数据或信息间的逻辑关系，并使其具有唯一性。例如，

有一个会计科目代码结构如下：

×××　××　××　××

一级科目　二级科目　三级科目　四级科目

它可以反映一级科目和明细科目之间的逻辑关系，并且每一个会计科目都用一个唯一的代码来表示。另外对于不同名称的人或物，也可以用代码加以区别，以便于信息的存储和检索。例如“100”代表张三，“231”代表李四。又例如管理信息系统课程在经济类课程中的代码为16.314。

（2）处理功能。信息代码化，便于计算机进行识别、分类、排序和统计等。

（3）提高速度。利用代码，可以节省计算机的存储空间，提高运算速度。

（4）利用代码可以提高系统的可靠性。例如，在代码中加入校验码，在输入数据时就可进行校验，以保证输入数据的准确、可靠，从而可提高整个系统的可靠性。

5.6.2　代码设计的原则

（1）唯一性。虽然编码对象有不同的名称、不同的描述，但每一个代码代表唯一的实体或属性，而每一实体或属性由唯一的代码来标识。

（2）合理性。代码设计必须与编码对象的分类体系相适应，以使代码对编码对象的分类具有标识作用。

（3）可扩充性和稳定性。编码时要留有足够的备用代码，以便将来扩充。另外，还要考虑系统的发展和变化，要考虑它的使用期限，一般来说，应该使用3～5年。

（4）简单性。代码结构要简单，尽量缩短代码的长度，以便于输入，提高处理效率，并且要便于识别和记忆。代码长度不仅影响它所占据的存储单元和信息处理速度，而且也会影响代码输入/输出的概率和输入/输出的速度。另外要避免使用易于混淆的字母，如I和Z、2和z、s和5、u和v等。

（5）适用性。代码要尽量反映编码对象的特点，以便于识别和记忆；同时要适用于计算机和人工处理。

（6）规范性。代码的结构、类型、编码格式必须严格统一，以便于计算机处理。

（7）易于修改性。由于代码系统的唯一确定性，当某个代码在条件、特点或代表的实体关系改变时，容易进行修改。

（8）标准化与通用性。代码设计尽量采用国际或国内标准代码，以便信息交换和共享，为以后对系统的更新和维护创造条件，系统内使用的代码需要统一，代码的使用范围越广越好。

5.6.3　代码设计的步骤

（1）选定编码化的对象。首先选定编码对象，然后明确确定需要编码的项目、代码名称和所属系统、子系统；确定代码化目的及代码在系统中的作用；确定代码使用范围；确定代码使用期限。

（2）考察是否已有标准代码。检索目前是否有国际标准、国家标准、行业标准及部门标准等，如果已经有标准代码，那么应该使用标准代码；否则可以参考其他国家、其他部门的编码标准，设计出便于今后标准化的代码。

（3）根据代码的使用范围、使用时间等，来选择代码的种类、构成、位数和数量。

（4）考虑检错功能。

（5）决定编码方法，编写代码表。要编制代码表，做详细的说明，通知有关部门，组织学习，以便正确使用代码。

在使用代码的过程中应注意尽量减少转抄，常用代码在输入时最好用缩写，由程序自动将它转换成正式代码。代码编好后，要编制代码表，代码设计要等长。例如，教学管理系统开发中，根据系统分析阶段对系统的详细调查结果，确定的编码对象如表 5.6 所示。

表 5.6　编码对象表

编码对象	使用范围	使用期限	建议使用的编码方法
学生学号	整个系统	长期	合成码
课程编号	整个系统	长期	合成码
教师编号	整个系统	长期	合成码
教室编号	整个系统	长期	合成码
课程类别编号	整个系统	长期	助记码
开课年度编码	整个系统	长期	合成码

（1）学生学号。学生学号为 7 位，即

年级编号（2 位）+专业编号（2 位）+班级编号（1 位）+顺序号（2 位）;

降级的学生编号从 80 开始，函授插班生的编号从 50 开始。

（2）课程编码。课程编码由 5 位构成，第 1 位表示课程大类号，第 2、3 位表示课程中类号，根据大类组编号为：

0：人文社科、体育、外语

01 政治 02 哲学 03 文学 04 法律 05 历史 06 文化 07 社会学 08 英语 09 日语 10 俄语 11 德语 12 体育 13 艺术 14 卫生

1：经济管理学科

01 经济 02 管理

2：自然科学

01 数学 02 物理（包括实验物理）03 化学

3：工程、技术

01 机械工程 02 电气技术 03 电子技术与信息技术 04 热能动力工程 05 计算机技术 06 自动化 07 航海 08 轮机工程 09 工程力学 10 其他

4：实践环节

01 毕业设计 02 课程设计 03 各类实习 04 公益劳动 05 军训 06 其他

第 4、5 位表示课程中类号下的课程顺序号。

（3）教师编号。采用工作证号，由 4 位数字组成。

（4）教室编号。由两个数据字段组成，第 1 个字段表示教室所在楼的编号，可以采用顺序码的编码方法；第 2 个字段表示教室的房间号，如 2 楼 1 号为 201 等。

（5）课程类别编码。用 1 位汉语拼音的第一位表示，必修（B）；限选（X）；任选（R）。

（6）开课年度编码。用 5 位数字表示，前 4 位表示教学年度，第 5 位表示教学学期，如 1998～1999 年第 1 学期表示为 98991。

5.7　信息系统数据库设计

从使用者的角度来说，管理信息系统是处理大量数据以获得支持管理决策所需要的信息的系统。管理信息系统总是基于文件系统或数据库系统的，数据库是信息系统的核心和基础，它把信息系统中的大量数据按一定的模型组织起来，提供存储、维护、检索数据的功能，使信息系统可以方便、及时、准确地从数据库中获得所需要的信息。一个信息系统的各个部分能否紧密地结合在一起及如何结合，关键在数据库。因此，数据库设计是信息系统开发和建设的重要组成部分，是信息系统开发和建设中的核心技术。如何建立一个良好的数据库结构和文件组织形式，使其能够迅速、准确地查找所需要的数据，是衡量一个系统优劣的主要指标之一。

5.7.1　数据库设计

5.7.1.1　数据库设计概述

数据库设计就是指对于一个给定的应用环境，构造最优的数据库模式，建立数据库及其应用系统，使之能够有效地存储数据，满足各种用户的应用需求（信息要求和处理要求）。数据库可能包括支持日常业务事务的联机事务处理（OLTP）数据库、支持日常报告和查询的运行（ODS）及支持数据分析和决策支持的数据仓库（DW）。在系统分析阶段，已经得到了系统的数据模型，因此，数据库结构设计的主要内容是将系统的数据模型转化为关系表的集合（对关系数据库管理系统而言），并按照系统的体系结构对关系表进行合理地分布。之所以强调在系统分析阶段，要下大功夫建立系统的概念数据模型，在设计阶段利用概念数据模型建立数据库结构，主要的原因在于：数据库是信息系统的核心和基础，数据是现代数据处理的核心，概念数据模型是稳定的。数据库结构是企业内部信息结构及其相互联系的直接反应，是系统功能赖以存在的基础。只有合理的数据模型，才能建立稳定的数据库结构，才能保证系统的信息集成与共享，才能消除信息冗余、不完整和不一致的隐患，才能使系统易维护、易扩充。

实践证明，系统开发失败的一个重要原因是由于数据库设计出了问题。在一些系统开发中，有些人图省事，根本不建立系统数据模型，只是根据系统输出设计了大量的数据库文件，有什么输出就给它安排一个数据库文件。这样做对编制程序来说是省事，但这样将隐藏着数据的大量冗余，数据的一致性和可维护性极差，很难提供适合系统使用的正确、有效的数据共享，很难提供综合性的信息服务。同时，根据用户视图设置数据库，必然要求用户要经常输入数据，以便得到用户数据视图，这就造成系统的输入极为纷乱、繁多，不能保证数据来源的唯一性，与原有的人工系统没有什么差别。更为严重的是，由于数据库的设置完全是根据局部处理的需要设置的，没有充分分析系统内部信息的流程及相互之间的关系，当处理要求变化时，必然引起数据库结构的变化，使系统极难维护与扩充。

对于从事数据库设计的专业人员来讲，应该具备多方面的技术和知识。主要有：数据库的基本知识和数据库设计技术；计算机科学的基础知识和程序设计的方法和技巧；软件工程的原理和方法；开发应用领域的知识。

大型数据库的设计和开发是一项庞大的系统工程，在开发的过程中运用了软件工程的思想和方法。数据库建设是硬件、软件和干件的结合。数据库设计既是一项涉及多学科的综合性技术，又是一项庞大的工程项目。有人讲“三分技术，七分管理，十二分基础数据”，这说明了数据的重要性。技术与管理的界面（称之为“干件”）也是非常重要的。因此，数据库的建设是硬件、软件和干件的集合体。

结构设计和行为设计相结合。早期的数据库设计着重数据模型和建模方法的研究，重视结构特性的设计而忽视行为特性的研究。即比较重视在给定的应用环境下，采用什么原则和方法来建造数据库的结构，而没有考虑应用环境要求与数据库结构的关系。数据库设计应该和应用系统设计结合起来研究，整个设计的过程中应该把结构设计（数据）和行为（处理）设计密切结合起来，只有这样才能设计出适用的数据库，才能发挥出信息系统的作用。

5.7.1.2　*数据库逻辑结构设计*

概念结构是独立于任何一种数据模型的信息结构。逻辑结构设计的任务就是把概念结构设计阶段设计好的基本 E-R 图转换成为与所选用的 DBMS 产品支持的数据模型相符合的逻辑结构，并对其进行优化，形成逻辑数据模型（Logical Data Model），简称数据模型。逻辑结构的设计一般分为 3 步进行，如图 5.36 所示。

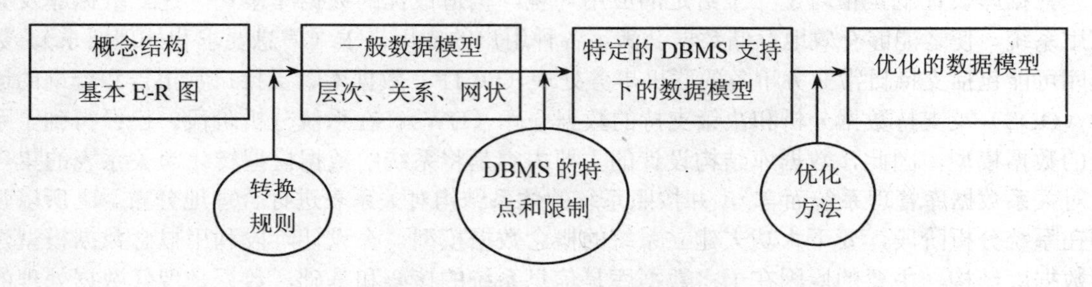

图 5.36　逻辑结构设计时的 3 个步骤

（1）将概念结构转换为一般的关系、网状、层次模型。

（2）将转换来的关系、网状、层次模型向特定 DBMS 支持的数据模型转换。

（3）对数据模型进行优化。

现在用得较多的是支持关系模型的关系型数据库管理系统（RDBMS），本书只介绍 E-R 图向关系数据模型的转换原则与方法。

E-R 图向关系模型的转换要解决的问题是如何将实体和实体之间的联系转换为关系模式，如何确定这些关系模式的属性和码。E-R 图转换为关系模式的一般原则如下：

（1）一个实体转换为一个关系模式。实体的属性就是关系的属性，实体的码就是关系的码。

（2）实体间的联系一般对应一个关系。联系名作为对应的关系名，不带有属性的联系可以去掉。对于实体间的联系则有以下不同情况：

一个 1:1 联系可以转换为一个独立的关系模式，也可以与任意一端对应的关系模式合并。如果转换为一个独立的关系模式，则与该联系相连的各实体的码及联系本身的属性均转换为关系的属性，每个实体的码均是该关系的候选码。如果与某一端实体对应的关系模式合并，则需要在该关系模式的属性中加入另一个关系模式的码和联系本身的属性。

一个 $1:n$ 联系可以转换为一个独立的关系模式，也可以与 n 端对应的关系模式合并。如果转换为一个独立的关系模式，则与该联系相连的各实体的码及联系本身的属性均转换为一个关系的属性，而关系的码为n端实体的码。

一个 *m*:*n* 联系转换为一个关系模式。与该联系相连的各实体的码及联系本身的属性均转换为关系的属性，而关系的码为各实体码的组合。

3个或3个以上实体间的多元联系可以转换为一个关系模式。与该多元联系相连的各实体的码及联系本身的属性均转换为关系的属性，而关系的码为各实体码的组合。具有相同码的关系模式可合并。

（3）实体和联系中的关键字对应的属性在关系模式中仍作为关键字。

形成了一般的关系模型后，下一步就是向特定的RDBMS的模型转换。要对特定的RDBMS的功能与限制熟悉，这样才能顺利转换。

数据库逻辑设计的结果不是唯一的。为了进一步提高数据库应用系统的性能，还应该根据应用需要适当地修改、调整数据模型的结构，这就是数据模型的优化。关系数据模型的优化（标准化）通常以规范化理论为指导，确定数据依赖；数据的优化有助于消除数据库中的数据冗余。标准化有几种形式，但 Third Normal Form（3NF）通常被认为在性能、扩展性和数据完整性方面达到了最好的平衡。因此，在设计时常遵守 3NF 标准的数据库的表设计原则。按照数据规范化的理论对关系模式逐一进行分析，检查是否满足所规定的范式要求，是否要对某些模式进行合并或分解；对关系模式进行必要的分解，可提高数据操作的效率和存储空间的利用率。

将概念模型转换为全局逻辑模型后还应该根据局部应用要求，结合具体 DBMS 的特点，设计用户的外模式。定义数据库全局模式主要是从系统的时间效率、空间效率、易维护等角度出发，由于用户外模式与模式是相对独立的，因此在定义用户外模式时可以注重考虑用户的习惯与方便。使用更符合用户习惯的别名，对不同级别的用户可以定义不同的 View，以保证系统的安全性，简化用户对系统的使用。

5.7.1.3 数据库物理结构设计

数据库在物理设备上的存储结构与存取方法称为数据库的物理结构，即物理数据模型（Physical Data Model），简称为物理模型。它是面向计算机物理表示的模型，描述了数据在储存介质上的组织结构，它不但与具体的 DBMS 有关，而且还与操作系统和硬件有关。DBMS为了保证其独立性与可移植性，大部分物理数据模型的实现工作由系统自动完成，而设计者只设计索引、聚集等特殊结构。

数据库的物理设计通常分为两步：确定数据库的物理结构和对物理结构进行评价。

（1）确定数据库的物理结构，在关系数据库中主要指存取方法和存储结构。不同的数据库产品所提供的物理环境、存取方法和存储结构有很大差别，能供设计人员使用的设计变量、参数范围也很不相同，因此没有通用的物理设计方法可遵循。设计优化的物理数据库结构，就是使得在数据库上运行的各种事务响应时间小、存储空间利用率高、事务吞吐量大。因此要对运行的事务进行详细的分析，获得选择物理数据库设计所需要的参数，如对于查询事务要了解查询关系；查询条件所涉及的属性；连接条件所涉及的属性；查询的投影属性。对于更新事务要了解被更新的关系；每个关系上的更新操作条件所涉及的属性；修改操作要改变的属性值等。要充分了解所用的RDBMS的内部特征，特别是系统提供的存取方法和存储结构。

通常对于关系数据库物理设计的内容有：为关系模式选取存取方法；设计关系、索引等数据库文件的物理存储结构。常用的存取方法有3类：索引方法、聚簇方法和 Hash 方法。具体可参阅数据库系统概论。

确定数据库物理结构主要指确定数据的存放位置和存储结构。在进行物理设计时对系统配置变量的调整只是初步的，在系统运行时还要根据系统实际运行情况做进一步的调整，以便切实改进系统性能。

（2）数据库物理设计过程中需要对时间效率、空间效率、维护代价和各种用户要求进行权衡，其结果可以产生多种方案，数据库设计人员必须对这些方案进行细致的评价，从中选择一个较优的方案作为数据库的物理结构。评价物理数据库的方法与使用 DBMS 有关，主要从定量估算各种方案存储空间、存取时间和维护代价等方面入手。如果该结构不符合用户需求，则需要修改设计。

完成数据库的物理设计之后，设计人员就要用 RDBMS 所提供的数据定义语言和其他适用程序将数据库逻辑设计与物理设计结果描述出来，成为 DBMS 可以接受的源代码，再经过调试产生目标模式，然后就可以组织数据入库了，这就是数据库实施阶段的任务，它在系统实施阶段进行。数据库试运行合格后，数据库开发工作就基本完成了，就可投入正式运行了。在数据库运行阶段，要对数据库做经常性的维护工作，数据库的维护在系统的维护运行阶段进行。维护工作是由 DBA 完成的，主要工作有：数据库的转储和恢复；数据库的安全性、完整性控制；数据库性能的监督分析和改进；数据库的重组织与重构造。数据库的重组织不修改原设计的逻辑结构和物理结构。数据库的重构则要部分修改数据库的模式和内模式。如果应用变化太大，重构也无济于事，说明此数据库应用系统的生命周期已经结束，应该设计新的数据库应用系统。

5.7.2 数据仓库的设计

5.7.2.1 数据仓库的概念

数据仓库（Data Warehouse）之父比尔·恩门（Bill Inmon）在 1991 年出版的《Building the Data Warehouse》一书中定义：

数据仓库是一个面向主题的（Subject Oriented）、集成的（Integrate）、相对稳定的（Non-Volatile）、反映历史变化（Time Variant）的数据集合，用于支持管理决策。

数据仓库的其他定义：

数据仓库有别于运作中的数据库，数据库以多种方式支持联机事务处理（On-Line Transaction Processing，OLTP）。

数据仓库是一个过程而不是一个项目。

数据仓库是一个环境，而不是一件产品。

提供用户用于决策支持的当前和历史数据，这些数据在传统的操作型数据库中很难或不能得到。

数据仓库技术是为了有效地把操作型数据集成到统一的环境中，以提供决策型数据访问的各种技术和模块的总称。

数据仓库概念的两个层次：从功能上看，数据仓库用于支持决策，面向分析型数据处理，它不同于企业现有的操作型数据库；从内容和特征上看，数据仓库是对多个异构的数据源有效集成，集成后按照主题进行了重组，并包含历史数据，而且存放在数据仓库中的数据一般不再修改。

5.7.2.2 数据仓库与操作中的数据库的区别

数据库是面向事务的设计，数据仓库是面向主题的设计。数据库一般存储在线交易数据，数据仓库存储的一般是历史数据。数据库设计是尽量避免冗余，一般采用符合范式的规则来设计，数据仓库在设计时有意引入冗余，采用反范式的方式来设计。数据库是为捕获数据而设计，数据仓库是为分析数据而设计，它的两个基本元素是维表和事实表。维是看问题的角度，比如时间，部门，维表放的就是这些东西的定义；事实表里放着要查询的数据，同时有维的 ID。

单从概念上讲，有些晦涩。任何技术都是为应用服务的，结合应用可以很容易地理解。以银行业务为例，数据库是事务系统的数据平台，客户在银行做的每笔交易都会写入数据库，被记录下来，这里，可以简单地理解为用数据库记账。数据仓库是分析系统的数据平台，它从事务系统获取数据，并做汇总、加工，为决策者提供决策的依据。比如，某银行某分行一个月发生多少交易，该分行当前存款余额是多少。如果存款又多，消费交易又多，那么该地区就有必要设立 ATM 了。

显然，银行的交易量是巨大的，通常以百万甚至千万次来计算。事务系统是实时的，这就要求时效性，客户存一笔钱需要几十秒是无法忍受的，这就要求数据库只能存储很短一段时间的数据。而分析系统是事后的，它要提供关注时间段内所有的有效数据。这些数据是海量的，汇总计算起来也要慢一些，但是，只要能够提供有效的分析数据就达到目的了。

数据仓库，是在数据库已经大量存在的情况下，为了进一步挖掘数据资源、为了决策需要而产生的，它绝不是所谓的“大型数据库”。那么，数据仓库与传统数据库比较，有哪些不同呢?让我们先看看 W.H.Inmon 关于数据仓库的定义：面向主题的、集成的、与时间相关且不可修改的数据集合。

“面向主题的”：传统数据库主要是为应用程序进行数据处理，未必按照同一主题存储数据；数据仓库侧重于数据分析工作，是按照主题存储的。这一点，类似于传统农贸市场与超市的区别，在市场里面，如果白菜、萝卜、香菜是一个小贩卖的，它们会被摆在一个摊位上；而在超市里，白菜、萝卜、香菜则各自一块。也就是说，市场里的菜（数据）是按照小贩（应用程序）归堆（存储）的，超市里面则是按照菜的类型（同主题）归堆的。

“与时间相关”：数据库保存信息时，并不强调一定有时间信息。数据仓库则不同，出于决策的需要，数据仓库中的数据都要标明时间属性。决策中，时间属性很重要。同样都是累计购买过李宁产品的客户，一位是最近 3 个月购买李宁产品，一位是最近一年从未买过，这对于决策者意义是不同的。

“不可修改”：数据仓库中的数据并不是最新的，而是来源于其他数据源。数据仓库反映的是历史信息，并不是很多数据库处理的那种日常事务数据（如电信计费数据库甚至处理实时信息）。因此，数据仓库中的数据是极少或根本不修改的；当然，向数据仓库添加数据是允许的。

“集成的”：数据仓库与传统的数据库最大的区别就在于它的集成性（Integration）。面向应用的操作型环境中，由于应用问题的设计人员不同，在编码、命名习惯、属性定义、属性度量等方面是不一致的，每一个人都是根据实际应用来进行设计。而在数据仓库中就需要将它们集成起来，即数据必须加以转换，从而以统一的编码规则表示。当数据进入数据仓库时，要采用某种方法来消除应用问题中的许多不一致性，消除不一致性并不意味着源数据系统中的编码必须修改，可以实现某种例程，它能够为每个数据分配一个唯一的编码，从而修改进入数据仓库的数据。例如，关于“性别”，在不同的应用中采用不同的编码，在进入数据仓库中就要统一编码，在数据仓库中是使用 1/0 还是使用男/女并不重要，重要的是要使用同一个编码，这就保证了数据的一致性。

数据仓库的出现并不是要取代数据库。目前，大部分数据仓库还是用关系数据库管理系统来管理的。可以说，数据库、数据仓库相辅相成、各有千秋。

（1）事务数据库帮助人们执行活动，而数据仓库帮助人们做计划。如事务数据库可能显示航班的哪些座位是空的，这样旅客可以进行预定；数据仓库用于展示空座率情况的历史信息，以让航班管理员决定在未来是否要调度航班。

（2）事务数据库关注细节，数据仓库关注高层次的聚集。如一个大人只想购买最流行的儿童图书而不关心它的库存情况；负责图书上架的管理员关心图书的销售情况和变化趋势。这之间的隐含区别在于数据仓库中的数据通常都是数值类型，它可用于汇总。

（3）事务数据库通常为特定的程序而设计，而数据仓库用于整合不同来源的数据。订单处理程序——数据库会包含每笔订单的折扣信息，但不会包含产品的成本超支情况。相应地产品管理程序会包含详细的成本信息但不会包含销售折扣。可以把这两样信息组合到一个数据仓库中，就可以计算产品的实际销售利润。

（4）事务数据库关注现在，而数据仓库关注历史。如一个银行账户，每一次事务，即每次的存款与取款都会改变账户余额的值，但事务系统很少会维护历史余额；数据仓库中，可以存储很多年的事务数据（可能被汇总的），还会存储余额快照。这样允许把当前值与历史进行比较。在进行决策时，可以查看历史趋势。

（5）事务数据库是可变的，数据仓库是稳定的。它的信息会以固定的间隔进行更新（可能是每月、每星期或每小时），而且理想情况下，更新只会为新的时间段添加新值，而不会改变先前存储的值。

（6）事务数据库必须提供对详细信息的快速获取和更新，而数据仓库必须对高汇总信息快速获取或更新。

数据仓库和数据库的区别如表 5.7 所示。

表 5.7　数据仓库与数据库的区别

比较项目	数据库	数据仓库
总体特征	事务处理	提供决策支持
存储内容	当前数据为主	历史、存档、归纳数据
面向用户	业务处理人员	高级决策管理人员
功能目标	业务操作、实时性	面向主题、注重分析
汇总情况	原始数据	多层次汇总，数据细节损失
数据结构	结构化程度高，适合运算	结构化程度适中

5.7.2.3　数据仓库的组成

（1）数据仓库数据库。数据库是整个数据仓库环境的核心，是数据存放的地方和提供对数据检索的支持。相对于操纵型数据库来说，其突出的特点是对海量数据的支持和快速的检索技术。

（2）数据抽取工具。把数据从各种各样的存储方式中拿出来，进行必要的转化、整理，再存放到数据仓库内。对各种不同数据存储方式的访问能力是数据抽取工具的关键，应能生成COBOL程序、MVS作业控制语言（JCL）、UNIX脚本和SQL语句等，以访问不同的数据。数据转换包括，删除对决策应用没有意义的数据段；转换到统一的数据名称和定义；计算统计和衍生数据；给缺值数据赋予默认值；把不同的数据定义方式统一。

（3）元数据。元数据是描述数据仓库内数据的结构和建立方法的数据。可将其按用途的不同分为两类：技术元数据和商业元数据。技术元数据是数据仓库的设计和管理人员用于开发和日常管理数据仓库时用的数据。包括：数据源信息；数据转换的描述；数据仓库内对象和数据结构的定义；数据清理和数据更新时用的规则；源数据到目的数据的映射；用户访问权限，数据备份历史记录，数据导入历史记录，信息发布历史记录等。商业元数据从商业业务的角度描述了数据仓库中的数据。包括：业务主题的描述，包含的数据、查询、报表；元数据为访问数据仓库提供了一个信息目录（Information Directory），这个目录全面描述了数据仓库中都有什么数据、这些数据是怎么得到的和怎么访问这些数据。是数据仓库运行和维护的中心，数据仓库服务器利用他来存储和更新数据，用户通过他来了解和访问数据。

（4）访问工具。为用户访问数据仓库提供手段。有数据查询和报表工具；应用开发工具；管理信息系统（EIS）工具；在线分析（OLAP）工具；数据挖掘工具。

（5）数据集市（Data Marts）。为了特定的应用目的或应用范围，而从数据仓库中独立出来的一部分数据，也可称为部门数据或主题数据（Subjectarea）。在数据仓库的实施过程中往往可以从一个部门的数据集市着手，以后再用几个数据集市组成一个完整的数据仓库。需要注意的就是在实施不同的数据集市时，同一含义的字段定义一定要相容，这样在以后实施数据仓库时才不会造成大麻烦。

（6）数据仓库管理。安全和特权管理；跟踪数据的更新；数据质量检查；管理和更新元数据；审计和报告数据仓库的使用和状态；删除数据；复制、分割和分发数据；备份和恢复；存储管理。

（7）信息发布系统。把数据仓库中的数据或其他相关的数据发送给不同的地点或用户。基于Web的信息发布系统是对付多用户访问的最有效方法。

5.7.2.4　数据仓库设计

数据仓库的建立有以下步骤：

（1）收集和分析业务需求。

（2）建立数据模型和数据仓库的物理设计。

（3）定义数据源。

（4）选择数据仓库技术和平台。

（5）从操作型数据库中抽取、净化和转换数据到数据仓库。

（6）选择访问和报表工具。

（7）选择数据库连接软件。

（8）选择数据分析和数据展示软件。

（9）更新数据仓库。

数据仓库设计者不仅要设计一个数据库和一个用户接口，而且还必须设计数据装载策略、数据存取工具、用户培训方案和不间断的维护方案。另外，在数据仓库设计时还要考虑许多在操作型系统设计中不必考虑的问题。建立数据仓库比开发一个操作型系统更复杂，因其需要提供随机、动态的分析，其需求更为含糊。数据仓库的设计不是一种简单的数据存储的设计；而是一种许多部件的集成设计。在进行数据仓库设计时要考虑操作型数据、数据准备区和聚集结构等。设计和实现数据仓库时，还要考虑系统将要实现的各种报表类型。通常情况下，大部分数据仓库是被各种类型的用户和工具存取的，每一类都被优化以适用于特定的报表目的。在进行数据仓库设计时要保证所有影响设计的因素都被考虑到。数据仓库设计是一个迭代的过程。在数据仓库的设计中需要用户的参与。

5.8 信息系统输入/输出设计

系统设计的过程和实际工作的过程正好相反，并不是从输入设计到输出设计，而是从输出设计到输入设计。为什么先进行输出设计而后再进行输入设计呢？这是因为管理信息系统只有通过输出才能为使用者服务。信息系统能否为用户提供准确、及时、适用的信息是评价信息系统优劣的标准之一，输出应正确反映和组成用于生产或服务部门的有用信息。如果不先进行输出设计，究竟用户需要哪些数据，哪些数据可以通过中间转换得到是很难确定的这样势必造成用户需要的信息没有考虑到，不能满足用户的信息需求，而有些数据输入了，用户又不使用，从而造成不必要的浪费。从系统开发的角度来看，输出决定输入，即输入信息需根据输出要求决定。

5.8.1 信息系统输出设计

输出内容是用户最关心的，输出设计的目的是使系统输出满足用户需要的有用信息。输出的信息有用才能获得价值，不被使用的信息不过是一堆垃圾。输出信息是否满足用户要求，直接关系到系统的使用效果。因此，输出设计的出发点是必须保证系统输出的信息能够方便地为用户使用，能够为用户的管理活动提供有效的信息服务。

5.8.1.1 输出设计的内容和步骤

1. 确定输出内容

根据系统分析的结果确定输出内容，用户是输出信息的主要使用者，因此，输出内容设计可以从以下两个方面来考虑：

（1）确定用户在使用信息方面的要求。用户在使用信息方面有如下要求，包括使用者、使用目的、输出速度、报告量、使用周期、有效期、保管方法和需要份数等。

（2）设计输出信息的内容。根据用户的要求，设计输出信息的内容，包括输出信息的名称和形式、输出的项目、数据类型、宽度、精度、数据来源及生成算法等。

2. 选择输出设备与介质

根据信息的用途，结合现有设备和资金条件选取输出设备、介质。如果需要送给其他人员或者需要长期保管的材料，需要用打印机输出；如果是为了以后处理使用的数据，则可以使用磁带、磁盘或光盘等；如果是临时查询，则可以使用屏幕显示。表 5.8 是一些常用输出设备、介质对照表。

表 5.8 常用输出设备和介质

设备	介质	用途	特点
打印机	纸	各种报表供人阅读	便于保存，费用低
卡片或纸带输出机	卡片或纸带	供其他系统输入的数据	只作为计算机处理的输入文件
磁带机	磁带	建立磁带文件	容量大，适用于顺序文件
磁盘机	磁盘	建立磁盘文件	便于存取和更新
终端	屏幕	显示图形或数据	立即响应比较灵活，实现人机对话
绘图仪	绘图纸	绘制图形	图形精度高
缩微胶卷输出器	缩微胶卷	保存图形、资料和数据	体积小，易保存

常用信息输出设备名称如下：打印设备（Printers）；视频显像设备（Video Displays Terminals——Monitors）；绘图仪（Plotters）；音响输出（Audio Output）；计算机缩微胶卷（Computer Output to Microfilm）；磁盘机（Disk Drivers）；磁带机（Ape Recorders）；只读存储器（CD-ROM's）。

3．确定输出格式

输出格式是指打印输出或显示输出中各数据项的安排情况。输出格式的好坏，直接影响用户对系统的看法。因此要在原有的输出格式的基础上，进行某些调整，使得输出格式更实用。在输出格式设计中，始终应注意如下几点：

（1）合理性。合理性是非常重要的一个方面，如果输出格式设计不合理，就会造成用户的理解困难，影响用户的使用积极性，给信息的使用带来麻烦。

（2）适用性。输出格式的设计应与用户密切配合，在了解现有报告、图表的基础上，根据用户的进一步要求加以改进和确定。如果要更改，则要由系统设计人员、分析人员和使用者共同来协商，经过各方人员同意才可以进行。

（3）清晰性。输出格式在满足用户要求的前提下，做到清晰、美观，并且易于理解和阅读，不能产生误解。

在进行输出设计时，要将输出的报表画出标准图样，以便于编写有关的输出程序。

5.8.1.2 输出设计的评价

输出设计是系统设计的主要内容之一，它的设计质量直接关系到用户是否能够从系统中获得满意的信息服务，也就是说用户对系统的满意程度在很大程度上取决于输出设计。因此，设计人员必须站在用户的角度对自己的输出设计结果作出正确、全面的评价。

进行输出设计评价，主要看设计结果是否满足以下几个方面的要求：

（1）输出设计是否能为使用者提供及时、准确和全面的信息服务。

（2）输出设计是否充分考虑和利用了各种输出设备的功能。

（3）各种信息的输出格式是否和原系统相一致；对于修改部分是否有充足的理由，是否征得了使用人员的同意。

（4）输出的各种图形或表格是否符合使用者的习惯，是否便于阅读和理解。

（5）输出设计是否为系统今后的发展变化留有一定的余地，输出的表格中是否为新增项目留有相应的余地。

5.8.2 信息系统输入设计

输入设计是整个系统设计的关键环节之一，它的根本任务是如何保证将数据正确地传递到系统中去，然后由计算机完成各种各样的后续处理工作。输入设计实质上是数据进入系统进行处理的接口，即将信息系统连接到用户领域中。输入数据的正确性对于整个系统质量的好坏起决定性的作用。正确的输入将保证系统的可靠性，并从精确的数据中产生出结果；反之，则会输出错误信息。输入设计不合理有可能使输入数据发生错误，这时即使计算和处理十分正确，也不可能得到可靠的输出信息。因此，输入设计必须十分仔细，要千方百计堵塞一切可能出现的漏洞。输入设计由输出设计决定，通常在确定了输出设计后，就进行输入设计。

5.8.2.1 输入设计的原则

输入设计是在保证系统输入正确的前提下，做到输入方法简单、迅速、经济、方便。为此，输入设计应遵循以下原则：

（1）最小量原则。系统输入应保持在能满足处理要求的前提下，输入量最小，输入信息越少，出错的机会就越少，花费的时间就越少，数据的一致性就越好。所以要保证输入信息的最低限度。

（2）输入过程简捷性原则。输入的准备及输入过程应尽量容易进行，以减少错误的发生。

（3）检验原则。应尽早对输入数据进行检查，离原始数据的发生点越近，错误越容易及时地得到改正。

（4）尽早使用处理形式的原则。输入数据应尽早地用其处理所需的形式被记录，避免转换中发生错误。

5.8.2.2 输入设计的内容和步骤

1. 确定输入数据内容

输入信息的获得是在了解原始数据的产生部门、输入周期、输入信息的最大量、平均发生量及收集方法和收集时间等基础上进行的。系统的输入数据在系统分析阶段就已经基本上确定，而这一步的主要工作内容是在系统分析的基础上，进一步将输入数据的内容具体化和详细化。输入数据内容设计包括确定输入数据项名称、数据内容、精度和数值范围等。为了减少输入数据时产生错误，应避免数据的重复输入，要使输入量保持在满足处理要求的最低限度之内。

2. 确定数据的输入方式

数据输入方式有键盘输入；A/D、D/A（模/数、数/模）转换；网络或卫星通信传输等。数据录入可采用批处理或是实时处理。数据输入方式的选择与数据的产生地点、产生时间和处理要求的时间有直接关系，如果系统需要的输入数据其产生地点远离信息处理中心，而且发生时间是随机的，且每次发生后都要立即处理，则必须采用联机终端实时输入数据。如果数据产生后，可以等待一定时间后再进行处理，则可采用批处理的方式输入数据。

数据输入类型有外部输入、内部输入、操作输入、计算机输入和交互输入等。外部输入主要是系统的原始输入，如客户订单；内部输入是在系统内部产生并输入的信息，如文件的更新；操作输入是在计算机运行过程中与操作有关的输入，如控制参数、文件名等；计算机输入是由系统内部或外部计算机通过通信线路直接输入信息，如车间计算机将当天情况存入中央数据库；交互式输入是通过人机对话进行输入。

3. 确定输入数据的记录格式

对输入数据的格式设计，必须按照便于填写、便于归档保存和便于操作的基本原则进行。由于数据的获得有两种方式，专门的输入记录单和在原始单据上框出一部分作为向计算机输入的内容。输入格式要和记录单及原始数据单尽量一致。输入数据的内容和屏幕上显示内容一致，以便提高输入速度，减少输入差错。

4. 输入数据的正确性检验进行设计

对输入数据的正确性进行检验，是输入设计的重要内容之一，也是整个设计的一个重要内容，只有保证输入数据正确，才能保证处理和输出的正确。常见数据出错的种类如下：

（1）数据内容的错误。数据内容的错误是由于原始单据有错或录入时产生的错误。

（2）数据多余或不足。数据多余或不足是数据收集过程中产生的差错，可能是由于原始单据丢失、遗漏或重复而引起的。

（3）数据的延误。数据的延误不是内容或数量上的错误，而是因为时间上的延误产生的差错。由于输入数据迟缓致使处理推迟，数据的延误不仅给业务工作者带来影响，有时甚至使输出的结果信息变得毫无价值。

因此，对于输入数据过程中可能出现的错误，要采取相应的检验措施，以确保输入数据的正确性。常用检验方法有：

（1）重复输入检验。将同一数据先后输入两次，由计算机比较两次输入的结果，以判断输入的数据是否正确，如由两个操作员录入相同的数据文件，在两个数据文件进行比较后，找出不同之处予以纠正。

（2）输入核对检验。由打印机或屏幕显示出输入的数据，并由人工逐一核对，以检查输入数据的正确性。输入核对检验有单条检验和输入完后检验两种方式。

（3）控制总数检验。先由人工计算出输入数据的某数据项总值，然后在输入过程中再由计算机统计出该数据项的总值，比较两次计算结果以验证输入是否正确。它的校验不仅限于金额、数量等计算项目，而且可是所有数值的项目。

（4）记录计数检验。通过计算输入数据记录的个数来检查数据记录是否有遗漏和重复。

（5）合理性检验（逻辑校验）。检查数据项的值是否合乎逻辑，即根据业务上各种数据的逻辑性，检验输入的数据是否矛盾，如月份为1～12、日期为1～31。

（6）界限检验。指某数据项输入的值是否位于预先指定的范围之内，分为上限检验、下限检验和范围检验。

（7）格式检验（错位检验）。根据输入数据的位数和位置是否符合预先规定的格式，来判断输入数据是否正确，如姓名最大位数是25位则第26位就是空白，如果第26位有数据就是错误的。

（8）代码校验位检验。利用代码的校验位来检验输入代码是否正确。

（9）顺序检验。通过检验输入数据的编号是否按顺序排列，来发现是否有被遗漏和被重复输入的数据。

（10）平衡检验。根据有关数据之间的平衡关系，来检验输入数据的正确性。例如，会计的借方和贷方，日报表的分类小计和总计是否相等。

除上述校验方法外，还有视觉校验（一般安排在原始数据转换到介质上时进行），如在终端上输入数据之后，送到计算机处理之前，在屏幕上完成校验工作，确定无误后再转入系统。一般差错率在 75～80%之间。另外，还有分批汇总校验，按原始传票的类别、发生日期等划分批次，先用手工计算每批的总值，再用计算机按输入数据每批的总值，将两者的总值互相对照进行校验，分批汇总法是对最重要的数据进行重点校验，防止数据出错、重复和遗漏等。

在差错检验系统中，差错的纠正比检验更为重要和困难，根据差错的不同，可采取不同的纠正方法。

（1）原始数据出错。原始数据出错，返回到产生该数据的处理场所予以纠正，发现差错离发生差错的场所越近，愈易纠正，所花的时间越少。

（2）由程序查出的错误。由于程序已经运行，差错的纠正比较复杂，一般有以下几种处理方法：

1）剔除出错数据留待以后纠正，正确数据照常处理。

2）出错数据查出后马上进行纠正，纠正后与正确数据一起输入处理。

3）舍弃出错数据，只用正确数据进行处理。一般用于某些统计分析等业务，只要大体上正确即可。

5. 确定输入设备和介质

常用的输入设备与介质如表 5.9 所示。

表 5.9　输入设备和介质

设备	介质	特点
纸带阅读机	穿孔纸带	成本低，速度慢，校验、改错困难
读卡机	穿孔卡片	记录的内容直观，易校验，成本高，速度慢
软盘输入装置	软盘	适用于大量数据的输入，成本低，速度快，易于携带和保存
磁带机	磁带	适用于大量数据的输入，成本低，速度快，易于携带和保存
终端、控制台键盘		少量数据直接输入，或用于对话等
磁性墨水阅读器	磁性墨水写的单据	处理效率高，适用于银行支票处理
光学标记读出器	光学标记，条形码	处理效率高，适用于少量数据输入
光阅读器	纸	读错率和拒读率高，价格高，速度慢，很有前途

设备的选用应考虑以下的因素：

（1）输入的数据量与频度。

（2）输入信息的来源、形式和收集环境。

（3）输入的类型和格式的灵活程度。

（4）输入的校验方法、允许的错误率及纠正的难易程度。

（5）输入速度和准确性的要求。

（6）数据记录的要求、特点、保密性等。

（7）数据收集的环境及对于其他系统是否适应。

（8）可利用的设备和费用等。

5.7.2.3　输入设计的评价

由于输入数据的正确与否对整个系统的质量起着决定性的影响，所以必须对输入设计的质量作出正确评价。输入评价主要有以下内容。

（1）原始单据格式设计是否符合下列要求：

1）是否便于填写。

2）是否便于归档。

3）是否便于输入操作。

4）是否可以保证输入精度。

（2）输入数据是否有完善的检、纠错措施。因为输入的数据直接关系系统的质量，只有完善的检、纠错措施才能保证输入数据的可靠性和准确性，这是评价输入设计质量的一个重要方面。

5.8.3　信息系统人机交互界面设计

输入/输出界面是人和计算机联系的主要途径，操作者通过屏幕显示和计算机对话，向计算机输入有关数据，控制计算机处理过程，并将计算机的处理结果反馈给用户，因此称为人机对话。人机对话的方式有多种，如光笔（光罩）－屏幕方式、键盘－屏幕方式、触摸－屏幕方式及声音对话方式等。键盘－屏幕方式是主要的人－机对话方式，屏幕是系统对用户的“窗口”，故人机对话设计又称为屏幕设计。对话设计的任务是与用户共同确定对话方式、内容与具体格式。屏幕界面设计的好坏直接影响用户对整个系统的认识，关系到系统应用的有效性和推广性。如果人机对话设计的不好，会使用户对整个系统失去信心。

5.8.3.1　人机对话设计的基本原则

人机对话设计的基本原则是从用户的角度考虑，而不应从设计人员设计方便来考虑。在对话设计中，要考虑终端或微机的使用环境、响应时间、操作方便和对用户友好等，并要注意保密性。在现行技术条件下，为达到人机界面的友好性目的，人机对话设计的原则是：

（1）相同的数据一次输入，多次使用；一处输入，多处引用。

（2）尽量减少汉字输入。

（3）屏幕显示形式直观、清晰，贴近管理人员的习惯。

（4）操作简单、方便。

（5）数据录入应有检错、纠错和容错功能。

（6）要有完善的帮助系统。

（7）应具有快速的系统响应。

在对话设计中，首先要了解屏幕显示器所能显示的行、列字符数，然后将要显示的对话内容写在具有同样行、列数的方格纸上进行初步设计，在设计过程中要与用户协商，设计好的格式要征得用户的同意，对话设计结果在程序编制阶段要予以实现。

5.8.3.2　人机对话设计的方式

操作人员常常通过屏幕、键盘进行交互，常用的交互方式有：

（1）回答法。程序运行到一定阶段，屏幕上显示问题，等待用户回答。回答方式也应在屏幕上提示，让用户简单地回答。

（2）提问法。这种方式主要是用户查询。例如，要查询某学生的基本情况，屏幕上提示输入“学号”，当操作员回答后，屏幕上显示该学生的有关情况。

（3）菜单式。让用户在一组多个可能对象中进行选择，各种可能的选择项以菜单项的形式显示在屏幕上。菜单可用文本或图形方式表示，随着计算机技术的发展，直接操纵的图形式菜单现正得到广泛的应用。菜单的优点是易学易用，它是由系统驱动的，能大大减轻用户的记忆量，用户可以借助菜单界面提示的操作方法，彻底学会掌握新系统。在菜单界面中，用户选择菜单的输入量少，不易出错，而且菜单的实现也较容易。菜单的缺点是交互活动受限制，即只能完成预定的交互功能；其次在大系统中使用速度慢，有时为完成一个简单的功能必须经过几级菜单的选择；此外因受屏幕显示空间的限制，每幅菜单显示的菜单项数受限制；最后显示菜单需要空间和显示时间，增加了系统开销，如图 5.37 所示。

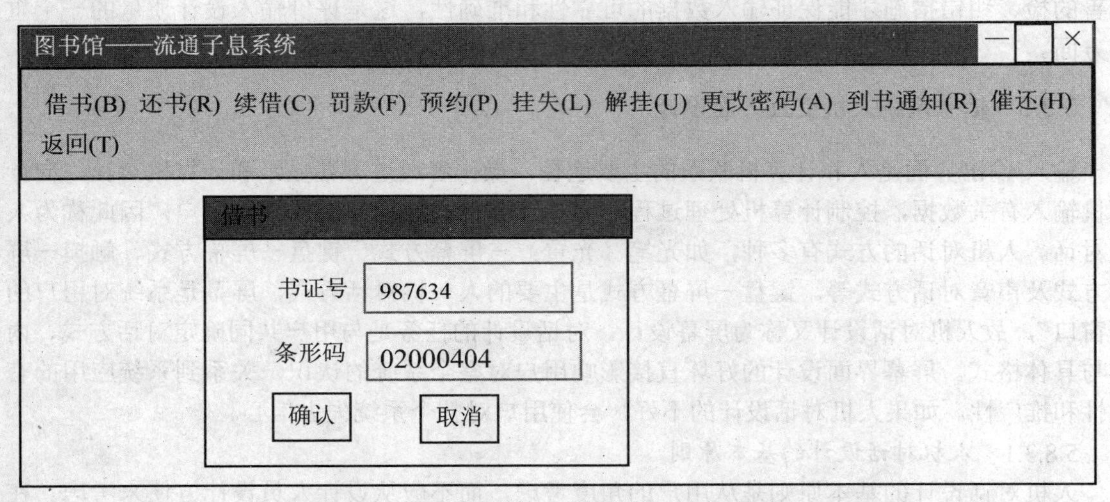

图 5.37 菜单式界面

（4）填表法。将要输入的项目先显示在屏幕上，用户根据项目输入相应的数据，这种方法类似填表。屏幕上显示的表格应尽量与操作人员手中的原始记录格式对应。表 5.10 所示是一个例子。

表 5.10 在职人员基本情况表

姓名	曾用名	身份证号	籍贯
性别	出生日期	出生地	
民族	本人成份	健康状况	婚姻状况
工作部门	工作证号	养老保险社会保证证号	
政治面貌	入党时间	参加工作时间	连续工龄
工作部门	现身份起始时间	进入本系统时间	
职称		职务	
用工形式		用工期限	劳动合同制用人形式
职业类别	现从事专业		享受待遇级别
户口所在地		户口性质	港澳台侨属标识
家庭住址			电话
Email			

5.9　信息系统网络设计

信息系统网络设计（Information System Network Design）就是根据用户的需求，结合计算机技术、通信技术和网络技术进行科学论证，提出合理的网络工程方案的过程。

5.9.1　信息系统网络设计概述

5.9.1.1　网络设计的总目标

（1）实现资源共享功能。网络内的各个桌面用户可共享数据库、共享打印机，实现办公自动化系统中的各项功能。

（2）通信服务功能。最终用户通过广域网连接可以收发电子邮件、实现 Web 应用、接入互联网、进行安全的广域网访问。

（3）多媒体功能。支持多媒体组播，具有卓越的服务质量保证功能。

（4）远程 VPN 拨入访问功能。系统支持远程 PPTP 接入，外地员工可利用 Internet 远程访问公司资源。

5.9.1.2　网络设计原则

（1）实用性和经济性。系统建设应始终贯彻面向应用，注重实效的方针，坚持实用、经济的原则，建设企业的网络系统。

（2）先进性和成熟性。系统设计既要采用先进的概念、技术和方法，又要注意结构、设备、工具的相对成熟。不但能反映当今的先进水平，而且具有发展潜力，能保证在未来若干年内企业网络仍占领先地位。

（3）可靠性和稳定性。在考虑技术先进性和开放性的同时，还应从系统结构、技术措施、设备性能、系统管理、厂商技术支持及维修能力等方面着手，确保系统运行的可靠性和稳定性，达到最大的平均无故障时间，TP-Link 网络作为国内知名品牌、网络领导厂商，其产品的可靠性和稳定性是一流的。

（4）安全性和保密性。在系统设计中，既考虑信息资源的充分共享，更要注意信息的保护和隔离，因此系统应分别针对不同的应用和不同的网络通信环境，采取不同的措施，包括系统安全机制、数据存取的权限控制等，TP-Link 网络充分考虑安全性，针对小型企业的各种应用，有多种的保护机制，如划分 VLAN、MAC 地址绑定、IEEE802.1x、IEEE 802.1d 等。

（5）可扩展性和易维护性。为了适应系统变化的要求，必须充分考虑以最简便的方法、最低的投资，实现系统的扩展和维护，采用可网管产品，降低了人力资源的费用，提高网络的易用性。

5.9.2　信息系统网络设计

信息系统网络设计包括逻辑设计、物理设计、软件配置和文档编制等工作。

（1）网络逻辑设计包括：用户需求分析；结构设计；性能设计；功能设计；安全设计；可靠性设计；网络软件规划；网络管理设计等。

（2）网络物理设计主要实现物理节点之间的电路连通，所选的硬件在性能上要胜过采用软件技术的设备，软件在功能上要强于硬件技术。网络物理设计包括网络设备选型；综合布线设计和系统测试设计等。为了满足组织的需求及长远利益，网络系统设备应依据上述网络设计原则进行选型，在网络设备方面选用国内领先的网络互联厂商产品，以保证网络设备的可靠性和稳定性。网络布线要满足不同的网络用户需要，采用不同的拓扑结构，如采用开放式星型拓扑结构，满足数据、电话、电视、视频监控等多媒体业务的需要，支持双绞线、光纤、同轴电缆等各种传输介质，支持高速网络应用。另外，考虑到组织内部存在不方便布线地点或移动性很强的用户接入问题，在某些特定的区域可设计无线信号覆盖，通过无线接入点和无线网卡联网等。

（3）软件配置。根据网络设计的要求，选择网络操作系统和网络通信协议等。

（4）文档编制。对网络进行设计后，必须提交网络设计的文档资料，如《可行性研究报告》、《项目招标说明书》、《用户需求说明书》、《项目总体设计说明书》和《项目子系统设计说明书》等。

5.10 信息系统设计说明书

系统设计说明书主要包括以下内容：

1.概述

1.1 系统设计目标。

1.2 系统设计策略。

2.计算机系统的选择

2.1 计算机系统的选择原则。

2.2 方案的比较。

3.计算机系统配置

3.1 硬件配置：说明硬设备基本配置的考虑要求，列出设备明细表，画出硬件设备配置图。

（1）主机。

（2）外存储器。

（3）终端与外部设备配置。

其他辅助设备。

网络形态。

3.2 软件配置：说明与硬设备协调的系统软件的考虑，列出软件设备明细表，对自制或复制的软件要予以说明。

（1）操作系统（OS）。

（2）数据库管理系统（DBMS）。

（3）服务程序。

（4）使用的编程语言。

（5）通信软件。

（6）软件工具。

3.3 计算机系统的地理分布。

3.4 网络协议文本。

4.系统结构设计

4.1 结构图（自顶向下、逐层扩展的层次化暗盒模块结构）。

4.2 模块说明书。

5.数据库设计

5.1 数据库总体结构。

5.2 数据库逻辑设计；本系统内所使用的数据结构中有数据项、记录、文件的标识、定义、长度及其关系。

5.3 数据库物理设计：本系统内所使用的数据结构中有关数据项的存储要求、访问方法、存取单位、存取的物理关系、设计考虑和保密处理。

5.4 数据库保证。

数据库的安全性、保密性、完整性、一致性考虑。

5.5 评价和验收。

6.代码设计

6.1 代码表的类型、名称、功能、使用范围、使用要求的说明等。

6.2 代码设计原则。

6.3 校验码计算公式。

6.4 代码设计的评价与验收：从识别信息，信息标准化，节省存储单元，提高运算速度，节省计算机的处理费用及代码的特性去进行评价。

7.输入设计

7.1 输入项目。

7.2 输入的承担者：对输入工作承担者的安排，指出操作人员的水平与技术专长，说明与输入数据有关的接口软件的来源。

7.3 主要功能要求：从满足正确、迅速、简单、经济、方便使用者等方面去加以说明。

7.4 输入要求：主要输入数据类型、来源、所用设备、介质、格式、数值范围、精度等。

7.5 输入校验：校验方法和效果。

7.6 输入设计的评价与验收。

8.输出设计

8.1 输出项目。

8.2 输出接收者。

8.3 主要功能。

8.4 输出要求：输出数据类型、所用设备介质、格式、数值范围、精度等。

8.5 输出设计的评价和验收。

9. 网络设计：系统的网络结构，功能的设计。

10.安全保密设计

11.系统故障对策

11.1 系统故障的类型。

11.2 故障防止措施。

11.3 系统恢复方法。

12.实施方案说明书

12.1 实施方案说明。

12.1.1 项目的说明：系统名称、子系统名称、程序名称、程序语言及使用的设备等。

12.1.2 数据项目的说明。

12.1.3 处理内容的说明。

12.2 实施的总计划。

12.2.1 工作任务的分解：对于项目开发中须完成的各项工作，包括文件编制、审批、打印、用户培训工作，使用设备的安排工作，按层次进行分解，指明每项任务的要求；

12.2.2 进度：给予每项工作完成的预定开始日期和完成日期，规定各项工作任务完成的先后顺序及每项工作完成的标志。

12.2.3 预算：逐项列出本开发项目所需要的费用，如办公费、差旅费、机时费、资料费、通信设备和专用设备的租金等。

12.3 实施方案的审批：说明经审批的实施方案概况和审批人员名称。

5.11 信息系统设计实例

在第 4 章曾介绍过一个电力配件公司有关配件销售、采购业务和会计账务管理的信息系统，画出了该系统的数据流程图，在此对系统的结构进行设计。图 4.64 是电力配件公司信息系统的高层数据流程图。很明显，该系统有销售管理、采购管理和会计账务管理 3 类不同的事务，因此可用事务分析的方法画出第一张系统结构图，如图 5.38 所示。

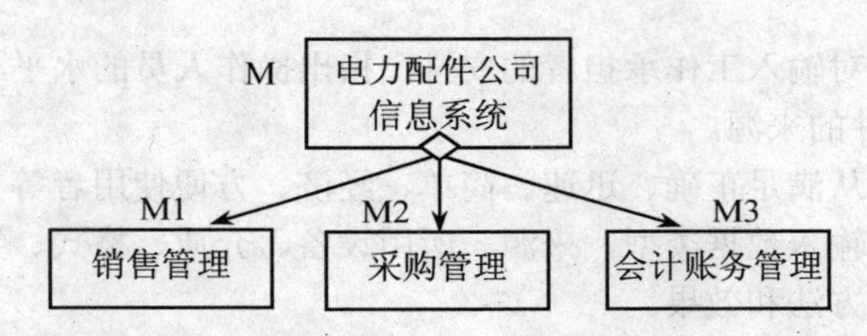

图 5.38 电力配件公司信息系统结构图

现在分别对销售管理、采购管理和会计账务管理模块进行分解。

由图 4.66 分析销售管理存在着 4 类不同的事务。

（1）现货销售。它包括下列处理功能：

1.1 编辑订货单。

1.2 登录新客户。

1.3 确定客户订货。

1.4 开发货单并修改库存。

1.5 产生暂存订货单（也就是客户对某项电力配件的预订单）。

（2）期货销售（即客户预订的电力配件到达后再卖给客户）。它包括以下处理功能：

1.6 核对暂存订货单（也就是预订单）。

1.4 开发货单并且修改库存。

（3）查询销售和库存信息，它包括处理功能 1.7 检索库存。

（4）编制营业报表。它包括处理功能 1.9 编制销售和处理功能 1.10 库存报表。

（5）销售统计，它包括在处理功能 1.8 销售统计。

运用事务分析的方法，可将“销售管理”模块进一步分解成如图 5.39 所示的结构图。

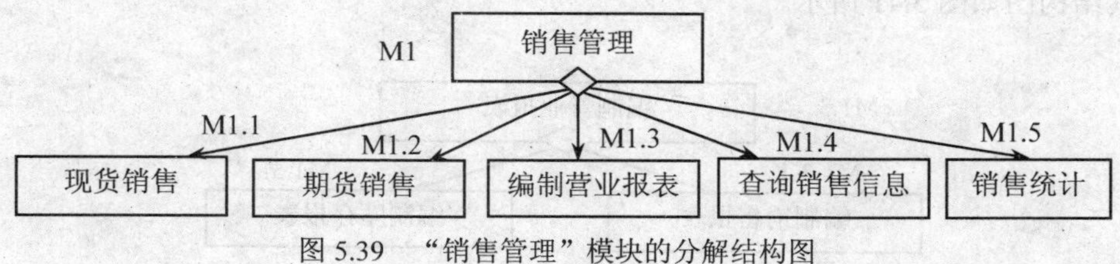

图 5.39　“销售管理”模块的分解结构图

对图 5.39 所示结构图中的模块“现货销售”、“期货销售”、“编制营业报表”和“查询销售信息”还需要进一步分解。

“现货销售”模块的功能是：当客户对某项电力配件有购买要求时，先检索该配件的库存情况，以确定能否满足它所要求购买的数量。可能有 3 种情况：完全满足；部分满足；一件现货也没有。对有现货可售的情况，开发货单给客户；不能现货供应的那部分，如果客户同意预订，等到货后再通知他，那么将预订情况写入 D4“暂存订货单”数据文件中。显然，从外部项“顾客”那里来的数据流“订货单”在系统中走的逻辑路径几乎是相同的，唯一不同的是要对新顾客进行登记。由图 4.66 可知，处理功能 1.1 编辑订货单执行输入功能；处理功能 1.3 确定客户订货执行变换功能；处理功能 1.4 开发货单并修改库存和处理功能 1.5 产生暂存订货单（客户预订单）执行输出功能。因此可采用变换分析的方法，将“现货销售”模块进一步分解成如图 5.40 所示的结构图。

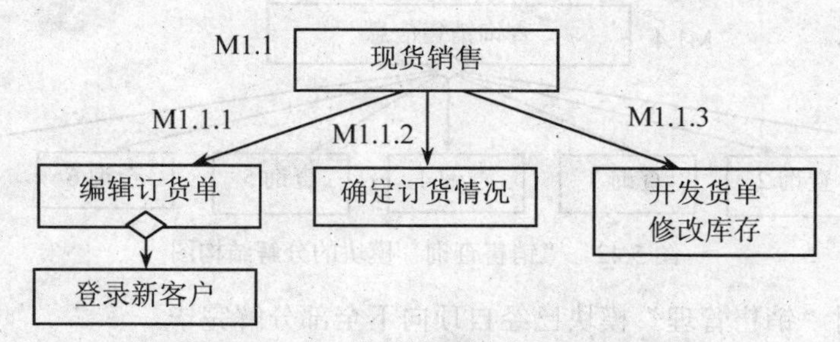

图 5.40　“现货销售”模块分解结构图

在图 4.66 中从处理功能 1.1“编辑订货单”还有一条数据流新客户，它是根据客户目录文件来判断是否是新顾客，如果是新客户则进行登录，所以在结构图中模块“编辑订货单”判断调用“登录新客户”模块。变换中心“确定订货满足情况”模块根据客户对某项电力配件的购买量和现有库存量来确定能卖给客户多少件现货。输出模块 1.4“开发货单并修改库存”不仅执行开发货单的功能，而且执行修改库存数据和登记对该项配件的预订数据的功能。

“期货销售”模块，它所对应的处理功能 1.6 核对暂存订货单（即客户对配件的预订单）和处理功能 1.4 开发货单并且修改库存，也就是在采购部门把客户预订的电力配件从供应商那里买来并入库以后，打印出到货通知单，通知销售部门，销售部门再将该配件卖给客户。该模块可以由一个程序实现，因此不需要再分解。

“编制营业报表”模块所对应的是处理功能 1.10 编制库存和 1.9 销售报表，通过对图 4.66 分析知，处理功能“编制库存和销售报表”有两个功能，即编制库存报表和销售报表。所以根据系统设计的原则，可将“编制营业报表”模块进一步分解成两个从属于它的新模块，“编制销售报表”和“编制库存报表”，这两个模块执行不同的事务，需要应用事务分析方法进行变换。其结构图如图 5.41 所示。

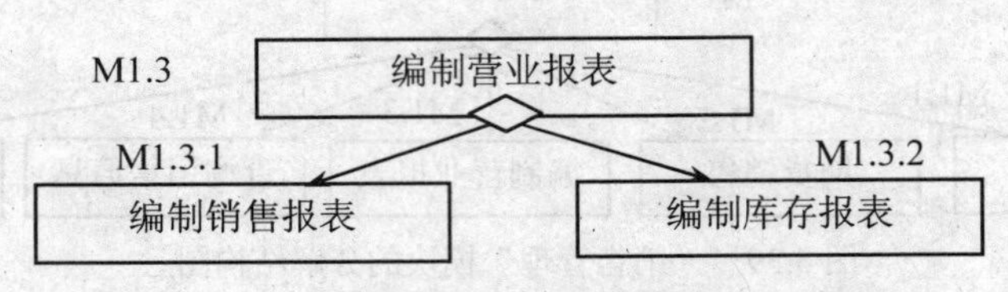

图 5.41 “编制营业报表”模块的分解结构图

电力配件公司对系统的查询要求有：

查询 1：已知配件编号，查其名称和规格。

查询 2：已知配件名称和规格，查其编号。

查询 3：已知配件名称，列出所有规格的电力配件。

查询 4：列出牌价不小于 1000 元的所有电力配件。

查询 5：已知配件编号或名称和规格，查找当前库存量。

查询 6：已知配件编号或名称和规格，查它的价格。

查询 7：列出库存量小于 50 件的所有电力配件。

根据这些查询要求可建一个查询模块，为了清晰起见，将每一类查询作为一个事务，如图 5.42 所示。

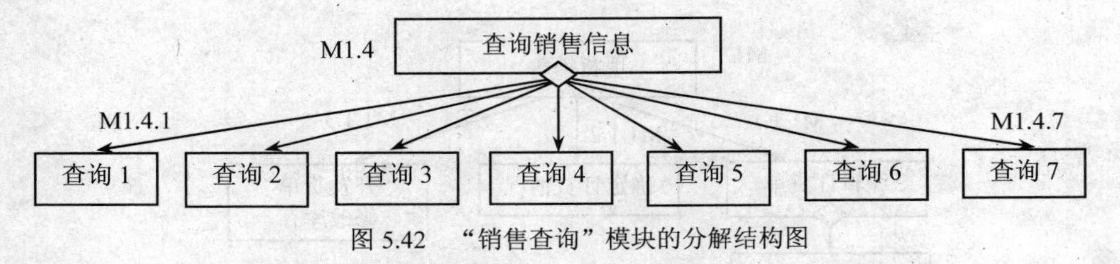

图 5.42 “销售查询”模块的分解结构图

到此为止，对“销售管理”模块已经自顶向下全部分解完毕。

由图 4.65 知，在“采购管理”的数据流程图中存在着 3 类不同的事务，即：

（1）向供应商订货，它包括以下处理功能：

2.1 按电力配件汇总。

2.2 确定要订货的电力配件。

2.3 选择供应商并订货。

（2）到货管理，它包括以下处理功能：

2.4 核对发货单。

2.5 修改库存和待订货量。

2.6 产生到货通知。

（3）查询采购情况，这在图 4.65 中虽然没有表达，但在系统分析中，对信息查询，也就是数据立即存取要求进行了专门讨论，所以在进行系统设计时要加进查询信息的模块。“采购管理”模块的结构图如图 5.43 所示。

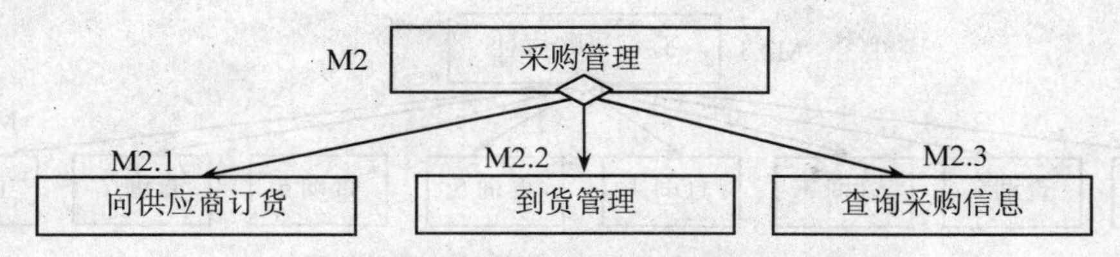

图 5.43 “采购管理”模块的分解结构图

由图 4.65 可知，“向供应商订货”模块，它包括处理功能 2.1 按客户预订的电力配件汇总；2.2 选择供应商并订货。由于从数据存储 D4“暂存订货单”（也就是客户预订单）读出的数据流所走的逻辑路径全部相同，它所经过的 3 个处理功能分别执行输入、变换、输出功能，因此可运用变换分析方法将“向供应商订货”模块分解成如图 5.44 所示的结构图。

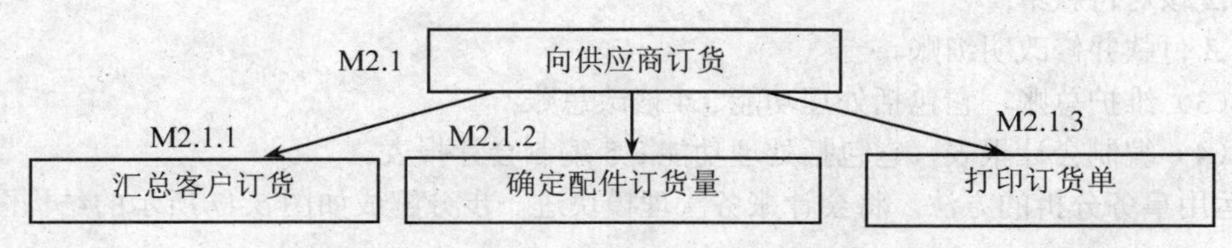

图 5.44 “采购管理”模块的分解结构图

由图 4.65 可知，“到货管理”模块中，凡是来自供应商正确的到货单在系统中所走过的逻辑路径都相同；“核对发货单”执行的是输入功能，对到货单加以验证；“修改库存与待订货量”可以被看作是执行变换功能；“产生到货通知”执行的是输出功能。运用变换分析方法，将“到货管理”模块分解成如图 5.45 所示的结构图。

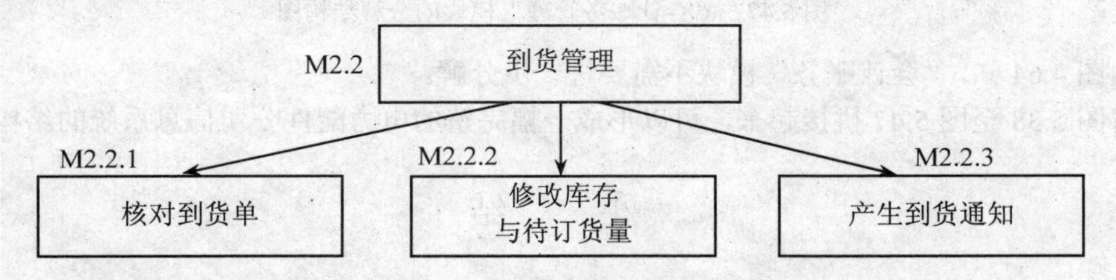

图 5.45 “到货管理”模块的分解结构图

电力配件公司对系统的查询要求如下：

（1）查询 1：已知供应商编号，查它的名称和地址等详细信息。

（2）查询 2：已知供应商名称和地址，查其编号。

（3）查询 3：已知供应商名称，查它的地址、联系人及电话号码。

（4）查询 4：已知配件编号或名称和规格，查有哪些供应商能提供，其出厂价是多少。

（5）查询 5：已知供应商编号或名称，列出它能提供的各种电力配件及出厂价。

（6）查询 6：已知供应商编号或名称，查到现在为止，电力配件公司向它订了哪些货。

（7）查询 7：已知配件编号或名称和规格，查电力配件公司已经向哪些供应商订购了这项配件。

（8）查询 8：给定现在日期，列出所有尚未按期交货的配件及其供应商和订货日期。

为了清晰起见，“查询采购信息”的模块分解如图 5.46 所示。

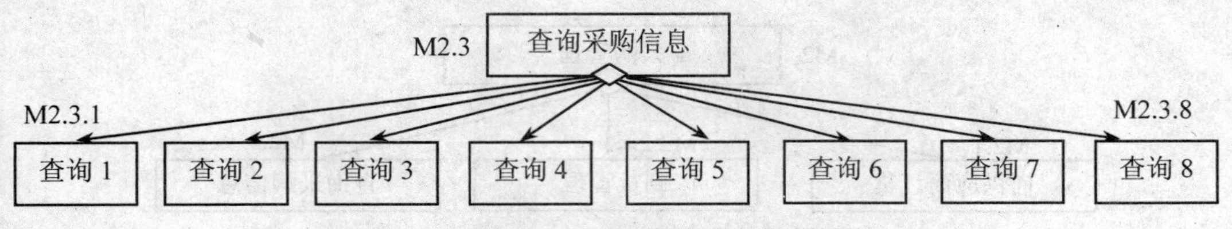

图 5.46 “采购查询”模块的分解结构图

到现在为止，对“采购管理”模块自顶向下全部分解完毕。

由图 4.64 知，在会计账务管理数据流程图中存在着 4 类不同的事务，即：

（1）应收款账务，它包括处理功能 3.1 开收据并修改明细账；

（2）应付款账务，它包括下列处理功能。

3.2 核对付款单；

3.3 付款并修改明细账。

（3）维护总账，它包括处理功能 3.4 修改总账；

（4）编制会计报表，它包括处理功能 3.5 编制会计报表。

运用事务分析的方法，将会计账务管理模块进一步分解成如图 5.47 所示的结构图。

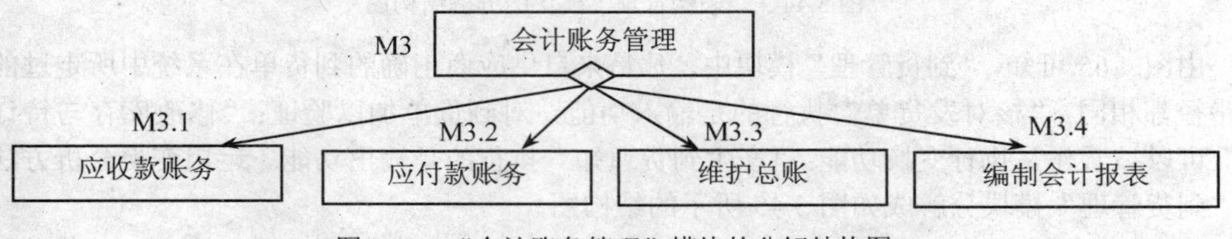

图 5.47 “会计账务管理”模块的分解结构图

由图 4.64 知，“会计账务”模块不需要进一步分解。

将图 5.38 至图 5.47 拼接起来，可以形成一幅完整的电力配件公司信息系统的结构图。

小　结

系统设计就是为实现系统分析提出的系统逻辑模型所做的各种技术考虑和设计。系统设计又称为系统的物理设计，即根据新系统的逻辑模型建立系统的物理模型，也即根据新系统的逻辑功能要求，考虑系统的规模和复杂程度等实际条件，进行若干具体设计，确定系统的实施方案，从而解决系统“怎么做”的问题。因此，系统设计是开发信息系统的最重要环节之一。这一阶段工作的优劣，直接影响信息系统的性质、功能、效率和效益。

设计工作中强调采用结构化设计方法。结构化设计工具包括：结构图，它是一项重要的图形工具；一组系统设计原则，包括系统中模块之间的耦合性（或称耦合程度），每一个模块的内聚性（或称内聚程度），模块的分解、扇入和扇出原则；两个设计策略，它们属于面向数据流的设计策略，分别是以事务为中心的设计策略（也称事务分析）和以变换为中心的设计策略（也称变换分析）。运用这两项策略，能够比较容易地将数据流程图转化成结构图，并且能够比较容易地将一个复杂的信息系统加以分解并简化。

系统设计采用“自顶向下”原则，每一个暗盒模块应该（尽量）只解决一个问题，模块功能定义易于理解和实现，要指明暗盒模块之间的连接关系，每个暗盒模块具有较高的独立性。要将系统（或它的组成部分）看成是暗盒（考虑输入/输出及数据变换），再将系统分解成若干个暗盒模块，每个暗盒模块都有明确的功能和输入/输出。

复习思考题

1．什么是结构化系统设计？结构化系统设计的基本思想是什么？
2．结构化系统设计的基本工具有哪些？有哪些特点？
3．为什么要尽可能地降低系统中模块之间的耦合程度？
4．为什么要对模块进行分解？分解到什么程度比较合适？
5．模块的扇入/扇出系数对模块有什么影响？
6．系统设计策略有哪几种？分别用于哪种数据流程图的设计？
7．模块之间的联系方式有哪几种？对模块的独立性有什么影响？
8．数据流程图和结构图有什么关系？有什么不同？
9．对每一种模块耦合程度举一个例子，并说明优、缺点。
10．画出第 4 章复习思考题 9 和 11 题的结构图。

第 6 章　系统实施

系统实施是继系统规划、系统分析、系统设计之后的又一个重要阶段。它将在系统设计基础上按实施方案完成一个可以实际运行的信息系统并交付用户使用。这一阶段的主要任务包括：设备的购买和安装；程序的编制；数据的录入；人员的培训；系统的测试、调试与转换等。设计上完美无缺的系统是不存在的，思想交流中的问题，由于程序员疏忽或由于时间过紧造成的各种错误，在用户对系统验收之前必须纠正过来，因此要进行系统测试以验证全部程序能否构成一个工作的整体。用户培训是系统实施中尽量减少人们对变革抵触的关键环节，也是证明新系统使用价值的良好时机。这些会为用户使用新系统创造一个良好的开端。

6.1　系统实施概述

系统实施是在系统设计的基础上进行的，是新系统付诸实现的实践阶段。信息系统就如建造一座大厦，系统分析与设计就是画出大厦建造的图纸，而系统实施则是调集人员、材料，将图纸上的建筑变为一幢大厦。在实施阶段，将投入大量的人力、物力，将花费较多的时间，使用部门将发生某些组织结构、人员、设备、工作方法和工作流程的重大变革。在系统实施阶段主要是实现系统设计阶段完成的新系统物理模型——新系统实施方案。因此必须根据系统设计说明书的要求，进行组织、安排计划和人员培训。

6.1.1　系统实施的任务

1. 设备的购置与安装

它主要是按照系统设计方案中提出的设备清单进行购置并安装，包括计算机系统的硬件、软件、附属设备及计算机机房的建设等工作。

2. 程序的编制与测试

它指程序设计人员按照系统设计的要求和程序设计说明书的规定，选定某种计算机程序语言，将各模块的信息处理功能和过程描述转换成能在计算机上运行的程序源代码。程序编好后要进行测试，模块的测试由程序设计人员完成。

3. 数据的录入

数据录入主要是指将准备好的，符合系统格式需要的数据输入到计算机中去的过程。

4. 人员的培训

它指对系统实施与运行中所需要的各类人员进行培训工作。

5. 系统的测试、调试与转换

测试是保证系统质量的重要环节。测试就是运用一定的测试技术与方法，对模块、子系统和系统进行实验，以发现可能存在的问题。对测试发现的错误要进行调试，加以改正。测试通过后，要以新开发的系统替换旧的系统，并使之投入运行。

以上几项工作在系统实施过程中是相对独立实现的，但它们之间又是互相联系、互相促进的，必须进行统一的协调和配合，以保证系统开发的成功。系统实施的内容及流程如图6.1所示。在这些工作中，必须特别注意计算机硬、软件的准备和消化及有关数据的收集工作。这些工作的提前或平行进行，将会大大缩短实施的周期。为了保证程序调试和系统调试工作的顺利进行，在系统实施初期就必须由计算机管理人员做好硬、软件的配置和消化工作。数据的收集和准备是一项既繁琐，劳动量又大的任务。一般来说，当文件的逻辑结构或数据库模式确定后，就应该进行数据的输入工作。如果条件允许，计算机系统调试阶段就可以使用真实的数据建立数据库文件。

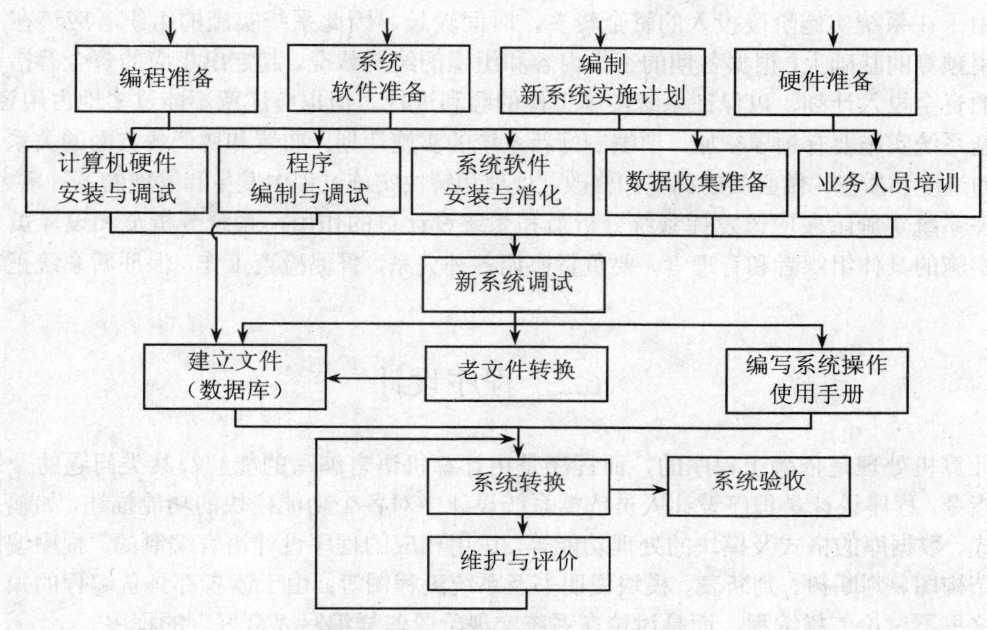

图6.1 系统实施的内容与流程

信息系统是一个人机系统，需要很多人员共同完成。通常，这些人员中的大多数来自现行系统，他们精通原来的业务，但缺乏计算机知识，为了保证计算机系统的调试和新系统的顺利进行，必须提前培训，使得他们了解计算机的基本操作、系统分析与设计的基本理论，新系统的概貌及为什么要进行改革，如何改革和他们今后应承担的工作等。

6.1.2 系统实施的计划

由于系统实施阶段所用的时间最长，耗费的资金又多，因此在系统实施过程中，首先要有一个实施的计划，便于各项工作有条不紊地协调进行。

新系统的实施和新产品试制是一样的，影响的因素较多，因此在具体实施之前要有一个比较详细的计划，计划的制定可以使用甘特图（Gantt）、关键路径法（CPM）或计划评审技术（PERT）方法。同时，在系统实施计划的基础上，必须制定各专业组计划以保证实施的顺利进行，实施计划要经常检查，并不断进行调整。系统实施计划的制定主要考虑以下几点：

（1）工作量估计。

根据实施阶段各项工作的内容确定工作量，工作量的确定目前还没有精确的计量方法，一般由实施的组织者根据经验并参照同类系统的工作量加以估算，单位采用“人年”来表示。

（2）实施进度安排。

在了解各项工作的基础上，安排好各项工作的先后顺序，并根据对工作量的估算和用户对完工时间的要求，制定出各项工作开工和完工的时间，并由此做出系统实施的各项准备工作。

（3）系统人员的配备和培训计划。

在系统实施阶段所需要的人员较多，因此必须根据实施进度和工作量确定各种专业人员在各阶段的数量和比例，并按不同的层次需要做出相应的培训计划。

（4）系统实施的资金筹措和投入计划。

由于在系统实施阶段投入的资金较多，时间较长，因此系统实施的组织者应该在系统实施费用预算的基础上，根据各期的工作内容和组织的经济状况，制定出相应的资金筹措计划和合理的资金投入计划，以保证系统实施工作的顺利进行。但也应注意不能过多地占用资金。

新系统实施要有领导参加，要编制好新系统的实施计划，布置和协调各方面的关系，检查工作的进度和质量，做必要的调整和修改，处理和解决实施过程中发生和发现的各种重大问题。

在系统实施阶段应该发挥系统分析员和系统设计员的作用，系统分析员和设计员要成为系统实施的具体组织者和管理者，要负责协调各种关系，督促检查工作，保证新系统正常交付使用。

6.2 程序设计

计算机处理是依赖于程序的，而程序是用计算机语言编写的能解决某类问题的一系列语句或指令。程序设计是程序设计人员依据系统设计中对各个功能模块的功能描述，如输入输出的格式、数据库的格式及模块的处理功能等，运用相应的程序设计语言编制的。程序编制的依据是结构图、判断树、判断表、模块说明书及系统流程图等。由于读者都具备编程的知识和经验，这里不讨论怎样编程，而是讨论在系统实现阶段怎样编写“良好”的程序。

6.2.1 程序设计语言的选择

完成了系统设计任务之后，程序设计员就要开始进行程序设计与编码调试工作。所谓编码就是把系统设计的结果翻译成计算机可以“理解”的形式——用某种程序设计语言书写的程序。编码是设计的自然结果，因此程序的质量主要取决于软件设计的质量。但是程序设计语言的特性和编码途径也会对程序的可读性、可靠性、可测试性和可维护性产生深远的影响，所以程序设计语言的特性不可避免地会影响人的思维和解决问题的方式，会影响人和计算机通信的方式和质量，也会影响其他人阅读和理解程序的难易程度。因此，编码之前的一项重要工作就是选择一种适当的程序语言。现有的程序语言很多，但基本上可分为汇编语言和高级语言两大类。

汇编语言的语句和计算机硬件操作有一一对应关系，每种汇编语言都是支持这种语言的计算机所独有的，因此，有多少种计算机就有多少种汇编语言。高级语言使用的概念和符号与人们通常使用的概念和符号比较接近，它的一个语句往往对应若干条机器指令，一般高级语言的特性不依赖于实现这种语言的计算机。

从应用特点来看，高级语言可分为基础语言、结构化语言和专用语言 3 类。基础语言是通用语言，历史悠久，应用广泛，有大量的软件库，如 Basic、Fortran、Cobol；结构化语言也是通用语言，这种语言直接提供结构化的控制结构，具有很强的过程能力和数据结构能力，

Algol是最早的结构化语言（又是基础语言），由它派生出PL/1、Pascal、C及Ada等；专用语言是为某种特殊应用而设计的独特的语法形式，一般这种语言范围较窄，如APL是为数组和向量运算设计的简洁而又功能很强的语言。Lisp和Prolog两种语言适用于人工智能领域。

大量实践结果表明，高级程序设计语言较汇编语言有许多优点，因此除非在非常必要的场合，一般不使用汇编语言写程序，至于具体选用哪种高级程序设计语言，则不仅仅要考虑语言本身的特点，还应考虑使用环境等一系列实际因素。在选择语言时要考虑以下因素：

（1）应用领域——选择语言的关键因素。项目的应用领域是选择语言的关键因素，每种语言都有它的应用领域，如在工程科学领域，Fortran 是比较适用的语言；在实时控制方面，使用较多的是汇编语言；在管理信息系统方面使用较多的是数据库语言；在人工智能方面使用较多的是Lisp或Prolog语言。

（2）算法和计算的复杂性。有些系统的算法和计算比较复杂，就不能使用数据库语言，而应该选用其他的语言。

（3）软件的运行环境。在数据库环境下，要考虑数据库管理系统支持的语言，通信环境下还要考虑设备之间的接口等。

（4）各种性能的考虑。对于系统来说，还要考虑系统的各种性能，如系统的可靠性、保密性和响应时间等。

（5）数据结构的复杂性。每种语言对数据结构的复杂性支持是不同的，如果数据结构复杂就要选择使用C语言或C++语言等可以表示复杂数据结构的语言。

（6）程序设计人员的知识水平。程序设计人员的知识结构、业务水平和对某种语言的熟练程度也是选择程序语言的一个因素。

6.2.2 程序设计的基本要求

衡量程序质量一般从：程序能够正常工作；调试代价低；易于维护；易于修改；设计不复杂；效率高；用户操作的方便性等几个方面进行。

程序可以正常工作是最重要的，一个不能正常工作的程序不可能是好的。实践证明，调试代价低是衡量一个程序好坏，也是衡量程序员水平的一个重要标志。另外，程序的可读性要强，程序不仅是给计算机执行的，也是供人阅读的。为了提高程序设计质量，必须考虑到以下要求：

（1）程序内部文档化的要求。程序的内部文档，指程序内部带有的说明材料。内部文档可以用注释语句书写，程序中的注释是程序设计者和阅读者进行交流的重要工具，正确的注释有助于对程序的理解。通常每个模块开始时，有一段序言性注释，简要描述该模块的功能；在程序中间的注释是描述处理功能的，说明某段代码的重要性。注释必须与程序一致，否则就毫无价值，甚至使人感到莫名其妙，所以修改程序时要对注释也做相应的修改。注释不是重复的程序语句，而是应提供程序本身难以得到的信息。注释是对程序段进行的解释，而不是对每个语句都做注释。注释要适当，多则乱，不易阅读。

程序清单要合理布局，这对程序的可读性具有很大的影响，应用阶梯形式，使层次结构清晰明确。

（2）数据说明格式要求。数据说明的次序应标准化，如按数据结构和数据类型确定说明次序，但多个变量名在一个语句中说明时，应按字母顺序排列，以避免遗漏或重复。如果在设计时使用了一个复杂的数据结构，则需要用注释说明程序设计语言实现这个数据结构的方法和特点。

（3）语句构造要求。在书写程序时要使用简单清晰的语句构造，具体要注意以下几点：

1）不要为了节省空间，而把多个语句写在同一行上。

2）尽量避免复杂的条件判断测试。

3）尽量减少对“非”条件测试。

4）尽量少使用循环嵌套和条件嵌套。

5）尽量使用括号，这样可以使逻辑表达式或算术表达式的运算次序清晰、直观。

（4）输入/输出要求。输入数据要有完善的检验措施；输入格式设计要简单、直观，布局合理；明确提示交互输入请求，详细说明可用的选择及边界数据；输出报表要易读、易懂，符合使用者的要求和习惯。

（5）程序运行要求。编程前要优化算法；仔细研究循环条件及嵌套循环，检查是否有语句从内向外移；尽量避免使用多维数组；尽量避免使用指针和复杂的数据结构；不要混合使用不同的数据类型。

以上几点对提高程序的可读性有很大的作用，也在相当大的程度上改进了程序的可维护性。此外，还应该根据系统软、硬件情况考虑输入/输出效率、存储器运行效率等方面情况。可利用适当的软件工具辅助编码，提高生产率，并且减少程序中的差错。

6.2.3 程序设计的基本方法

程序设计采用结构化程序设计方法。结构化程序设计是指“用一组标准的准则和工具从事程序设计，这些准则和工具包括一组基本控制结构，自顶向下地扩展原则，模块化和逐步求精”。

1. 自顶向下的模块化设计

自顶向下的扩展原则自始至终贯穿在本书中，系统分析阶段数据流程图的画法、系统设计阶段中结构图的画法、程序设计中逐步求精和系统测试阶段都是采用自顶向下的扩展原则，但是在不同的阶段有不同的用法及含义。

在画数据流程图时，先画高层数据流程图，再把每一个处理功能逐层向下扩展。在同一张数据流程图中所有的处理功能都处于平等的地位。

在画系统结构图时，也是自上向下逐步扩展。在同一张结构图中，高层模块调用下层模块，存在调用和被调用的关系。一般而言，在系统结构图中的一个模块，可能包含了若干个程序，至少是一个可以独立运行的程序。

在进行程序设计时，采用自顶向下的模块化设计。自顶向下的程序设计原则是：程序员根据模块说明书的要求，进行以下操作：

（1）先把程序高度概括，看作是一个最简单的控制结构，即功能结构。

（2）为了完成这个功能，需要进一步分解成若干个较低一层的模块，每一个下层模块都有一个名称，表达了一个较小的功能。

（3）对扩展出来的每一个下层模块，反复运用自顶向下程序设计中的第二条原则，逐层扩展，直到最低一层每一个模块都非常简单、功能很小，能够很容易地用程序语句实现为止。

假设把程序 Prog 看作是最高层模块，运用自顶向下的扩展原则，分解成 3 个下层模块 P1、P2 和 P3，再反复运用这个原则，又扩展成更低的一层模块，如图 6.2 所示。

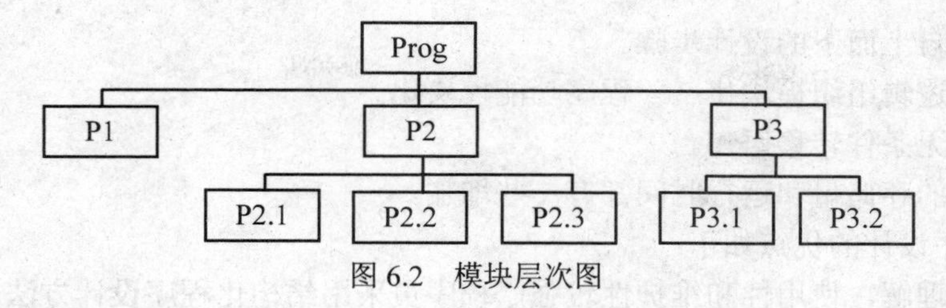

图 6.2　模块层次图

层次模块图不同于程序流程图，前者不反映数据流向，也不反映判断或循环逻辑，也不反映模块的执行次序，它只反映程序的功能及在这个程序中各个模块之间的关系，也就是只反映程序中各个功能之间的关系。因此，层次模块图反映了程序要执行的功能，而程序流程图只反映了程序执行的过程。前者强调要做什么，后者强调要如何去做，即逻辑与物理的关系。

层次模块图中的模块和结构图中的模块不相同，一个程序的层次模块图中的模块，相当于结构化程序中的一个控制结构，因此它很小、很简单，可以用较少的程序语句来实现该模块的功能，是一个子程序或一个程序段。在系统结构图中的每一个模块，至少是一个程序或一组程序，通常一个子程序或程序段不作为一个单独的模块出现在结构图中。

2. 逐步求精

所谓逐步求精是指“把一个模块的功能一步一步地分解成一组子功能，而这组子功能可以通过执行若干个程序步来完成该模块的全部功能”。逐步求精包括功能求精、数据求精和程序求精 3 个方面的过程。这是一个并行的过程。程序员从一个程序的功能出发，也就是这个程序“要做什么”的抽象表达式出发，通过一步一步地求精，将实现这个功能的程序细节，即“如何去做”及将需要的数据描述表达出来。因此，逐步求精是系统地、有步骤地记录软件设计过程的重要方法。它的每一步骤都离不开对功能的描述。每一步求精的过程都是将控制结构抽象化的过程，也就是描述这一步骤中设计的功能是什么的过程。

逐步求精的过程实际上是和自顶向下的程序设计并行的过程，后者是用层次模块图工具把一个程序分解成若干个模块，但是它只表达了程序中各个功能之间的关系，却不能表达模块的内部逻辑。采用逐步求精的方法能把每一个模块的功能逐层地进行分解。它所分解出来的内部逻辑，即程序的执行步骤能够完成预期的程序功能。

逐步求精要注意以下几点：

（1）不考虑细节问题。在计划阶段中，首先要高度抽象程序的主要功能，否则容易被程序细节掩盖程序要完成的主要任务，会把的思路引入歧途。尤其是在开始的求精过程中，绝不能考虑程序的细节。这些细节问题应该留给最后几次求精中去考虑。当细节直接影响到这次求精的过程时才把它考虑进去，如出错、例外处理等，均应在最后几次求精过程中考虑。

（2）要考虑判断问题。每一次的求精，有可能出现明显的判断问题，这个时候就应该把它考虑进去，不太明显的判断问题则留给以后的求精过程考虑。另外，还可以利用判断树和判断表来表达。

（3）要考虑数据对程序的影响。每一次求精，都包含了两个方面的求精，即功能求精和数据求精。

6.2.4　程序设计的基本特点

结构化程序设计的基本特点如下：

（1）采用自上而下的设计步骤。

（2）程序逻辑组织模块化——程序功能模块化。

（3）限制无条件转移语句。

（4）需要的存储量和运行时间都有一些增加。

结构化程序设计的优点如下：

（1）易于理解，使用性和维护性较强。程序员采用结构化程序设计方法，降低了程序的复杂性，因此程序编写容易。程序员能够进行逐步求精、程序证明和测试，以确保程序的正确性，程序容易阅读并被人理解，便于用户使用和维护。

（2）提高程序设计工作的效率，降低了软件开发成本。由于结构化程序设计方法，能够把错误控制到最低限度，因此能够减少调试和侦错时间。结构化程序是由一些为数不多的基本结构模块组成，这些模块甚至可以由机器自动生成，从而极大地减轻了编程工作量。

结构化程序设计的不足是：结构化程序设计不能解决所有的软件困难，其中有两个问题是不能靠结构化程序设计方法解决的。

（1）程序中的许多错误是由于不合格的软件说明书引起的。

（2）因问题本身的定义有错误而浪费了许多时间，致使程序设计工作的效率降低。

6.3 信息系统的测试

6.3.1 信息系统测试概述

对程序设计工作的检验是进行系统测试，软件测试的工作量往往占软件制作总工作量的40%以上。在极端的情况下，如测试关系人的生命安全的软件所花的成本可能相当于软件工程其他步骤总成本的 3～5 倍。一般程序员很少喜欢测试，更不喜欢进行测试设计。如果测试设计和测试工作量比程序设计和编程调试的工作量大，则更少有程序员喜欢。但是测试是系统开发中的一个重要环节，是保证系统质量和可靠性的关键步骤，是成功开发信息系统不可缺少的一个阶段。

6.3.1.1 测试的目的、概念和原则

1. 测试的目的

Grenford J. Myers 认为，测试就是为了发现程序中的错误而执行程序的过程，好的测试方案是能够发现迄今为止尚未发现的错误的测试方案，成功的测试是发现了至今尚未发现的错误的测试。

总之，测试的目的是发现软件中的错误，应该把查出新错误的测试看作是成功的测试，没有发现错误的测试是失败的测试。但发现错误不是目的，目的是开发出高质量的完全符合用户需要的软件，因此对测试发现的错误还必须进行诊断并改正错误，这就是调试。

2. 测试的概念

测试的定义是“测试就是为了发现程序中的错误而执行程序的过程”，即根据开发阶段的各种文档或程序精心设计测试用例，并利用测试用例来运行程序，以便发现错误，信息系统测试应包括软件测试、硬件测试和网络测试等。硬件测试和网络测试可以根据具体的性能指标来进行，而信息系统开发工作主要是对软件进行的，因此更多的是研究软件测试。

软件测试在软件生命周期中横跨两个阶段，即单元测试和综合测试。单元测试和编码属于软件生命的同一个阶段，通常在写出每个模块之后，就对它做必要的测试，模块的编写者和测试者是同一个人。在单元测试之后，还要对软件系统进行各种综合测试，综合测试在程序全部完成之后进行，是软件生命周期中的另一个独立的阶段，通常综合测试工作由专门的测试人员承担。

3. 软件测试的原则

为了保证软件测试的有效性，在软件测试的过程中应该遵循以下原则：

（1）确定预期输出（或结果）是测试情况必不可少的一部分。

（2）程序员应避免测试自己的程序。

（3）程序设计机构不应该测试自己的程序。

（4）测试用例的设计和选择、预期结果的定义要有利于错误的检测。

（5）设计测试用例数据要包括正确的数据、错误的数据和异常的数据。

（6）要将软件测试贯穿于软件开发的整个过程，以便尽可能地发现错误，从而减少由于错误带来的损失。

（7）软件测试不仅要检查程序是否做了应该做的事情，还要检查它是否做了不应该做的事情。

（8）要严格执行测试计划，排除测试的随意性。

在测试计划中要确定测试的目的、完成标准、进度、岗位责任、测试用例标准、工具、环境、机时、系统集成方式及跟踪规程、排错规程和回归测试的规定等。

经验表明，程序中尚未发现的错误数量与该程序段已发现的错误数量往往成正比。

影响软件可靠性的错误和缺陷与软件开发的所有阶段都有关系，但它集中反映在软件设计和实现过程中。Neson 将错误和缺陷概括为 7 个方面：

（1）编程时的语法错误，如保留字拼写错误、循环体不匹配、参数与变元不匹配等。程序员发现在用某些解释性程序设计语言（如 Visual Basic、Small Talk、Visual FoxPro 等）编程时检查这类错误容易且及时。

（2）程序员对语言结果误解所造成的错误，如对循环体结构的误解。

（3）算法或逻辑上的错误。

（4）近似算法错误，有些近似算法会使某些输入变量得不到精确的结果，甚至是错误的结果。

（5）由于错误的输入导致程序的错误。

（6）数据结构说明不当或实现中的缺陷所造成的错误，如过小的栈容量造成栈操作的上溢或栈操作的下溢等。

（7）由于系统（或模块）说明书的缺陷所造成的错误，此类是最严重的一类错误。

6.3.1.2　软件测试任务和手段

人们认为软件测试主要是程序测试，这是不正确的，据美国一家公司的统计表明，在查找出来的软件错误中，属于需求分析和软件设计的错误约占 64%，属于程序编写的错误仅占 36%。因此在软件测试时，应该对各阶段的文档加上源程序进行测试，即软件测试对象=文档+程序。所以测试的对象主要是软件，在本书中不特别说明都是指软件测试。

1. 软件测试的任务

软件测试就是：预防软件发生错误；提供错误诊断信息；发现并改正程序错误。

2. 软件测试的基本手段

软件测试主要有两类基本手段：人工测试和计算机测试。

人工测试源程序可以由编写者本人非正式地进行，也可以由审查小组正式地进行。后者称为编码审查，它是一种非常有效的程序验证技术。经验表明，组织良好的人工测试可以发现程序中 30%～70%的编码和逻辑设计错误。常用的人工测试技术有程序审查会（Code Inspections）、人工运行（Walkthroughs）、桌前检查（Desk Checking）。

计算机测试就是准备一些测试程序在计算机上运行，以此来查找程序错误。计算机测试常分为黑盒测试和白盒测试。计算机测试需要设计测试方案，然后再按照步骤进行测试。一般测试是先进行人工测试，然后再进行计算机测试。

6.3.2 软件测试的方法

与软件测试的手段相对应，软件测试的方法分为两类：动态测试方法和静态测试方法。

6.3.2.1 动态测试方法

动态测试方法又分为黑盒测试方法和白盒测试方法。

1. 黑盒测试方法（Black-box Testing）

如果已经知道了产品应该具有的功能，可通过测试检验是否每个功能都能正常使用，这种测试称为黑盒测试，又称为功能测试。

对于软件测试而言，黑盒测试法把程序看成一个黑盒子，完全不考虑程序的内部结构和处理过程。也就是说，黑盒测试是在程序接口进行测试，它只检查程序功能是否按规格说明书的规定正常使用，程序是否适当地接收输入数据产生正确的输出信息，并且保持外部信息（如数据库或文件）的完整性。

“黑盒法”是穷举输入测试，只有把所有可能的输入都作为测试情况使用，才能以这种方法查出程序中所有的错误。对于实际程序而言，穷举测试是不可能的。使用黑盒测试，至少必须对所有输入数据的各种可能值的排列组合都进行测试，但是，由此得到的应测试的情况数往往大到实际上根本无法测试的程度。例如，一个程序需要 3 个整型的输入数据，如果计算机字长是 16 位，则每个整数可能取的值有 2^{16}个，3 个数的可能排列组合是 $2^{16}\times2^{16}\times2^{16}$（约为 3×10^{14}种）。假设每执行一次程序需要 1ms，则需要 1 万年。不仅测试时间长得惊人，而且测试的输出数据多得让人无法进行分析。然而严格地说还不能算穷举测试，为了保证测试能发现所有的错误，不仅应该使用有效的输入数据（对这个例子来说是合法的整数），还必须使用一切可能的输入数据（如不合法的整数、实数、字符串等）。实践表明，在进行测试时，使用无效的输入数据往往比使用有效的输入数据能发现更多的错误。测试数据应包括对程序有效的和无效的输入、极端的、正常的和特殊的数据元素。

黑盒测试是从外界来检查模块或程序的功能，也就是根据模块的输入数据和输出数据，分析所得结果的差异。这种测试无须知道模块的内部逻辑，而是给定输入数据，检查是否得到所期望的输出数据。

2. 白盒测试方法（White-box Testing）

如果已经知道产品内部工作过程，通过测试来检验产品内部动作是否按规格说明书的规定正常工作，这就是白盒测试，又称为结构测试或逻辑覆盖测试。

白盒测试是根据对软件内部逻辑结构的分析，选取测试数据集（即测试用例）。测试数据集对程序逻辑的覆盖程度决定了测试完全性的程度。

白盒测试方法的前提是把软件看成一个透明的白盒子，也就是完全了解程序的内部结构和处理过程。这种方法按照程序内部的逻辑测试程序，检验程序中的每一条通路是否都能按预定的要求正常工作。白盒测试需要全面了解程序内部逻辑结构，对所有逻辑路径进行测试。白盒测试法是穷尽路径测试。在使用这一方案时，测试者必须检查程序的内部结构，从检查程序的逻辑着手，得出测试数据。穷尽程序的独立路径数是个天文数字。但即使每条路径都测试了仍然可能有错误。因为穷尽路径测试绝不能查出程序违反了设计规范，即程序本身是个错误的程序；不可能查出程序中因遗漏路径而出现的错误；穷尽路径测试可能发现不了一些与数据相关的错误。为了做到穷尽路径测试，程序中每条通路至少都执行一次。即使程序很小，测试也不可能穷尽路径。如图 6.3 所示，它是一段循环嵌套程序，它循环执行 20 次，这段程序有 5 条路径，则共有 5^{20}（$\approx 10^{14}$）条可能执行的通路，显然，每条通路执行一次也是不可能的。一般来说，许多应用程序规模较大，对所有路径都进行测试是不可能的，即使可以穷举出所有的路径，但是若程序少写了一个路径，则还是查不出错误。

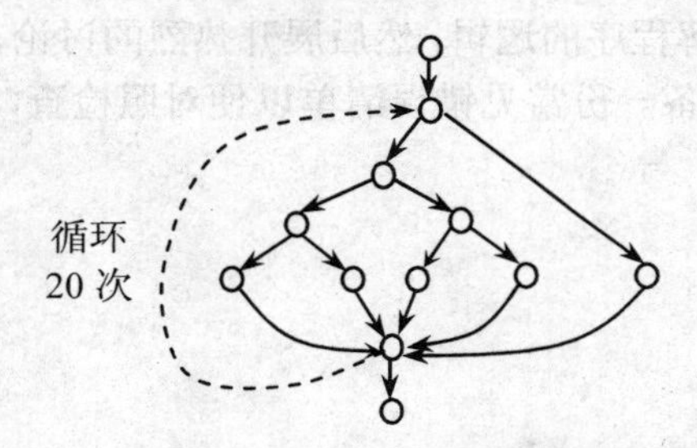

图 6.3　一个程序的控制流程图

由于不可能进行穷尽测试，所以软件测试不可能发现程序中的所有错误。然而测试的目的是通过软件测试保证软件的可靠性，因此，必须仔细设计测试方案，力争用尽可能少的测试发现尽可能多的错误。

6.3.2.2　静态测试方法

静态测试方法不涉及程序的实际执行，是以人工的、非形式化的方法对程序进行分析和测试，因此也称为人工测试。人工测试是一种非常有效的程序验证技术，对于典型的程序来说，可检出 30%～70%的逻辑设计错误，而且该方法的成本较低，静态分析技术是一种卓有成效的测试技术。静态测试法主要有程序审查会、人工运行和静态检查 3 种方法。

软件测试的主要方法如图 6.4 所示。

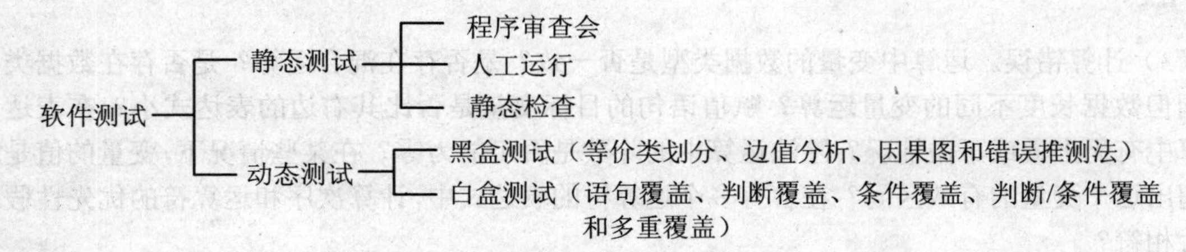

图 6.4　软件测试方法

6.3.3 静态测试方案设计

静态测试方案包括程序审查会、人工运行和桌前检查，这 3 者有许多相似之处，但也存在一些差别。

1. 程序审查会

人工测试源程序可以由编写者本人非正式地进行，也可以由审查小组正式进行。由程序审查小组进行的称为程序审查或编码审查。程序审查是由一组人员通过阅读、讨论和争议，对程序进行静态分析的过程。审查小组最好由下述人员组成：

（1）组长，他应该是一个很有能力的程序员，而且他没有直接参加这项工程。

（2）程序设计者。

（3）程序编写者。

（4）程序测试者。

如果某人既是程序的设计者又是编写者，或既是编写者又是测试者，则审查小组中应该再增加一名程序员。

审查小组首先充分阅读待审程序文档、控制流程图及有关要求规范等文件，并在此基础上召开程序审查会，由程序员讲解程序的逻辑，然后展开热烈的讨论，以揭示错误的关键所在。通常为审查小组的每一位成员准备一份常见错误清单以便对照检查，提高审查的效果。需要准备的材料有：

（1）待审查的程序文档。

（2）控制流程图。

（3）有关要求规范。

（4）常见错误清单。

常见错误清单的内容包括了多年对软件错误研究的经验，它可以有以下检验项目：

（1）数据引用错误。程序中是否引用了并未赋值或未经初始化的变量？所有数组引用，其下标值是否都在各自相应维数的定界内？所有数组引用，每一个下标是否是整数值？所有引用的指针或变量当前是否已经分配了存储区？若有多个程序或子程序引用一个数据结构，那么这个数据结构在每一个程序中的定义是否都是一致的？当检索字符串时，是否超越了这个字符串的界限？在检索操作或用下标引用数组时，是否存在“差 1”错误等。

（2）数据说明错误。所有的变量是否都显式地说明了？没有显式说明不一定是错误的，但通常会引起混乱。如果在说明中变量的所有属性都未显式给出，那么是否能理解为默认类型？如果变量在说明中初始化了，初始化是否正确？是否每个变量都赋予合理的长度？变量的初始化和它的存储类型是否一致？是否存在名称相似的变量？相似变量在程序中可能会引起混淆。

（3）计算错误。运算中变量的数据类型是否一致？是否存在混合运算？是否存在数据类型相同但数据长度不同的变量运算？赋值语句的目标变量是否比其右边的表达式小？在表达式计算中有无上溢或下溢情况？除法运算中的除数是否可能为零？在某些情况下，变量的值是否会超出这个变量的有效区间？在含有多个运算符的表达式中，计算次序和运算符的优先性假设是否相符？

（4）比较错误。被比较的表达式两侧变量类型是否一致？是否存在不同类型的比较或不同长度的变量之间的比较？如果有，应确保正确地理解相互转换规则。每个布尔表达式是否都阐明了所有说明的内容？布尔运算符的操作数是否是布尔型变量？布尔运算符和比较运算符是否混在一起运算？在多个布尔运算符的表达式中，对计算的顺序和运算符的优先性的假设是否相符？程序计算布尔表达式的方式是否对程序有影响？

（5）控制流程错误。每个循环有没有死循环？程序或子程序是否可以终止？检查入口条件，是否有可能导致某个循环不被执行？在循环中是否存在“差1”的错误？

（6）接口错误。模块的接收参数和次序是否与调用它的模块所发送参数的个数和次序相同？传递的参数类型是否匹配？模块是否是单入口、单出口？全局变量在引用的模块中是否都有相同的定义和属性？常数是否作为变量使用？

（7）输入/输出错误。输入/输出的信息与格式说明中是否一致？输入/输出错误条件的处理正确吗？要打印或显示的文本是否有拼写或语法上的错误？

（8）其他检验。输入的检验是否正确？程序的功能是否健全？

程序审查会工作过程是：开会前把要审查的程序清单和设计规范分发给小组的其他成员，请他们熟悉这些材料，在会议期间完成以下两项工作：

（1）请程序员讲述程序的逻辑结构。审查期间大家可以提出问题加以研究，以断定错误是否存在。经验表明，实际上有许多错误在叙述的过程中被程序员自己发现，而不是其他小组成员发现的。换句话说，只对听众大声朗读某人的程序就是一种相当有效的错误检测方法。

（2）根据常见程序错误检验单分析程序。审查人员对程序按照常见错误清单进行分析，发现错误，但他们不进行错误改正工作，改正错误是在会议之后由程序员自己完成。会议结束后，把已经查出的错误清单交给程序员。如果发现的错误很多，或如果发现有一个错误需要做重大的更正，那么调节人就应做出安排，以便在这些错误得到更正之后重新审查这个程序。

审查会的时间和地点要安排好，以免受外界干扰。程序设计人员态度要端正、虚心，这样才可以取得较好的效果，程序员也可以从中学到编程风格、算法的选择和编写程序技术等方面的知识。

2. 人工运行

人工运行与程序审查一样也是小组阅读程序的一种测试方法，它和程序审查有很多相同之处，但它们的步骤不同，它运用了与程序审查不同的检查错误的方法。

人工运行小组通常由3～5人组成，参加人员应是没有参加该项目开发的有经验的程序员。人工运行的第一步与程序审查一样，需要提前提供相应的资料，以便让小组成员更好地研究程序。在审查期间所采取的步骤与程序审查不同。它不是简单地阅读程序，而是需要使用测试数据模拟“计算机”运行，即沿着程序逻辑把这些测试数据走一遍，监视追踪程序的状态，也就是检查变量的值，也有人称为“走查”。

在人工运行中通过程序员询问而发现的错误比直接由测试情况发现的错误要多。在人工运行中要对错误追根到底。

3. 桌前检查

该方法由程序员反复阅读编码和流程图，对照模块功能说明、算法、语法规定检查程序的语法错误和逻辑错误，也可以设计少量测试用例，由一个人来模拟计算机单步执行并观察执行的结果，从中发现错误。它是由一个人来进行的，也可看作一个人参加的程序审查或人工运行，它是一种早期使用的静态检查方法。由于程序员本人熟悉程序的逻辑结构和自身设计风格，可节省很多的检查时间。但由于人的盲目自信和对设计要求误解的延续性，其效果不是很理想。更重要的是这种检查违反了前面的测试原则——自己测试自己的程序，所以效果很差，因此有人主张程序员互相交换程序，而不是自己检查自己的程序。

4. 软件测试策略

上面介绍了几种设计测试情况的基本方法，使用每种方法都可以设计出一组有用的测试方案，每种方法各有所长，但是任何一种方法又都不能设计出全部测试情况。因此对软件系统进行实际测试时，应该联合使用各种设计测试方案的方法，形成一种综合的策略。

通常的设计策略可以使用人工测试，可以用黑盒法设计基本的测试方案，用白盒法补充一些必要的测试方案。这样既可以检测设计的内部要求，又可以检测设计接口要求。具体策略如下：

（1）如果规范含有输入条件的组合，便从因果图开始。

（2）在任何情况下都应该使用边界值分析的方法。经验表明，用这种方法设计出的测试方案暴露程序错误的能力最强。测试时既包括输入数据的边界情况又包括输出数据的边界情况。

（3）必要时用等价划分法补充测试方案。

（4）必要时再用错误推测法补充测试方案。

（5）对照程序逻辑，检查已经设计出的测试方案。可以根据对程序可靠性的不同要求采取不同的逻辑覆盖标准，如果现有的测试方案的逻辑覆盖程度没有达到要求的覆盖标准，则应再补充一些测试方案。

即使使用上述的综合策略设计测试方案，仍然不可能保证测试发现所有的错误；但它是在测试成本和测试效果之间的一个合理折衷。测试是一项既繁琐又费时、费力的工作，但测试可以保证开发软件的质量，它是一项不可缺少的工作。

6.3.4 动态测试方案的设计

在程序的测试中，无论是采用人工测试还是采用计算机辅助测试，最重要的是设计测试方案，设计测试方案是测试阶段的关键技术问题。所谓测试方案包括预定要测试的功能，应该输入的测试数据和预期的测试结果。其中最困难的是设计测试用的输入数据（即测试用例）。

设计测试方案的基本目标是确定一组最可能发现某个错误或某类错误的测试数据。目前已经研究出许多设计测试数据的技术，这些技术各有优、缺点，没有哪一种技术是最好的，更没有哪一种技术可以代替其余的技术。同一种技术在不同的应用场合效果可能相差很大，因此，通常需要使用多种设计测试数据的技术。这里介绍适用于黑盒测试的等价类划分、边界值分析、因果图和错误推测法等；适用于白盒测试的逻辑覆盖法。

一般来说，采用黑盒测试法设计基本的测试方案，然后再用白盒测试法补充一些方案。

6.3.4.1 白盒测试的用例设计

适用于白盒测试的技术主要是逻辑覆盖法（Logic Coverage），下面对它加以介绍。

逻辑覆盖法是以程序内部的逻辑结构为基础的测试技术，它考虑的是测试数据覆盖程序的逻辑程度。逻辑覆盖从覆盖源程序语句的详尽程度进行分析，大致可以分为语句覆盖、判断覆盖、条件覆盖、判断/条件覆盖和多重覆盖等。

在讨论这几种覆盖时，均以图 6.5 所示的程序为例。下面介绍几种不同的覆盖标准。

图 6.5 是一个被测模块的流程图，它的源程序如下：

```
        PROCEDURE prol
        Parameter A, B, X
        if（A>1）.AND.（B=0）
        X=X/A
        Endif
    if（A=2）.OR.（X>1）
        X=X+1
    Endif
```

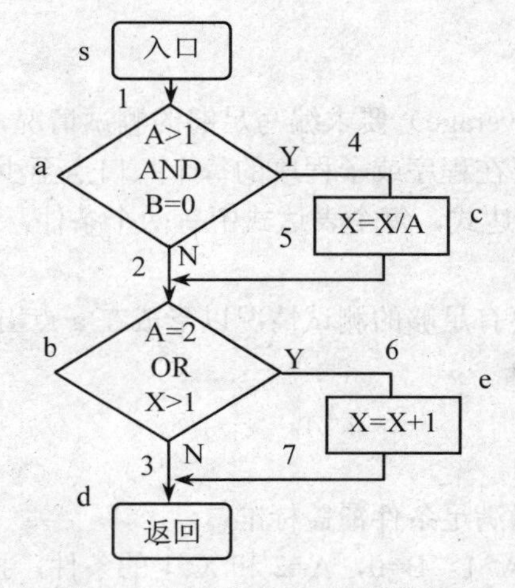

图 6.5　被测试模块的流程图

1. 语句覆盖

语句覆盖（Statement Coverage）就是为了测试程序中的错误，编写足够的测试情况，使得每条语句至少执行一次。

在图 6.5 中，为了使程序中每一个语句都执行一次，程序的执行路径应该是 sacbed，为此只需输入下面的输入数据：

A=2；B=0 和 X=3

在上面的例子中，为了执行 sacbed 路径，以测试每个语句，只需两个判定表达式（A>1）AND（B=0）和（A=2）OR（X>1）都取真值，因此使用上述一组测试数据就够了。但是，如果程序中把第一个判定表达式中的逻辑运算符“AND”误写成“OR”，或把第二个判定表达式中的条件“X>1”误写成“X<1”，使用上面的测试数据并不能查出这些错误。

综上所述，语句覆盖是很弱的逻辑覆盖标准，为了更充分地测试程序，可以采用下述的逻辑覆盖标准。

2. 判定覆盖

语句覆盖准则很弱，以致通常被认为是无用的，因此可以考虑一个较强的覆盖——判定覆盖（Decision Coverage）或称为分支覆盖。它的含义是编写足够的测试情况，使得每个判定至少有一次“真”和一次“假”的结果，也就是每个判定的每个分支方向都必须至少执行一次，要在程序或子程序的每个入口点至少进入一次。

对于图 6.5 所示的例子，路径 sacbed 和 sabd 或 sacbd 和 sabed 都可以满足判定覆盖标准。

如果选择路径 sacbed 和 sabd，则：

A=2，B=0，X=3　（覆盖 sacbed，执行逻辑真）

A=3，B=1，X=1　（覆盖 sabd，执行逻辑假）

通常判定覆盖也能满足语句覆盖标准，因为每个语句都是在来自转移语句的某条子路径上，或者是在来自程序入口的子路径上，所以执行了每个分支方向，也就执行了每个语句，然而至少有两种例外情况：一是程序中没有判定语句；另一个是有多重入口的程序或子程序中，只有当程序从一个特殊入口进入时才可能执行一个指定的语句。因此可将语句覆盖的准则包含在判定覆盖之内，即编写测试情况时，要求每个判定有一个“真”和一个“假”的结果，并且每个语句至少执行一次。

3. 条件覆盖

条件覆盖（Condition Coverage）要求编写足够的测试情况，使得判定中每个条件的所有可能结果至少出现一次，即要在程序或子程序的每个入口点至少进入一次。

图 6.5 中共有两个判定表达式，每个表达式中有两个条件，共有 4 个条件：

A>1，B=0，A=2，X>1

为了做到条件覆盖，需要有足够的测试情况以形成在 a 点出现：

A>1，A≤1，B=0，B≠0

在 b 点出现以下结果：

A=2，A≠2，X>1，X≤1

只需要两组测试情况可以满足条件覆盖标准：

A=2，B=0，X=4（满足 A>1，B=0，A=2 和 X>1 的条件，执行路径 sacbed）

A=1，B=1，X=1（满足 A≤1，B≠0，A≠2 和 X≤1 的条件，执行路径 sabd）

条件覆盖通常比判定覆盖强，因为它使判定表达式中每个条件都取到了两个不同的结果，而判定覆盖却只关心整个判定表达式的值。如上所述的测试情况就满足此条件。但是有时满足条件标准的测试情况并不满足判定覆盖标准，例如：

A=2，B=0，X=1（满足 A>1，B=0，A=2 和 X≤1 的条件，执行路径 sacbed）

A=1，B=1，X=2（满足 A≤1，B≠0，A≠2 和 X>1 的条件，执行路径 sabed）

虽然每个条件都取到了两个不同结果，判定表达式却只有一种结果，第二个判定表达式的值总为真。

4. 判定/条件覆盖

当测试判定条件 IF（A AND B）时，条件覆盖允许写出两种测试情况，A 真、B 假；A 假、B 真，但这两种情况都不会引起执行 IF 语句中条件为“真”时应该执行的语句组。解决这类问题的方法是采用判定/条件覆盖标准。

判定/条件覆盖（Decision/Condition Coverage）要求编写足够的测试情况，使得判定中每个条件都取得可能的“真”值和“假”值，并使得每个判定都取得“真”和“假”两种结果。即使得判定中每个条件的所有可能结果至少出现一次，每个判定本身所有可能结果也至少出现一次，同时每个入口点至少要进入一次。

图 6.5 中下述两组测试情况满足判定/条件覆盖标准：

A=2，B=0，X=4（满足 A>1，B=0，A=2 和 X>1 的条件，执行路径 sacbed，执行逻辑真）

A=1，B=1，X=1（满足 A≤1，B≠0，A≠2 和 X≤1 的条件，执行路径 sabd，执行逻辑假）

判定/条件覆盖标准既满足判定覆盖标准，又满足条件覆盖标准。有时判定/条件覆盖并不比条件覆盖更强。

5. 多重条件覆盖

多重条件覆盖（Multjob Coverage）又称为条件组合覆盖，它是更强的逻辑覆盖标准。它要求写出足够的测试情况，以使每个判定表达式中的每条分支至少通过一次。即编写足够的测试情况，使得每个判定表达式中条件结果的所有可能组合至少出现一次，所有的入口点都至少进入一次。

在图 6.5 中，共有 8 种可能的条件组合：

① A>1，B=0	⑤ A>1，B≠0
② A≤1，B=0	⑥ A≤1，B≠0
③ A=2，X>1	⑦ A=2，X≤1
④ A≠2，X>1	⑧ A≠2，X≤1

以下测试情况可以满足上述 8 组条件：

A=2，B=0，X=4 （覆盖条件①、⑤两种组合，执行路径 sacbed）

A=2，B=1，X=1 （覆盖条件②、⑥两种组合，执行路径 sabed）

A=1，B=0，X=2 （覆盖条件③、⑦两种组合，执行路径 sabed）

A=1，B=1，X=1 （覆盖条件④、⑧两种组合，执行路径 sabd）

通过以上分析，不难看出，多重条件覆盖是上述几个覆盖标准中最强的一个。

6. 实例

有一个如图 6.6 所示的程序流程图，假如有以下一段程序：

```
IF（X>0）AND（Y≠0）
          THEN   S1
ELSE      S2
ENFIF
```

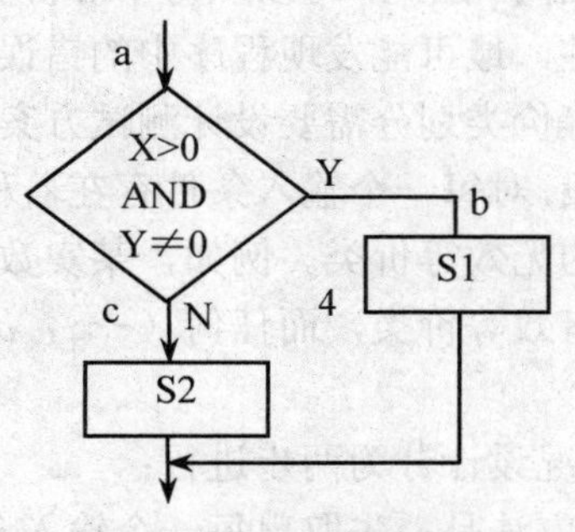

图 6.6 被测模块的流程图

试设计测试数据使得它们满足如下的覆盖条件：

（1）满足判定覆盖标准但不满足条件覆盖标准。

（2）满足条件覆盖标准但不满足判定覆盖标准。

（3）满足判定/条件覆盖标准。

（4）满足条件组合覆盖标准。

解：（1）满足判定覆盖标准，即执行一次逻辑真运算，执行一次逻辑假运算。不满足条件覆盖，即不能取 X>0，X≤0；Y≠0 与 Y=0。故可取以下一组值：

X>0，Y≠0 与 X>0，Y=0

所以下面两组测试数据满足判定覆盖标准，但不满足条件覆盖标准要求：

X=1，Y=1（执行逻辑真，且 X>0，Y≠0）

X=1，Y=0（执行逻辑假，且 X>0，Y=0）

（2）满足条件覆盖，但不满足判定覆盖，即取 X>0，X<0；Y≠0 与 Y=0，但不能执行一次逻辑真运算，执行一次逻辑假运算。以下两组测试数据可满足要求：

X=0，Y=1（X≤0，Y≠0，执行逻辑假）

X=1，Y=0（X>0，Y=0，执行逻辑假）

（3）满足判定/条件覆盖，即取 X>0，X<0；Y≠0 与 Y=0，又执行一次逻辑真运算和执行一次逻辑假运算。以下两组测试数据可满足要求：

X=0，Y=0（X≤0，Y=0，执行逻辑假）；

X=1，Y=1（X>0，Y≠0，执行逻辑真）。

（4）满足条件组合判定，即满足 X>0，Y≠0 与 X>0，Y=0；X≤0，Y≠0 与 X≤0，Y=0。以下 4 组测试数据满足组合条件覆盖标准：

X=0，Y=0（X≤0，Y=0）

X=0，Y=1（X≤0，Y≠0）

X=1，Y=0（X>0，Y=0）

X=1，Y=1（X>0，Y≠0）

6.3.4.2　黑盒测试用例设计

1. 等价类划分

等价类划分是用黑盒测试法设计测试方案的一种技术。如果把输入数据（有效的和无效的）划分成若干个等价类，则可以合理地做出以下的假设：每个类中的一个典型值在测试中的作用与这一类中所有其他值的作用相同。因此，可以从每个等价类中只取一组数据作为测试数据。这样选取的测试数据最有代表性，最可能发现程序中的错误。

（1）等价类划分的原理。使用等价类划分需要设计测试方案，根据程序的输入/输出特性，将程序的输入划分为有限个等价区段，对每一个输入条件存在着程序有效的有效等价类和对每个输入条件存在着对程序错误输入的无效等价类。例如，某实数 x 的取值范围假设为 $a<x<b$，则所有（a，b）之间的实数构成了有效等价类，而任何（$-\infty$，a），[b，$+\infty$]之间的实数构成了两个无效等价类。

（2）用等价类划分进行测试情况设计分为两步进行：

1）确定等价类。确定等价类的方法是：先取出每一个输入条件，然后把每一个输入条件划分为两组或更多组，最后可以列出等价类表，如表 6.1所示。

表 6.1　等价类表

输入条件	有效等价类	无效等价类
$a<x<b$	（a，b）	（$-\infty$，a），[b，$+\infty$）

表中确定了两种等价类：表示程序各种有效输入的“有效等价类”及表示所有其他可能输入情况（即错误的输入值）的“无效等价类”。在确定输入数据的等价类时常常还需要分析

输出数据的等价类，以便根据输出数据的等价类导出对应的输入数据的等价类。

划分等价类需要经验，下面几条确定等价类划分的启发式原则可能有助于等价类的划分：

① 如果某个输入条件规定了值的范围，可确定一个有效等价类（输入值在此范围）和两个无效等价类（输入值小于最小值或大于最大值）。如某实数 x 的取值范围为 1～999，则有效等价类为 $1 \leqslant x \leqslant 999$，无效类为 $x<1$，$x>999$。

② 如果一个输入条件规定了值的个数，可确定一个有效等价类和两个无效等价类。如每班人数不超过 40 人，则有效等价类为 1≤学生人数≤40，无效等价类为学生人数为 0，学生人数大于 40。

③ 如果一个输入条件规定了输入值的集合，而且程序对不同的输入值做不同处理，则可确定一个有效等价类（在集合中的元素）和一个无效等价类（不在集合中的元素）。

④ 如果一个输入条件规定“必须如何”的条件，则可确定一个有效等价类（符合规则）和若干个无效等价类（从各种不同角度违反规则）。例如，有效等价类是字母，无效等价类不是字母。

⑤ 如果规定了输入数据为整型，则可以划分出正整数、零和负整数等 3 个有效等价类。

⑥ 如果程序的处理对象是表格，则应该使用空表及含一项或多项的表。

以上是测试时可能遇到的情况中的一小部分，实际情况千变万化，不可能一一列出。为了正确划分等价类，一是要注意积累经验，二是要正确分析被测试程序的功能。此外，在划分无效等价类时还必须考虑编译程序的检错功能，一般来说，编译程序肯定能发现的错误不需要测试设计。上面所列出的启发式规则虽然都是针对输入数据的，但其中绝大部分也适用于输出数据。

2）确定测试情况。划分出等价类以后，需要按下面两个步骤来确定测试情况：

① 设计一个新的测试情况，使其尽可能多地覆盖未被覆盖的有效等价类，重复这一步骤直到所有有效等价类都被覆盖为止。

② 设计一个新的测试情况，使其仅仅覆盖一个未被覆盖的无效等价类，重复这一步骤直到覆盖了全部无效等价类。

注意，通常程序发现一类错误后就不再检查是否还有其他错误，因此，应该是每个测试方案只覆盖一个无效等价类。

尽管等价类划分比随机选择测试情况要好得多，但它们仍然有许多不足之处，所以可以用其他方法来进行补充。

2. 边值分析

实践证明，处理边界情况时程序最容易发生错误。所以应设计使程序在边界情况附近运行的测试用例，这样会发现更多的程序错误。相对于输入与输出等价类直接在其边缘上，稍高于其边界和低于其边界的这些状态条件，称为边值条件。利用边值条件进行测试就是边值分析。

使用边值分析方法选取的测试数据应该刚好等于、刚刚小于和刚刚大于边界值。也就是说，按照边值分析法，应该选取刚好等于、稍小于和稍大于等价类边界值的数据作为测试数据，而不是选取每个等价类内的典型值或任意值作为测试数据。边值分析要考虑输入条件（输入空间），还要考虑结果空间（考虑输出等价类）。

边值分析与等价类法的区别是，等价类选取的测试数据是在有效等价类或无效等价类的任意值；边值分析选取的测试数据则应该是刚好等于、刚刚小于和刚刚大于边界值。

边值分析选取测试数据的具体原则如下：

（1）如果输入条件规定了值的范围，写出这个范围的边界测试情况，写出刚刚超出范围的无效测试情况。例如，输入范围是-1.0～1.0，测试情况为-1.0、1.0、-1.001 和 1.001。

（2）如果输入条件规定了值的个数，写出这个范围的最大个数和最小个数，写出稍小于最小个数和稍大于最大个数的状态。例如，学生数是 1～40，测试情况为 1、0、40 和 41。

（3）对输出条件使用第（1）条。例如，有个程序计算每月的保险金额，若最小额是 0 元，最大额是 1000 元，写出测试情况。写出导致扣除 0 元和 1000 元的测试情况，设计扣除一个负额或大于 1000 元的测试情况。

（4）对输出条件使用第（2）条。例如，一个情报检索系统根据某一输入请求，显示有关几个摘要，但不能多于 4 条，写出测试情况，写出使程序显示 0、1 和 4 个摘要的情况，写出使得程序错误地显示 5 个摘要的情况。

（5）程序的输入或输出是个有序集，测试集合的第一个和最后一个元素。

（6）另外可以找出其他的边界条件。

3. 因果图

等价划分法和边界值分析法都只孤立地考虑各个输入数据的测试功效，而没有考虑多个输入数据的组合效应，可能会遗漏了输入数据易于出错的组合情况，选择输入组合的一种有效途径是利用判断表或判断树，列出输入数据各种组合与程序相对应的动作（及相应的输出结果）之间的对应关系，然后为判断表的每一列至少设计一个测试用例，因此可以采用因果图法。因果图法是帮助人们系统地选择一组高效测试情况的方法，此外它还能指出程序规范中的不完全性和二义性。

因果图（Cause-effect Graphing）是一种形式语言，由模块说明书中的规范转换而成。它实际上是一个逻辑网络图。即用图表示布尔逻辑（与、或、非）关系。下面通过例子说明因果图的画法。

（1）因果图法原理。从用自然语言书写的功能说明表中找出因—输入条件—输出结果，通过因果图将功能说明转换成一张判断表，为每种输出条件的组合设计测试用例。

（2）因果图使用的符号。因果图中有一些基本的符号如图 6.7 所示。

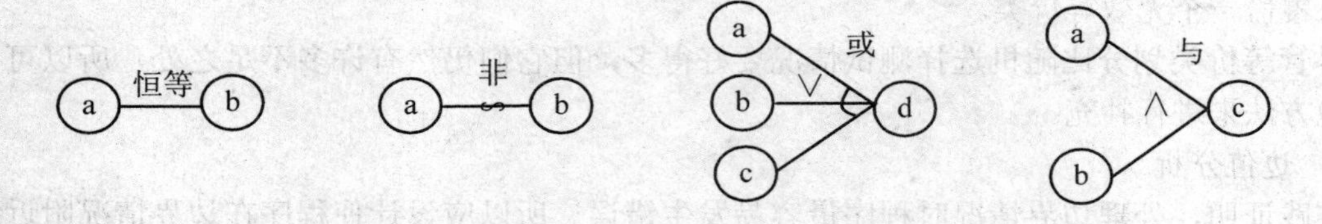

图 6.7　因果图的基本符号

图中每个结点取值为 0 或 1，0 表示“不出现”状态，1 表示“出现”状态。

“恒等”函数表示如果 a=1，则 b=1；否则 a=0，则 b=0。

“非”函数表示如果 a=1，则 b=0；否则 a=0，则 b=1。

“或”函数表示如果 a 或者 b 或者 c=1，则 d=1。

“与”函数表示如果 a 和 b=1，则 c=1；否则 c=0。

在大多数的程序中由于语法或环境的限制，某些原因或结果的组合情况是不可能的。考虑到这些情况，可以使用如图6.8所示的符号对原因加以约束。

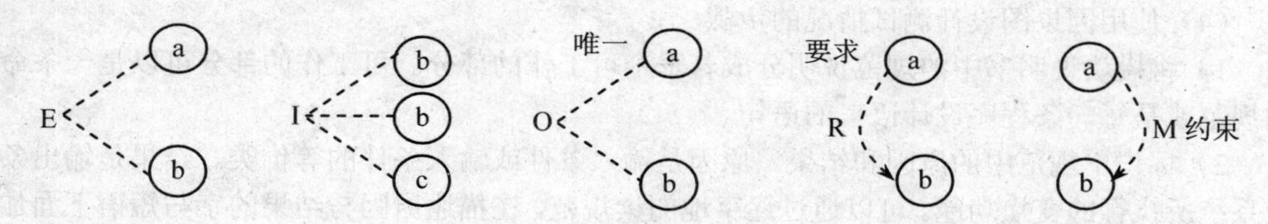

图6.8 因果图中的约束符号

其中每个图都有相应的约束条件：

E约束表示a和b中最多有一个可能为1（a和b不能同时为1）。

I约束表示a、b和c中至少有一个必须为1（a、b和c不能同时为0）。

O约束表示a和b中必须有一个为1，且仅有一个为1。

R约束表示a是1时b必须是1（不可能a是1时b是0）。

M 约束是对结果而言的，它表示如果结果a是1，则结果b强制为1。

（3）因果图法实例。在一个模块说明书中规定第一列字符必须是A或B，第二列字符必须是一个数字。在这种情况下修改文件。如果第一个字符不正确，则发出信息X12。如果第二个字符不是数字，则发出信息X13。依据这个规范说明画出因果图。

依据这个规范说明可以得出原因是：

1—第1列字符是A

2—第1列字符是B

3—第2列字符是一个数字

结果是：

70—修改文件

71—发出信息X12

72—发出信息X13

因果图表示如图6.9所示。

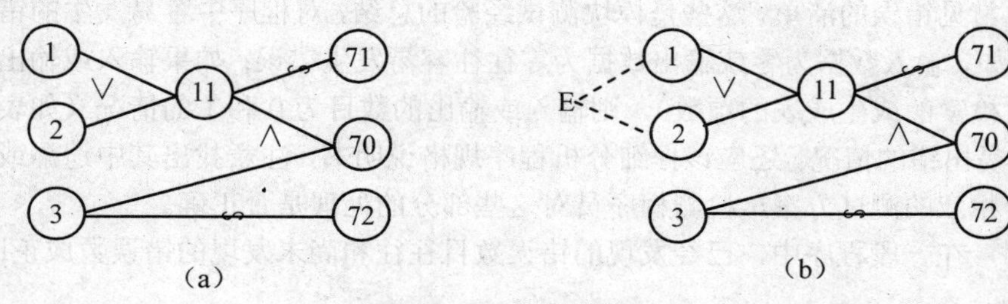

图6.9 因果图实例

图6.9中使用了一个中间结点11，如果结点1、2为1（第1个字符是A或B），则结点11为1；否则（第1个字符不正确）结点11为0；如果结点11为0，则结点71为1；如果结点3为1（第2列字符是一个数字），并且结点11为1，则结点70为1，否则（结点3为0，表示第2列字符不是一个数字）结点72为1。

图6.9（a）中可以描述模块说明书中的规范。但要注意的是它包含了一种不可能的原因组合情况——结点1和2不可能同时为1，因此可以使用约束条件。由于不可能原因1和原因2

同时出现，但有可能两者都不出现，所以应该用约束 E 来连接它们，如图 6.9（b）所示。

（4）使用因果图设计测试情况的步骤。

1）将模块说明书中的规范说明分成若干个可工作的部分。可工作的部分可以是一条命令的规范或是每一条程序设计语言的语句。

2）标识出规范中的原因和结果，原因是输入条件或输入条件的等价类。结果是输出条件或系统所执行的变换功能。可以通过逐字地阅读规范，在描述原因与结果的字与短语下面加上下划线来标识出原因或结果，然后为每一个原因与结果标上一个特定的数字。

3）分析规范中的语义内容，并将其转换成连接原因与结果的因果图。

4）由于语法或环境的限制，存在有不可能的原因与（或）结果的组合情况，对此用约束条件在因果图上加以注释。

5）通过有条理地跟踪图中的状态条件，将因果图转换成有限项的判断表。表中每一列代表一个测试情况。

6）将判断表中的每一列都转换成一个测试情况。

选择输入组合的另一个有效途径是把计算机测试和人工检查代码结合起来。例如，通过代码检查发现程序中两个模块使用并修改某些共享的变量，如果一个模块对这些变量的修改不正确，则会引起另一个模块出错，因此这是程序发生错误的一种可能原因。应该设计测试方案，在程序的运行中依次检测两个模块，特别要着重检测一个模块修改了共享变量后，另一个模块能否像预期的那样正常使用这些变量。反之，如果两个模块相互对立，则没有必要测试它们的输入组合情况。通过代码检查也能发现模块相互依赖的关系。

4. 错误推测法

使用边界值分析、等价类划分和因果图等方法，可以设计出发现错误的测试方案，但是，不同类型、不同特点的程序通常又有一些特殊的容易出错的情况。对于程序中可能存在哪类错误的推测，是挑选测试情况的一个重要因素。

错误推测法（Error Guessing）（猜错）在很大程度上依靠直觉和经验进行，它的基本思想是列举出程序中可能有的错误和容易发生错误的特殊情况，并且根据它们选择测试方案。前面列出了模块中常见错误的清单，这些是模块测试经验的总结，对程序中容易发生的错误进行了经验总结。例如，输入数据为零或输出数据为零往往容易发生错误；如果输入或输出的数目允许变化（如被检索的或生成表的项数），则输入或输出的数目为 0 和 1 的情况（如表为空或只有一项）是容易出错的情况。还应该仔细分析程序规格说明书，注意找出其中遗漏或省略的部分，以便设计相应的测试方案，检测程序员对这些部分的处理是否正确。

实践证明，在一段程序中，已经发现的错误数目往往和尚未发现的错误数成正比。

6.3.5 软件测试的步骤

一般来说，软件都是比较大的程序，因此不可能一开始就把整个系统作为一个单独的实体来进行测试。与开发的过程类似，测试过程也必须分步骤进行。大型软件系统通常由若干个子系统组成，每个子系统又由许多模块组成。因此，大型软件系统的测试基本由模块测试、子系统测试、功能测试、系统测试、安装测试和验收测试等组成。

6.3.5.1 单元测试

在一个设计好的软件系统中，每个模块完成一个独立的子功能，而且这个子功能应该和同级其他模块的功能之间没有相互依赖关系，因此可以把每个模块作为一个单独的实体来测试。模块的源程序详细地说明了模块的输入、输出参数及模块的功能（模块的外部属性），显示了模块内部所使用的数据和模块的功能实现方式（模块的内部属性）。单元测试用于测试软件设计中的最小单元——模块，又称为模块测试（Module Testing）。正式测试之前要先通过编译程序检查并且改正所有语法错误，然后用详细设计描述做指南，确定模块的逻辑功能是否正常使用。单元测试的实施要以黑盒法测试其功能，辅之以白盒法测试其结构。

单元测试的目的是对模块的功能与定义模块的性能规范或接口规范进行比较。单元测试的依据是模块的规范——模块说明书。单元测试发现的往往是编码和详细设计的错误。

1. 单元测试的基本原则

单元测试的基本原则如下：

（1）至少一次测试所有的语句（语句覆盖标准）。

（2）测试所有可能的执行或逻辑路径的组合。

（3）在索引或下标的全域中测试所有的重复。

（4）测试每个模块的所有入口和出口。

2. 单元测试的内容

单元测试主要评价模块的接口、数据结构、重要执行通路、出错处理通路和影响上述各方面特性的边界条件。主要有以下的错误：

（1）模块接口的错误。对模块进行测试，要对模块接口的数据流进行测试。如果所测模块的数据流不能正确地输入、输出，则根本无法进行其他的测试。在对接口进行测试时主要发现两个模块之间的数据传递和控制传递的错误，主要检查以下错误：

1）一个模块向其子模块传递和接收数据元素的个数不相等。

2）传递参数的属性和变元的属性不匹配。

3）传递给内部函数的变元数据类型和次序不匹配。

4）只修改了做输入用的变元。

5）全程变量的定义和用法在各个模块中定义不一致。

此外，还应检查输入/输出错误：

1）没有正确地打开或关闭文件。

2）文件记录、数据域的定义不正确。

3）键的存取不正确。

4）缓冲区的大小与记录长度不匹配。

5）输出信息中有文字书写错误。

6）文件终止条件没有正确处理。

（2）数据结构。在单元测试中，数据结构出错是比较常见的错误，在测试时应考虑以下错误：

1）数据库的大小和属性没有正确定义。

2）搜索下标和索引的定义和使用不正确。

3）数据名称和使用不一致。

4）常数、累加器和计数器的初始化不正确。

5）数据项的格式和属性的定义不正确。

6）上溢、下溢或地址异常。

（3）重要执行路径。对路径进行测试是最基本的任务，由于不能进行穷举测试，需要精心设计测试用例发现在算法、比较或控制流等方面的错误。

1）算法错误。中间结果数据项的大小、类型和精度等特性不正确；算法操作顺序不正确；对除数为 0 的除法的处理不正确；精度不够等。

2）比较错误。所比较的数据项的属性不匹配；AND、OR 等关系运算次序不正确；“差 1”错误（多循环一次或少循环一次）；错误的或不存在的循环终止条件；当遇到发散的迭代时不能终止循环；错误地修改循环变量。

3）控制逻辑错误。没有经历所有选择结果的路径；对所有选择路径的共同出口点的规定不正确；循环下标不正确；初始化和步长不正确；对循环出口的规定不正确。

4）出错处理通路。好的设计应该能预测到出错的条件并且有对出错处理的路径。目前计算机可以显示出错信息的内容，但对出错的处理仍然需要程序员进行；对出错的测试应该着重考虑以下常见错误：对错误的描述难以理解；错误提示与实际错误不相符；出错的提示信息不足以确定错误或确定造成错误的原因；在对错误进行处理之前，系统已经对错误条件进行干预等。

（4）边界条件。边界条件的测试是单元测试阶段的重要内容。软件最容易出现错误的就是边界，如对于一个 n 维数组，在处理数组第 n 个下标时常常发生错误。因此要重点测试数据流和控制流在刚好等于、大于或小于最大值或最小值的情况。

3. 单元测试数据的选择

单元测试中所面临的基本问题是确定测试数据集。测试数据集有 4 种类型：值域、值类、离散值、值的次序集（用来测试顺序文件和表）。

4. 单元测试情况的设计

许多在模块层次上进行的测试是用来检查程序的逻辑和逻辑路径，因此对于单元测试大多是采用白盒法测试技术来测试其逻辑。利用一种或多种白盒测试法对模块的逻辑结构（内部属性）进行分析，得到一些测试情况。

由于模块并不是一个独立的软件单元，它和其他的模块之间存在着相互联系，模块之间必须有处理接口。因为对于接口所强调的是输入和输出，所以根据模块说明书（外部属性）再用黑盒测试方法对原有的测试情况加以补充，在进行单元测试时最好将这两种测试技术结合起来。

在对每个模块进行测试时，需要开发两种模块：

（1）驱动模块（Driver）。相当于一个主程序，接收测试用例的数据，将这些数据送到被测模块，输出测试结果。

（2）桩模块（Stub）。也称为存根模块，桩模块用来代替被测模块中所调用的子模块，可进行少量的数据处理，目的是为了检验入口、输出调用和返回信息。

6.3.5.2 子系统测试

单元测试完成以后，需要把多个模块组合在一起进行测试，即子系统测试。子系统测试是在把模块按照设计要求组装起来的同时进行的测试，也称为组装测试或集成测试。子系统测试的主要目标是发现与模块接口有关的问题，即模块之间的数据和控制传递。模块集成时可能出现的问题如下：

（1）经过模块接口的数据是否丢失。

（2）一个模块是否破坏另一个模块的功能。

（3）一个模块对另一个模块可能造成有害影响。

（4）子功能的组合是否达到了预期要求的主功能。

（5）全程数据结构是否有问题。

（6）单个模块的误差集成放大是否会达到不能接受的程度等。

模块接口可能发生的问题很多，在此不一一列举。

模块组装成程序的测试方式有两种：非增式测试方法（Non-incremental Testing）和增式测试方法（Incremental Testing）。

1. 非增式测试方式

非增式测试方式是先分别测试每个模块，再把所有模块按设计要求放在一起结合成所要的程序。例如，图 6.10 有 6 个模块，可以把这 6 个模块当作独立的整体来测试，可以对其进行逐个的测试，也可以由多人同时进行测试，测试完后再将这些模块组合起来形成一个程序。由于每个模块不是真正独立的，它们之间有联系，因此在进行测试时需要为每个模块准备一个专门的驱动模块和一个或多个桩模块。在图 6.10 中，为了测试模块 B，需要先设计测试方案，然后设计一个驱动程序包将测试情况传给模块 B，当作它的输入变量。驱动程序是另外编写的一个小模块，用来驱动或传送测试情况给被测模块。驱动模块还必须显示执行模块 B 之后所产生的结果。此外由于模块 B 还要调用模块 E，因此要有一个模块体现接受该调用时的控制，这就是桩模块。桩模块的作用是为正在测试的上级模块提供调用的目标及为上级模块传递预期的数据和控制标识。使用非增式测试，测试成本较高，而且系统集成后包含多种错误，这些错误又是错综复杂的，因此，难以对错误进行定位和纠正。

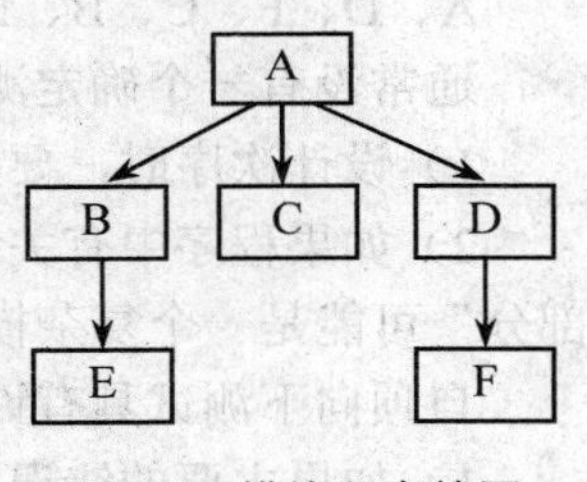

图 6.1　模块程序简图

2. 增式测试方式

增式测试方式是把下一个要测试的模块同已经测试好的那些模块结合起来进行测试，测试完后再把下一个应该测试的模块结合起来进行测试，每次增加一个模块，这种方法实际上同时完成单元测试和集成测试。当使用增式测试把模块结合到软件系统中去时，有自顶向下和自底向上两种方法。

（1）自顶向下测试（Top-down Testing）。从顶端模块（即程序开始模块）开始测试，沿着软件的控制层次向下移动，从而逐渐把各个模块结合起来。在把附属于主控模块的那些模块组装到软件结构中去时，或者使用深度优先策略，或者使用宽度优先策略。

使用深度优先的结合方法是先组装在软件结构的一条主控通路上的所有模块。选择主控通路取决于应用的特点，并且有很大的任意性。以图 6.10 为例，选取左通路，首先结合模块 A、B 和 E，然后将 C 结合起来，最后构造右侧的控制通路。

使用宽度优先的结合方法，是沿着软件结构水平移动，把处于同一个控制层次上的所有模块组装起来，直到所有的模块都被结合进来为止。对于图 6.10 来说，首先结合模块 B、C 和 D，然后结合下一个控制层次中的模块 E 和 F。

把模块结合进软件结构的具体过程如下：

1）对主控模块进行测试，测试时用桩模块代替所有直接附属于主控制模块的模块。如在

图 6.10 中第一步是测试模块 A。要测试模块 A 需要写出模块 B、C 和 D 的桩模块，桩模块 B、C 和 D 模拟了原模块的功能，产生主要输出及一些有意义的结果。

2）根据选定的结合策略（深度优先或宽度优先），每次用一个实际模块代换一个桩模块。例如，测试完 A 后要结合模块 B，则用模块 B 代替桩模块 B，再加上桩模块 E。

3）在结合进一个模块的同时进行测试；在结合进模块 B 时用桩模块 C、D 和 E 来测试模块 A 和模块 B。

4）为了保证加入的模块没有引进新的错误，可能需要进行回归测试（即全部或部分地重复以前做过的测试）。

从第 2）步开始不断重复进行上述过程，直到构造起完整的软件结构为止。例如，测试完模块 A 和 B 后，可以测试模块 E，用实际模块 E 代替桩模块 E，用桩模块 C、D 测试模块 A、B 和 E。依此类推，可以对整个程序进行测试。

采用自顶向下测试方式有一个测试顺序的选择问题，如图 6.10 中的测试顺序有：

A、B、C、D、E、F（宽度优先）；

A、B、E、C、D、F（深度优先）；

A、C、B、E、D、F（宽度优先）；

A、D、F、C、B、E（深度优先）等。

通常没有一个确定测试顺序的方法，但可以从以下几点进行考虑：

1）设计次序时，要让含有输入/输出的模块尽早地加入到测试中。

2）如果程序中有关键性的部分，设计次序应尽早地把这些模块加入程序。所谓的“关键部分”可能是一个复杂模块、一个具有新算法的模块及怀疑容易出错的模块等。

自顶向下测试具有许多优点：

1）如果主要的错误趋向于发生在程序的顶端时，有利于查出错误。

2）一旦加入了输入/输出功能，测试情况很容易描述。

3）初期的程序设计轮廓可以让人们看到程序的功能，并使人们增强工作信心。

自顶向下测试方法还有一些缺点：

1）需要考虑桩模块。

2）桩模块比想象的更复杂。

3）在输入/输出功能加入之前，桩中很难描述测试情况。

4）不可能或很难产生测试条件。

5）很难观察测试输出。

6）使人想到设计和测试同时进行。

7）会使人想到推迟完成某些模块的测试。

（2）自底向上测试（Bottom-up Testing）。自底向上测试方法是从程序的末端模块（即不调用别的模块的“叶子”模块）开始组装和测试，下一次测试模块的所有下层模块必须事先都被测试过。因为是从底部向上结合模块，所以不需要桩模块。用下述步骤可以实现自底向上的结合策略。

1）顺序或并行地测试底层模块，为底层模块设计专门的驱动模块，协调测试数据的输入和输出。例如，在图 6.10 中顺序或并行地测试模块 E、F 和 C，为模块 E、F 和 C 分别设计专门的驱动模块，这些模块含有固定的测试输入，调用正在测试的模块，并且显示结果。

2）对有模块组成的子功能族进行测试，即对模块E、F和C进行测试。

3）去掉驱动程序，沿软件结构自下向上移动，把子功能族结合起来形成更大的子功能族。例如，去掉驱动程序E、F和C，即对模块B和D进行测试。如果先测试模块B则把B与前面测试过的模块E、F和C结合起来再对模块B进行测试。对模块D的测试采用同样的方法。

重复上述过程，可以将所有的模块测试完成。

自底向上测试在测试初期不能形成程序总体的概念，只有到最后一个模块加入才能形成完整的工作程序。

自底向上测试的优点如下：

1）如果主要的错误发生在程序的底端时，有利于查出错误。

2）容易产生测试条件。

3）容易观察测试结果。

自底向上测试的缺点如下：

1）必须给出驱动模块。

2）在加入最后一个模块之前，程序不能作为一个整体存在。

3. 不同集成测试策略的比较

上面介绍了两种增式测试策略，两种方法各有优、缺点。自顶向下测试方法不需要测试驱动程序，能够在测试阶段的早期发现并验证系统的主要功能，而且可以在早期发现上层模块的接口错误。自顶向下测试需要桩模块，因此低层关键模块中的错误发现较晚。自底向上测试方式正好与此相反。

在测试软件系统时，应该根据软件的特点及工程进度安排测试。一般来说，纯粹的自顶向下和自底向上的策略都是不实用的，人们常常采用混合策略：对软件结构中的上层，使用的是自顶向下方法；对软件结构中较下层，使用的是自底向上的方法，两种方法相结合使用。这种方法兼有两种方法的优点和缺点，当被测试的软件中关键模块比较多时，这种混合法可能是最好的折衷方法。

4. 增式测试方式和非增式测试方式的区别

（1）非增式测试方式需要更多的工作量，因为它需要同时设计驱动模块和桩模块，而在增式测试中，只需设计驱动模块或桩模块。例如，对图6.10采用非增式测试，需要5个驱动模块和5个桩模块。采用自底向上的增式测试需要5个驱动模块，但不需要桩模块。采用自顶向下的增式测试则需要5个桩模块，但不需要驱动模块。

（2）增式测试中，模块之间接口的错误或是关于模块错误假定能够被较早地检查出来。

（3）利用增式测试，改错比较容易。

（4）增式测试可能导致彻底地对程序进行测试。

（5）非增式测试方法只需较少的机器时间，如果用增式测试需要执行更多的机器指令。但是非增式测试需要更多的驱动模块和桩模块。

（6）用非增式测试方式在模块测试阶段的开始就有可能进行并行工作。这对一个大型设计项目的测试非常重要，因为测试工作在模块测试开始阶段参加设计项目的人手是最多的。

由上述分析知，采用增式测试是较合适的测试方法。

6.3.5.3 功能测试——有效性测试

功能测试（Function Testing）是继子系统测试之后进行的测试。目的是找出程序和其外部规范之间的不一致，进一步验证软件的有效性，也就是检查软件的功能和性能是否与用户的要求一致。外部规范是对模块外部属性的描述，一般采用黑盒方式。对外部规范进行分析，得出一组测试情况。

在进行功能测试时应注意以下问题：

（1）要考虑到那些不合理的和意想不到的输入条件。

（2）要将预期结果的定义作为测试情况的重要部分。

（3）目的是暴露错误，不是证明程序符合外部规范。

6.3.5.4 系统测试

子系统测试完后，需要把子系统装配成一个完整的系统，需要对系统进行测试。系统测试（System Testing）就是把经过测试的子系统装配成一个完整的系统，然后进行测试。系统测试是将系统或程序与其原定目标相比较。在这个过程中不仅能发现设计和编码的错误，还能验证系统是否提供需求说明书中指定的功能，而且能验证系统的动态特性是否符合预定要求。在这个测试步骤中发现的往往是软件设计中的错误，也可以发现需求说明书中的错误。子系统测试和系统测试都兼有检测和组装两重含义，所以常常称为集成测试。

在系统测试中设计情况的途径没有固定的方法，而是探讨系统测试的不同类型。系统测试有 15 种类型，但这 15 种类型并不是每个都用到，下面简要介绍这 15 种类型。

（1）机能测试（Facility Testing）。机能测试就是判断系统是否把目标提到的每个机能（或“功能”）真正地实现了。其方法是逐句扫描目标，这种测试往往可以不用计算机，而用人工进行比较即可。

（2）批量测试（Volume Testing）。批量测试是让程序处理大量的数据，即企图证明程序不能处理目标中指出的大批量数据。使用批量测试代价很大，所以要适当。当然，每个程序仍然必须做少量的批量测试。

（3）强度测试（Stress Testing）。强度测试是让程序在高负荷即高紧张的情况下运行。所谓高度紧张是指在很短的时间内遇到最多的数据。由于强度测试涉及时间的因素，所以许多程序不用它。强度测试可以用于测试负载不定的程序，或交互式的、实时的及过程控制的程序，如订票系统等。

（4）便利性测试（Usability Testing）。便利性测试力图确定系统的人为因素，分析程序中的人为因素，主要靠主观臆断，如每个与用户交换的信息是否与使用者的智力水平、文化程度及所处的环境相一致？程序的所有输出结果是否有意义、语句通顺？对错误的诊断是否简明易懂？程序的操作是否方便等？

（5）安全性测试（Security Testing）。安全性测试是想办法设计一些测试情况来破坏程序的保密检查，如设法列出一些情况破坏数据库管理系统的数据保密机构。

（6）性能测试（Performance Testing）。性能测试是说明在一定工作负荷和格局分配条件下，响应时间及处理速度等特性。

（7）存储量测试（Storage Testing）。存储量测试说明诸如程序所用的内存和外存容量，临时文件和溢出文件的大小等。要设计测试方案证明程序没有达到其存储量目标。

（8）配置测试（Configuration Testing）。操作系统、数据库管理系统及信息交换系统等，都是在许多硬件支配下工作的。由于可能的配置数量一般都较大，不能对每一个情况都测试到，但至少每一个类型硬件的最大最小的配置都要测试到。如果程序本身能重新配置，那么就要测试可能出现的各种配置。

（9）兼容/变换测试（Compatibility/Conversion Testing）。如果大部分要开发的程序都不是全新的，而是对某些缺陷的系统补充修改，那么这些程序往往有一些特殊的目标，说明与现行系统的兼容性或说明如何由现有系统转换而来。这种测试是设法证明未能满足兼容性的目标及不能实现两系统间相互转换。

（10）可靠性测试（Reliability Testing）。如果程序的目标中对可靠性有专门的叙述，那就要对其进行可靠性测试。可靠目标很难测试，因为人们不知道用什么方法能在几个月内，甚至几年内来测试诸如平均错误时间、平均修复时间等。因此可以考虑用一套数学模型来估计该目标的有效性。

（11）恢复测试（Recovery Testing）。像操作系统、数据库管理系统和远程处理程序这类程序往往有系统恢复的目标，说明在出现程序错误、硬件失效及数据错误之后，整个系统应该怎样恢复正常工作。系统测试的目标之一是要证明这些恢复功能能不能正常工作。

（12）可安装性测试（Installability Testing）。有些软件系统带有安装该系统的复杂步骤，所以需要对安装过程进行测试。

（13）可用性测试（Serviceability Testing）。程序也可以有可用性（即可维护性）的目标，这类目标定义了供系统使用的公用子程序，定义了纠正明显错误的平均时间，定义了维护过程及内部逻辑文件资料的质量等。对这一类目标也要进行测试。

（14）文件资料测试（Documentation Testing）。系统测试与系统分析资料的精确性有关。因此要检查文件资料是否准确，对它们进行测试。在分析资料中的每个例子时，都要编成测试情况送给程序运行。

（15）工序测试（Procedure Testing）。在软件系统中有些工序还需要人来完成。由人来完成的工序在系统测试中也必须经过测试，这部分测试是工序测试。

6.3.5.5　安装测试

安装测试（Installation Testing）的目的不是找出软件错误，而是找出安装错误。把很多软件系统安装起来，用户会有很多种选择。例如，要装配并装入文件和程序库，布置好适用的硬件配置，程序和程序之间的连接等。

安装测试应当作系统的一部分由生产该系统的组织负责进行，在系统安装之后进行测试，测试情况还可以用来检验用户选择的一套任选方案是否相容，检验系统的每一部分是否齐全，所有文件是否已产生并确实有需要的内容，硬件配置是否合理。

6.3.5.6　验收测试

安装测试通过后运行一段时间，要对整个软件系统进行测试，这就是验收测试（Acceptance Testing）。验收测试是在用户的积极参与下进行的，而且可能用实际数据进行测试。验收测试的目的是验证系统确实能够满足用户的需要，在这个测试步骤中发现的往往是系统需求说明书中的错误。验收测试的内容与系统测试基本类似，但是也有一些差别。例如：

（1）已经测试过的纯技术性的特点不需要再测试。

（2）用户感兴趣的功能或性能，可能需要增加一些测试。

（3）通常主要使用生产中的实际数据进行测试。

（4）可能需要设计并执行一些与用户使用步骤有关的测试。

验收测试是在用户的积极参与下进行的，而且可以使用实际数据。

验收测试的目的是验证系统能满足用户的需要，一般使用黑盒测试方法。在这个测试中往往发现的是系统需求说明书中的错误。

验收测试通常有两种结果：

（1）功能和性能与用户要求一致，软件是可以接受的。

（2）功能或性能与用户的要求有差距。

验收测试发现的问题解决比较困难。为了确定解决验收测试过程中发现的软件缺陷或错误的策略，需要和用户充分协商。

系统开发与测试的对应关系如图 6.11 所示。

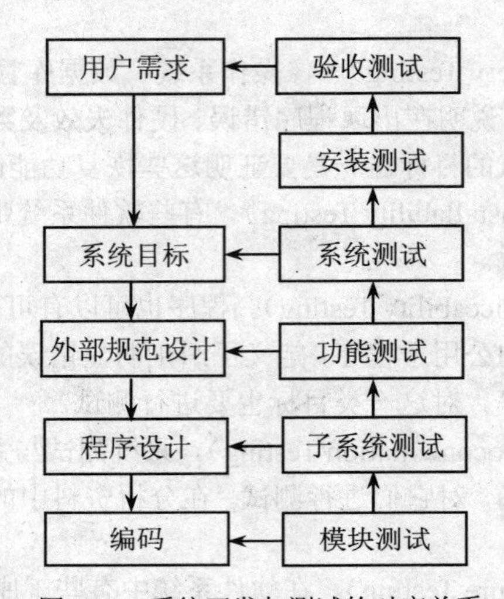

图 6.11　系统开发与测试的对应关系

6.3.6　软件正确性证明

测试只能证明程序中有错误，并不能证明程序中没有错误。因此测试是一种不很完善的技术，人们希望研究出完善的正确性证明技术。如果有实用的正确性证明程序，软件可靠性将更有保证，测试工作量将会大大减少。但是测试也是不可少的。因为程序正确性证明只能证明程序功能是正确的，并不能证明程序的动态特性是符合要求的。此外，正确性证明过程本身也可能发生错误。

正确性证明的基本思想是证明程序能完成预定的功能。因此，应该提供对程序功能的严格数学说明，然后根据程序代码证明程序确实能实现它的功能。

所谓程序是正确的，是指程序能够准确无误地完成编写者所期望赋予它的功能，或对任何一组允许的输入信息得到一组相应的正确的输出信息。

程序正确性的种类有：程序的部分正确性；程序的终止性；程序的完全正确性。

为了证明一个程序的完全正确性，通常采用证明该程序的部分正确性和终止性。

软件正确性证明的方法主要有：

（1）部分正确性的证明方法。

1）Floyd 的不变式断言法。

2）Manna 的子目标断言法。

3）Hoare 的公理化方法。

（2）终止性的证明方法。

1）Floyd 的良序集方法。

2）Knuth 的计数器方法。

3）Manna 的不动点方法。

6.4　信息系统的调试

测试本身的目的是尽可能多地暴露程序中的错误，但是发现错误并不是最终目的，改正错误才是最终的目标。开发管理信息系统的目标就是以较低成本开发出高质量的完全符合用户要求的软件系统，因此，在成功的测试之后，还必须进一步诊断和改正程序中的错误，这就是调试的任务。调试就是在测试暴露错误之后，想方设法找出错误的具体位置。一旦确定了错误的位置，则修改设计和代码以便排除这个错误。为了确定错误需要进行某些诊断测试，在修改设计和代码之后，还需要重复进行暴露这个错误的原始测试及某些回归测试（即重复某些以前做过的测试），以便证明错误确实消失了。如果所做的改正是无效的，则重复上述的过程直到找到一个有效的解决方法。有时修改设计和代码之后，虽然排除了所发现的错误，但也可能引进了新的错误，这些新引进的错误可能立即被发现，也可能潜藏一段时间以后才被发现。所以调试完后，仍需要进行某些测试，调试和测试是交替进行的，很难分阶段进行。调试工作主要由程序开发人员进行，也就是说谁开发程序由谁来进行调试。

6.4.1　调试的步骤

调试过程由以下两个步骤组成：

1．错误的诊断

成功测试之后，就需要进行错误的诊断。错误诊断就是从测试程序中存在错误的某些迹象出发，确定错误的准确位置，也就是找出是哪个模块或哪些接口引起的错误。错误诊断是非常难的，它是调试过程的关键。诊断错误可以采用一些技术方法，设计一些应用策略。确定错误原因和具体位置所需的工作量在调试过程中是非常大的，大约占调试总工作量的 95%，而且花费的时间也不确定。

2．改正错误

诊断出错误的准确位置以后，仔细研究这段代码以确定出现问题的真正原因，并设法改正错误。

其中第一个步骤（错误诊断）所需要的工作量大约占调试总工作量的 95%，因此，本节重点讨论在有错误迹象时如何确定错误的位置。

6.4.2　调试技术

调试是一项非常困难的工作，如何在程序中发现错误又是调试过程的关键问题，目前虽然研究出了一些调试技术，但仍然不很完善，这还有待于进一步研究。下面介绍现有的调试技术。

1．输出存储器内容

输出存储器内容通常以八进制或十六进制的形式打印出存储器的内容。采用这种方法进行调试，效率可能是很低的，因为它存在以下缺点：

（1）把存储单元和源程序变量对应起来很困难。

（2）输出信息量极大，而且大部分是无用的信息。

（3）输出的是程序的静态图像（程序在某一时刻的状态），然而为了找出错误往往需要研究程序的动态行为（状态随时间变化的情况）。

（4）输出的存储器内容常常并不是程序错误时的状态，因此往往不能提供有用的线索。

（5）输出信息的形式不易阅读和解释。

2. 打印语句

打印语句是把程序设计语言提供的标准打印语句插在源程序各个部分，以便输出关键变量的值。它比输出存储器内容好一些，因为它可以显示程序的动态行为，而且给出的信息容易和源程序对应起来。这种方法仍然有一些缺点：

（1）可能输出大量需要分析的信息，对于大型程序系统来说情况更是如此。

（2）必须修改源程序才能插入打印语句，但是这可能改变了关键的时间关系，从而既可能掩盖错误，也可能引进新的错误。

3. 自动工具

现在大多数的程序设计语言提供 Debug 工具，可以利用调试程序进行检验。自动工具可以提供有关程序的动态行为信息，而且还不需要修改源程序。它是利用程序设计语言的调试功能或者使用专门的软件工具分析程序的动态行为。用于调试的软件工具的共同功能是设置断点，即当执行到特定的语句或改变特定变量的值时，程序停止执行，程序员可以在终端上观察程序此时的状态。使用这种调试方法也会产生大量无关的信息。

一般来说，在使用上述任何一种技术之前，都应该对错误的征兆进行全面彻底的分析。通过分析得出对错误的推测，然后再使用适当的调试技术检验推测的正确性。也就是说，任何一种调试技术都应该以试探的方式使用。总之，要进行周密的思考，使用一种调试方法之前必须有比较明确的目的，尽量减少无关信息的数量。通常在调试中几种调试技术结合使用。

6.4.3 系统调试的方法

调试过程的关键不是采用什么调试技术，而是能够尽快诊断错误，因此需要研究用来推断错误原因的基本方法，这些基本方法可以指导人们实践。

1. 试探法

调试人员分析错误征兆，猜想错误的大致位置，然后使用前述的一两种调试技术，获取程序中被怀疑的地方附近的信息。当试探过程中发现的状态没有矛盾时，不再试探下去。试探法（Tentative）不容易找出错误位置，因而这种方法通常是缓慢、低效的。适用于结构比较简单的程序。

2. 回溯法

调试人员检查错误征兆，确定最先发现"症状"的地方，然后人工沿程序的控制流往回追踪源程序代码，直到找出错误根源或确定错误范围为止，这是逆向追踪。

回溯法的另一种形式是正向追踪，也就是使用输出语句检查一系列中间结果，以确定最先出现错误的地方。

回溯法（Backtracking）对于小程序而言是一种比较好的调试方法，往往能把错误范围缩小为程序中的一小段代码，仔细分析这段代码不难确定错误的准确位置。但是，目前程序规模越来越大，因此回溯的路径数目也会变得越来越多，以致彻底回溯变成完全不可能的。

3. 折半查找法

折半查找（Bisearch）也叫对分查找，其过程是以程序的中点为界，注入某个值进行查找的。如果已经知道每个变量在程序内若干个关键点的正确值，则可以用赋值语句或输入语句在程序中点附近“注入”这些变量的正确值，然后检查程序的输出。如果输出结果是正确的，则错误在程序的前半部分；反之，错误在程序的后半部分。对于程序中有错误的那部分再重复使用这个方法，直到把错误范围缩小到容易诊断的程度为止。折半查找法并不适用于任意的程序。

4. 归纳法

前面介绍的几种方法并不是很普遍的方法，因此人们希望采用归纳和演绎推理方法进行研究。归纳和演绎是一种系统化的思考方法。在客观世界中，特殊和一般是对立统一的，特殊不能离开一般而存在，而一般又总是存在于特殊之中。因为特殊之中存在一般，因此可以根据特殊而推知一般。客观世界一般和特殊的辩证统一关系，就是归纳推理的客观基础。

所谓归纳法（Induction）就是从个别推断一般的方法，这种方法从线索（错误征兆）出发，通过分析这些线索之间的关系而找出错误所在的位置。归纳直接与经验或实验有关，因此调试者的经验对调试有非常重要的影响。采用归纳法进行调试一般遵循以下步骤：

（1）收集有关的数据。列出已经知道的关于程序哪些事做得对和哪些事做得不对的一切数据。类似的，然而并不产生错误结果的测试数据往往能补充宝贵的线索。

（2）分析整理数据。归纳法是一种从特殊到一般的方法，必须在分析研究大量材料的基础上进行推论，这一步就是对数据进行整理以便找到它的规律。所以必须对上面收集的数据进行分析整理，在进行分析的过程中，要找出矛盾，即在什么条件下出现错误，什么条件下不出现错误，这是非常重要的。

（3）提出假设。分析研究线索之间的关系，力求找出它们的规律，从而提出关于错误的一个或多个假设。如果无法做出推测，则应该设计并执行更多的测试方案。以便获得更多的数据；如果可以做出多种假设，则要首先选用其中可能性最大的那一个。

（4）证明假设。归纳的结论和前提联系在很多情况下不是必然的，它的结论有或然性，需要进一步加以检验和证明。证明假设的合理性是极端重要的，不经证明就根据假设排除错误，往往只能消除错误的征兆或只能改正部分错误。

证明假设的方法是，用它解释所有原始的测试结果。如果能圆满地解释一切现象，则假设得到证实；否则，要么是假设不成立或不完备，要么是有多个错误同时存在。需要重新分析提出新的假设，直到发现错误为止。

5. 演绎法

演绎推理是从一般到特殊的推理，它的特点是前提蕴含结论，结论不超出前提断定范围。演绎法（Deductive Method）是从一般原理或前提出发，提出一系列前提，然后删除和精化推导出结论。用演绎法调试开始时先列出所有看来可能成立的原因或假设，然后一个一个地排除所列出的原因，最后，证明剩下的原因确实是错误的根源。演绎法主要有4个步骤：

（1）提出假设前提。根据已有的数据，设想所有可能产生错误的原因，提出一个个假设前提。在这一步并不用这些假设去解释各种现象。

（2）用已有的数据排除不正确的假设。仔细分析已有的数据，特别要着重寻找矛盾，力求排除前一步列出的假设前提。如果所有列出的假设都被排除了，则需要补充数据（如补充测试）以提出新的假设，如果余下的假设多于一个，则首先选取可能性最大的那个。

（3）精化余下的假设。利用已知的线索进一步精化余下的假设，使之更具体化，以便精确确定错误的位置。

（4）证明余下的假设。证明假设的合理性是极端重要的，不经证明就根据假设排除错误，往往只能消除错误的征兆或只能改正部分错误。

证明假设的方法是，用它解释所有原始的测试结果。如果能圆满地解释一切现象，则假设得到证实；否则，要么是假设不成立或不完备，要么是有多个错误同时存在。

归纳和演绎是相互联系、相互补充的，单纯使用归纳法或演绎法可能都不会完全找出错误，因此常常两者结合起来进行。

以上这些方法可以辅以调试工具，随着技术的发展，自动测试和调试工具功能越来越强，为软件测试提供了很大的方便。但无论采用哪种工具，都不能代替开发人员对整个文档的程序代码进行仔细研究所起的作用。

6.5 信息系统的转换

在系统调试完毕后，就要进行系统的转换工作，也称为系统的切换工作。此处的系统转换包括原来全部用人工处理的系统转换成新的以计算机为基础的信息系统；从旧的信息系统向新的信息系统的转换过程；数据的整理和录入，也包括人员、设备、组织机构的改造和调整，有关资料档案的建立和移交等。系统转换的最后形式是将全部控制权移交给用户单位。

6.5.1 系统转换前的准备

在系统测试和调试完成后，就要进行系统的转换工作。在系统转换之前，必须预先做好大量的准备工作，如数据的准备、文档的完善、用户的培训等，只有这样才能保证转换工作顺利进行。

1. 数据的准备

系统切换工作中的一项十分艰巨的工作就是数据准备。如果新系统是在手工管理基础上建立起来的，那么就要将手工处理的各类数据如单证、报表、账册和卡片等按照新系统的规则进行分类并集中在一起，然后组织人力进行数据的录入工作，将这些纸介质中存放的数据转换成机内信息。由于系统运行可能是比较长时间段内的数据，因此数据的录入工作量非常大，要耗费大量的人力和时间等。如果信息系统是在已有的计算机信息系统上开发的，那么就要通过合并、更新、转换等方法，将原系统的数据转换到新系统中来。这种转换工作也是非常复杂而耗费时间的，有的还可能涉及数据库的改建或重组，但现在有些则使用数据仓库。

2. 文档的完善

软件产品开发完毕后，要交给用户使用。而软件是程序及开发、使用和维护程序需要的所有文档，一个软件产品必须有一个完整的配置组成。总体规划、系统分析、系统设计、系统实施、系统测试等各阶段都有最终产品的一个或几个组成部分（这些组成部分通常以文档资料的形式存在），这些组成部分记录了开发过程的轨迹，是开发人员工作的依据，也是用户运行系统、维护系统的依据，因此文档资料必须符合一定的规范。在系统交付使用后，必须将整套文档资料准备齐全，形成正规的文件。

系统说明性文件主要有3类：

（1）系统的一般性说明文件。包括以下内容：

1）用户手册，给用户介绍系统全面情况，包括目标和有关人员情况。

2）系统规程，为系统的操作和编程等人员提供的总的规程，包括计算机操作规程、监理规程、编程规程和技术标准。

3）特殊说明，结合具体情况有些特殊要求，有时是不断进行补充和发表的。

（2）系统开发报告。包括以下内容：

1）系统可行性分析报告，提出系统分析的理由、系统实现的必要性、系统规模、子系统的开发安排等。

2）系统分析报告，描述系统的逻辑模型。

3）系统设计报告，涉及输入、输出、数据库组织、处理程序等方面。

4）系统验收报告。

5）系统评价报告，涉及系统对管理和职工的影响、费用/效益分析、运行情况等。

（3）程序说明书。包括以下内容：

1）整个系统程序包的说明。

2）系统的计算机系统流程图和程序流程图。

3）作业控制语句说明。

4）程序清单。

5）程序实验过程说明。

6）输入/输出样本。

7）程序所有检测点设置说明。

8）各个操作指令、控制台指令。

9）修改程序的手续，包括要求填表的手续和样单。

10）操作人员指示书。告诉操作员操作顺序、需要的输入/输出介质、程序中断时应采取的行动、例外情况的分析、各种参数输入条件、输出的份数等。

3. 人员培训

系统转换过程中最关键的问题是把新系统付诸于实际操作。由于系统转换工作牵涉人力、物力和财力各个方面，所以整个过程要有计划、有组织地进行，在进行过程中会遇到许多困难，需要高层领导的参与和解决，也需要广大用户的支持和理解。软件系统转换后，要想发挥它应有的作用，就需要有人去操作，在管理信息系统中人是最重要的因素，管理信息系统运行成功基本上依靠系统分析员、系统设计员、程序员和管理人员的密切配合，因此要重视人员培训。

新旧系统的交替，往往使一些旧系统的知识拥有者对新系统工作人员产生妒忌和反感，或者重视新系统中脱离实际或想象不周之处。在此期间，领导要大力支持，管理人员和系统分析人员要发挥聪明才智，调动新系统工作人员的积极性和创造性，鼓舞士气，这是努力完成系统转换的关键。

大多数系统在系统调试的同时就开始进行各种水平的培训。例如，对于操作人员或数据录入人员来说要进行操作培训，使他们掌握系统操作规则和操作过程；对于管理人员（各层的管理人员）来说要进行使用培训，使他们能够灵活地使用系统提供的各项功能，实现信息的查询检索，利用系统提供的各类信息进行决策；对于系统管理人员（维护人员、数据库管理员等）来说要进行系统技术培训，使他们掌握各种技能以保证整个系统的正常运行。除了上述的培训内容外还要进行信息管理规则的培训。用户培训可以根据实际需要采取不同的方式进行。

总之，在系统转换前要充分做好各方面的组织、准备工作，特别是要做好人的工作，为系统转换和运行奠定基础。

6.5.2 系统转换

系统转换过程实际上是新旧系统交替的过程，旧的系统被淘汰，新的系统投入使用。系统的转换也称为系统的切换。系统的这种交替过程可以根据实际需要选择不同的方式进行。一般的转换方式有直接转换、并行转换和分段转换。

1. 直接转换方式

直接转换方式（Direct Conversion）是在旧的系统停止运行的某一时刻，新的系统立即投入运行，旧系统的工作完全被新的系统所取代。例如，电话号码升位就采用这种方式，它规定在某年某月某日的某一个时刻旧系统停止使用，新系统投入运行，如图 6.12 所示。

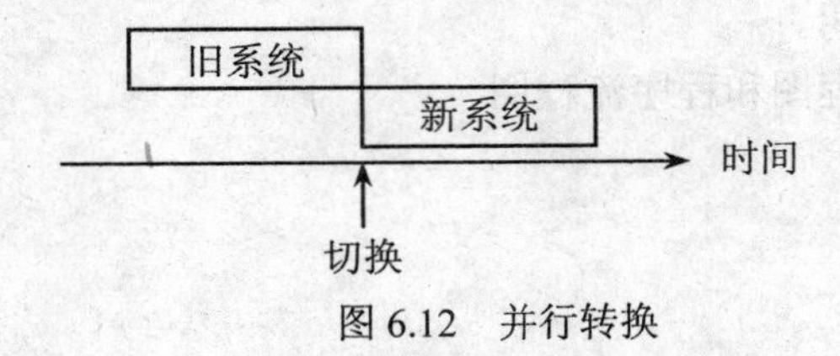

图 6.12 并行转换

直接转换方式的优点是转换简单，费用最省。它的缺点是风险性大，因为一旦新系统发生问题，将可能造成一些意想不到的损失。

直接转换的条件是：新系统要经过详细的测试和模拟运行，经过较长时间的考验，有一定的把握，或者是不得不采用此种转换方式，否则一旦运行失败，旧的系统已被废弃，新的系统又不能正常工作，将会造成严重的后果。对一些重要性比较高的系统不能采用此种转换方式。

直接转换适用于系统的处理过程不太复杂、数据不很重要的场合。直接转换要具有相应的防范措施，对一些可能出现的问题准备应急措施，把可能造成的损失减到最少。

2. 并行转换方式

并行转换方式（Parallel Conversion）是指新旧系统同时运行一段时间后，再由新系统代替旧系统，因此也称为平行转换方式。由于新旧系统并存一段时间，各自运行完成相应的工作，因此需要双倍的人员、设备，其费用较高，但系统运行的可靠性可以大大提高。并行转换方式如图 6.13 所示。

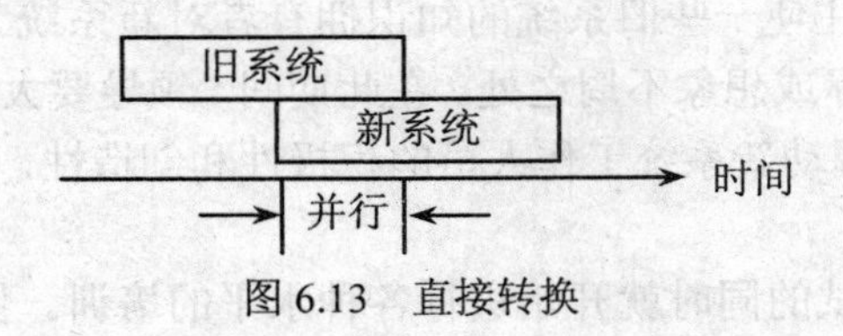

图 6.13 直接转换

并行转换的优点是：转换期间工作不间断，而且新旧系统可以相互对比、审核，可靠性强，风险小。新旧系统并行运行期间，可以对用户继续进行培训、规范用户的行为、检查并改进新系统的功能，新系统运行的成功率较高。它的缺点是费用高。

并行转换的条件是系统的处理过程较复杂，另外系统的安全性、可靠性要求高。在银行、财务和一些企业的核心系统中，这是一种常用的切换方式。

3. 分段转换方式

分段转换方式（Pilot Conversion or Phased Conversion）是指在新系统正式运行前，按照子系统的功能或业务功能，一部分一部分地逐步替代旧系统，又称为逐步转换或向导切换。此种转换方式实际上是上述两种转换方式的结合。具体方式如图 6.14 所示。

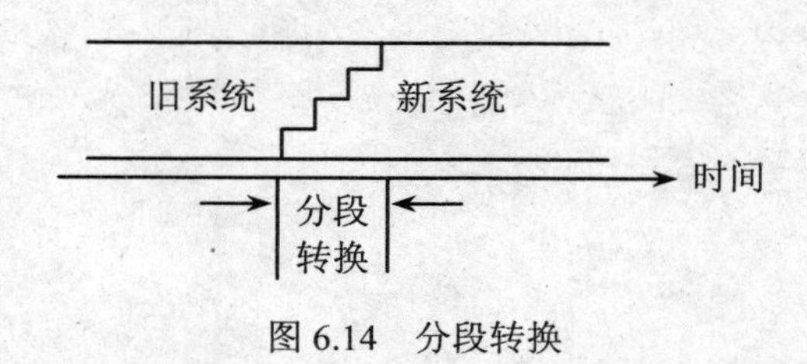

图 6.14　分段转换

分段转换方式的优点是部分采用直接转换，部分采用并行转换，既可以防止直接转换产生的危险性，又可以避免并行转换方式费用高，这种方式转换平稳、可靠，易于管理。但是这种方式在混合运行过程中，必须事先很好地考虑它们的接口。

分段转换方式适用范围是比较大的系统转换，但当新旧系统差别太大时，不宜采用此种方式。

综上所述，直接转换方式简单，但风险大，万一新系统不能正常运转，就会给工作带来困难。它适用于较小的，且不重要或时间要求不高的系统。并行系统从工作安全性和人们的心理状态看都是一种好的方式，但这种方式的缺点是费用高，系统越大，费用越高。分段转换方式是为了克服并行转换的缺点形成的一种混合方式，但系统较小时，不如用并行转换好。

小　结

系统实施阶段要将系统设计的各项任务付诸实施，要实现编程，要进行测试。系统测试要求有一个测试计划，系统测试包括模块测试、子系统测试、系统测试和用户验收测试。测试的同时还要进行调试，改正错误。测试调试完成后可以进行系统的转换工作。系统转换的方式有直接转换、分段转换、并行转换等。系统转换前还要对用户进行培训，培训辅助工具包括用户手册、数据字典及屏幕提示等。

复习思考题

1. 请说明系统实施的任务。
2. 什么是结构化程序设计？
3. 结构化程序设计的优点和不足是什么？

4．自顶向下的程序设计原则是什么？

5．层次模块图与程序流程图的区别是什么？

6．层次模块图中的模块和结构图中的模块是否相同？

7．何谓逐步求精？它与层次模块图的关系如何？

8．逐步求精要注意哪些问题？

9．系统调试采用哪些技术方法？

10．3 种切换方式是什么？各有哪些优、缺点？各适用于哪类系统的转换？

第 7 章　信息系统运行管理与评价

重视运行管理是信息系统工程的一个基本思想，也是不断适应环境发展的保证。运行管理和维护工作是系统研制工作的继续，其主要任务包括日常运行管理、系统资源的管理、系统的安全与保密等。系统维护是非常重要的，包括硬件维护、软件维护和数据维护。软件维护是在转换之后开始的，它包括针对用户环境的变化和为保持系统正常运行而做的各种改动。维护中常常还包括一部分提高或改正系统运行中暴露的问题的工作。

7.1　信息系统的运行管理

新老系统的切换，使得新系统进入运行阶段，信息系统的效益是在运行阶段产生的。开发与运行是影响信息系统质量与效果的两个同等重要的方面，开发出的系统再好，如果运行状况不好，也不能体现出新系统的优越性，因此，信息系统的运行管理是非常重要的。运行管理的目的就是使信息系统在一个预期的时间内能正常发挥其应有的作用，产生其应有的效益。信息系统运行管理阶段的主要任务有信息系统的日常管理、系统资源的管理、系统安全与保密。

7.1.1　信息系统日常运行的管理

信息系统的日常运行管理是为了保证系统正常运转而进行的活动，具体包括系统运行管理规章的制定、系统运行情况的记录、系统维护等工作。系统维护在 7.1.2 中详细介绍。

1. 系统运行的规章制度

一个大的信息系统投入正式运行之后，数据就会始终不断地输入系统，经过加工后信息又不断地输出给相关的部门。任何一点疏忽都会造成信息的中断，产生意想不到的严重后果。所以必须建立严格的系统运行人员岗位责任制和其他规章制度。这些制度包括：

（1）系统安全运行管理制度。

（2）系统定期维修制度。

（3）系统运行操作规程。

（4）用户使用规程。

（5）系统信息的安全保密制度。

（6）系统修改的规程。

（7）系统运行日志及填写的规定。

除此之外，任何信息系统的运行都必须遵守国家的有关法律和法规，特别是关于信息系统安全的法律和法规。近些年，国家相继出台了许多这方面的法律和法规，如《中华人民共和国计算机信息系统安全保护条例》、《中华人民共和国计算机信息网络国际联网管理暂行规定》、《关于加强计算机信息系统国际联网备案管理的通告》、《计算机信息网络国际联网安全保护管理方法》等。

2. 系统运行情况的记录

在信息系统的运行中，应该对系统的工作情况进行详细记录。在信息系统运行过程中，经常要收集和积累的资料有：

（1）工作数量。例如，每天的开机时间、关机时间，每天、每周、每月新提供的报表数量，录入数据的数量，系统中积累的数据量，修改程序的数量，数据使用的频率，满足用户临时要求的数量等。这些数据反映了系统的工作负担，所提供的信息服务的规模，这是反映信息系统功能的最基本的数据。

（2）工作效率。工作效率是指系统为了完成所规定的工作，占用了多少人力、物力和时间。例如，完成一次年度报表的编制，用了多长时间，用了多少人力。

（3）信息服务质量。如果一个管理信息系统提供的报表，并不是管理工作所需要的，那么这样的报表生成再多再快也无意义；同样使用者对于所提供的方式是否满意，所提供的信息的精确度是否符合要求，信息提供是否及时，临时提供的信息需求能否得到满足等，也都属于信息服务的质量范围。

（4）系统维护修改情况。系统中的数据、软硬件都有一定的更新、维护和检修的工作规程。这些工作都要有详细的及时的记载。这不仅是为了保证系统的安全和正常运行，而且有利于系统的评价和进一步扩充。

（5）系统故障的情况。无论大小故障，都应该及时地记录故障的发生时间、故障现象、故障发生的工作环境、处理方法、处理结果、处理人员、原因分析、故障排除时间等。这些记录下来的数据对于整个系统的扩充与发展有指导意义。

在以上各个方面中，对不正常或无法运行的情况会有详细的记录，而对正常情况下的运行数据是比较容易被忽视的。因为在发生故障时，人们往往比较重视，对有关情况都能加以及时记载，而在系统正常运行时，则不那么注意。要掌握全面情况，必须十分重视正常运行情况的记录，整个系统运行情况的记录能够反映出系统在大多数情况下的状态和工作效率，是对系统目标是否已达到的检验，对于系统的评价与改进具有重要的参考价值。因此，管理信息系统的运行情况一定要及时、准确、完整地记录下来，并且从系统开始投入运行就要重视和抓好这项管理工作。

7.1.2 信息系统的维护

信息系统维护是为了应付信息系统环境和其他因素的各种变化，保证系统正常工作而采取的一切活动，包括系统功能改进及解决系统运行期间发生的一切问题和错误。它是信息系统运行管理的重要内容。为什么要进行系统的维护呢？这主要是因为：

（1）来自上级的命令和要求。有时为了某种需要，上级部门要求修改某些部分。

（2）管理方式、方法及策略的改变。由于管理方式、方法和策略的变化，原有的系统已经不能满足正常工作的需要，需要进行修改。

（3）随着用户对信息系统的了解，其要求也会不断提高，也需要对系统进行某些修改。

（4）先进技术的出现，如硬、软件产品的更新换代等，也需要对系统进行某些修改。

（5）在系统测试阶段没有发现的潜在错误。

据统计，世界上 90%的软件人员是从事信息系统的维护工作，系统开发期一般为 1～3 年，而维护期一般为 5～10 年。因此，信息系统是在不断的维护活动中得以生存的。一个系统的生命周期的长短在很大程度上取决于系统维护的好坏，维护是系统开发工作的延续。

7.1.2.1　系统维护的内容

系统维护的内容包括硬件设备的维护、应用软件维护和数据的维护等几部分。

1．硬件的维护

硬件的维护（Hardware Maintenance）应有专职的硬件人员承担。维护安排分为两种：

（1）定期的预防性维护。例如，每周或每月的某一天进行的设备例行检查与保养、易耗品的更换与安装等。

（2）突发性故障维修。即当设备出现突发性故障时，由专职人员或厂方技术员来排除故障。这种故障不允许拖延过长时间，以免中断软件系统的工作。一般来说，为了提高硬件系统的可靠性可采用双机备份的形式，当一组设备出现故障时立即启动另一组备用设备投入运行，故障排除后再一次进入双机备份状态。大、中型企业的计算机系统都配有足够多的外部设备，绝不会因为撤消部分打印机、磁盘机或磁盘设备，而影响整个系统的运行。

2．软件维护

软件维护（Software Maintenance）是系统维护中最重要的，也是工作量最大、耗资耗时最多的一项维护工作。所谓软件维护就是使程序和数据始终保持最新的正确状态。软件维护通常是由于系统环境的变化、操作人员在系统运行过程中发现了错误和缺点，以及用户要求提高系统的某些功能等原因而进行的维护。软件维护费用与开发费用的比例在逐年上升，据统计，在20世纪70年代，维护费用占整个开发费用的35%～40%，80年代为40%～60%，90年代上升到70%～80%，甚至更多。

软件维护的类型包括软件正确性维护、适应性维护、完善性维护和预防性维护，具体如下：

（1）正确性维护（Corrective Maintenance）。正确性维护是指改正在系统开发阶段已发生的而在系统测试阶段尚未发现的错误，因此又称为修正性维护。据统计，这方面的维护工作量占整个维护工作量的17%～21%。一般来说，这类故障是由于遇到了以前从未有过的某种输入数据的组合，或者是系统软件和硬件有了不正确的界面而引起的。在软件交付使用后发生的故障，有些是不太重要，并且可以回避；有些则很重要，甚至影响企业的正常营运，必须制定计划，进行修改，并且要进行复查和控制。

（2）适应性维护（Adaptive Maintenance）。适应性维护是指为了适应硬件、系统软件和外界环境变化而进行的修改。这方面的维护工作量占整个维护工作量的18%～25%。例如，操作系统版本的变更或计算机的更替引起的软件转换；数据环境的变动，如数据库和数据存储介质的变动，新的数据存取方法的增加等所进行的维护。

（3）完善性维护（Perfective Maintenance）。完善性维护是指为了扩充功能和改善性能而进行的修改。主要是指对已有的软件系统增加一些在系统分析和设计阶段没有规定的功能与性能特征，也包括对处理效率和编写程序的改进。这方面的维护占整个维护工作的50%～66%，比例较大，也是关系到系统开发质量的重要方面。

（4）预防性维护（Preventive Maintenance）。预防性维护是为了减少或避免以后可能需要的前3类维护而对软件配置进行的维护工作。预防性维护是为了适应未来的软硬件环境变化，主动增加的新的预防性功能，以便保证新系统不会被淘汰。这方面的维护工作量占整个维护工作量的4%左右。

以上各种维护在软件维护工作中所占比例如图7.1所示。

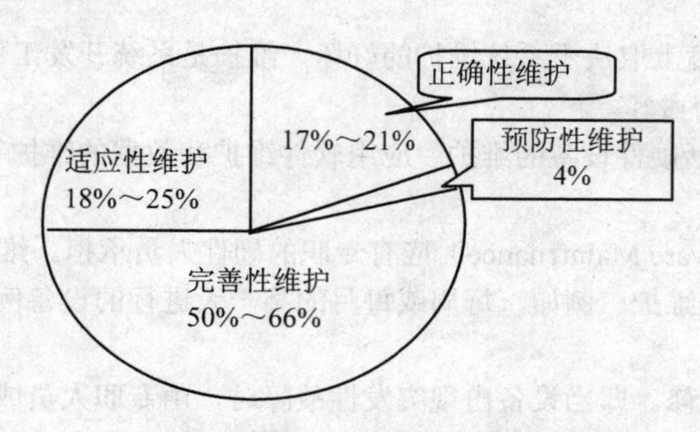

图 7.1　各种维护在软件维护中所占的比例

3. 数据的维护

数据维护（Data Maintenance）工作一般由数据库管理员负责，主要负责数据库的安全性、完整性、一致性和并发性控制。用户向数据库管理员提出数据操作请求，数据库管理员要负责审核用户身份，定义其操作权限，并依此负责监督用户的各项操作。同时数据库管理员还要负责维护数据库中的数据，如新数据的录入或存储数据的更新。另外，数据库管理员还要负责数据字典的建立与维护工作等，负责数据或信息的安全与保密、软件（程序和资料）的安全。当硬件设备出现故障并得到排除后，要负责数据库的恢复工作。

数据维护中还有一项很重要的内容就是代码维护。代码维护应由代码管理小组进行，代码变更要经过详细的讨论，代码变更后，要印出代码表发送到有关单位，各单位要认真贯彻新代码。

7.1.2.2　信息系统维护的过程

信息系统维护实际上是一种小范围的开发，因此，它应和系统开发过程一样，需要成立一个专门组织，有计划、有步骤地进行。系统维护的过程如下：

（1）建立维护组织。要进行系统的维护，首先要成立一个维护组织。系统维护组织必须与软件系统的环境相适应。这个机构的成员应在维护主管的领导下，由技术主管、系统硬件和软件维护人员、数据库管理员和应用软件维护人员等组成。维护申请首先递交维护主管，然后由计算机主管审核，评估申请报告，初步估计问题的起因、严重性，并与维护主管协商维护方法和维护时间，最后由维护主管向维护人员交待任务。

（2）安排计划。系统维护工作不能采取“一次改一个错”的零敲碎打的方法，而是应当有计划、有步骤地统筹安排。应当按照问题的严重性和管理部门对维护工作确定的优先顺序制定计划。计划的内容应包括维护工作的范围、采用的方法、所需资源、确认的需求、维护费用及维护进度安排等。

（3）系统维护实施。系统维护任务与新软件开发的过程基本上一致，只是由于时间上的限制，有可能省略或简化某些步骤。各类维护人员根据维护计划开展维护工作，当维护任务完成后，维护人员要将整个维护过程写成书面报告，交给维护主管。

（4）验收维护成果。维护主管组织技术人员对修改部分进行测试和验收。验收要根据验收标准进行。验收标准如下：

1）全部软件文档已准备齐全，并已更新好。

2）所有测试用例和测试结果已经正确记录下来。

3）记录和寻找软件配置的工序已建立。

4）维护工序和责任已经确定。

（5）系统维护文档的建立。除了系统开发的一般文档以外，信息系统维护阶段还应具备以下几种文档：

1）软件主体报告。这是一种报告主体的系统方法，可用于报告系统软件配置中发现的错误和其他的维护申请。为了评估软件问题报告，报告中还必须提出一些系统运行的基本信息。例如，运行时打印的错误信息、输入数据的清单、对系统软硬件环境的描述、对软件维护要求的说明等。

2）软件变动报告。一旦收到了完整软件问题报告，维护人员便填写软件变动报告，以帮助维护主管评估变动的价值，作为进行复查审核的依据之一。报告中应指出错误类型，修改策略，修改状态及修改性质。

3）软件维护记录。历史数据的收集能提供评估软件维护效率所需的管理信息。可以使用维护登记，用以记录维护信息。

在进行维护时，系统仍然在运行，因此，往往把所要修改的模块复制出来，交给程序员去修改，完成修改后，系统主管人员经过验收新模块，然后选择适当的时机（大家不用系统的时间），从系统中移出原模块，把新模块换进去，为安全起见，不要删除原模块，而是用改名的方法把它保存起来，以防万一。

在进行系统维护时，还要注意系统维护可能带来的某些副作用。维护的副作用包括两个方面：一是修改程序代码时有可能发生灾难性的错误，造成原来运行比较正常的系统变得不能正常运行。为了避免这类错误，要在修改工作完成后进行测试，直至确认和复审无错为止；二是修改数据库中数据所带来的副作用，当一些数据库中的数据发生变化时可能导致某些应用软件不能适应这些已经变化了的数据而产生错误。为了避免这类错误，需要有严格的数据描述文件即数据字典系统；需要严格记录这些修改并进行修改后的测试工作。

7.1.2.3　*信息系统维护工作应考虑的因素*

系统的维护工作不仅范围广，而且影响因素多。通常在进行某项修改工作之前，要考虑以下问题：

1. 实际情况

（1）系统的当前情况。

（2）维护的对象。

（3）维护工作的复杂性和规模。

（4）维护工作的影响。对新系统目标的影响；对当前工作进度的影响；对本系统其他部分的影响；对其他系统的影响。

2. 资源要求

（1）对维护提出的时间要求。

（2）维护所需费用（并与不进行维护所造成的损失比是否合算）。

（3）维护所需工作人员。

影响维护代价的非技术因素主要有：

1）应用域的复杂性。如果应用域问题已被很好地理解，需求分析工作比较完善，那么维护代价就较低；反之维护代价就较高。

2）开发人员的稳定性。如果某些程序的开发者还在，让他们对自己的程序进行维护，那么代价就较低。如果让新手来维护陌生的程序，那么代价就较高。

3）软件的生命期。一般地，软件的生命期越长，维护代价就越高；生命期越短，维护代价就越低。

4）操作模式变化对软件的影响。如财务软件，如果财务制度发生变动，财务软件就必须修改。一般地，商业操作模式变化越频繁，相应软件的维护代价就越高。

影响维护代价的技术因素主要有：

1）软件对运行环境的依赖性。由于硬件及操作系统更新很快，使得对运行环境依赖性很强的应用软件也要不停地更新，维护代价就高。

2）编程语言和编程风格。用高级语言编写的程序比用低级语言编写的程序的维护代价要低得多，良好的编程风格意味着良好的可理解性，可以降低维护的代价。

3）测试与改错工作。如果测试与改错工作做得好，后期的维护代价就能降低；反之维护代价就升高。

4）文档的质量。清晰、正确和完备的文档能降低维护的代价。低质量的文档将增加维护的代价（错误百出的文档还不如没有文档）。

7.1.2.4 信息系统维护工作的管理

信息系统维护工作往往会影响其他过程或其他系统。维护可能产生以下的副作用：对源代码的修改可能会引入新的错误，在修改后要进行测试；对数据结构进行修改，可能会带来数据的不匹配等错误，在修改时必须参照系统文件中关于数据结构的详细描述和模块间的数据交叉引用表，以防局部的修改影响全局的整体作用；任何对源程序的修改，如不能对相应的文档进行更新，造成源程序与文档的不一致，必将给今后的应用和维护工作造成混乱。因此，信息系统的维护工作一定要特别慎重，要严格遵守申报审批的管理程序。

从维护申请的提出到维护工作的执行有以下步骤：

（1）提出修改要求。由系统操作的各类人员或业务领导提出对某项工作的修改要求，申请形式可是书面报告或填写专门申请表。

（2）领导批准。由系统维护小组的领导负责审批各项申请。审批工作也要进行一定调查研究，在取得比较充分的第一手材料后，对各种申请表做不同的批示。

（3）分配维护任务。根据维护的内容向程序员或系统的硬件、软件人员进行任务分配，并订出完成期限和其他有关要求。

（4）验收工作成果。当有关人员完成维护任务后，由维护小组和用户验收成果，并将新的成果正式投入使用。同时，也要验收有关的资料，如将程序的第二版改为第三版的说明和源程序等。

系统的维护工作需要继续使用很多资源，对于某些重要的修改，甚至可看成是一个小系统的开发项目。因此，也要求按照系统开发的步骤进行。

在信息系统的维护中还应进行信息系统资源的管理，如打印机的使用、消耗品的使用等。对不能满足用户需求的资源一般采用收费的方法来加以限制。

7.1.3 信息系统的安全与保密

信息系统的安全问题是信息系统运行管理的重要部分，因为目前黑客的入侵，病毒的侵犯是非常严重的。

7.1.3.1 信息系统安全性问题的内容

1. 数据或信息的安全与保密

数据或信息的安全与保密就是保证系统所保存的数据不能丢失、不能被破坏、被篡改或被盗用。系统中的数据必须有备份。当系统出现故障（如硬软件故障、数据失真等）时，有恢复补救的手段，不致造成工作的混乱与损失。另外，对于系统中的数据应规定使用的权限，并有切实可行的措施来保证执行。这些措施包括物理手段（如软盘、磁带的存档管理）和逻辑手段（如加密设置等）。

2. 软件（包括程序和资料）的安全

重要的程序必须把原版保存起来，日常使用复制的程序，以免由于一时的疏忽或误操作造成不可弥补的损失。资料的保管也十分重要，这些资料是科学管理的基础，绝不可散失。

3. 硬件设备的安全

硬件设备的使用，应有规章制度，严格按规范来进行。如果没有一定的责任和严格的制度，也会出现不应有的故障，造成工作的损失。

4. 运行安全

通过对系统进行监视，当发现某种不安全因素时能够报警或采取适当的安全技术措施，以改变、控制或消除不安全因素。特别要注意计算机病毒这种不安全因素的预防与消除。

7.1.3.2 引起信息系统安全性问题的原因

信息系统安全性问题主要由以下几方面原因所造成：

（1）自然现象或电源不正常引起的软硬件损坏与数据损坏。

（2）操作失误导致的数据破坏。

（3）病毒侵扰导致的软件、硬件与数据的破坏。

（4）人为对系统软硬件及数据所作的破坏。

为了维护信息系统的安全性与保密性，应该重点地采取措施，做好以下工作：

（1）依照国际、国家和行业法规，制定严密的信息系统安全与保密制度，作深入的宣传与教育工作，提高每一位涉及信息系统的人员安全与保密意识。

（2）制定信息系统损害恢复规程，明确在信息系统遇到自然的或人为的破坏而遭受损害时应采取的各种恢复方案与具体步骤。

（3）配备齐全的安全设备，如稳压电源、电源保护装置、空调器等。

（4）设置切实可靠的系统访问控制机制，包括系统功能的选用与数据读写的权限、用户身份的确认等。

（5）做好数据的备份和备份的保管工作。

（6）保密的数据要由专人保管。

7.2 信息系统评价

信息系统，特别是对一些复杂、大型的管理信息系统，其开发是一项系统工程项目，需要花费大量的资金、人力、物力和时间，因而无论对于开发者还是使用者，在系统建成后，都希望了解信息系统是否达到预期目标？对组织的贡献有多大？系统运行的效果如何？系统性能怎样？是否达到了系统设计的目标？还存在哪些不足？要回答这样一些问题，必须通过系统评价才能确定。

系统评价是对 MIS 的技术水平和经济效益进行全面衡量的理论和方法。正确评价系统，对其推广应用和取得良好的经济效益有着重要意义。系统评价是对一个信息系统的性能进行全面地估计、检查、测试分析和评审，包括用实际指标与计划指标进行比较，以求确定目标实现程度，同时对系统建成后产生的效果进行全面评估。严格来说，在信息系统开发的过程中，每当完成一个工作阶段或步骤，都应该进行评价。对新系统的全面评价是在新系统运行了一段时间之后进行的。

7.2.1 系统评价的目的

系统评价即试图确定系统的价值，是测量达到或完成系统目标的能力。系统评价必须要有目的，但评价本身不是目的，评价的最终目标是为了决策。系统评价的目的具体如下：

（1）检查系统目标、功能及各项指标是否达到了设计要求，满足用户要求的程度如何。

（2）检查系统的质量是否达到要求。

（3）检查信息系统中各种资源的利用程度，包括人、财、物及硬件、软件资源等的使用情况。

（4）检查系统的使用效果。

（5）检查评审和分析的结果，找出系统的薄弱环节，提出改进意见。

7.2.2 信息系统评价指标

目前，国内外对于信息系统评价的研究主要集中在以下 3 个方面：第一，对信息系统经济效益的评价和预测，如日本企业采用第三利润概念来评价 MIS 的经济效益，前苏联将投资经济效益系数作为衡量 MIS 经济效益的基本指标来测量系统运行后经济效益的提高等；第二，对信息系统本身质量的评价；第三，对信息系统进行多指标综合评价。

通过研究发现使用多指标综合评价能比较客观地反映信息系统的实际运行效率及给企业带来的效益。在系统生命周期的不同阶段，则可根据不同重点进行部分指标的评价。为了进行评价，必须确定评价指标和建立评价指标体系。科学、合理的评价指标体系是对信息系统进行全面分析和评价的先决条件。

信息系统评价指标体系的建立一般应遵循以下几个原则：

（1）综合性原则。

（2）指导性原则。

（3）可行性。

（4）相关性原则。

系统评价的指标是进行系统评价、新旧系统对比分析的依据。信息系统种类繁多、应用面广且规模大小不同。评价指标体系的建立并不存在统一的模式，它可能会随着评价对象、评价时间和评价目的的不同而发生变化。对一个信息系统来说，有些性能无法用经济效益来衡量，因此，评价指标可从经济、性能和管理 3 个方面来综合评价一个信息系统。

（1）经济指标。 经济指标包括以下的方面。

1）系统费用。指系统开发费用与运行费用之总和。

2）系统收益。如工资及劳动费用的减少，生产率的提高，成本的下降，库存资金的减少，对成功的决策影响的估计，管理费用的节约等。

3）投资回收期。

4）系统后备需求的规模与费用。

在进行经济评价时，常采用费用一效益分析的方法，即对费用（或成本）及效益分析进行估计，然后将两者进行比较。

（2）性能指标。系统性能的评价是信息系统的各个组成部分有机地结合在一起，并作为一个总体对使用者所表现出来的技术特性。系统性能的评价指标包括：

1）系统的可靠性。

2）系统的效率。

3）系统功能的有效性和实用性。

4）系统的可维护性。

5）系统的可扩充性。

6）系统的可移植性。

7）系统的适应性。

8）系统安全保密性。

（3）管理指标。管理指标主要反映用户对系统的一些意见。包括：

1）用户对信息系统操作、管理和运行状况的满意程度。

2）系统功能的应用程度。

3）外部环境对系统的评价。

4）领导、管理人员对系统的态度。

7.2.3　信息系统评价方法

考虑到信息系统是一个复杂的社会系统，评价信息系统常采用层次分析法、模糊综合评判法、灰色综合评判法、数据包络法、德尔菲法和神经网络法等。

（1）层次分析法。该方法从系统观点出发，把复杂的问题分解为若干层次和若干要素，并将这些因素按一定的关系分组，以形成有序的递阶层次结构；通过两两比较判断的方式，确定每一层次中因素的相对重要性；然后在递阶层次结构内进行合成，以得到决策因素相对于目标的重要性的总顺序。

（2）模糊综合评判法。是一种利用集合理论和模糊数学理论将模糊信息数值化以进行定量评价的方法，是一种模糊综合决策的数学工具，在难以用精确数学方法描述的复杂系统问题方面有其独特的优越性。

（3）灰色综合评判法。一个实际运行的系统是一个灰色系统，在这个系统中，有些信息是可知的，有的信息知道得不准或完全不知，但是尽管客观系统表象复杂，数据离散，信息不完全，其中必然潜伏着某些内在的规律，系统中各因素总是相互联系的。

（4）数据包络法。以相对效率概念为基础，通过使用数学规划模型比较决策单元之间的相对效率来定量做出评价。数据包络法可以用来评价技术有效性和规模有效性，对信息企业的效益评价是一种很好的方法。

（5）德尔菲法。依据一定的程序，采用匿名发表意见的方式，即专家之间不得互相讨论，不发生横向联系，只能与调查人员发生关系，通过多轮次调查专家对问卷所提问题的看法，经过反复征询、归纳、修改，最后汇总成专家基本一致的看法，作为预测的结果。

（6）神经网络法。神经网络是由许多简单的信息处理单元组成，具有强大的非线性映射能力，还具有自适应、自组织、自学习的特性，并且能从近似的、不确定的、甚至相互矛盾的知识环境中做出决策，可以避开人为计取权重和计算相关系数等环节。

在实际的评价过程中，上述几种方法经常结合起来使用，常见的有模糊层次分析法、灰色层次分析法、专家神经网络法等，可以根据实际情况选取不同的方法。

小　结

系统维护和评价阶段是系统生命周期的最后一个阶段，但也是很重要的一个阶段，新系统是否有长久的生命力取决于此阶段的工作。评价系统的优劣，主要是系统的工作质量和经济效益，如输出信息的准确性、系统可靠性和运行质量，系统的开发费用、使用维护费用、经济效益以及工作效率的提高和服务质量的改善等，不同指标综合体现在用户的满意程度——可接受性。维护和评价反复进行多次。系统维护包括硬件维护、软件维护和数据维护，软件维护又分为正确性维护、完善性维护、适应性维护和预防性维护。系统维护和评价阶段是系统生命周期的最后一个阶段，但也是很重要的一个阶段，新系统是否有长久的生命力取决于此阶段的工作。

复习思考题

1．系统维护有什么意义？
2．试说明系统维护的内容有哪些。
3．简述几种信息系统成本测算模型。
4．列出常见的信息系统评价指标。
5．简述信息系统的评价方法。

第8章　面向对象开发方法

面向对象分析与设计方法学，已逐渐成为现代软件工程领域中的主流方法。特别是随着90年代末统一建模语言UML的广泛应用，基于UML的面向对象分析与设计方法在国内外学术界和产业界普遍受到重视。OMG已经把它作为了工业标准，因此，本章采用UML进行面向对象分析和设计建模。

8.1　面向对象开发方法概述

面向对象分析技术称为对象建模（Object Modeling）。对象建模是一种用于辨识系统环境中的对象和这些对象之间关系的技术。对象建模中有许多基本概念，下面逐一进行介绍。

8.1.1　对象、属性、方法和封装

对象存在于系统的环境中，对象随处可见。以教室为例，我们看到了一扇门、一个窗户、一个讲台、一本教案、同学们、教师等，这些对象是可见的或者可以触摸到的。也许你正在等着开会，或者正在等待一个电话。会议是你可以辨识的，电话是你正在感觉的某种事物，这些也都是对象。在面向对象系统开发中，对象的定义如下：

对象（Object）是某种存在的，或者能够被看到、触摸或者以其他方式感觉到的事物，用户就该事物存储数据和相关行为。对象具有不同的类型，可以是人、地点、事物或事件。一个学生、教师、供应商和客户都是人为对象；一个特定的办公室、建筑物和房间都是地点对象；一个产品、车辆、设备、录像带或者显示器上的一个窗口都是事物对象；一个订单、支付、发票、注册和预约等都是事件对象。“客户”是一个对象，我们可能关心“客户”这个对象的客户编号、姓名、家庭住址、电话、信用程度等，这些就是属性。

属性（Attribute）是关于一个对象相关特征的数据。对于每个客户，属性将指定某一特定客户的值，如4123，王宏，吉林市长春路123号，64578910，中等。每个单独的客户就是一个对象实例。

对象实例（Object Instance）由描述特定的人、地点、事物或者事件的属性值构成。随着技术的进步，对象除了上面列举的4类对象，还有位图、图片、声音和视频等。

行为（Behavior）指的是对象可以做的事情，以及在对象数据（或属性）上执行的功能。在面向对象环境中，对象的行为通常被称为方法、操作或者服务。如电话可以应答、拨号、挂断，还可以执行其他与其相关的操作。

面向对象的原理：对象单独地负责执行任何在其数据（或属性）上操作的功能或者行为，如可以修改账户的姓名和地址等。对象属性和行为都被封装在那个对象的内部，访问或修改对象属性只能通过对象的行为来实现。

封装（Encapsulation）是几项内容一起被打包成一个单元（也称为信息隐蔽）。在对象模型中对象实例用包含对象实例名称的矩形表示。对象实例名字由唯一地标识对象的属性值、冒

号以及对象所属类的名称构成。在 UML 中对象的表示如图 8.1 所示。

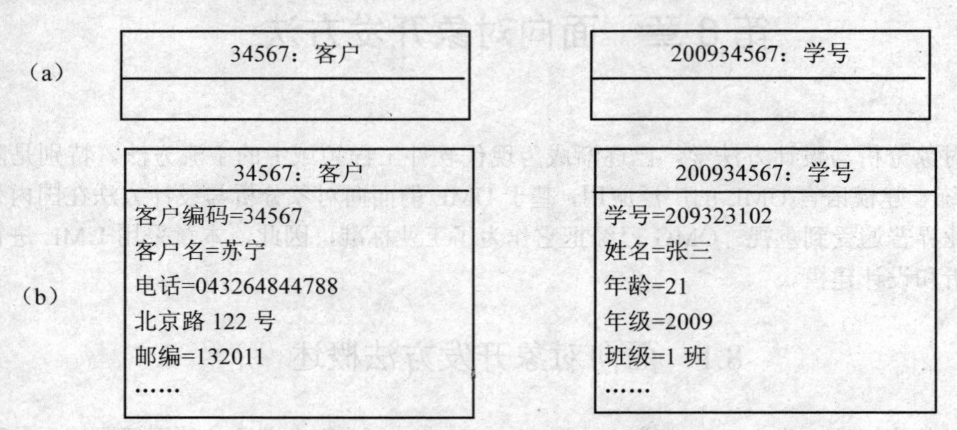

图 8.1　在 UML 中对象的表示

8.1.2　类、概化和特化

对象建模的另一个重要概念是类，如在教室里有教师和学生，教师和学生就是类。他们都标识了具有类似属性和行为的事物对象，教师类的属性是职工号、姓名、年龄、职称、教龄、教授课程和学历等，学生类的属性是学号、姓名、性别、专业、年级、班级、成绩等。

类（Class）是共享相同属性和行为的对象集合。类有时也被称为对象类。在 UML 中类的表示如图 8.2 所示。

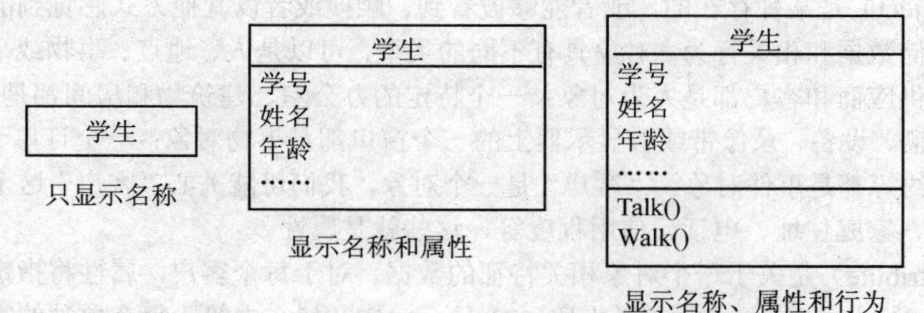

图 8.2　在 UML 中类的表示

学生对象类和教师对象类就是人对象类的成员，当确定类的层次时，可以应用继承的概念。继承（Inheritance）是指在一个对象类中定义的方法和/或属性可以被另一个对象类继承或复用，如图 8.3 所示。

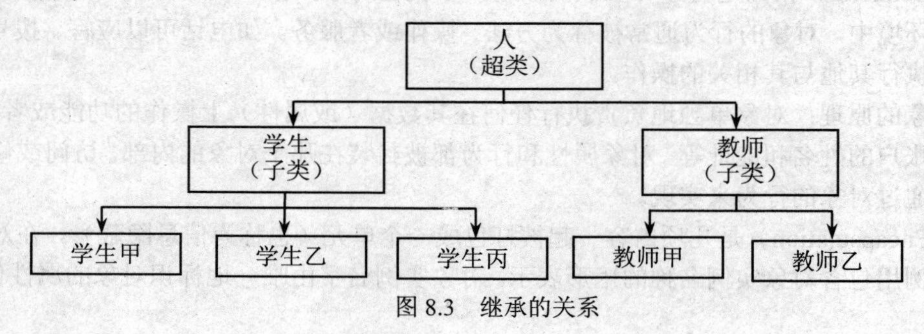

图 8.3　继承的关系

“人”是超类，“学生”和“教师”是子类，子类又可以由子类构成。描述对象/类之间共性的方法称为概化/特化。

概化/特化（Generalization/Specialization）是一种技术，几类对象类的公共属性和行为被组合成类，称为超类（如“人”）。超类的属性和方法可以被子类继承。

超类（Super type）是包含一个或多个对象子类的公共属性和行为的实体，也称为父类或抽象类。子类（Subtype）是一个对象类，它从一个超类继承属性和行为并可能包含自身所特有的属性和行为，也称为儿子类。如果它位于继承层次的最底层，也称为实类。子类和超类的关系是“is a”，如“学生是一类人”、“教师是一类人”。概化和特化的关系如图 8.4 所示。

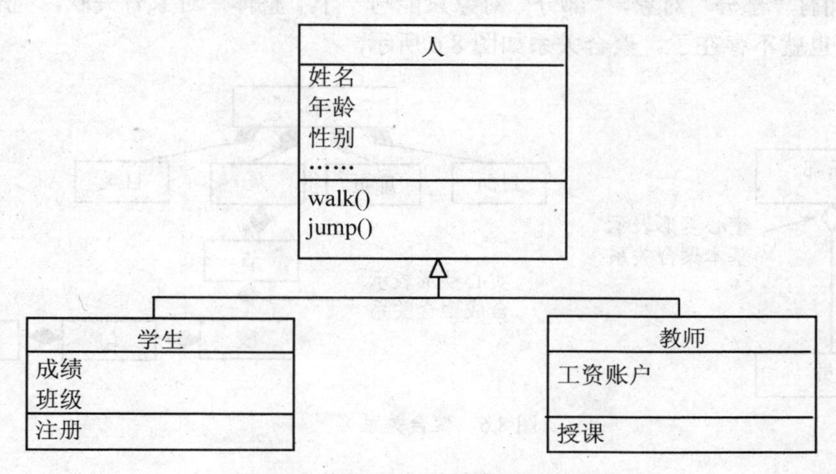

图 8.4　使用 UML 表示概化和特化关系

8.1.3　对象/类的关系

对象和类不是孤立存在的，它们表示的事物相互作用，并且互相影响，以便支持业务任务。对象与环境中的其他对象进行交互。如客户和订单存在以下的关系：

一个客户可以提交零个或多个订单。

一个订单由一个且仅由一个客户提交。

对象/类关系（Object/Class Relationship）是一种存在于一个或多个对象/类之间的自然业务联系，如图 8.5 所示。连线表示了类之间的关系，在 UML 中连线称为关联。一个对象/类对应相关对象/类的一个实例关联可能的最小出现次数和最大出现次数，称为重数（Multiplicity）。关联之间的重数如表 8.1所示。

表 8.1　对象/类关联和重数符号

重数	UML 重数记号	关联的含义
一个	1 或空白	一个教师为一个且仅为一个学校工作
零个或一个	0..1	一个教师具有一个配偶或没有配偶
零个或多个	0..**	一个教师可以不教学生，也可以教多名学生
一个或多个	1..*	一个大学提供一门及以上的课程
特定范围	1..3	一个教师安排 1、2 或 3 门课程

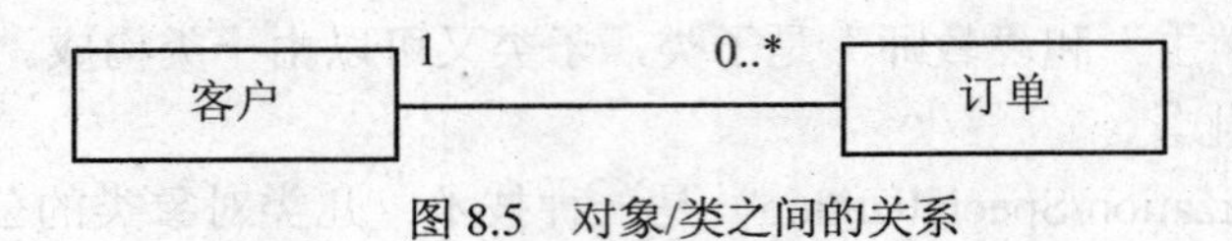

图 8.5 对象/类之间的关系

对象/类之间的特殊种类的关系称为聚合（Aggregative）。聚合是一种关系，其中一个较大的“整体”类包含一个或多个较小的“部分”类。相反地，一个较小的“部分”类是一个较大的“整体”类的一部分。通过聚合关系可以分解复杂的对象，并给其中的每个对象分配行为和属性。聚合关系又分为基本聚合和合成（Composition）聚合，合成是一种强形式的聚合，“整体”对象完全拥有“部分”对象，“部分”对象只能与一个“整体”对象有关联，“整体”不存在了，“部分”也就不存在了。聚合关系如图 8.6 所示。

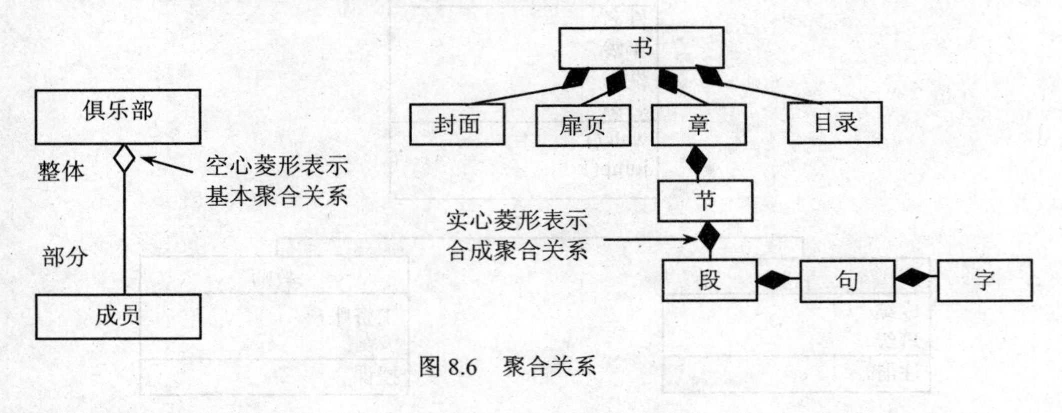

图 8.6 聚合关系

8.1.4 消息和消息发送

对象/类之间的交互通过消息进行传递。消息（Message）是当一个对象调用另一个对象的方法（行为）以请求信息或者某些动作时发出的通信。如当客户对象检查订单的当前状态时，发送一条消息给订单对象，通过调用订单对象显示状态行为，如图 8.7 所示。

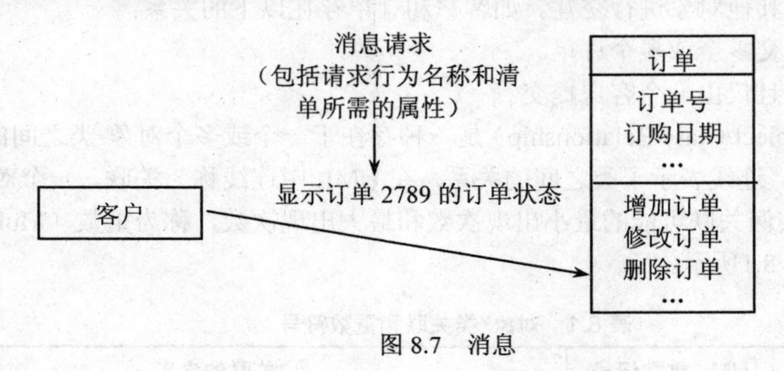

图 8.7 消息

8.1.5 多态性

一个与消息密切相关的重要概念是多态性（Polymorphism）。多态性是指多种形式，即不同的对象可以以不同的形式响应同样的消息。当超类的行为需要被子类的行为重载时，就需要在面向对象应用中使用多态性。重载（Override）是一种技术，其中子类使用它自己的属性或行为，而非从父类继承的属性或行为。多态性和消息发送的关系是请求服务的对象知道要请求什么服务（或行为）和从哪个对象请求，但是请求对象不需要关心行为如何实现。

8.2　使用 UML 进行面向对象分析与建模

8.2.1　面向对象分析

面向对象分析（OOA）是用面向对象方法开发管理信息系统的一个重要阶段，一般需要建立 3 个系统模型：对象静态模型、对象动态模型和系统功能模型，这 3 个模型称为系统的分析模型。系统分析主要是获取需求，建立需求模型，进行分析的典型活动如下：

（1）获取领域知识。

（2）定义系统功能。定义系统的功能模型可以采用数据流图，也可以采用用例图，在 UML 中采用用例图表示。

（3）确定合适的类。根据需求陈述以及领域知识和经验确定系统的类。

（4）建立类的静态模型。对象类的静态模型描述了系统的静态结构，包括构成系统的类和对象，它们的属性、操作及这些对象之间的联系，通常用类图和对象图表示。

（5）描述对象的动态行为。系统的动态行为模型包括对象状态模型和交互行为模型，对象状态模型由状态图和活动图组成，对象交互模型由协作图和时序图组成。这部分内容在 8.3 节中介绍。

（6）验证。专家对前面完成的模型作静态验证，以便确定系统的正确性。

（7）给出基本的用户界面原型。给出系统整体结构的原型，包括主窗口的内容、窗口之间的导航等。

通常，面向对象分析过程从了解用户需求开始。需求分析阶段的工作是在客户和软件开发人员之间沟通基本的需求，并与问题领域的专家进行讨论，分析领域的业务范围、业务规则和业务处理过程，明确系统的责任、范围和边界，确定系统的需求，形成需求陈述。需求陈述的内容包括问题范围、功能需求、性能需求、应用环境及假设条件等。总之，需求陈述应该阐明系统“做什么”而不是“怎样做”。它应该描述用户的需求而不是提出解决问题的方法。书写需求陈述要尽力做到语法正确，而且应该慎重选用名词、动词、形容词和同义词。接下来，系统分析员应该深入理解用户需求，抽象出目标系统的本质属性，并用模型准确地表示出来。通过对象建模记录确定对象、对象封装的数据和行为及对象之间的关系。面向对象分析的过程如图 8.8 所示。

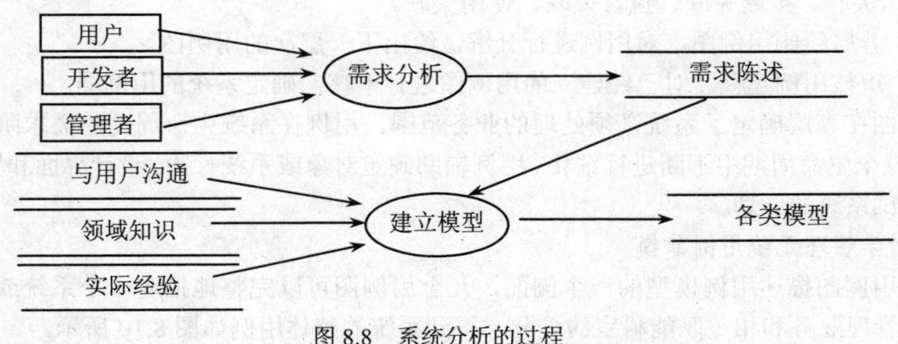

图 8.8　系统分析的过程

8.2.2 用例建模

用例建模是用于描述一个系统功能的建模技术，用例不仅用于获取新系统的客户需求，还可以作为对已有系统进行升级时的指南。一个系统的用例模型由若干用例图组成。在用例模型中，功能以用例表示，每个用例指明一个完整的功能。用例建模主要有两个产物：一是用例图，它用来描述系统用例、参与者及其之间的关系；二是用例描述，它是业务事件及用户如何同系统交互以完成任务的文字描述。

1. 用例建模符号

用例建模的符号如图 8.9 所示。

图 8.9　用例建模符号

2. 用例建模的步骤

（1）明确系统的范围和边界。系统分析人员和客户要进行反复的交流，以便尽早确定系统的范围和边界，进而确定系统的责任、功能和性能，清楚地回答系统应该做什么，不应该做什么，本系统与哪些外部事物发生联系，发生哪些联系等。

（2）确定系统的执行者（Actor）和用例（Use Case）。执行者是指在系统外部与系统交互的人或其他系统，他以某种方式参与系统内用例的执行，即执行者执行用例。执行者代表与系统交互的用户实现角色，而不代表一个人或者工作职位。参与者可以是人、组织、信息系统、外部设备和时间概念。用例是对系统用户功能需求的描述，表达了系统的功能和提供的服务。一个用例表示系统中一个与特定执行者相关的完整功能。用例通过关联与执行者连接，关联指出一个用例与哪些执行者交互。

（3）对用例进行描述。用例描述是一个系统（或子系统、类、接口）做什么，而不是描述怎么做。通常用清晰、用户容易理解的语言进行描述，它是一份关于执行者与用例如何进行交互的简明、一致的规约。用例描述应包括：用例的目的（功能）；该用例在什么情况下哪个执行者启动执行；用例与执行者之间交互哪些消息来通知对方做出决定；交互的主消息流及因此被使用或修改的实体；用例中可供选择的异常事件流；用例结束标志。

（4）定义用例之间的关系。在用例模型中，用例之间也有关联。用例之间的关联主要有 4 种：继承关联、扩展关联、包含关联、使用关联。

（5）分层绘制用例图。对用例进行分解，绘出下一层次的用例图。

（6）审核用例建模。对已经建立的用例图进行审核，确定系统的用例图。

用例图在高层确定了系统必须处理的业务范围。用例在系统生命周期的需求阶段进行定义，并在整个生命周期中不断进行细化。用例辅助确定对象或系统行为，设计界面和代码说明，并作为测试系统的计划。

3. 教学管理系统用例建模

一个用例图描述用例模型的一个侧面，几个用例图可以完整地描述一个系统或子系统。根据教学管理业务和相关职能科室的划分，得到系统的整体用例如图 8.10 所示。

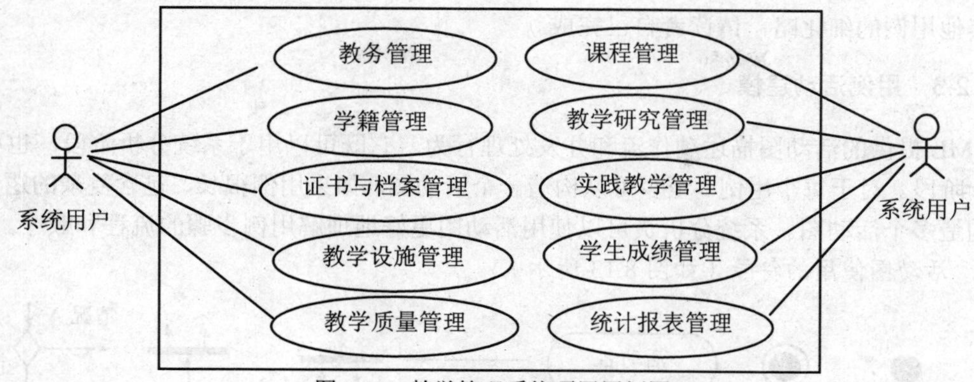

图 8.10　教学管理系统顶层用例图

每个用例又可以进一步细化，如教务管理主要完成人才培养方案的制定、修改、删除、审核、审定、批准以及根据人才培养方案生成学期教学执行计划等。教务管理用例图如图 8.11 所示。

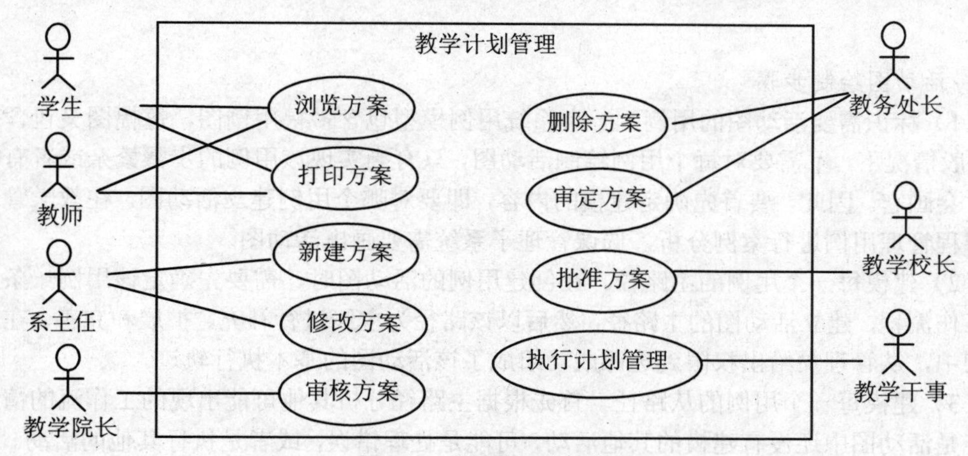

图 8.11　教务管理用例图

排课管理主要完成智能化排课和人机交互调课等功能，任课教师可以在网上填写自己的排课要求，浏览和打印教师课表，学生可以浏览和打印班级课表。排课管理用例图如图 8.12 所示。

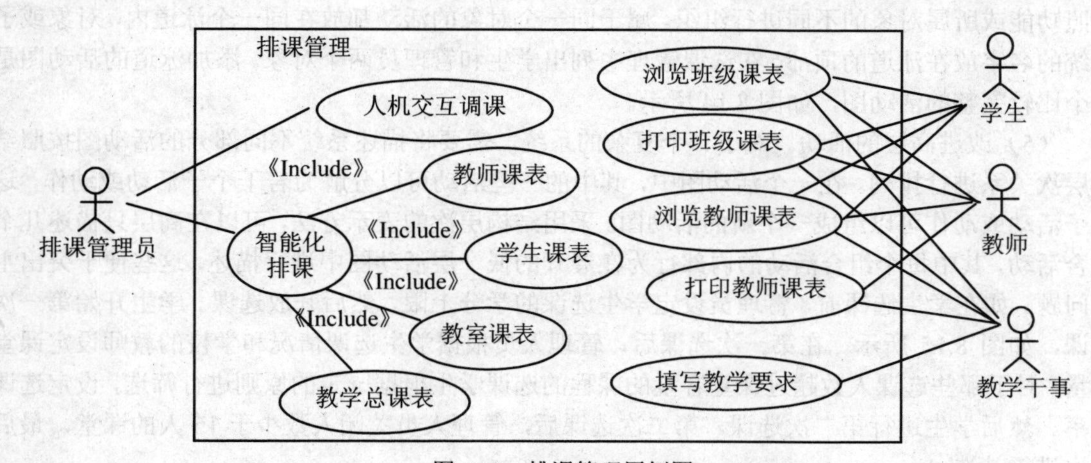

图 8.12　排课管理用例图

其他用例的细化略，请读者自己完成。

8.2.3 用例活动建模

UML 提供的活动图描述动作流和并发处理行为。它既可以用于系统分析阶段，也可以用于设计阶段。对于每个用例，至少可以构造一个活动图。如果用例很长、包含复杂的逻辑，则可以构造多个活动图。系统分析员可以使用活动图更好地理解用例步骤的流程和顺序。

1. 活动图使用的符号（如图 8.13 所示）

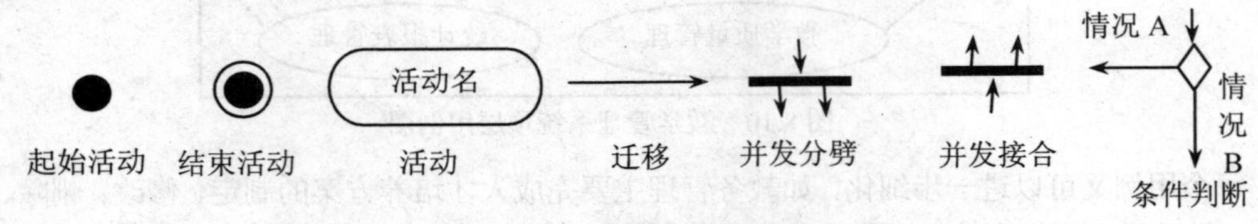

图 8.13 活动图的基本符号

2. 活动图绘制步骤

（1）标识需要活动图的用例。一个系统用例模型包含多幅用例图，每幅图又包含多个用例，一般情况下，不需要对每个用例绘制活动图，只有当实现该用例的步骤繁杂或者有特殊需要时才会画它。因此，要首先确定建模的内容，即要对哪个用例建立活动图。在教学管理系统中对课程管理用例进行案例分析，选课管理子系统需要画出活动图。

（2）建模每一个用例的主路径。在创建用例的活动图时，需要先确定该用例一条明确的执行工作流程，建立活动图的主路径，然后以该路径为主线进行补充、扩展和完善。在选课管理用例中，从管理员给出权限到选课成功组成了该活动图的基本执行轨迹。

（3）建模每一个用例的从路径。首先根据主路径分析其他可能出现的工作流的情况，这些可能是活动图中还没有建模的其他活动，可能是处理错误，或者是执行其他的活动。然后对不同进程中并发执行的活动进行处理。

（4）添加泳道来标识活动的事务分区。泳道是将活动用线条分成一些纵向的矩形，这些矩形称为泳道。每个矩形属于一个特定的对象或部门（子系统）责任区。使用泳道可以把活动按照功能或所属对象的不同进行组织。属于同一个对象的活动都放在同一个泳道内，对象或子系统的名字放在泳道的顶部。在选课管理中列出学生和管理员两个对象。添加泳道的活动图是一个比较完整的活动图，如图 8.14 所示。

（5）改进高层的活动。对于一个复杂的系统，需要将描述系统不同部分的活动图按照结构层次关系进行排列。在一个活动图中，其中的一些活动可以分解为若干个子活动或动作，这些子活动或动作可以组成一个新的活动图。采用结构层次的表示方法，可以在高层只描述几个组合活动，其中每个组合活动的内部行为在展开的低一层活动图中进行描述，这些便于突出主要问题。如在学生选课前，管理员设定学生选课的学分上限，然后开放选课。学生开始第一次选课，如图 8.15 所示。在第一次选课后，管理人员根据学生选课情况和学校的教师设定课堂容量，对于那些选课人数超过课堂容量的课程的选课学生根据一定的原则进行筛选，设定选课概率。然后学生进行第二次选课。第二次选课后，管理人员关闭人数少于 15 人的课堂，最后学生进行补选。

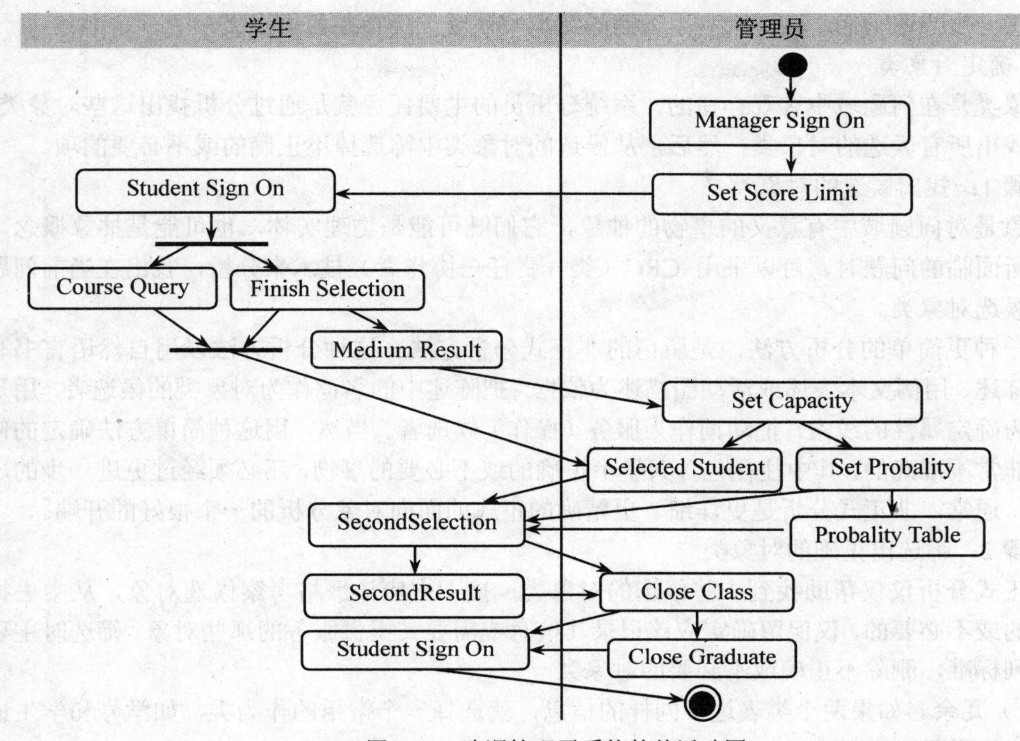

图 8.14　选课管理子系统的总活动图

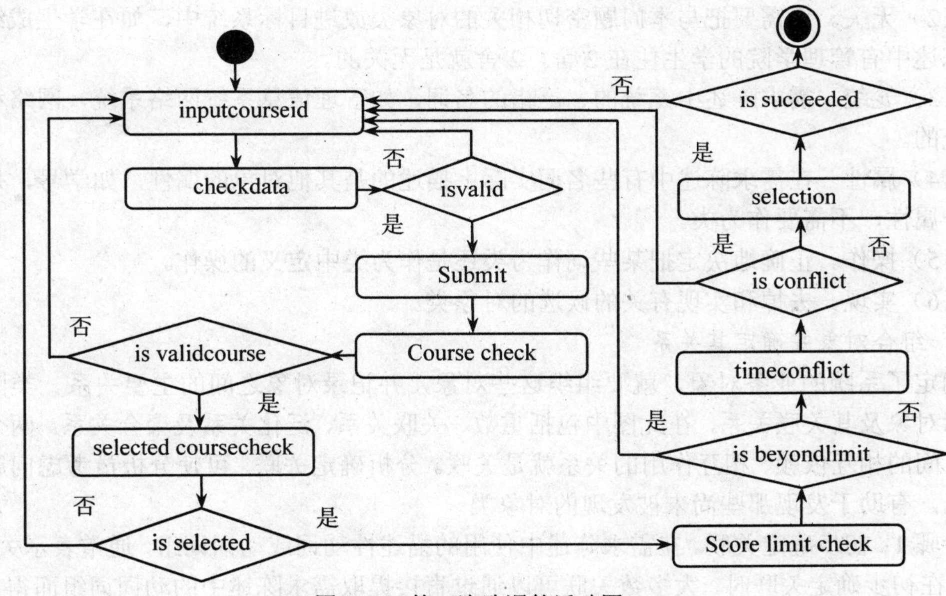

图 8.15　第一次选课的活动图

（6）进一步对细节进行完善。对前面的活动图进行补充和完善。

8.2.4　教学管理的静态结构图

建立静态模型的典型工作步骤是：首先确立对象类；然后确定关联；给类和关联增添属

性，并进一步描述它们；接下来利用适当的继承关系进一步合并和组织类。

1. 确定对象类

对象类是在问题域中客观存在的，系统分析员的主要任务就是通过分析找出这些对象类。首先，找出所有候选的对象类；然后，从候选的对象类中筛选掉不正确的或不必要的项。

步骤 1：找出候选的对象类

对象是对问题域中有意义的事物的抽象，它们既可能是物理实体，也可能是抽象概念，在分析所面临的问题时，可以采用 CRC（类—责任—协作者）技术来分析，找出在当前问题域中的候选对象类。

另一种更简单的分析方法，是所谓的非正式分析方法。这种分析方法以用自然语言书写的需求陈述、用例文本表述或活动图描述为依据，把陈述中的名词作为对象类的候选者，用形容词作为确定属性的线索，把动词作为服务（操作）候选者。当然，用这种简单方法确定的候选者是非常不准确的，其中往往包含大量不正确的或不必要的事物，还必须经过更进一步的严格筛选。通常，非正式分析是更详细、更精确的正式的面向对象分析的一个很好的开端。

步骤 2：筛选出正确的对象类

非正式分析仅仅帮助找到一些候选的对象类，接下来应该严格考察候选对象，从中去掉不正确的或不必要的，仅保留确实应该记录其信息或需要其提供服务的那些对象。筛选时主要依据下列标准，删除不正确或不必要的对象类：

（1）冗余。如果两个类表达了同样的信息，就选择一个常用的作为类，如学号和学生证号，一般用学号。

（2）无关。仅需要把与本问题密切相关的对象类放进目标系统中，如在学生成绩管理系统的陈述中有管理学院的学生住在 2 舍，2 舍就是无关的。

（3）笼统。需求陈述中笼统的、泛指的名词，如管理信息系统网络系统，网络和系统就是笼统的。

（4）属性。在需求陈述中有些名词实际上描述的是其他对象的属性，如学号，是学生类的一个属性，不需要作为类。

（5）操作。正确地决定把某些词作为类还是作为类中定义的操作。

（6）实现。去掉和实现有关的候选的对象类。

2. 组合对象并确定其关系

确定了系统的业务对象，就要组织这些对象，并记录对象之间的主要关系。类图主要用来表示对象及其关联关系，在此图中包括重数、关联关系、泛化关系及聚合关系。两个或多个对象之间的相互依赖、相互作用的关系就是关联。分析确定关联，可使分析员考虑问题域的边缘情况，有助于发现那些尚未被发现的对象类。

步骤 1：初步确定关联。在需求陈述中使用的描述性动词或动词词组，通常表示关联关系。因此，在初步确定关联时，大多数关联可以通过直接提取需求陈述中的动词词组而得出。通过分析需求陈述，还能发现一些在陈述中隐含的关联。最后，分析员还应该与用户及领域专家讨论问题域实体间的相互依赖、相互作用关系，根据领域知识再进一步补充一些关联。

步骤 2：确定泛化关系。可采用自顶向下方法把现有类细化成更具体的子类，这模拟了人类的演绎思维过程。从应用域中常常能明显看出应该做的自顶向下的具体化工作。例如，带有形容词修饰的名词词组往往暗示了一些具体类。但是，在分析阶段应该避免过度细化。还可以自底向上，归纳具体类的关系，形成父类，这模拟了人类的归纳思维过程。

步骤 3：确定聚合关系。聚合是一类关联关系，其中一个对象是另一个对象的一部分。它经常被称为整体/部分关系。聚合关系是不对称的。

3. 画出对象类图

对教学管理系统进行分析，可以画出系统的对象图。如教务管理子系统的部分类如图 8.16 所示。

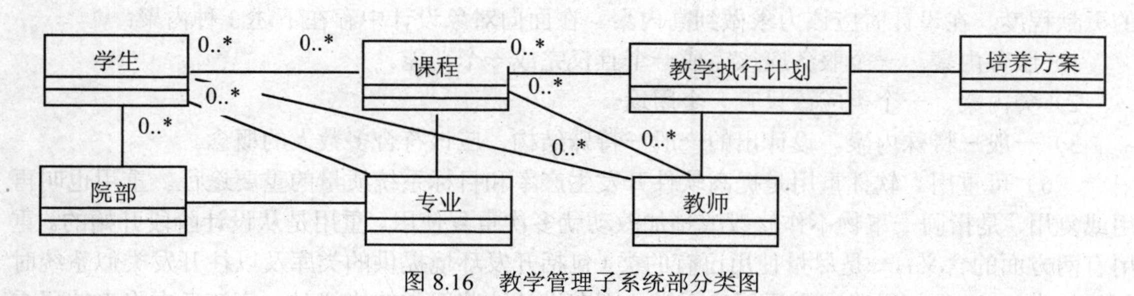

图 8.16　教学管理子系统部分类图

8.3　使用 UML 进行面向对象设计与动态建模

如前所述，分析是提取和整理用户需求，并建立问题域精确模型的过程。设计则是把分析阶段得到的需求转变成符合成本和质量要求的、抽象的系统实现方案的过程。从面向对象分析到面向对象设计（通常缩写为 OOD），是一个逐渐扩充模型的过程。或者说，面向对象设计就是用面向对象观点建立求解域模型的过程。

尽管分析和设计的定义有明显区别，但是在实际的软件开发过程中二者的界限是模糊的。许多分析结果可以直接映射成设计结果，而在设计过程中又往往会加深和补充对系统需求的理解，从而进一步完善分析结果。因此，分析和设计活动是一个多次反复迭代的过程。面向对象方法学在概念和表示方法上的一致性，保证了在各项开发活动之间的平滑（无缝）过渡，领域专家和开发人员能够比较容易地跟踪整个系统开发过程，这是面向对象方法与传统方法比较起来所具有的一大优势。

8.3.1　面向对象设计的准则

在以前的软件设计中人们总结出几条基本原理，这些原理在进行面向对象设计时仍然成立，但是增加了一些与面向对象方法密切相关的新特点，从而具体化为下列的面向对象设计准则：

（1）模块化。面向对象软件开发模式，很自然地支持了把系统分解成模块的设计原理，对象就是模块。它是把数据结构和操作这些数据的方法紧密地结合在一起所构成的模块。

（2）抽象。抽象表示对规格说明的抽象（Abstraction by Specification）和参数化抽象（Abstraction by Parametrization）。

（3）信息隐藏。在面向对象方法中，信息隐藏通过对象的封装性实现。类结构分离了接口与实现，从而支持了信息隐藏。对于类的用户来说，属性的表示方法和操作的实现算法都应该是隐藏的。

（4）弱耦合。在面向对象方法中，对象是最基本的模块，因此，耦合主要指不同对象之间相互关联的紧密程度。弱耦合是优秀设计的一个重要标准，因为这有助于使得系统中某一部分的变化对其他部分的影响降到最低程度。当然，对象不可能是完全孤立的，当两个对象必须相互联系、相互依赖时，应该通过类的协议（即公共接口）实现耦合，而不应该依赖于类的具体实现细节。

（5）强内聚。设计中使用的一个构件内的各个元素，对完成一个定义明确的目的所做出的贡献程度。在设计时应该力求做到高内聚。在面向对象设计中存在下述3种内聚：

1）服务内聚。一个服务应该完成一个且仅完成一个功能。

2）类内聚。一个类应该只有一个用途。

3）一般－特殊内聚。设计出的一般－特殊结构，应该符合多数人的概念。

（6）可重用。软件重用是提高软件开发生产率和目标系统质量的重要途径。重用也叫再用或复用，是指同一事物不作修改或稍加改动就多次重复使用。重用是从设计阶段开始的。重用有两方面的含义：一是尽量使用已有的类（包括开发环境提供的类库及以往开发类似系统时创建的类）；二是如果确实需要创建新类，则在设计这些新类的协议时，应该考虑将来的可重复使用性。软件成分的重用可以进一步划分成以下3个级别：

1）代码重用。

2）设计结果重用。设计结果重用指的是重用某个软件系统的设计模型（即求解域模型）。这个级别的重用有助于把一个应用系统移植到完全不同的软硬平台上。

3）分析结果重用。这是一种更高级别的重用，即重用某个系统的分析模型。这种重用特别适用于用户需求未改变，但系统体系结构发生根本变化的场合。

通过分析软件重用的效果发现，重用率越高，生产率并不一定越高。仅当开发人员使用已有软构件构造系统时，其工作效率比重新从底层编写程序的效率高时，重用率的提高才会导致生产率提高。可见，通过软件重用来提高软件生产率，并不是一件轻而易举的事情。软构件的实用程序和程度、软件开发人员的素质及开发环境等因素都直接影响软件重用的效果。事实上，自20世纪60年代以来，人们就开始研究软件重用技术，主要目的是大幅度提高软件生产率，降低软件成本。但是，多年来始终没能有效地实现软件重用，直到面向对象技术崛起之后，才为软件重用带来了新的希望。

8.3.2 面向对象设计的内容

采用面向对象方法设计软件系统时，面向对象设计模型（即求解域的对象模型）与面向对象分析模型（即求问题域的对象模型）没有明显的分界线。两种都采用相同的符号表示，在系统设计阶段一般采用反复迭代的方式逐步细化和完善软件系统，补充一些用于实现的新类，或在原有类中补充一些新的属性或操作。系统设计一般包括系统对象设计、系统体系结构设计和系统设计的优化及审查。对象设计是为每个类的属性和操作做出详细的设计，并设计连接类及其关联类间的消息规约。系统体系结构设计包括4个子系统，它们分别是问题域子系统、人－机交互子系统、任务管理子系统和数据管理子系统设计。

1．问题域子系统设计

通过面向对象分析所得出的问题域精确模型，为设计问题域子系统奠定了良好的基础，建立了完整的框架。只要可能，就应该保持面向对象分析所建立的问题域结构。通常，面向对象设计仅需从实现角度对问题域模型作一些补充或修改，主要是增添、合并或分解对象类、属性及服务，调整继承关系等。当问题域子系统过分复杂庞大时，应该把它进一步分解成若干个更小的子系统。下面介绍在面向对象设计过程中，可能对面向对象分析所得出的问题域模型的补充或修改：

（1）调整需求。在两种情况出现下需要调整需求：一是用户需求或外部环境发生了变化；二是分析员对问题的理解存在问题。无论哪种情况出现，通常都只需要简单地修改分析的结果，然后把这些修改的结果反映到问题域子系统中。

（2）重用已有的类。代码重用从设计阶段开始，在研究面向对象分析结果时就应该寻找使用已有类的方法。若因为没有合适的类可以重用而确实需要创建新的类，则在设计这些新类的协议时，考虑到将来的可重用性。

（3）把问题域类组合在一起。在面向对象设计过程中，设计者往往通过引入一个根类而把问题域组合在一起，但这是在没有更先进的组合机制时才采用的一种组合方法。

（4）增添一般化类以建立协议。在设计过程中常常发现一些具体类需要有一个公共的协议，也就是说，它们都需要定义一组类似的服务（很可能还需要相应的属性）。在这种情况下可以引入一个附加类（如根类）。

（5）调整继承层次。如果面向对象分析模型中包含了多重继承关系，然而所使用的程序设计语言却并不提供多重继承机制，则必须修改面向对象分析的结果。即使使用支持多重继承的语言，有时也会出于实现考虑而对面向对象分析结果作一些调整。

2. 人－机交互子系统设计

在面向对象分析过程中，已经对用户界面需求作了初步分析，在面向对象设计过程中，则应该对系统的人－机子系统进行详细设计，以确定人－机交互的细节，其中包括指定窗口和报表的形式、设计命令层次等项内容。人－机交互部分的设计结果，将对用户情绪和工作效率产生重要影响。

（1）设计人－机交互界面的准则。在进行人机交互界面设计时应使设计保持一致性、减少步骤、及时提供反馈信息、提供撤消命令、减少记忆、易学并富有吸引力。

（2）设计人－机交互子系统的策略。为设计好人－机交互子系统，设计者应该认真研究使用它的用户并对用户进行分类。然后仔细了解未来使用系统的每类用户的情况，把获得的下列各项信息记录下来，如用户类型、使用系统要达到的目的、特征等、关键的成功因素、技能水平等。

（3）设计命令层次。研究现有的人－机交互含义和准则，确定初始的命令层次和精化命令层次等。

（4）设计人－机交互类。人－机交互类与所使用的操作系统及编程语言密切相关。

3. 任务管理子系统设计

虽然从概念上说，不同对象可以并发地工作。但是，在实际系统中，许多对象之间往往存在相互依赖关系。此外，在实际使用的硬件中，可能仅由一个处理器支持多个对象。因此，设计工作的一项重点就是，确定哪些是必须同时操作的对象，哪些是相互排斥的对象。然后进一步设计任务管理子系统。

（1）分析并发性。彼此间不存在交互，或者它们同时接受事件，则这两个对象在本质上是并发的。通过检查各个对象的状态图及其交换的事件，能够把若干个非并发的对象归并到一条控制线中。所谓控制线，是一条遍及状态图集合的路径，在这条路径上每次只有一个对象是活动的。在计算机系统中用任务（Task）实现控制线，一般认为任务是进程（Process）的别名。通常把多个任务的并发执行称为多任务。

（2）设计任务管理子系统。常见的任务有事件驱动型任务、时钟驱动型任务、优先任务、关键任务和协调任务等。设计任务管理子系统，包括确定各类任务并把任务分配给适当的硬件或软件去执行。确定事件驱动型任务、时钟驱动任务、优先任务、关键任务并协调任务，确定资源需求，使用多处理器或固件，主要是为了满足高性能的需求。设计者必须通过计算系统载荷来估算所需要的 CPU（或其他固件）的处理能力。

4. 数据管理子系统设计

数据管理子系统是系统存储或检索对象的基本设施，它建立在某种数据存储管理系统之上，并且隔离了数据存储管理模式。

（1）选择数据存储管理模式。文件管理系统、关系数据库管理系统、面向对象数据管理系统 3 种数据存储管理模式有不同的特点，适用范围也不同，其中文件系统用来长期保存数据，具有成本低和简单等特点，但文件操作级别低，要提供适当的抽象级别还必须编写额外的代码。关系数据库管理系统提供了各种最基本的数据管理功能，采用标准化的语言，但其缺点是运行开销大，数据结构比较简单。面向对象数据管理系统增加了抽象数据类型和继承机制，提供了创建及管理类和对象的通用服务。

（2）设计数据管理子系统。设计数据管理子系统，既需要设计数据格式又需要设计相应的服务。设计数据格式包括用范式规范每个类的属性表以及由此定义所需的文件或数据库；设计相应的服务是指设计被存储的对象如何存储自己。

8.3.3 系统动态模型的设计

在 UML 中系统的动态模型主要包括对象交互模型和对象的状态模型。对象交互模型由顺序图和合作图进行描述，对象的状态图由状态图和活动图进行描述。

8.3.3.1 对象交互模型设计

在建好系统静态模型的基础上，需要建立相应的动态模型。这里采用交互图来描述，它包括顺序图和协作图。

1. 顺序图建模

顺序图（Sequence Diagram）也称为时序图。它描述系统中对象之间的交互行为，它强调消息的时间顺序，即对象间消息的发送和接收顺序。时序图还揭示了一个特定场景的交互，即系统执行期间发生在某个时间的对象之间的特定交互，它适合描述实时系统中的时间特性和时间约束。时序图中包括如下元素：类角色、生命线、激活期和消息。

类角色代表时序图中的对象在交互中所扮演的角色，它位于时序图的顶部。

生命线代表时序图中的对象在一段时期内的存在。每个对象底部中心都有一条垂直的虚线，它就是对象的生命线。对象间的消息存在于两条虚线之间。

激活期代表时序图中对象执行一项操作的时期。每条生命线上窄的矩形代表活动期。

消息是定义交互和协作中交换信息的类，用于对实体间的通信内容建模。消息用于在实体间传递信息，允许实体请求其他的服务，类角色通过发送和接收信息进行通信。对象之间的通信可以同步进行，也可以异步进行。在 UML 中消息分为简单消息、同步消息、异步消息和返回消息，如图 8.17 所示。

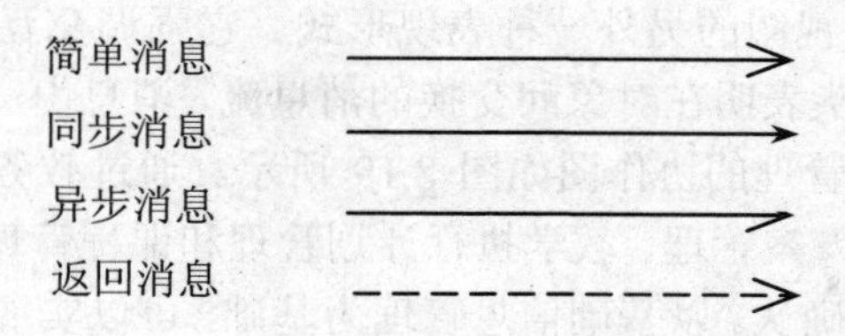

图 8.17　UML 中消息的类型

对于教务管理信息系统，可以绘制出其时序图，如图 8.18 所示。图 8.18 描述了教务处管理员如何通过其他模块来形成相应的信息，并提供维护、审核、查询及归档的工作。

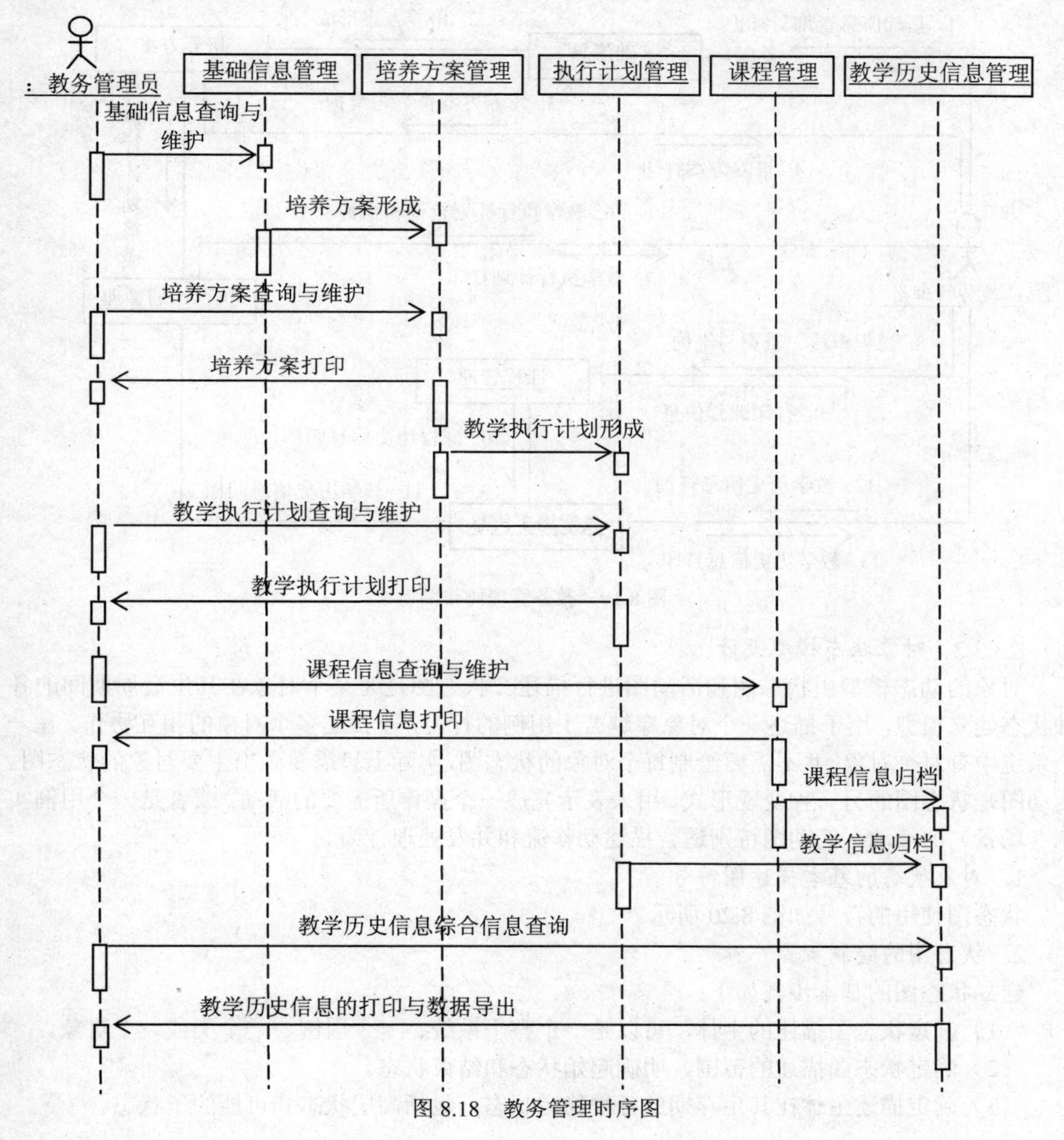

图 8.18　教务管理时序图

2. 协作图建模

协作图也叫合作图，是动态视图的另外一种表现形式，它强调交互中实例间的结构关系及所传送的消息。协作图中的箭头表明在对象间交换的消息流，消息由一个对象发出，由消息所指的对象接收。表示教学教务管理的协作图如图 8.19 所示。通过教务管理协作图，可以清楚地看出消息流的走向。在培养方案管理、教学执行计划管理和课程管理 3 个工作环节，教务管理员可对修改结果进行审核与确认。以基础信息管理为基础，可以实现人才培养方案的初始化。根据修订的人才培养方案，可以完成教学执行计划的初始化工作。课程管理是对教学执行情况的管理。在 3 个工作环节，都提供了信息查询、维护服务。对教学历史信息可以进行综合查询、打印和导出。

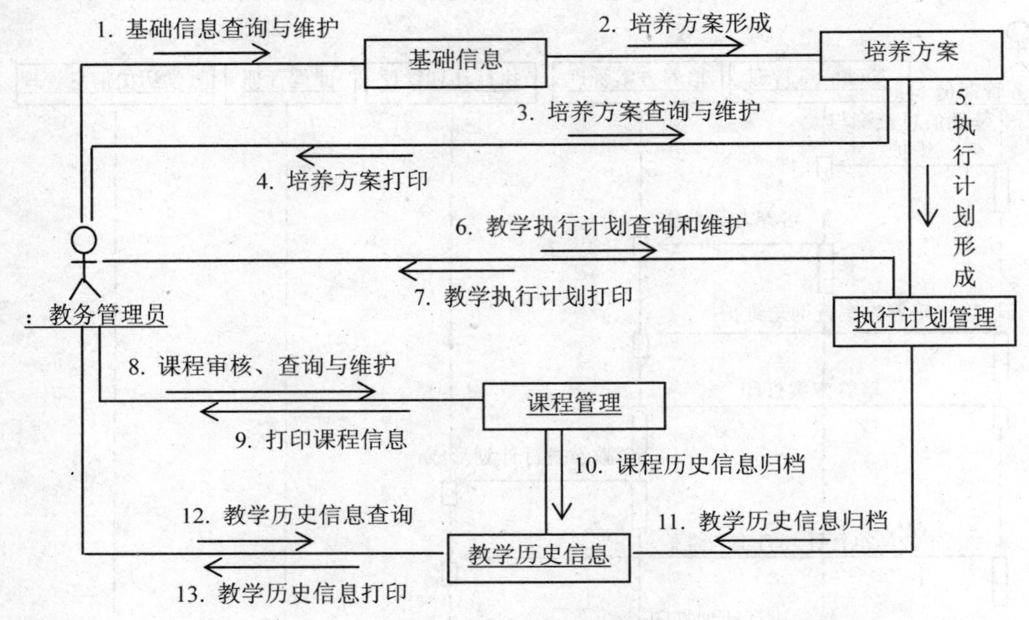

图 8.19 教务管理协作图

8.3.3.2 对象状态模型设计

对象的动态模型由状态图和活动图进行描述。状态图是为某个对象在其生命周期间的各种状态建立模型，用于描述一个对象穿越若干用例的行为，不描述多个对象的相互协作。在一个系统中有对个对象，并不需要绘制每个对象的状态图，实际上只需要画出主要对象的状态图。活动图是状态图的另一种变现形式，用来表示完成一个操作所需要的活动，或者是一个用例实例（场景）的活动。活动图特别适合描述动作流和并发处理行为。

1. 对象状态的基本描述图符号

状态图使用的符号如图 8.20 所示。

2. 状态图的绘制步骤

建立状态图的基本步骤如下：

（1）确定状态图描述的主体，可以是一个整个系统、一个用例、一个类或一个对象。

（2）确定状态图描述的范围，明确起始状态和结束状态。

（3）确定描述主体在其生存期的各种稳定状态，包括高层状态和可能的子状态。

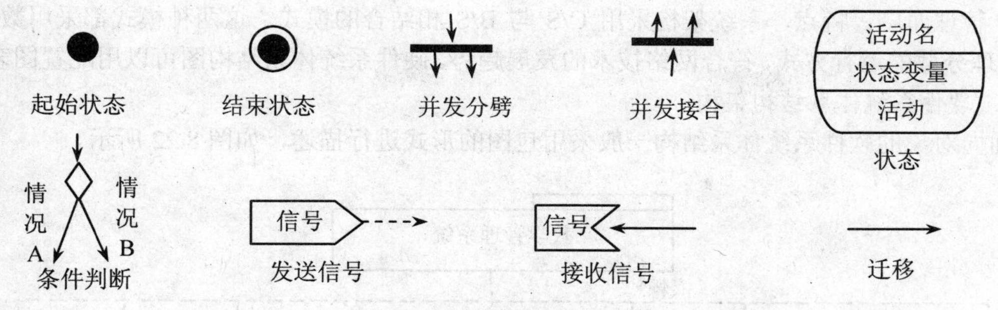

图 8.20　状态图使用的符号

（4）确定状态的序号，对这些稳定状态按其出现顺序编写序号。

（5）取得触发状态迁移的事件，该事件可以触发状态进行迁移。

（6）附上必要的动作，把动作附加到相应的迁移线上。

（7）简化状态图。

（8）确定状态图的可实现性。

（9）确定有无死锁。

（10）审核状态图。

在学生选课时，需要进行判断，因此画出学生选题的状态图，如图 8.21 所示。

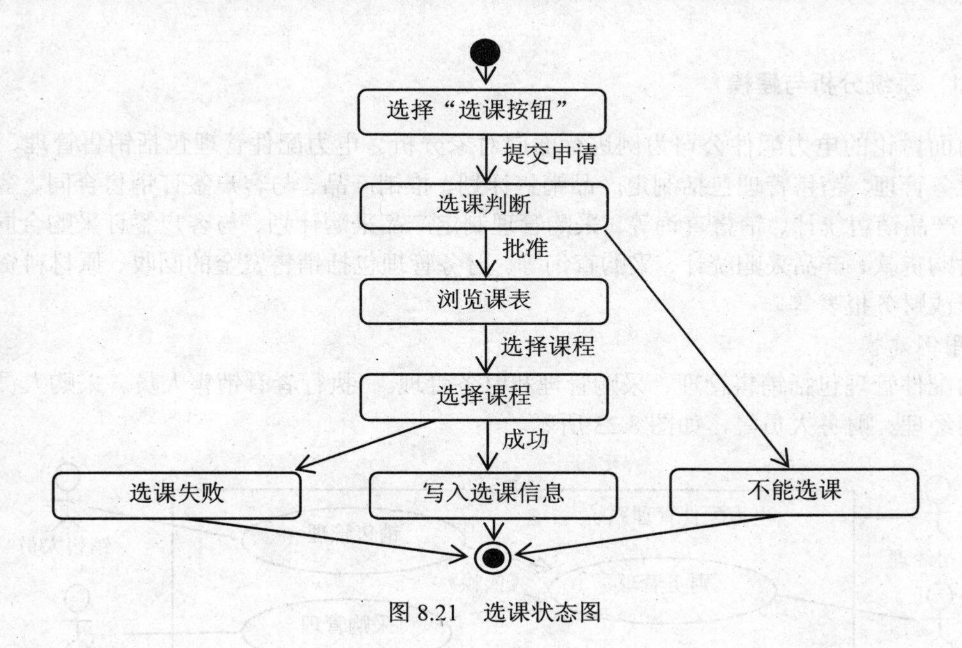

图 8.21　选课状态图

8.3.4　系统体系架构设计

1. 硬件系统体系架构

在系统设计中，系统架构的选择是系统设计人员遇到的主要问题。当今使用的软件系统架构主要有两种：客户机/服务器模式（Client/Server，C/S）和 Web 浏览器/服务器模式（Browser/Server，B/S）。针对高校教学管理信息系统内容复杂、数据庞大、功能全面、涉及繁多、管理面广等特点，系统架构采用 C/S 与 B/S 相结合的模式。这两种模式都采用数据集中、管理分散的运行方式，符合网络技术的发展趋势。硬件系统体系结构图可以用配置图表示。

2. 软件系统体系结构架构

面向对象的软件系统体系结构一般采用包图的形式进行描述，如图 8.22 所示。

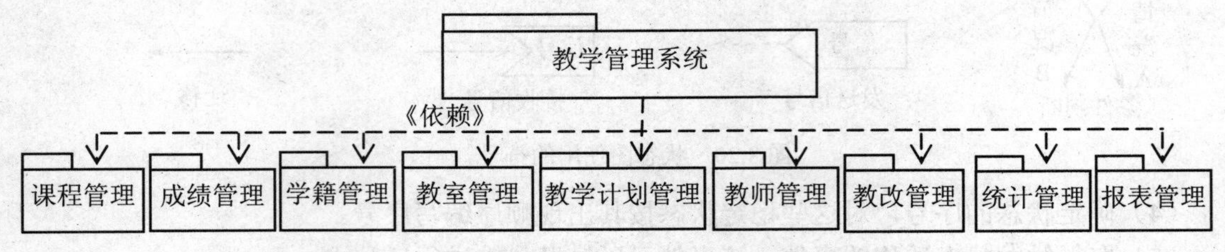

图 8.22 “教学管理系统”的包（子系统）层次结构

包由构件图组成，构件图可以用于建立系统业务模型、系统开发管理模型、系统实现模型、系统物理配置模型、系统集成模型等。一个大型的软件系统，一般由多个可执行程序和相关的持久性对象库组成。采用构件图建模时可以利用可视化图形来说明系统的构成。

8.4 使用 UML 进行面向对象开发实例

8.4.1 系统分析与建模

以前面讨论的电力配件公司为例进行面向对象分析。电力配件管理包括销售管理、采购管理和财务管理。销售管理包括制定产品销售计划、推销产品、与客户签订销售合同、客户支付账款、产品销售统计、销售查询等。采购管理制定产品采购计划、与客户签订采购合同、向客户支付购货款、产品采购统计、采购查询等。财务管理包括销售资金的回收、原材料资金的支付、形成财务报表等。

1. 用例建模

电力配件管理包括销售管理、采购管理和财务管理。 执行者有销售人员、采购人员、客户、公司经理、财务人员等，如图 8.23 所示。

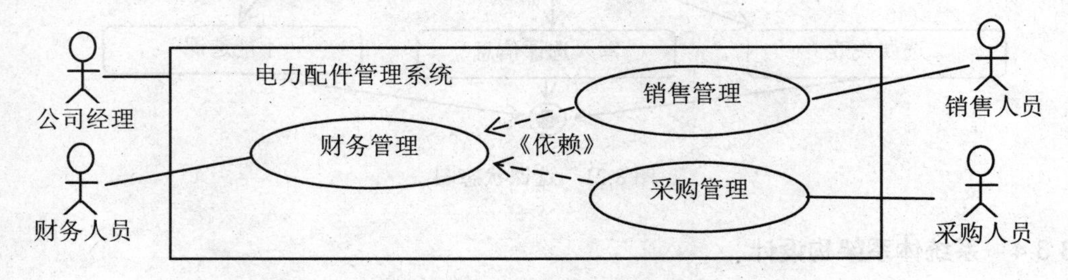

图 8.23 电力配件管理用例图

对电力配件管理的用例图需要进行细化，因篇幅有限，此处只对销售管理进行细化，销售管理的用例图如图 8.24 所示。

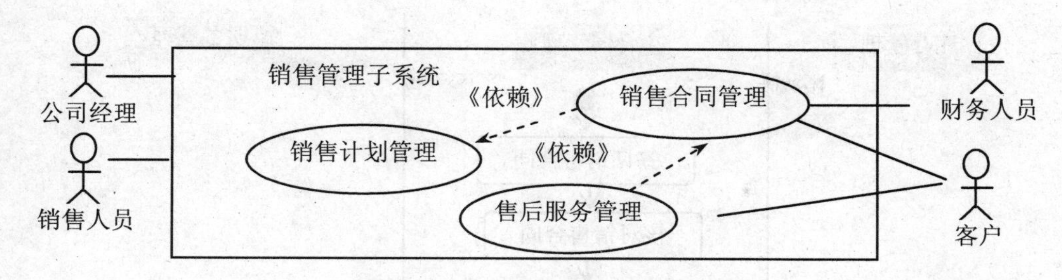

图 8.24　销售管理子系统用例图

销售合同管理还可以细分为增加合同、修改合同、付款单处理、销售合同查询、打印催款单等，如图 8.25 所示。

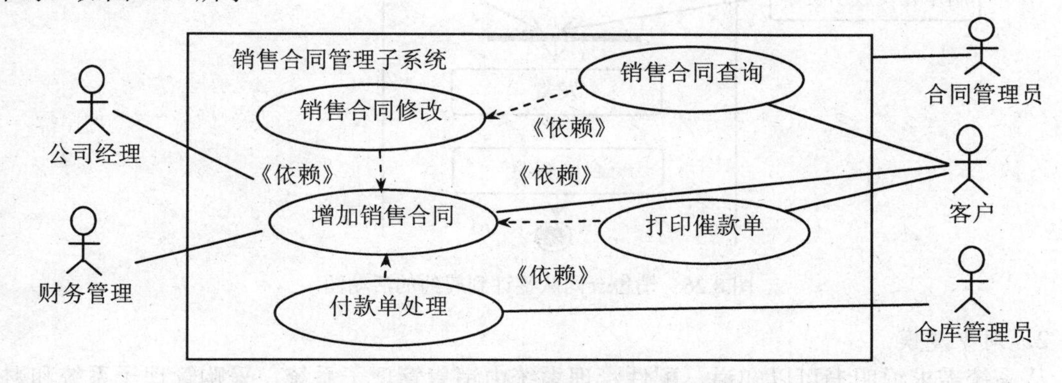

图 8.25　销售合同管理子系统用例图

用例图完成后，需要进行用例描述。每个用例都需要进行描述，此处举一个例子。增加销售合同用例描述如下：

用例编号：00010101。

用例名：增加销售合同。

执行者：直接执行者——合同管理员。涉及的执行者有合同管理员、客户、仓库管理员、财务管理系统、公司经理等。

描述：合同管理员将与客户签订的销售合同的详细内容录入管理系统中，用于对销售合同进行统计、查询等，便于监控正在执行的合同。

前置条件：已经签署了销售合同。

后置条件：对销售合同进行处理。

过程描述：合同管理员输入标识码，系统识别其有效性；初始化一个新的销售合同，输入一个新的销售合同编号；将与客户签订的销售合同的详细内容录入到系统中；退出系统。

与其他用例的关联：过程描述中的身份验证用例；编号自动生成用例。

异常事件处理：标识码有效性检查失败；身份验证失败；编号也可以由合同管理员手工录入，系统进行唯一性检验。出现错误，允许重新输入。

用例建模描述了系统提供的各种功能（用例），而各个用例中的工作控制流可以用文本进行描述，也可以用控制流程图来描述用例中的事件流，在 UML 中用活动图来表示。例如，销售合同从签订到履约的活动过程如图 8.26 所示。

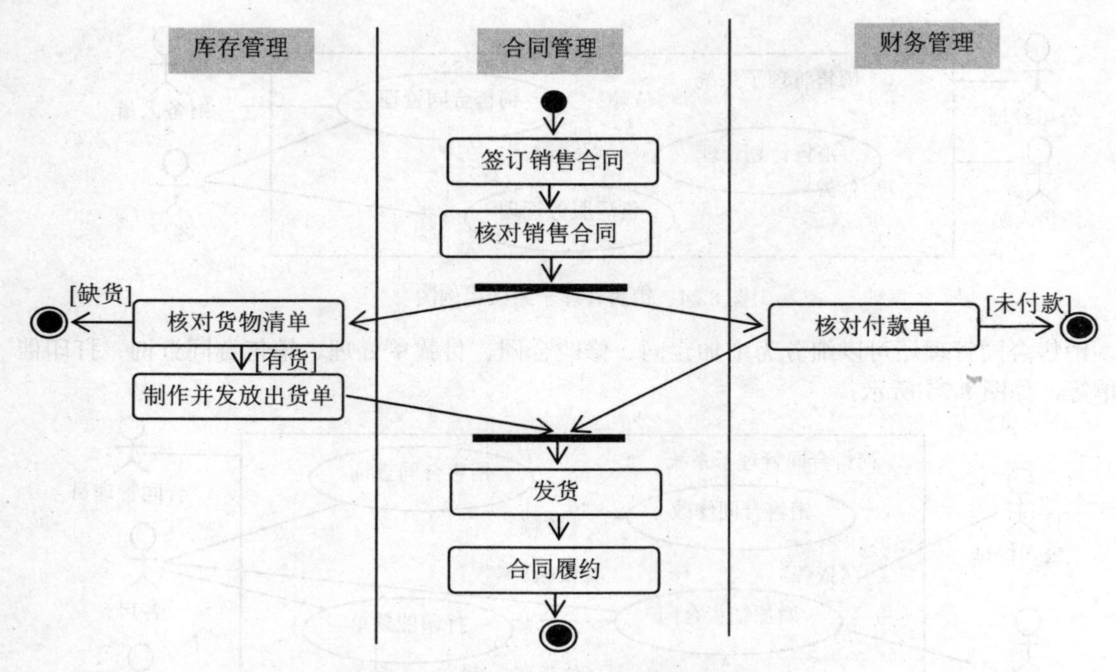

图 8.26　销售合同从签订到履约的活动图

2. 对象建模

从系统需求说明书可以知道，配件管理系统由销售管理子系统、采购管理子系统和财务管理子系统组成。对象建模需要对每个部分进行分析。下面以销售管理子系统为例进行分析。销售管理业务包括制定配件的销售计划、推销配件产品、与客户签订销售合同、产品销售及时追缴客户应付的货款、检查合同履约情况、提供售后服务等。

（1）找出系统的实体类。根据销售子系统的业务叙述，找出系统实体类名词，如销售人员、采购部门、销售合同、客户、经理、货款、付款单、配件、销售部门、催款单、财务部门、销售计划等。进行筛选，去掉属性和一些不具有独立意义的名词，得到系统中定义的类，如客户、销售人员、公司经理、配件、销售计划、销售合同、履约合同、付款单和催款单等。

（2）找出系统的边界类。销售管理子系统中涉及与用户交互的界面有销售计划窗口、客户管理窗口、销售合同窗口、配件管理窗口、履约合同窗口、付款单窗口和催款单窗口等。

（3）找出系统控制类。如销售管理子系统的销售管理子系统主管理窗口类。

（4）找出销售管理子系统的属性和操作（略）。销售管理子系统类图如图 8.27 所示。

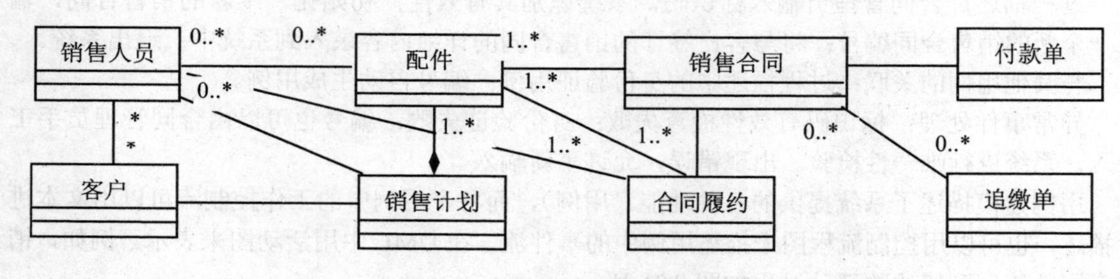

图 8.27　销售管理子系统的类图

8.4.2　面向对象设计

8.4.2.1　系统体系结构设计（System Architecture Design）

1．硬件系统体系结构建模

硬件系统体系结构建模的步骤如下：

（1）确定结点。确定该系统使用的硬件设备：计算机终端、服务器和打印机等。根据软件体系结构的功能要求：需要一个网络数据库服务器、客户机和打印机。

（2）描述结点属性。该系统各结点计算机的性能指标。

（3）确定各结点驻留的构件。作为客户机的结点分别有“销售管理”构件、“采购管理”构件和“财务管理”构件，网络数据库服务器结点驻留数据库对象。

（4）确定各节点之间的联系。作为客户机的结点是简单通信联系，采用 TCP/IP 通信协议。客户机与服务器之间采用 Ethernet 网连接，打印机作为网络资源共享，另一台打印机供财务管理专用。各结点之间通过相互连接的实线段连接成一个局域网系统，要在各个连接线上标识出关联内容，如图 8.28 所示。

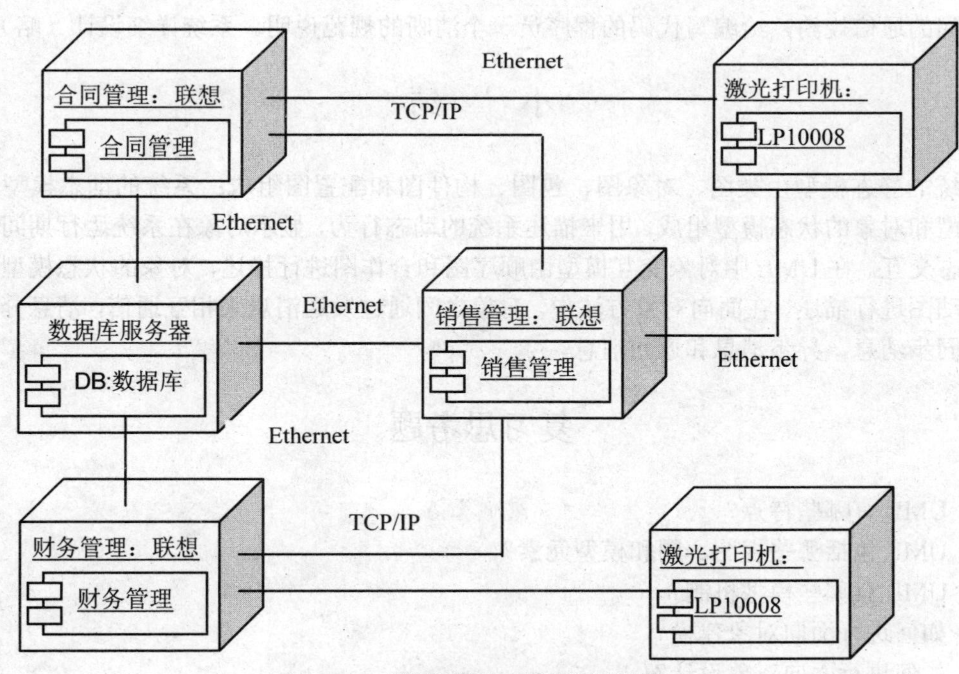

图 8.28　“销售管理子系统”配置图

2．软件系统体系结构建模

在 UML 中包可以由构件组成。构件图描述构件及其相互依赖关系，由构件、接口及构件之间的关系构成。构件是逻辑体系结构（类、对象及其关系和协作）中定义的概念和功能在物理体系结构中的实现，它通常是开发环境中的实现性文件。一个由 C++语言编写的配件管理系统，其源代码形成可执行代码的过程构件图，如图 8.29 所示。

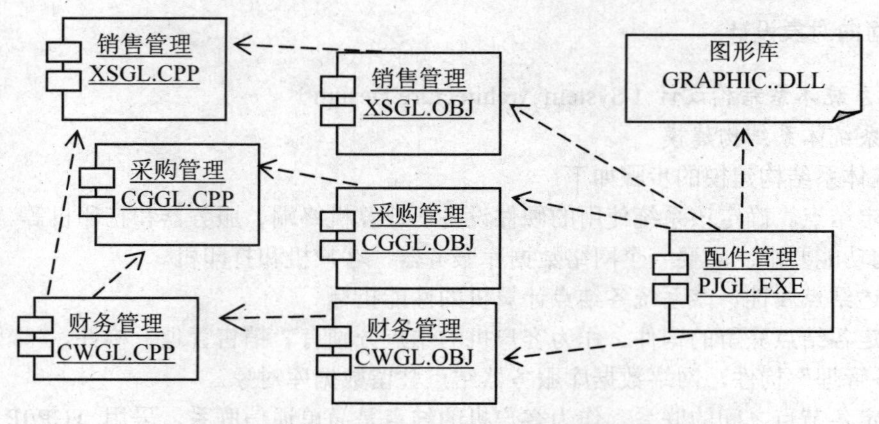

图 8.29 源代码形成可执行代码过程的构件图

8.4.2.2 系统详细设计（System Detailed Design）

系统的详细设计即对象设计，它对所有类的属性和操作都进行详尽地描述，并设计连接类及其相关联间的消息规约。主要设计有对象接口设计、设计算法和数据结构、确认子系统、子系统间的通信规约，给编写代码的程序员一个清晰的规范说明。系统详细设计（略）。

小 结

系统的静态模型由类图、对象图、包图、构件图和配置图组成；系统的动态模型由对象交互模型和对象的状态模型组成，用来描述系统的动态行为，显示对象在系统运行期间不同时刻的动态交互。在 UML 中对象交互模型由顺序图和合作图进行描述，对象的状态模型由状态图和活动图进行描述。在面向对象方法中，对象之间通过发送消息来相互通信，消息分为简单消息、同步消息、异步消息和返回消息。

复习思考题

1. UML 有哪些特点？
2. UML 包括哪些视图、图和模型元素？
3. UML 有哪些模型机制？
4. 如何进行面向对象建模？
5. 如何进行面向对象设计？
6. 描述系统的动态交互有哪些模型？
7. 自己选择一个系统进行面向对象的分析与设计，并完成文档的编制。

第 9 章　信息系统开发实例

本章介绍一个信息系统开发的实例，由于资料太多，无法把全部的内容都写入本章，在此仅按软件文档格式，把该系统开发过程中要求的主要内容介绍给大家。

这里以某高校图书馆为例介绍信息系统的开发。图书馆是对信息的物质载体进行收集、加工、存储、控制、转化和传递，提供给一定社会读者使用的信息系统。简言之，图书馆是文献信息的存储与传递中心。图书馆提供图书、期刊、报纸、科技报告、会议文献、学位论文、专利文献、标准文献、产品资料、政府出版物等多种形式的文献。由于资料太多，本实例只讨论图书部分。高等学校图书馆是在校学生和教师学习研究的重要场所，是为教学和科研服务的学术性机构，它提供的是一种专业性、学术性很强的服务。

9.1　可行性研究

9.1.1　概述

用户：DBDL 大学图书馆

拟建系统的名称：DBDL 大学图书馆管理信息系统

开发单位：GLGCX 软件中心

9.1.2　系统开发的背景、必要性和意义

DBDL 大学图书馆始建于 1949 年，建馆之初，没有独立的馆舍，从建馆到 1965 年，图书馆用房面积由 $800m^2$ 增至 $1100m^2$，经费由 1.5 万元增加到 3.5 万元。1979 年初，馆舍面积增加到 $1588m^2$。1981 年，建立新的图书馆，面积为 $5270m^2$。1983 年该馆率先实行外借服务 100% 开架借阅。1986 年，开始研制图书馆计算机管理系统。1988 年 1 月图书馆“整体化图书情报计算机管理系统”研制成功，并通过国家教委组织的鉴定。1989 年，经费大幅度增加，图书馆藏书达到 481082 册，其中外文图书 79806 册，初步形成了具有专业特点的藏书体系。1993 年 8 月，一座现代化的图书馆大楼建成，馆舍建筑面积 $10700m^2$，设计藏书容量 80 万册。馆舍共 5 层，读者服务区与业务工作区相对分离，便于使用和管理。

学校藏书以专业用书为主，非专业用书为辅。主要收藏动力工程、电力工程、建筑工程、信息工程、应用化学工程等学科方面的文献，现藏书 56 万册。书刊全部开架，实行“藏、借、阅”一体化的文献管理方式。

9.1.3　现行系统调查

1．图书馆机构设置

图书馆机构设置有采编部、流通部、期刊部、阅览部、信息咨询部、现代化技术服务部、业务辅导部和办公室。现有工作人员 59 人，其中高级职称 16 人，中级职称 30 人。其组织结

构图略。

2. 主要职责

采编部：采购工作需要根据学校学科设置和教学与科学研究工作，收集出版书目、书评和新书报道刊物，研究、了解和掌握国内外出版发行动态，为图书采购和馆藏建设提供依据。采购与收集各类中外文图书、中外文报刊、中外文资料、声像资料、光盘数据库、网络数据库及其他非印刷型文献资源等。开展国内国际资料交换业务。制订采购原则、标准，编制年度经费预算和工作计划。录入图书书目数据或简编书目。验收中外文图书、声像资料、光盘数据库、学位论文、图片及其他非印刷型文献资源等各种资料。负责中外文书刊的验收、点收工作。过账并打印报表。编目工作负责馆藏文献资源的整序、揭示和组织，把无序的文献加工整理成可供检索的、具有科学体系的文献集合体；为馆藏文献建立标准化的机读目录数据库；完成文献储存、利用必需的加工工作。

流通部：负责全校师生员工、离退休人员、进修人员借阅证的发放和回收。负责全校读者数据库的建立、维护和更新管理。负责书库图书及新书的借、还工作。负责流通子系统的使用和问题收集，确保流通子系统正常运行。负责各书库图书的管理与清点。负责遗失图书的赔书、赔款及逾期收费工作。负责图书的提存、注销、赠送及修补装订工作。统计、分析和研究读者借阅图书信息及规律，向采访中心提供推荐书目。

期刊部：负责中外文报刊阅览室和过刊库的管理开放；阅览室及库内报刊的管理与清点；现刊上下架、过刊装订、典藏及过刊合订本的上架工作，保持库内期刊排放整齐、清洁、有序、查找方便；及时统计报刊利用情况，为馆内报刊文献资源建设提供相关信息。

阅览部：负责图书借阅室的管理开放；阅览室图书的保管、清点及修补装订工作；解答读者在借阅图书中的疑难问题。负责工具书借阅室及读者咨询台管理工作。统计、分析和研究读者借阅图书信息及向采访中心提供推荐书目。

信息咨询部：为本校教学、科研提供信息咨询检索服务；开展教育部科技查新工作站的查新工作；开展文献传递工作；面向社会提供各种信息服务；负责文献检索与利用课的教学，开展数据库宣传及读者检索知识培训等工作；开展各种参考咨询工作，包括虚拟咨询、电话咨询、邮件咨询等。

业务辅导部：负责图书馆的宣传美化、业务学习及读者工作的组织与管理；负责图书馆主页的建设与维护。

现代化技术部：负责图书馆服务系统、网络设备以及网络环境的安装、调试、管理与维护；图书馆客户机及其辅助设备的安装、调试与维修；图书馆管理系统、光盘网络系统等应用软件的管理与维护。承担 CALIS 项目设备安装、调试与维护；承担图书馆工作人员计算机应用培训；承担图书馆应用软件系统开发、研制、引用和应用。

办公室：负责图书馆日常行政管理工作，负责办理借阅证、补证手续及收缴图书馆管理押金，负责办理借阅证解挂金、借阅证密码（遗忘）更改、图书遗失赔偿金手续。

3. 业务流程调查

图书馆的主要业务如下：

（1）科学、合理地使用图书经费，拟订文献资源建设计划书，兼顾纸质文献、电子文献和其他载体的文献采集，注意收藏与本校学科有关尤其反映国内外最新科学技术成就的书刊资料和电子文献，逐步建立能适应教学、科研需要，反映本校学科特点的馆藏体系。

（2）负责书刊资料和电子文献资源的整理和管理工作。合理组织馆藏，充分发挥文献资源的作用，努力改善服务态度，提高服务质量。根据教学、科学研究的成果和课外阅读的需要，开展流通阅读和读者辅导工作。

（3）开展馆际互借、文献传递，国内、国际资料交换工作。

（4）办理书刊资料的清点、剔旧、调拨工作，不断提高馆藏质量。

（5）开展参考咨询和信息服务工作，开展文献检索的教学和辅导工作。

4. 数据流程调查

图书馆的数据流程如图 9.1 所示。

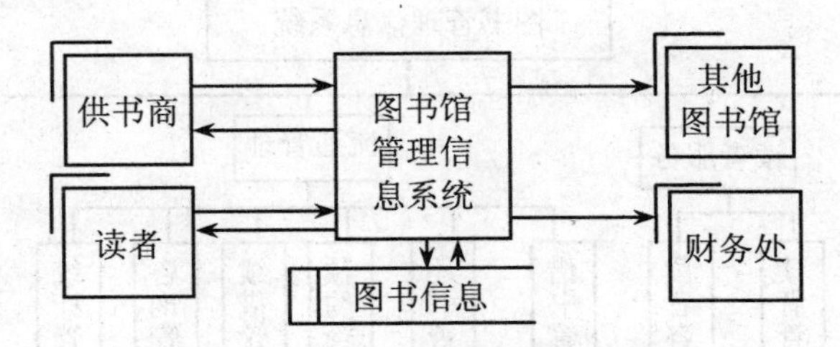

图 9.1　图书馆的高层数据流程图

5. 计算机应用情况

图书馆网络采用 Novell 网的星形拓扑结构，此系统基本可以完成图书的借阅任务，但不能与校园网连接。

6. 现行系统存在的问题

（1）计算机专业人员缺少。开发一个现代化的管理信息系统，需要一定数量既懂计算机技术与通信技术，又懂图书馆管理的人员，目前在这方面存在较大的差距，可能会影响系统开发的周期与质量。

（2）管理基础工作与计算机化的管理有一定的差距。管理职能、标准化、数据格式等均与计算机管理要求有一定的距离。

（3）资金不足。建立一个图书馆管理信息系统，需要较多的投资，如机房建设、设备的购置、人员的培训、软件开发和后期的维护工作等都需要有资金作保证。

9.1.4 建议的新系统

1. 新系统目标

图书馆管理信息系统是为了适应图书馆综合管理的需求，改变传统管理模式，加速图书馆管理的自动化、标准化和科学化，而建立的一个整体性的图书馆操作系统。它可以为图书馆管理决策部门提供可靠的信息依据，为提高图书馆的社会效益服务。具体如下：

（1）在图书馆采访、编目、流通、阅览等业务部门全部实现自动化管理，书目数据实现标准化。

（2）充分发挥图书馆馆藏的作用，提高藏书利用率。

（3）读者可通过公共查询系统进行馆藏查询、个人数据查询。

（4）自行办理图书预约、续借手续，自动进行各种统计和计算，提供辅助决策支持，以缩短决策周期。

了解图书馆服务的相关信息，加强与读者沟通，还可根据不同授权，检索、利用图书馆光盘镜像服务器提供的中文镜像数据、光盘数据等。

2. 新系统方案

（1）系统规划及初步开发方案。根据系统的开发目标，以及现行系统存在的主要问题，建议新系统采用微机网络系统，能与校园网及 Internet 连接，便于与供书商交流。能够做到：业务管理自动化；输入、输出标准化；文献存储高密度化；情报利用大众化。新系统的功能有图书的采编、流通、读者服务和系统维护等功能，如图 9.2 所示。

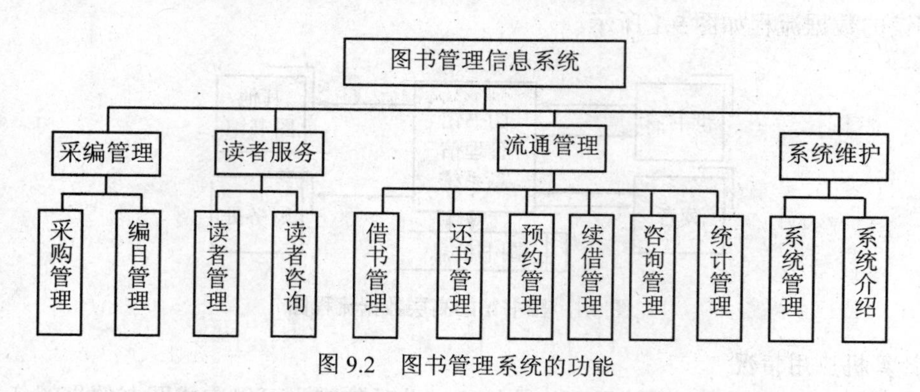

图 9.2　图书管理系统的功能

（2）系统的实施方案。根据新系统的开发方案，确定整个项目的阶段性目标，列出分段地实施进度计划与计划安排等情况（略）。

（3）投资方案（略）。

（4）人员培训及补充方案（略）。

图书馆管理信息系统虽然对现行的管理体制有影响，但不强烈，重点是加强基础建设，以适应自动化管理。专业人员的变动不大，除了增加一部分计算机专业人员外，经过培训，现有的人员将逐步适应自动化管理的要求，学会图书馆管理信息系统的使用。

9.1.5 可行性分析

1. 技术可行性分析

目前已经成功地建立了许多复杂的管理信息系统，而图书馆管理信息系统是比较简单的，系统开发人员具备开发的能力，有成熟的 C/S 和 B/S 技术。因此从技术上来说，完全可以建成一个适用的图书馆管理信息系统。

2. 经济效益分析

图书馆管理信息系统所产生的经济效益，与众多的因素有关，不宜采用传统的一次性投资效益估计，因为开发系统的投资用在管理领域，但经济效益体现在科研、教学等诸多方面。它可以使管理体制合理化和管理信息标准化，可以使文献更好地被利用，可以改进管理的手段，新系统的统计分析功能更强大，可以更好地为文献采购提供依据，使得采购的文献使用性更强，更好地提高文献的利用率。管理信息系统所带来的效益是很难定量估计的。但新系统使用后可以减少工作人员，因此，从经济上说是可行的。

3. 运行管理方面

现有的图书馆管理人员只要进行培训完全可以胜任工作。对于缺少的计算机管理人员可以通过招聘解决。现有的运行环境只要稍加改进就可以保证新系统运行，从运行管理方面看是可行的。

9.1.6　结论

由于管理信息系统的开发在国内外是一个技术上成熟的系统，并且有切实的工程技术保证，有学校领导的大力支持及人员和资金的保证，因此开发图书馆管理信息系统是完全可行的。

9.2　结构化方法分析与设计

9.2.1　结构化分析

图书馆管理信息系统分析采用逻辑设计与物理设计分开、面向用户和结构化分析相结合的原则。采用结构化的分析方法，建立新系统的逻辑模型，这个模型将尽可能避免使用计算机专业术语，以便双方交流。

9.2.1.1　现行系统分析

经过对图书馆系统详细调查，可知图书馆主要有采购、编目、流通等业务过程，业务流程如图9.3所示。

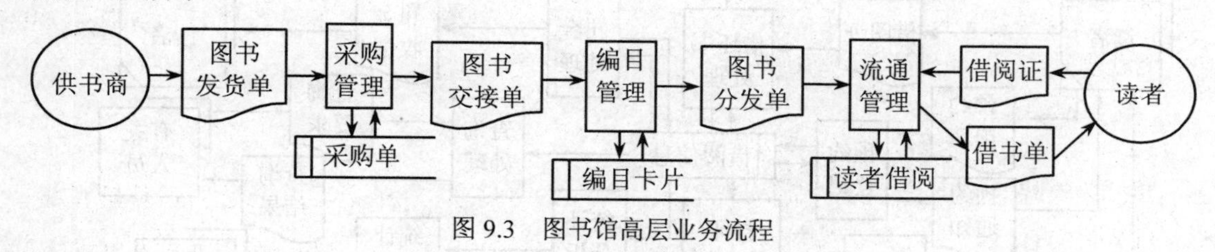

图9.3　图书馆高层业务流程

1. 采购管理

文献的采购工作是图书馆业务工作的开始，采购方式有 3 种：通过正式目录订购、通过零散订单订购、外埠采购。采购的原则是根据读者需求及购书经费情况，按系统性、完整性和馆际分工协作原则进行订购。具体工作是审阅订单、查重，填写订单，寄给供书单位。图书到馆后要进行验收、登账，交编目室。业务流程如图9.4所示。

2. 编目管理

编目工作是图书馆工作链上的第二道工序，要将采购来的图书按学科内容进行科学的归类，加工整理，送入流通部门。具体工作是：首先对采购来的图书按照《中国图书馆图书分类法》进行分类，给出分类号和书次号，然后进行著录，检查无误后，做书标、目录卡片，组织分类目录、书名目录，对编目加工后的图书验收并分发至各书库及有关部室，做到账书一致，手续清楚。业务流程图略。

3. 流通管理

流通部门负责图书的外借（包括个人外借、馆际互借等）、续借、预约及书库的组织管理等工作，读者选出图书后，及时为其办理借书手续；对有污损、缺页等情况的图书，加盖印记图章；提醒读者进行图书磁性检测。另外还要完成各类统计报表，书证的挂失和罚金的收缴等工作。业务流程如图9.5所示。

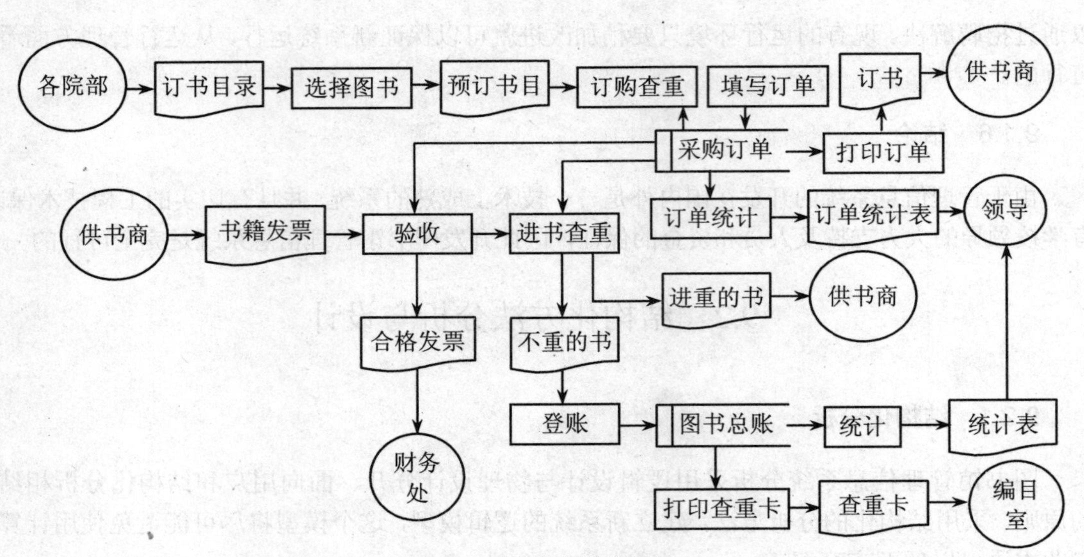

图 9.4　采购管理业务流程

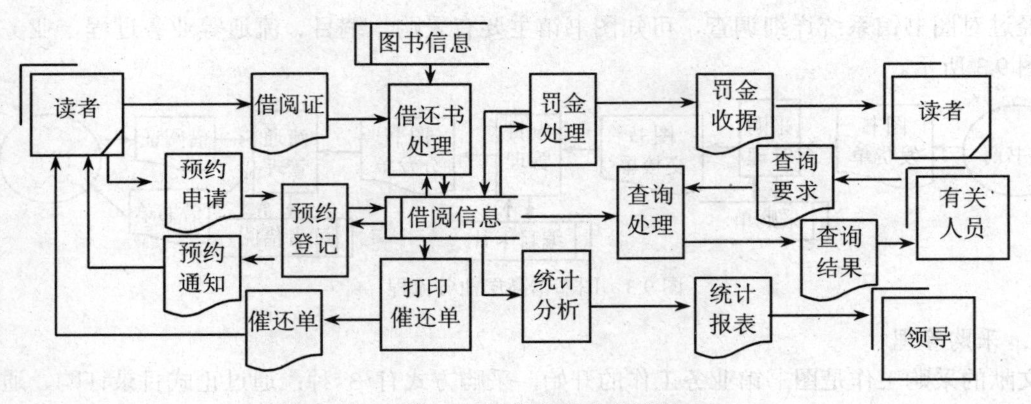

图 9.5　流通管理业务流程

9.2.1.2　数据流程分析

业务流程图分析中使用的绘图工具，较好地描述了某项业务内各个处理环节之间的信息流，但却不能反映出信息（数据）的处理细节，必须进一步对数据流程进行分析，分析系统内的信息流动、存储、处理加工和流出信息等详细情况。

1. 图书馆管理工作的数据流程分析

根据系统的业务流程分析，可以画出图书管理系统高层的数据流程，如图 9.6 所示。

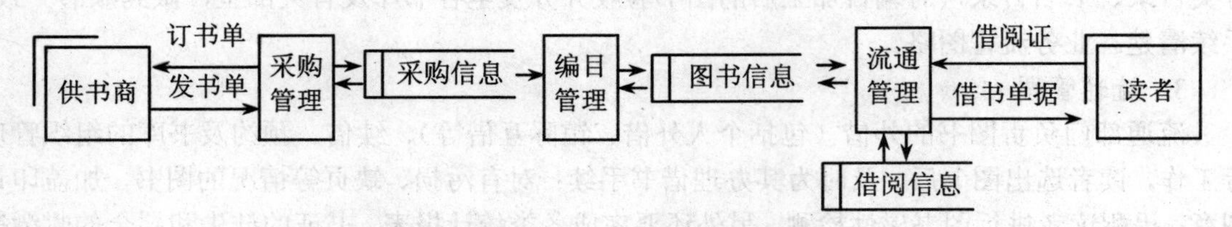

图 9.6　图书馆管理系统高层数据流程

2. 采购管理

根据业务流程分析，对输入、输出和处理存储等进行分析，得到结果如表9.1所示。

表9.1 采购管理输入、输出、处理和存储情况表

输入：	处理功能
订书目录（供书单位）	选择图书
书　　籍（供书单位）	订购查重
发　　票（供书单位）	打印订单
输出	验收（核对发票，并撤出订单）
订单（供书单位）	进书查重
发票（已核对）（财务科）	登总账
已登记的书籍（编目室）	打印查重卡
订书、进书统计表（图书馆领导）	订书统计
	进书统计
进重的书（供书单位）	数据存储
	订单存根
	查重卡片
	图书总账

根据业务流程图及表9.1可以得到采购管理的数据流程图，如图9.7所示。

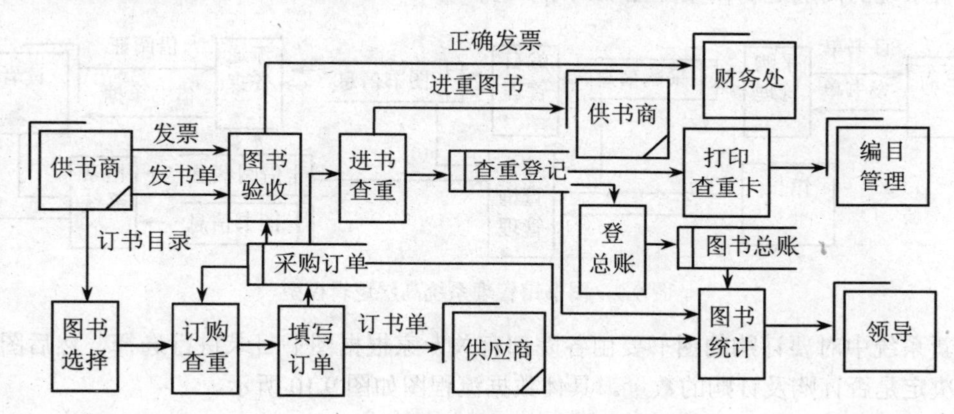

图9.7 采购管理数据流程

3. 编目管理的数据流程分析

编目管理的数据流程分析略。

4. 流通管理的数据流程分析

根据流通管理的业务流程，可以抽取出流通管理信息的数据流程图如图9.8所示。

9.2.1.3 新系统逻辑设计

通过上述的业务流程调查和数据流程分析，以及系统存在的问题分析，确定新系统的目标和功能。

1. 新系统目标

图书馆管理系统以实现为学校教育、科研活动提供更好的服务的目标，提高系统自动化、标准化处理，提高查询效率和准确性，为用户提供更便利、更全面的服务。

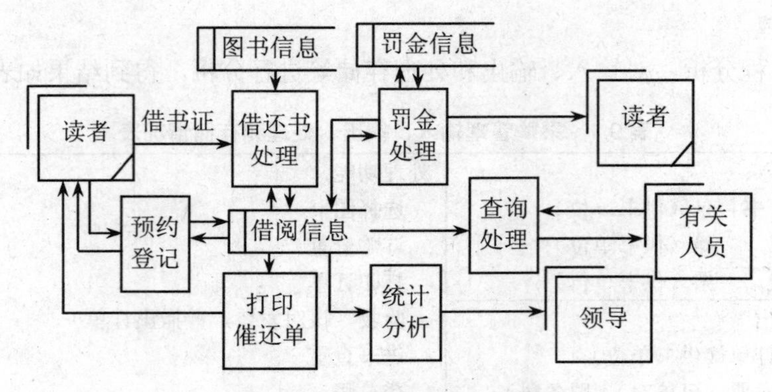

图 9.8　流通管理数据流程图

2. 新系统逻辑模型

新的图书馆管理信息系统具体应包括以下功能：馆长综合查询与分析分系统便于馆领导了解馆内外有关信息，对图书馆未来发展提供决策依据和帮助；采编管理子系统主要负责图书馆采购信息和各类书刊编目信息的管理，流通管理子系统负责对读者书刊借阅册数、书刊借阅期限和借阅历史等基本信息的统计管理，并显示本馆收藏书刊的相关信息；信息检索管理子系统对图书馆提供的信息咨询服务和情报检索室（包括文献检索室和电子阅览室）开放情况实施管理。新系统的高层逻辑模型如图 9.9 所示。

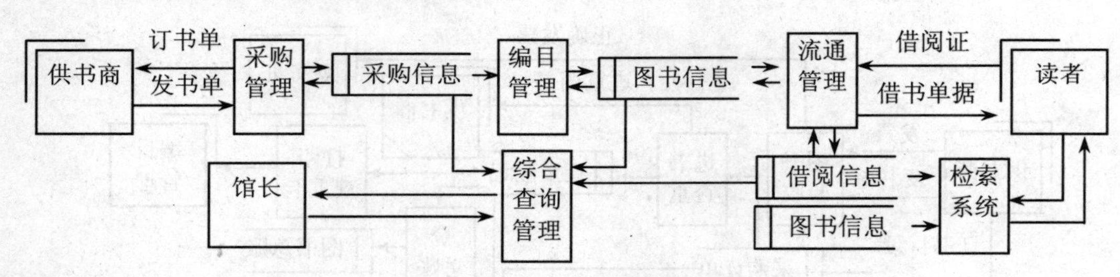

图 9.9　图书馆管理系统高层逻辑模型

在新系统中对要订购的图书要由各院部有关专家根据图书目录进行选择，然后图书馆根据情况决定是否订购及订购的数量。具体数据流程图如图 9.10 所示。

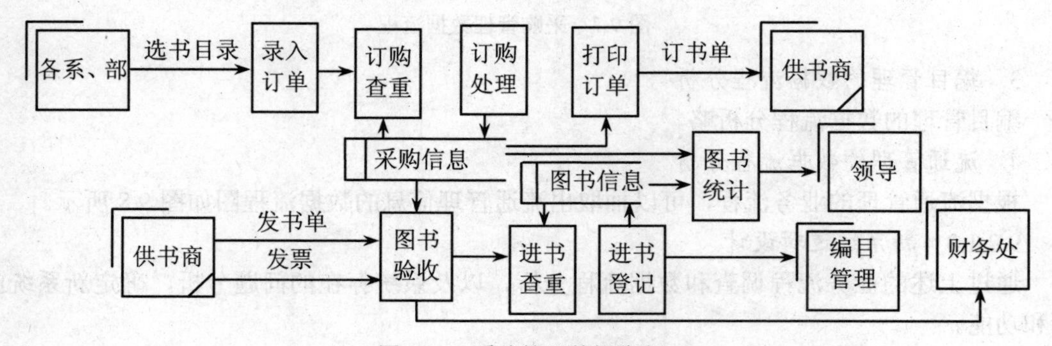

图 9.10　采购管理数据流程

流通管理子系统增加了统计分析的内容，如按图书统计借阅率等，便于支持领导决策，数据流程图如图 9.11 所示。

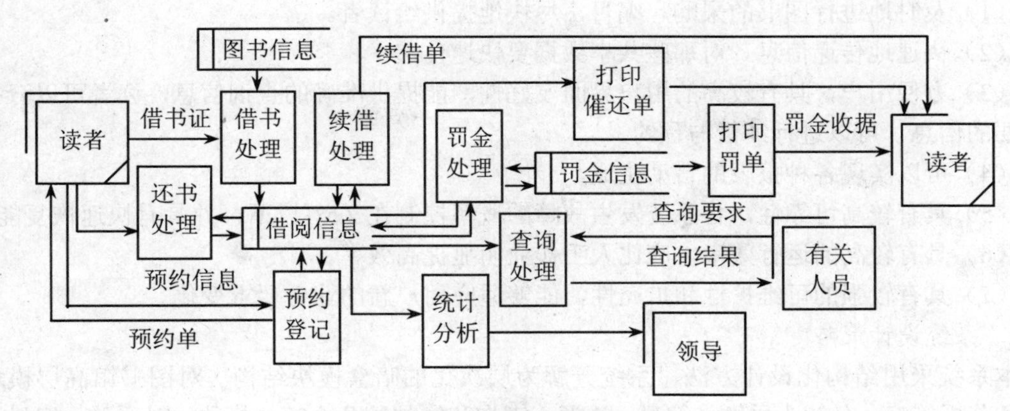

图 9.11 流通管理逻辑模型图

数据字典略。

3. 数据分析

图书馆管理系统涉及的主要实体有供书商、图书、书库、读者、职工。部分实体联系如图 9.12 所示。通过分析得知可以有供书商信息管理、图书信息管理、借阅管理、采购管理、编目管理、读者信息管理几个数据库。

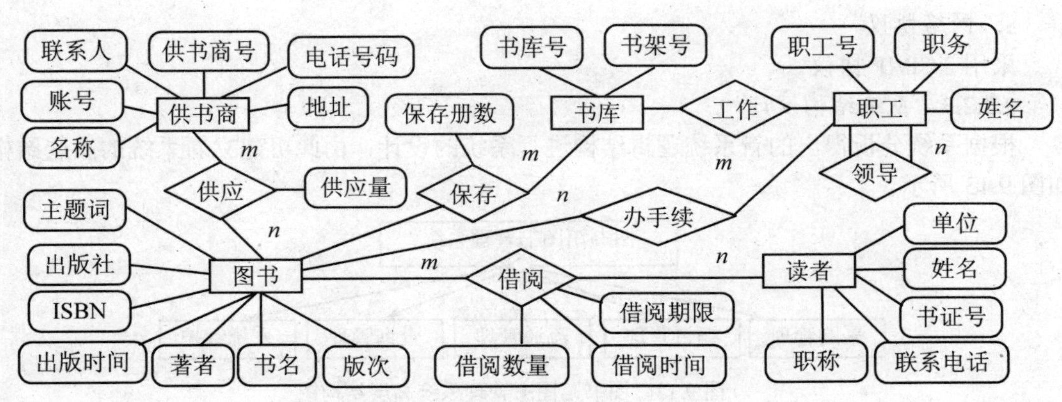

图 9.12 部分实体联系图

4. 处理逻辑功能描述

对底层的处理逻辑进行说明，如借阅图书处理：

```
if 有过期图书
   交纳罚金
else 借阅图书
endif
```

9.2.2 结构化系统设计

9.2.2.1 概述

1. 系统设计目标

本系统设计既要满足用户的要求又要满足设计人员的设计目标。其基本目标如下：

（1）及时地进行图书的采购、编目，尽快地提供给读者。

（2）快速地传递信息。对那些共享数据要快速传递。

（3）方便用户，具有较高的用户界面友好性，能提供准确的查询信息，读者可以查找自己需要的信息，可以进行续借与预约。

（4）可以实现各种报表的自动生成。

（5）具有较高可靠性，将系统发生故障的概率控制在2.5%以下，并具有快速恢复能力。

（6）具有较高的运行效率，应比人工作业明显提高效率。

（7）具有较强的可维护性和扩充性，能够适应用户新的业务要求变化。

2. 系统设计策略

本系统采用结构化设计方法，系统分解为层次化的暗盒模块结构。对图书馆高层模块采用事务分析策略，分解为采购、编目、流通、查询和维护等几个暗盒模块；对采购、编目和流通模块再进行分析。在设计过程中考虑了模块的内聚性和耦合性。

9.2.2.2 计算机系统配置

1. 硬件配置（略）

2. 软件配置

服务器使用 Windows NT、SQL 2007。工作站使用 Windows XP 简体中文版。开发语言采用 PowerBuilder。

3. 网络协议

采用 TCP/IP 协议。

9.2.2.3 系统结构设计

根据系统分析得出的新系统逻辑结构进行系统的设计，由此可建立新系统的高层结构图，如图 9.13 所示。

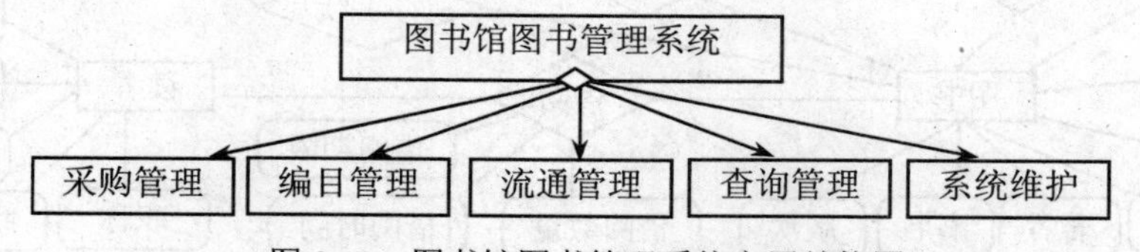

图 9.13 图书馆图书管理系统高层结构图

对图 9.13 中的每个模块要进行分解，在此仅以采购与流通管理模块为例。采购管理模块分解如图 9.14 所示。对采购模块的子模块只进行了部分的分解。

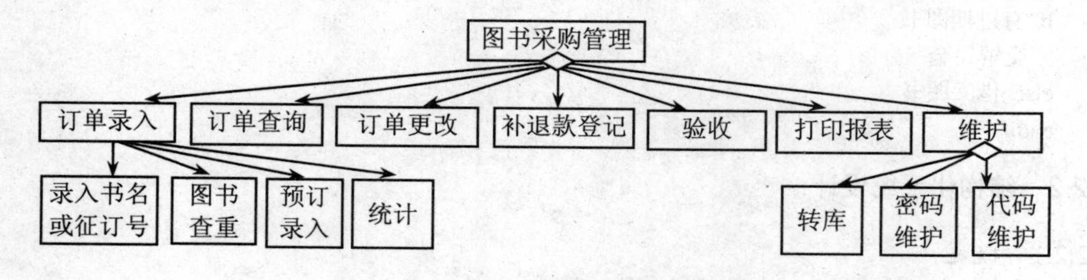

图 9.14 图书采购管理模块分解结构图

流通管理模块分解结构图如图 9.15 所示。对流通模块的子模块只进行了部分的分解。

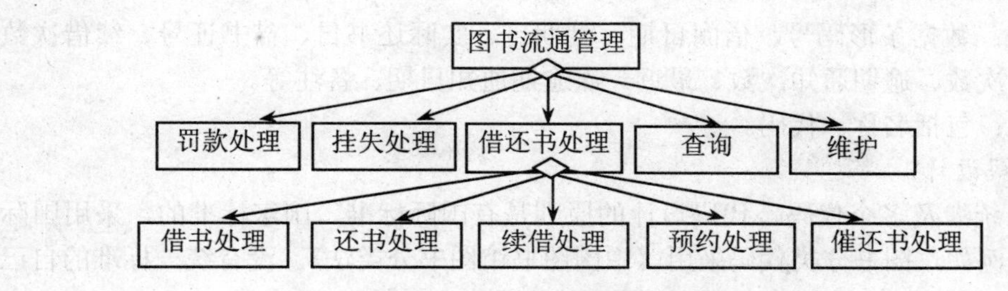

图 9.15　图书流通管理模块分解结构图

9.2.2.4　模块说明书

对结构图中的每一个模块，都要有一张如表 9.2所示的模块说明书。

表 9.2　模块说明书

模块名称：订单录入
输入：数据流，图书订单
输出：数据存储，采购信息
处理：按订书单填写书名或征订号，然后进行图书的查重，填写预订内容，写入数据文件“采购信息”

9.2.2.5　数据库设计

对系统分析得到的主题数据库进行分析，转化为关系数据库使用的关系表，部分数据库表如下：

图书基本表：著者、题名、版本项、出版项（包括出版地、出版者、出版年）、卷次、丛书项、ISBN、价格、语言代码、备注等。

采购记录表：记录识别号、订购号、订购批次号、订购日期；资料来源：订购、交换、赠送。订购形式：如直接订购、长期订购等；订购优先级、订购状况：如已发订单、催缺、验收等。订购处理状况、供书商记录（与书商文件连接）、币制、册数、经费科目名称、预计收到日；催缺记录：催缺序次、日期、实际验收日、验收人、登录号、移送编目日期（系统自动产生）、备注等。

供书商表：书商代码、书商全名、书商简称、书商类型（书商、代理商、出版社或装订商）、书商经营类别、联系方式（可重复）、联系人、地址、电话、传真号码、E-mail 账号、Internet 在线订购网址、划拨账号或银行账号、划拨户名或银行户名、提供折扣方式、付款方式、订书数量、订货供应量、订书款额（定价）、每件数据处理的平均天数、各书商代购的书目、备注等。

馆藏记录表：索书号、部册号、复本号、登录号（或馆藏条形码）、收藏馆别、馆藏位置、馆藏类型、馆藏流通方式、新增及修改日期、新增及修改人员、备注等。

读者数据表：读者证件遗失仅须补证号码，不必重建字段，包括借书证号码、姓名、性别、单位、电话、照片、发证日期、有效日期、备注等。

数据状态代码表（如遗失、处理中、可借阅、借阅中、已还等）：包括代号名称及叙述。

限制借阅原因代码表（如参考书等）：包括代号、名称及叙述。

预约表：包括预约者借书证号码、预约数据条形码号、预约日期、预约优先顺序及不再需要该书的日期、备注等。

借阅记录表：数据条形码号、借阅日期、到期日、实际还书日、借书证号、续借次数、该项资料被预约次数、逾期通知次数、最近一次逾期通知日期、备注等。

各馆代码表：包括名称、代码。

9.2.2.6　编码设计

图书管理系统涉及多个代码，代码设计的原则是有国际标准、国家标准的，采用国际标准和国家标准。例如，图书分类代码采用《中国图书馆图书分类法》。没有统一标准的自己进行设计。

9.2.2.7　输出设计

要对系统的输出进行设计，画出输出表的格式等（略）。

9.2.2.8　输入设计

输入设计要从正确、迅速、简单、经济、方便使用者等方面加以考虑。例如，采购管理子系统中的图书验收如图 9.16 所示。

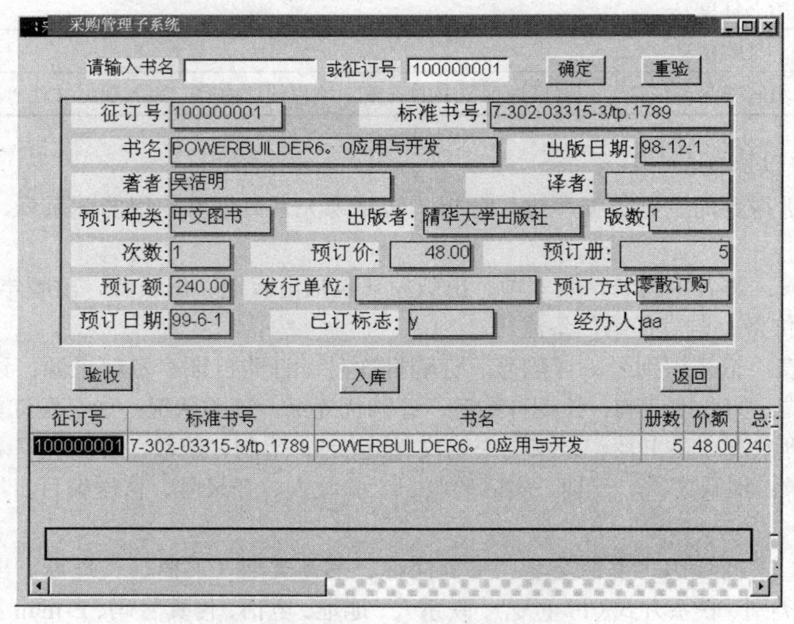

图 9.16　图书验收界面

9.2.2.9　网络设计与安全性

系统的网络结构采用以太局域网，可以和校园网及 Internet 连接。为确保数据的安全性，系统可建立基本数据文件、密码、起始作业模块、设定各模块可执行的功能。系统可依工作人员的账号，设定其起始作业模块及各模块可执行的功能，非授权的使用者无法进入作业模块。系统能根据加载的工作人员密码，统计工作人员加载次数、占用 CPU 的时间，使用各子系统的情形。系统应能设定终端机的编号、配置地点及允许操作的功能，并能显示各终端机的作业状况。系统可记录数据的异动情况，防止系统异常时数据损毁。以供系统修复后回复损毁的数据。系统可记录数据的建立、增删、更新者及作业日期。系统具有备份（Backup）及复原（Recovery）的公用程序，以提高安全性与完整性。

以上是系统开发前几个阶段的主要工作，系统实施和系统测试与调试请自己完成。

9.3　面向对象方法分析与设计

9.3.1　需求分析

1. 需求调查

由于“图书管理系统”很复杂，在这里仅以高校“图书流通管理”为例进行介绍。在对图书管理系统进行调查后，写出其需求的文档。

需求陈述为：在图书流通管理系统中，管理员要为每个读者建立借阅账户，并给读者发放不同类别的借阅卡（借阅卡可提供卡号、读者姓名、类别、单位、职称等），账户内存储读者的个人信息和借阅记录信息。持有借阅卡的读者可以通过管理员借阅、归还、预约和续借图书，不同类别的读者可借阅图书的范围、数量和期限不同，可通过 Internet 或图书馆内查询终端查询图书信息和个人借阅情况，预约及续借图书（系统审核符合续借条件）。借阅图书时，先输入读者的借阅卡号，系统验证借阅卡的有效性和读者是否可继续借阅图书，无效则提示其原因，有效则显示读者的基本信息（包括照片），供管理员人工核对。然后输入要借阅的书号，系统查阅图书信息数据库，显示图书的基本信息，供管理员人工核对。最后提交借阅请求，若被系统接受则存储借阅记录，并修改可借阅图书的数量。如果是预约图书，还要修改预约记录。归还图书时，输入读者借阅卡号和图书号（或丢失标记号），系统验证是否有此借阅记录以及是否超期借阅，如果有超期借阅或丢失情况，先转入过期罚款或图书丢失处理；否则显示提示信息。如果可以还书，则显示读者和图书的基本信息以便供管理员人工审核。然后提交还书请求，系统接受后删除借阅记录，并登记、修改可借阅图书的数量。如果图书有预约，则通知预约者。图书管理员定期或不定期对图书信息进行入库、修改、删除等图书信息管理及注销（不外借），此外，还包括图书类别和出版社管理。

2. 需求建模

为了理解系统所要解决的业务问题，以便掌握用户需求，可以采用用例图进行需求建模。用例图通过列出用例和角色，显示用例和角色的关系，从而给出了目标系统功能。用例建模如下：

（1）确定执行者。通过对系统需求陈述的分析，可以确定系统有两个执行者：管理员和读者。管理员按系统授权维护和使用系统不同功能，可以创建、修改、删除读者信息和图书信息，即读者管理和图书管理，借阅、归还、预约和续借图书及罚款等即借阅管理。读者通过 Internet 或图书馆查询终端，查询图书信息和个人借阅信息，还可以在符合续借的条件下自己办理预约、续借图书。

（2）确定用例。在确定执行者之后，结合图书管理的领域知识，进一步分析系统的需求，可以确定系统的用例有：借阅管理，包含借书、还书（可扩展过期和丢失罚款）、预约、续借、借阅情况查询；读者管理，包含读者信息和读者类别管理；图书管理，包含图书信息管理、图书类别管理、出版社管理、图书注销和图书信息查询。

（3）确定用例之间的关系。确定执行者和用例之后，进一步确定用例之间的关系，如图 9.17 所示。

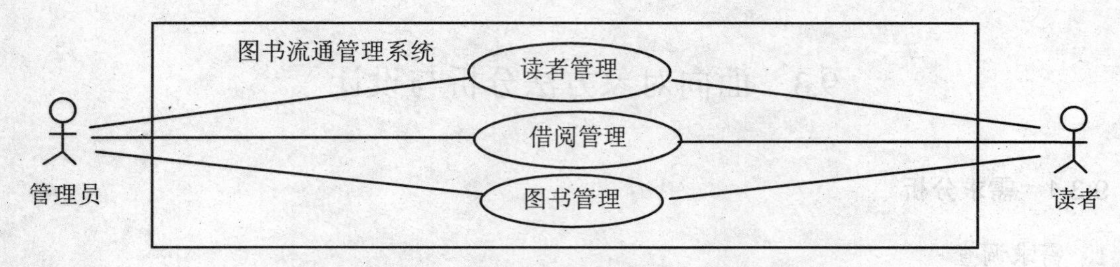

图 9.17　图书流通管理需求用例图

9.3.2　面向对象分析

1. 系统用例建模

对需求分析用例建模作进一步的细化，形成图书流通管理系统的系统用例图，如图 9.18 所示。

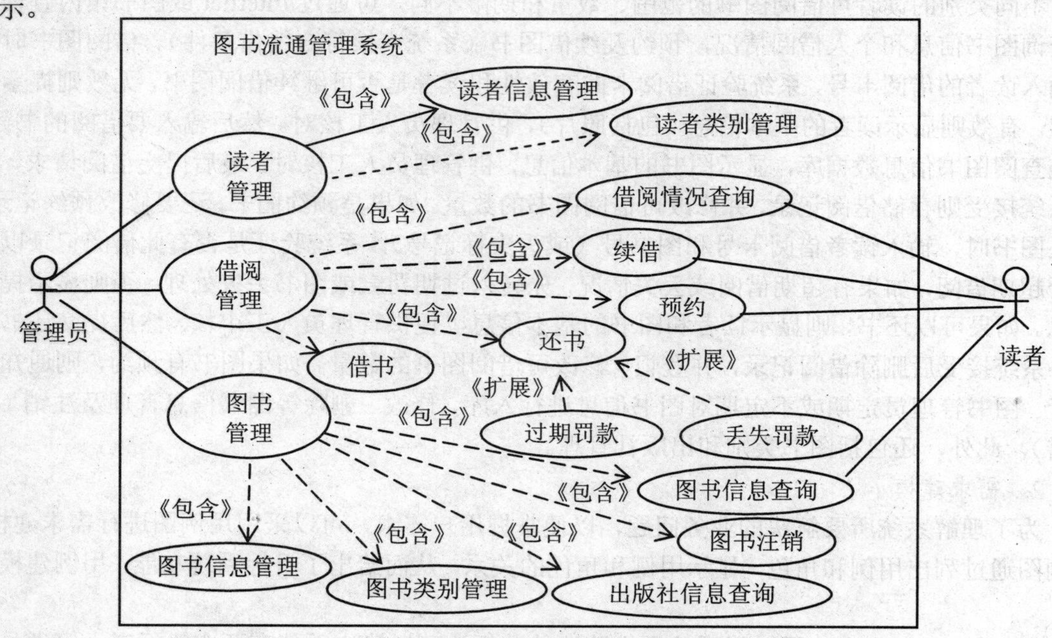

图 9.18　图书流通管理系统用例图

在建立完用例图后，需要为图书流通管理系统用例图中所有用例编写用例文档。用例文档中应包括如下内容：名称；描述；前置条件；后置条件；活动的基本过程等。在用例文档中还可添加一些可选内容，如参与者、状态、扩展点、被包含的用例、变更历史等。如借阅的用例描述如下：

名称：借书。

描述：读者借阅图书馆中的图书。

参与者：管理员。

前置条件：一个合法的管理员已经登录到这个系统；读者已经预先注册，图书也预先登记。

后置条件：如果读者已经注册，且图书馆内读者所借图书处于可借阅状态，则读者借书，在系统中保存借阅记录，并修改图书库存量和读者借书数量。

```
活动的基本过程：
输入读者账号；
查询超期未还的借阅记录；
If 有超期未还的借阅记录
    去罚款处理
    Else
        输入图书编号；
          If 选择“确定”
              If  读者状态无效 或 该书“已”注销 或 已借书数>=可借书数
                    给出相应提示；
               Else
                  If 读者没有预约；
                     添加一条借书记录；
                       “图书信息表”中“现有库存量”-1；
                       “读者信息表”中“已借书数量”+1；
                        提示执行情况；
                  Else 添加一条借书记录；
                       “图书信息表”中“现有库存量”-1；
                       “读者信息表”中“已借书数量”+1；
                        提示执行情况；
                        修改预约记录；
                  Endif
                      清空读者、图书编号等输入数据；
              Endif
          Else
              If 选择“重新输入”；
                  清空读者、图书编号等输入数据；
              Endif
              If 选择“退出”；
                  返回上一级界面；
              Endif
          Endif
    Endif
```

2. 建立顺序模型

用例是需求流程说明，顺序图则是流程的实际顺序，把各种需要列出来，开发的时候依照它执行就不会出错。顺序图由一系列的交互构成。在实现阶段（编码），考虑到具体情况，可能会有更多的交互，如图 9.19 所示。

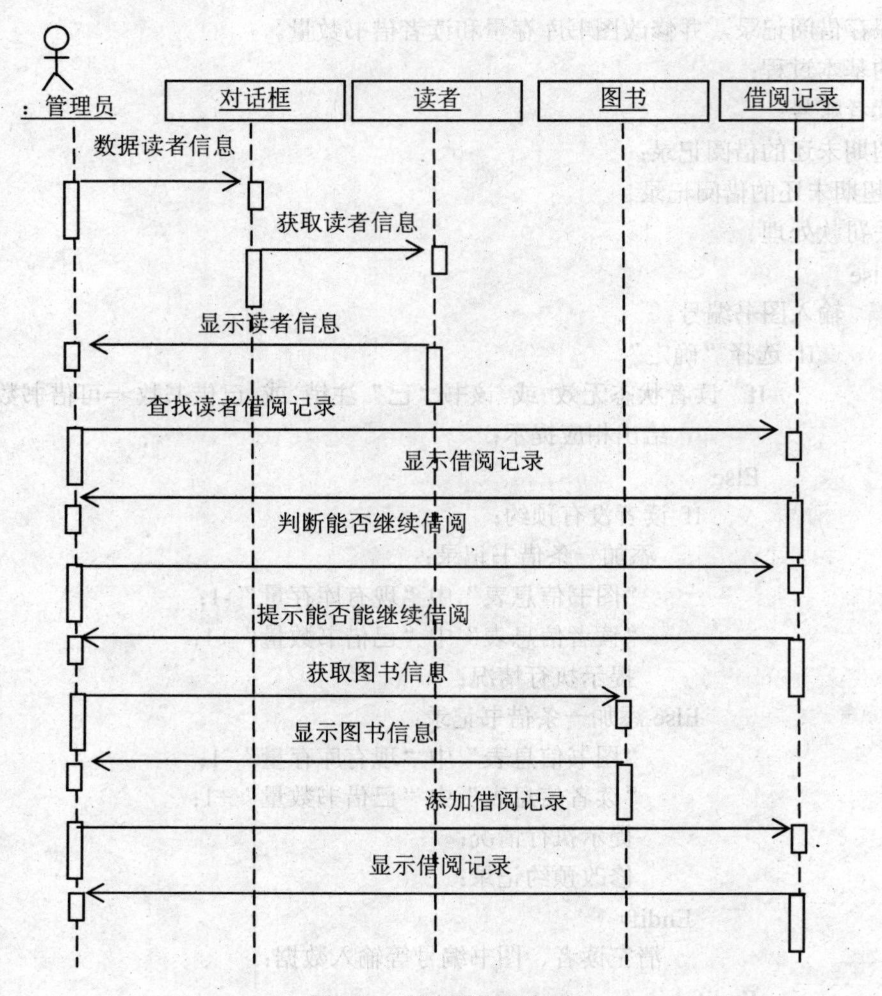

图 9.19　图书借阅顺序图

3. 建立对象模型

一般情况下要研究类及类之间的关系。首先应用 CRC 技术和非正式分析方法，通过寻找系统需求陈述中的名词，结合图书管理的领域知识，给出候选的对象类。经过筛选、审查，可确定“图书管理系统”的类有读者、图书、借阅记录、预约记录、图书注销记录、读者类别、图书类别、出版社等。然后，经过标识责任、标识协作者和复审，定义类的属性、操作和类之间的关系。这里仅以“读者”类为例列出该类的属性和操作，其他类的属性和操作与“读者”类的类似，请自行完成。

“读者”类

私有属性

读者编号（借书证号码和用户名与此同）：文本

读者姓名：文本

读者类别编号：文本

读者状态：文本

办证日期：时间/日期
已借图书数量：数值
证件名称：文本
证件号码：文本
读者单位：文本
联系地址：文本
联系电话：文本
E-mail：文本
用户密码：文本
办证操作员：文本
备注：文本

公共操作

永久写入读者信息
永久读取读者信息
新增读者
删除读者
修改读者信息
获取读者信息
查找读者信息
返回借阅数量

图书管理类之间的关系如图 9.20 所示。

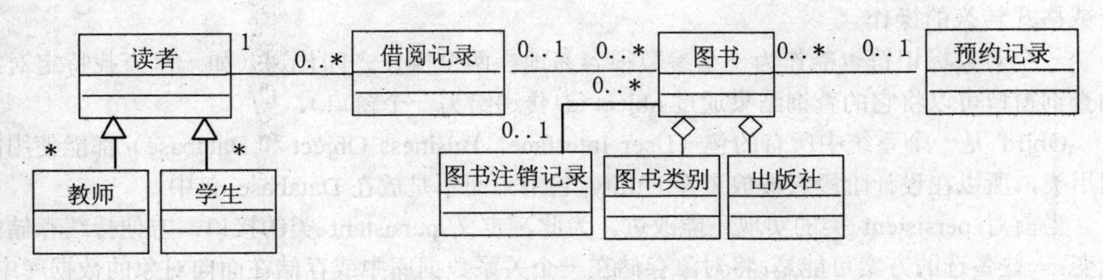

图 9.20　图书管理系统类图

9.3.3　面向对象设计

面向对象设计分成两个子内容：系统体系结构设计和详细设计。

1. 体系结构设计（Architecture Design）

首先从高层次进行设计，定义包（子系统），描述包之间的依赖性及通信机制。目的是要设计一个清晰简单的体系结构，具有很少的依赖性，而且尽可能避免双向依赖。图书馆系统有借阅管理子系统包、信息管理子系统包和查询子系统组成，具体如图 9.21 所示。

当对顺序图建模时，必须提供窗体和对话框作为人机交互的界面。在本设计中，只要知道借书、还书、预订和续借需要窗体就可以了。在此，详细的界面没有列出。

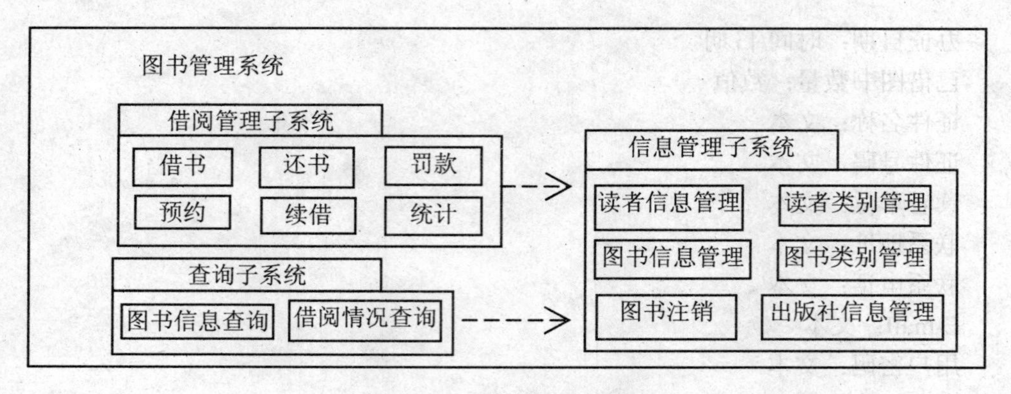

图 9.21　图书管理系统包图

为了把系统中的窗体类和域类分开，所有的窗体类组织在一起放在 GUI Package 包中。域类组织在一起放在 Business Package 包中，设计模型中的动态模型放置在 GUI Package 包中，因为所有和用户的交互都从用户界面开始。Database Package 应用程序必须有持续存储的对象，必须增加数据层来提供这样的服务。将对象以文件的形式保存在磁盘上，存储的细节被应用程序隐藏起来，只需调用诸如 store()、update()、delete()和 find()这样的公共操作即可。这些都是 persistent 类的一部分，所有需要持续对象的类必须继承它。对类进行持续处理的一个重要因子就是 ObjId 类。它的对象用来引用系统中的任何持续对象（不管这个对象是在磁盘上还是已经被读进了应用程序之中）。ObjId 是 Object Identity 的简写，它是一个广为应用的技术，用来有效地处理应用程序中的对象引用。通过使用 object dentifiers，一个对象 ID 能被传递到普通的 persistent.getobject()操作中，进而该对象将被从持续的存储体中取出或存储。这些都是通过每个持续类的一个 getobject 操作完成的。持续类同时也作一些检查或格式转换的操作。

一个对象标识符也能作为一个参数很容易地在两个操作之间传递（如一个查找特定对象的查询窗口可以将它的查询结果通过 object id 传递给另一个窗口）。

ObjId 是一个系统中所有的包（User Interface，Business Object 和 Database）都能使用的通用类，所以在设计阶段它被放置在 Utility 包中，而不是放在 Database 包中。

当前对 persistent 类的实现还能改进。为此，定义 persistent 类的接口，方便持续存储的改变。一些备选的方案可能是：将对象存储在一个关系数据库中或存储在面向对象的数据库中，或使用 Java 1.1 所支持的持续对象来存储它们。

设计阶段的一个特定的活动是创建用户界面。图书馆系统的用户界面基于用例，分为以下几部分，每一部分都在主窗体菜单上给出一个单独的菜单。

Functions：实现系统基本功能的窗体，通过它可以实现借阅、归还、预订、续借和罚款等。

Information：查看系统信息的窗体，收集了借阅者和图书的信息等。

Maintenance：维护系统的窗体，添加、修改和删除标题、借阅者和书目等。

2. 详细设计（Detailed Design）

详细设计就是对象设计，主要有两个任务。一是对类的属性和操作的实现细节进行设计。如上面“读者”类的属性“联系电话”有多个时，决定用一个链表或数组来存放，也可能需要增加属性和操作，如“读者”类中增加属性“相片”，操作增加“打印与发生过期通知书”，而后设计每一个操作的算法。二是分别从人机交互、数据管理、任务管理和问题域方面考虑，以实现的角度添加一些类或优化类的结构。如从数据管理方面，需要添加一个“永久数据”类作为需要永久保存数据类的父类，承担读写数据库的责任；从人机交互方面，需要添加一个“对话框”类（其父类是“窗口”类）来实现人机交互的功能，则图 9.20 可改进为图 9.22。对所有的类都详尽地进行描述，给编写代码的程序员一个清晰的规范说明。

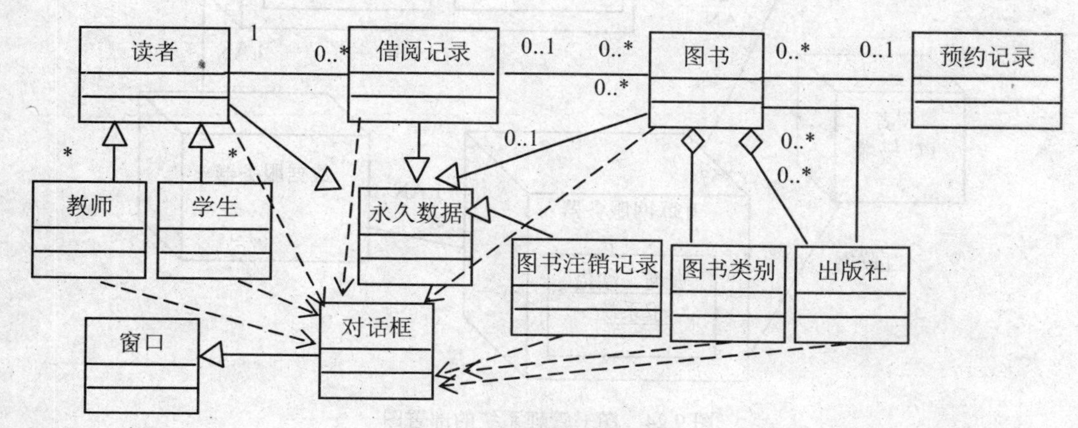

图 9.22　图书管理系统类图

根据研究需要可以针对系统的某一类对象画出表示该对象在系统中的状态变化过程，如“图书”对象的状态变化如图 9.23 所示。

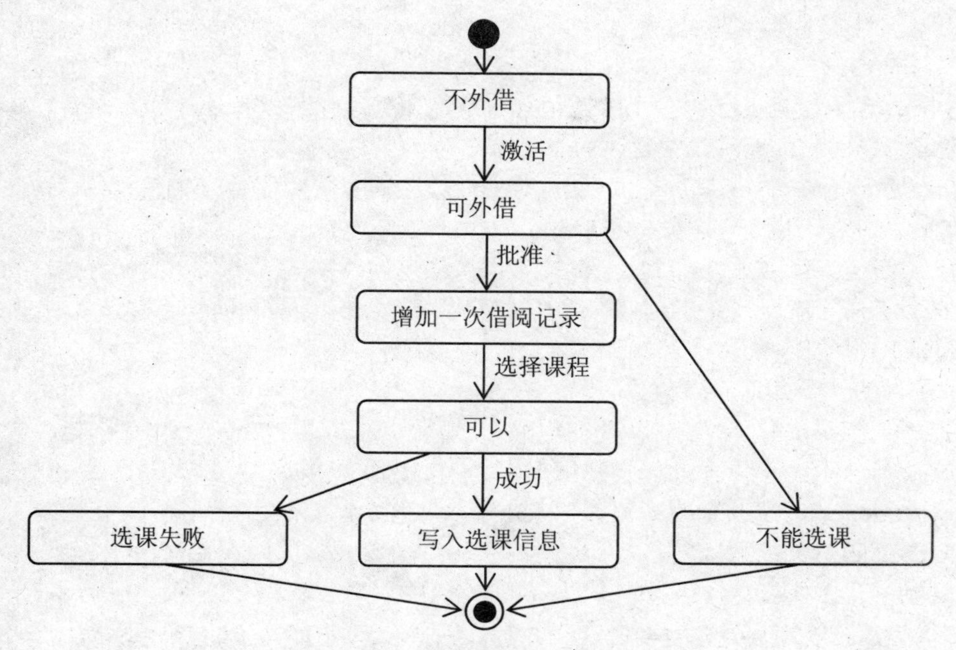

图 9.23　图书对象状态变化图

“图书管理系统”物理结点分布如图 9.24 所示。

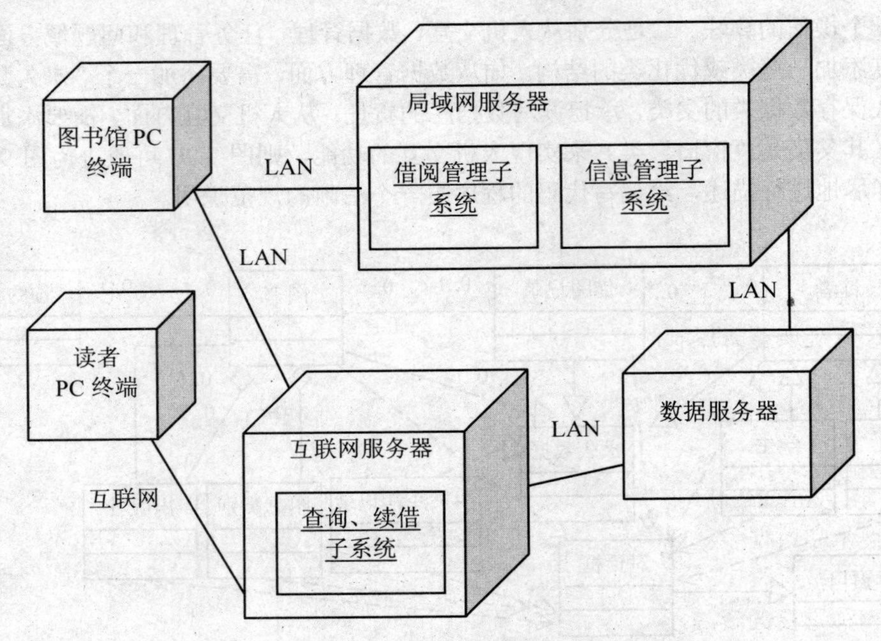

图 9.24　图书管理系统的部署图

其他部分请读者自己补充完成。

第10章　信息系统的质量控制

信息系统的开发应用水平是衡量国家生产力水平、技术水平和信息化程度的重要标志之一。目前，信息系统所面临的挑战是开发高质量的信息系统，既要符合用户的要求，又必须把问题降低到最小。本章讨论信息系统的质量概念、信息系统质量模型、信息系统质量影响因素和保证信息系统质量的控制模型。

10.1　信息资源管理

1979年John Diebold提出了信息资源管理（Information Resource Management，IRM），它表示从以技术和数据为基础的信息处理过渡到把信息作为战略性资源的阶段。信息作为一种资源，其内容与范围很广泛，包括传统的数据处理、文书档案、通信、办公信息、文图复制等。信息作为一种重要的资源，必须有组织、有计划、全面地进行管理。

根据Gordan Davis等的说法，信息资源管理包括以下3个方面：

（1）信息系统的研制与实现。这是通常的"管理信息系统分析与设计"的内容，也是本书前面讲述的主要问题。

（2）质量控制与保证。研制成的系统也是一项产品，所以也应该像其他产品一样，有一套质量控制程序，以保证信息系统达到所要求的质量。

（3）信息资源的功能管理。包括以下内容：

1）数据处理。

2）电传通信。

3）办公自动化。

信息资源管理，首先要有一个计划，然后制定必要的组织原则，配备必要的工作人员，以及对操作与运行进行监督、考核与控制。本章主要讨论信息系统质量的控制与保证。

10.2　管理信息系统质量模型

信息系统已广泛应用于国民经济建设的各个领域，它所面临的挑战是开发高质量的信息系统，也就是说既要符合用户的需求，又必须把问题降低到最小限度。实践表明，80%的系统都以失败而告终，给企业带来了重大损失，其原因都可以归结为信息系统质量问题。信息系统质量的优劣日益受到人们的关注，信息系统质量直接关系到产品在市场中的竞争能力，而且改进信息系统质量还有利于合理地利用社会资源，提高劳动生产率，增加社会的效益。ISO 9000-3标准中规定了软件质量标准及质量保证模式，信息系统并不是单纯的软件系统，它对企业组织的管理体制、管理机构和管理行为等都有冲击，它是一个非常复杂的管理系统、社会系统。因此，信息系统质量要比单纯的软件质量复杂得多。下面从信息系统组成来分析信息系统的质量问题。

10.2.1 信息系统质量的含义

所谓“质量”有狭义和广义之分，狭义的质量，就是指产品质量；广义的质量是指除产品质量外，还包括工程质量和工作质量。ISO 9000 标准 ISO 8402（1986）对“质量”的定义是：反映实体满足明确或隐含需求能力的特性的总和。所谓“实体”就是可以单独进行描述和考虑的对象，此对象可以是有形的，也可以是无形的。信息系统作为一个实体，它既包含有形的部分（硬件），又包括无形部分（软件）。信息系统的质量就是指信息系统能满足用户明确或隐含需求能力的有关特征和特性的总和。特征是指软件产品的可识别的性质，该性质与质量特性有关。这是狭义的定义，信息系统的质量不仅涉及产品的质量，还要有工程质量和工作质量。

信息系统的工程质量是指信息系统开发过程中人、设备、材料、方法和环境这五大因素配备的好与坏。这五大因素又简称为“4M1E”。工程质量五大因素中每方面因素又由许多小的因素组成。在信息系统开发中，重要因素是人的素质和开发方法。

1. 人（Man）的素质

人包括人的质量意识、责任心、技术业务水平、操作熟练程度、身体条件等。在信息系统中，人是主体，一般来说，在信息系统开发中，硬件设备条件差不多，人的技术水平高，开发出的软件产品质量要好一些，在使用产品时也会使其发挥更大的作用。

2. 机器设备（Machine）

这方面的因素包括计算机硬件和辅助设备是否经过检验和校正，运行状况是否正常，是否有严格的管理和使用制度等。计算机网络、通信设备、辅助设备等，是信息系统运行的基础，只有硬件正常工作，软件才可以发挥作用。硬件设备质量特性可以从经济性、兼容性、可靠性和有效性等几个方面进行评价。

（1）经济性指设备在购置费、维护保养费、工作效率等方面的指标。

（2）兼容性指设备可与其他设备一起使用。

（3）可靠性指设备在规定时间、规定条件下，完成规定的功能的能力，可靠性与工作时间有关。

（4）有效性指可维修的产品在某时刻维护其功能的概率。

3. 方法（Method）

方法包括硬件和软件的操作规程、组织管理方法等是否标准化、规范化、程序化；开发方法是否合理；岗位责任制和考核是否健全。在信息系统开发中，开发方法也起着非常重要的作用，人们发现信息系统的质量之所以在很大程度上取决于人的素质和个人经验，就是因为开发方法缺乏严格的理论基础。如果有正确的开发方法作指导，一定会开发出成功的信息系统。

4. 环境（Environment）

环境是指信息系统的运行环境是否能保证信息系统正常运行。管理信息系统的应用离不开一定的环境和条件。这里的环境指的是有关组织内、外部各种因素的综合。管理信息系统和环境有密切的联系，环境对管理信息系统的应用有着一定的影响，在某种程度上决定着管理信息系统应用的成败。

5. 材料（Material）

材料包括系统所选用的各种材料是否适用。在信息系统开发中主要指所需要的各种数据，要进行系统分析和设计，必须掌握与信息系统有关的各类数据。材料占有的多少关系到信息系统建设的成败。要想获得数据必须了解用户的需求。用户的现有需求比较容易分析，但用户的潜在需求也不可忽视。如果信息系统不能满足用户的潜在需求，那么信息系统的质量仍然存在问题。

信息系统的工作质量是企业为了保证信息系统的工程质量，对影响工程质量的五大因素所付出的技术工作、组织工作、服务工作、管理工作和思想工作等。管理信息系统与企业的管理体制、组织机构、人员思想等有重要关系，因此保证管理信息系统正常工作是非常重要的。

产品质量、工程质量和工作质量是不同的概念，但它们之间有着密切的联系。工程质量是产品质量的保证，而工程质量中最重要的是人的素质，所以工程质量由人的工作质量来决定；反之，产品质量是工程质量和工作质量的综合反映，要处理好它们之间的关系。

10.2.2　信息系统的质量模型

管理信息系统的开发就是开发一个完整的包括如图 1.7 所示的硬件、软件、人、过程和数据的自动信息系统，几乎在所有的系统中都包含这 5 个组成部分。由于所开发的系统不同，每个组成部分在管理信息系统开发中的重要程度也有所不同，但这 5 个组成部分在管理信息系统的开发中都必须加以考虑，忽略任何一个组成要素都可能会影响开发系统的成功。在开发软件的过程中，要考虑如何将这 5 个组成部分统一起来，即硬件、数据、过程和人都要通过分析、设计、实施与软件协同工作。在购买现成软件时，实际上也考虑了这 5 个方面，在购买软件时总是希望购买的软件能够和某个硬件配合工作，有一套它自己的应用程序，能处理所需要的数据，并且能够交互使用。因此应从信息系统的组成出发建立信息系统的质量模型，如图 10.1 所示。

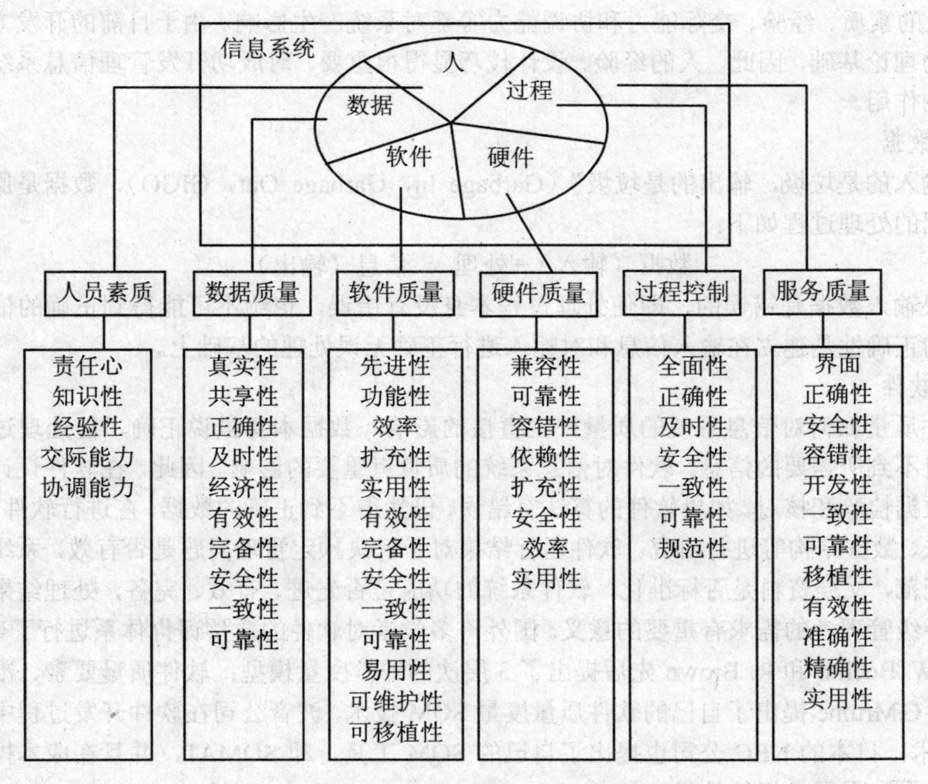

图 10.1　信息系统质量模型

从图 10.1 中可以发现，影响信息系统质量的基础是数据的质量，如果数据是虚假的，不管中间过程如何正确都不可能输出有价值的信息。软件是数据处理正确性的保证，只有软件的设计合理、算法正确，才能得到正确的信息。硬件是软件正常工作的保证，软件没有一个稳定可靠的运行环境和硬件保证，不可能正常工作。虽说其他方面都有保证，但系统分析与设计人员的能力差，不可能设计好的信息系统，操作人员素质差，信息系统的质量也难保证。另外，开发方法是否先进，开发过程是否规范，文档资料是否规范，功能是否齐全等都对管理信息系统的质量有影响。

10.3 信息系统质量影响因素分析

10.3.1 信息系统质量影响因素分析

信息系统是一个复杂的系统，分析信息系统质量影响因素应从其组成要素及环境建设方面加以考虑。在第 1 章中介绍过信息系统由人、硬件、软件、数据和过程组成，信息系统和环境又存在着密切的联系。下面以此为基础进行分析。

1. 人

信息系统的开发和维护过程都离不开人，人是信息系统建设的主体，人也是信息系统开发成败的一个关键因素。这里谈到的人既包括信息系统的开发人员，又包括各级用户。人以某种方式与系统交互，有时提供输入，有时提供处理，有时提供输出，有时进行控制，有时进行反馈，人的素质、经验、交际能力和协调能力等都对系统产生影响。由于目前的开发方法还缺少严格的理论基础，因此，人的经验、设计技巧显得很重要，对成功开发管理信息系统起着非常重要的作用。

2. 数据

“输入的是垃圾，输出的是垃圾”（Garbage In，Garbage Out，GIGO），数据是原始的材料，数据的处理过程如下：

数据（输入）+处理 = 信息（输出）

如果输入数据是错误的，即使处理过程本身没有错误，也绝不可能得到正确的信息。输出信息的正确性是建立在输入信息和对输入进行正确无误处理的基础上。

3. 软件

软件质量如何对信息系统的质量产生直接的影响，数据本身虽说正确，但处理过程不正确仍然得不到所需要的信息。软件对信息系统的质量有重要的影响。因此，在软件设计时就得有输入数据检验和核对。如果软件的算法有错误，仍然得不到正确的数据。在进行软件设计时，要对算法、数据结构等进行研究。软件运行结果对于解决预定管理问题是否有效，系统开发过程是否规范，文档资料是否标准化，软件系统的功能是否先进、有效、完备，处理结果是否全面满足各级管理者的需求有重要的意义。国外许多学者对软件的质量评价体系进行了研究。美国的 B. W. Boehm 和 R. Brown 先后提出了 3 层次的评价度量模型：软件质量要素、准则、度量。随后 G.Mruine 提出了自己的软件质量度量 SQM 技术，波音公司在软件开发过程中采用了 SQM 技术，日本的 NEC 公司也提出了自己的 SQM 工具，即 SQMAT，并且在成本控制和进度安排方面取得了良好的效果。

4. 硬件

硬件的质量大部分是由厂家决定的，在信息系统开发中只是正确合理地使用。但这涉及硬件产品的选择问题，如果选择的厂商合适，硬件质量可以得到保证。

5. 过程

过程与应用开发技术、开发人员素质、开发的组织交流、开发过程的控制和开发设备的利用率等因素有关。

上述的分析是仅就单个因素进行的，但各种因素是交互作用的，从过程可以更好地得到体现。不论采用何种技术方法开发软件，都必须完成一系列性质各异的工作，必须完成的工作要素是：确定“做什么”、确定“怎样做”、“实现”和“完善”。这些工作是相互联系的，下面从信息系统开发的生命期来研究影响因素，如图 10.2 所示。

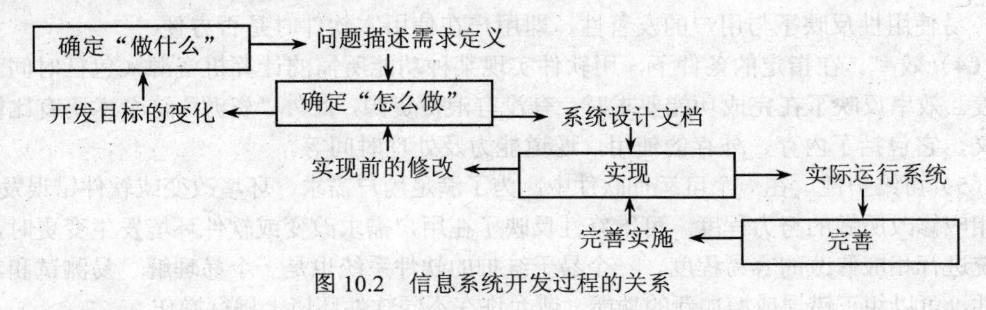

图 10.2　信息系统开发过程的关系

6. 服务质量

信息系统的服务质量是一个综合的因素，它可以通过用户对系统的满意度来衡量，它涉及系统的先进性、实用性、可靠性、安全性、容错性、开放性、移植性、信息资源的利用率、系统提供信息的准确程度、精确程度、响应速度及结论的有效性、实用性和准确性；还要考虑系统的性能、成本、效益综合比，这是综合衡量质量的首选指标，它集中地反映了一个信息系统质量的优劣。

7. 信息系统基础建设对信息系统质量也有影响

信息要传输，要在客户、供应商和商业伙伴间进行交流，就要建设一个合理的信息技术框架结构，新的信息技术基础建设连接企业网络中的工作站、局域网等，使信息能自由地在组织中不同部门传输。合理的信息技术基础建设可以保证信息系统的传输质量。新的信息技术基础建设如图 10.3 所示。

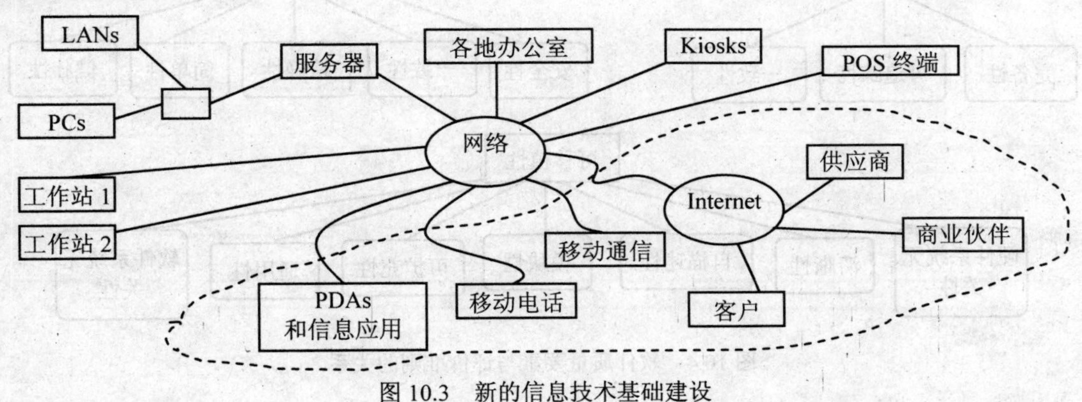

图 10.3　新的信息技术基础建设

10.3.2 信息系统质量评价准则

信息系统质量评价要从以下方面进行。第一层是软件质量要素，软件质量可分解成 6 个要素，这 6 个要素是软件的基本特征。

（1）功能性。软件所实现的功能满足用户需求的程度。功能性反映了所开发的软件满足用户陈述的或蕴含的需求的程度，即用户要求的功能是否全部实现了。

（2）可靠性。在规定的时间和条件下，软件所能维持其性能水平的程度。可靠性对某些软件是重要的质量要求，它除了反映软件满足用户需求正常运行的程度，还反映了在故障发生时能继续运行的程度。

（3）易使用性。对于一个软件，用户学习、操作、准备输入和理解输出时，所做努力的程度。易使用性反映了与用户的友善性，即用户在使用本软件时是否方便。

（4）效率。在指定的条件下，用软件实现某种功能所需的计算机资源（包括时间）的有效程度。效率反映了在完成功能要求时，有没有浪费资源，此外"资源"这个术语有比较广泛的含义，它包括了内存、外存的使用，通道能力及处理时间等。

（5）可维护性。在一个可运行软件中，为了满足用户需求、环境改变或软件错误发生时，进行相应修改所做的努力程度。可维修性反映了在用户需求改变或软件环境发生变更时，对软件系统进行相应修改的容易程度。一个易于维护的软件系统也是一个易理解、易测试和易修改的软件，可以纠正错误或增加新的功能，或允许在不同软件环境上进行操作。

（6）可移植性。从一个计算机系统或环境转移到另一个计算机系统或环境的容易程度。

第二层是评价准则，可分成 22 点。包括精确性（在计算和输出时所需精度的软件属性）、健壮性（在发生意外时，能继续执行和恢复系统的软件属性）、安全性（防止软件受到意外或蓄意的存取、使用、修改、毁坏或泄密的软件属性），以及通信有效性、处理有效性、设备有效性、可操作性、培训性、完备性、一致性、可追踪性、可见性、硬件系统无关性、软件系统无关性、可扩充性、公用性、模块性、清晰性、自描述性、简单性、结构性、产品文件完备性等。评价准则的一定组合将反映某一软件质量要素，软件质量要素与评价准则间的关系如图 10.4 所示。

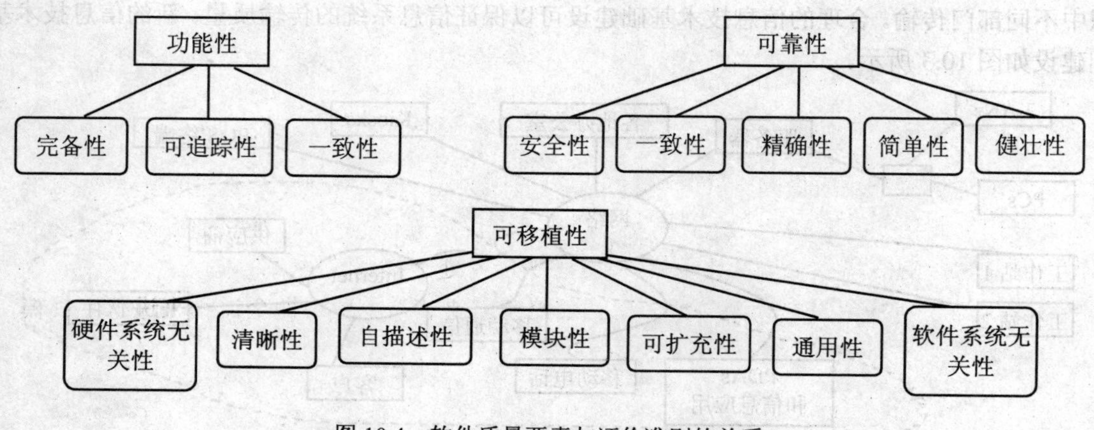

图 10.4 软件质量要素与评价准则的关系

10.4　信息系统质量控制模型

10.4.1　信息系统质量控制的原则

1. 事前控制原则

信息系统建设是一个高技术、高投入的建设过程，由于质量问题引起的工程变更必然会产生投资的巨大浪费和拖延工期。所以，在信息系统建设过程中应该始终坚持质量的事前控制原则。坚持事前控制原则的关键在于准确了解用户需求，科学地对信息系统进行分析与设计。

2. 标准化原则

经过多年对信息系统的开发，已经形成了一系列的软件开发标准，如信息技术标准、信息管理标准和软件开发标准等，其中信息技术标准阐述了信息产品或系统所应该遵循的技术规范，而信息管理标准则规定了信息产品或系统设计、实现和维护过程中所应该遵循的行为规范。这些标准为建设高质量的信息系统提供了科学的依据。因此，在信息系统建设的过程中，应该根据信息系统的特点，遵循有关国际或国家的相关标准，这样可保证信息系统建设的成功。

3. 阶段性控制原则

信息系统建设需要根据用户的具体需求，进行系统地分析、设计和实现，由于信息系统的建设具有阶段性，这就决定了信息系统的质量控制应该是阶段性的。换句话说，信息系统建设的质量控制应该在每个阶段进行，每个工程阶段都有质量目标和具体的质量控制措施，通过实现各阶段的质量目标来保证整个系统的质量。

4. 定性测试和定量测试相结合的原则

根据 ISO 9000 的有关要求，质量目标应该是可以验证的。由于信息系统建设的特殊性，在测试之前的控制是很难的，因此应进行一些定性的审查。程序编好后再进行定性测试和定量测试。定性测试主要用于系统的功能测试，而定量测试主要用于系统的性能测试，这两种手段可以从不同角度反映信息系统的质量。

5. 事后控制原则

衡量信息系统质量的一个重要尺度是用户的满意程度。建成的信息系统应该满足用户的业务功能需求、性能要求和使用习惯要求等，对于不能满足用户要求的部分，要进行维护。

10.4.2　信息系统质量控制模型

质量管理理论将产品质量因素概括为 5M1E 五大因素，信息系统质量控制就是要在系统开发的过程中控制这些因素的变化。加强管理信息系统的质量因素控制，实现企业管理过程的最佳化，就要求影响信息系统质量的因素“5M1E”经常处于合用状态。

信息系统是一个复杂的系统，对其进行质量控制就要从系统生命期全过程来进行，其模型如图 10.5 所示。

我们强调在开发的过程中要保证质量，开发过程的每个阶段要规范化，文档要标准化，而不是在过程结束后才发现质量问题。信息系统的质量控制应贯穿于系统分析、系统设计、系统实现和系统完善各个阶段。

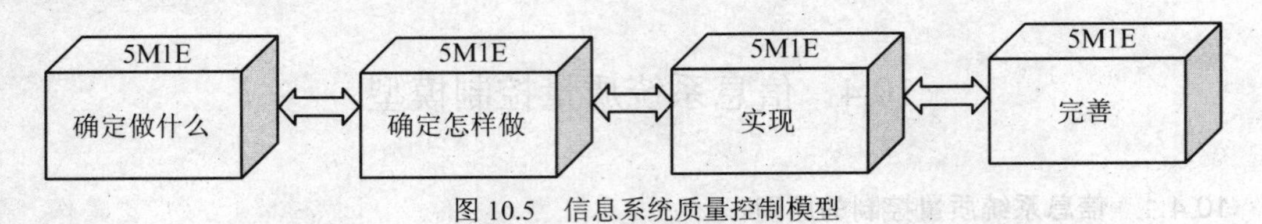

图 10.5　信息系统质量控制模型

10.4.3　控制信息系统质量的主要措施

在信息系统的设计阶段，质量控制的主要措施体现在以下 8 个方面：

（1）认真贯彻信息系统质量控制的原则。

在上面讲述了系统质量控制的原则，在信息系统的开发中要严格按照信息系统质量控制原则进行，这样可以减少失误。

（2）确定合理的信息系统开发方案。

系统开发人员和用户要反复协商，确定一个合理的信息系统设计方案。信息系统设计方案的科学性和合理性对信息系统的质量具有极其重要的影响。在制定系统设计方案中要注意用户需求的符合度、技术成熟性和先进性、系统的安全性、系统的可扩展性等。

（3）设计完整的系统测试方案。

在系统设计阶段，开发人员应该根据用户需求和系统设计方案，制定完整的系统测试方案。信息系统测试是保证信息系统质量的重要一环。

（4）确定可行的质量控制方案。

为了保证系统实施的质量，系统开发应该依据系统设计方案制定一套可行的系统质量控制方案，以便有效地控制和指导系统实施进程。该质量控制方案应该确定系统实施各个阶段的质量控制目标、控制措施、工程质量问题的处理流程、系统实施人员的职责要求等。

（5）形成规范的设计文档。

为了保证系统实施的可操作性和系统的可维护性，设计文档应该采用规范的描述形式。例如，可以采用标准建模语言 UML（Unified Modeling Language）描述软件设计方案，利用甘特图描述工程进度安排等。

（6）慎重选择系统开发商。

信息系统实施过程也是非常重要的。实施过程的质量对整个系统的质量有巨大的影响，应该选择有经验的开发商。

（7）设计科学的实施流程。

系统实施过程应该采用科学的流程，使用先进的技术，坚持按照标准的实施流程完成系统的建设。系统实施流程要与系统的需求和类型相关，而不能因人而异。例如，软件系统的开发过程应遵循软件工程的具体步骤。

（8）合理进行阶段性评价。

系统实施的各个阶段应该遵照质量控制方案的要求，分阶段地进行系统评价，逐步地实现质量控制目标。例如，综合布线系统施工过程中，应该及时利用网络测试仪测定线路质量，及早发现并解决质量问题。

此外，积极配合监理机构的工作，对用户系统维护人员的培训及建立完整的工程实施文档也是保证信息系统集成质量的重要内容。

10.5 信息系统质量管理

PDCA方法是质量管理的基本方法。任何工作一般都要有设想、有计划，然后去工作，再对工作的结果进行检查，根据检查结果进行改正。国外有人把它称为PDCA循环，即计划（Plan）、执行（Do）、检查（Check）和处理（Action），它反映了信息系统的开发工作的全过程。第一阶段要有一个开发计划；第二阶段按信息系统步骤进行开发；第三阶段对信息系统进行审计和评价，检查系统的效果；第四阶段就是处理，对成功的加以肯定，对错误的和不完善的加以改正，即维护阶段。信息系统的开发是一个大的工程，在信息系统的每个阶段都要使用PDCA，PDCA是螺旋式上升的，4个阶段周而复始，而每一次转动都有新的内容和目标，因此每转动一次，就意味着前进了一步。使用PDCA方法要按以下步骤进行：

（1）分析现状，找出目前存在的质量问题。

（2）分析产生质量问题的各种原因或影响因素。

（3）找出影响质量的主要因素。

（4）针对质量主要因素，制定措施，提出行动计划，并预计效果。

（5）执行措施或计划。

（6）检查。

（7）总结经验。

（8）提出尚未解决的问题。

小　结

本章依据ISO 9000质量标准和信息系统理论，对信息系统质量进行定义，对影响信息系统质量的因素进行全面的分析，并提出了质量控制模型，以及进行信息系统的质量管理等内容，此研究成果还比较粗糙，有待于今后进一步研究。

复习思考题

1．什么是信息系统的质量？

2．怎样可以保证信息系统的质量？

3．什么是一个好的系统？如何达到好的系统？

4．质量控制模型包括哪些内容？

参考文献

[1] 王欣．管理信息系统．北京：中国水利水电出版社，2004．

[2] 张立厚等．管理信息系统开发与管理．北京：清华大学出版社，2008．

[3] 刁成嘉．UML 系统建模与分析设计．北京：机械工业出版社，2009．

[4] 陈佳．信息系统开发方法教程．第 2 版．北京：清华大学出版社，2005．

[5] 甘仞初．管理信息系统．北京：机械工业出版社，2002．

[6] Jeffrey．L 系统分析与设计．北京：机械工业出版社，2005．

[7] 薛华成．管理信息系统．第 5 版．北京：清华大学出版社，2007．

[8] 肯尼斯.C.劳顿，简.P.劳顿著．管理信息系统．第 9 版．北京：机械工业出版社，2007．

[9] 张海藩．软件工程导论．第 5 版．北京：清华大学出版社 2008．

[10] 闪四请．管理信息系统．第 2 版．北京：清华大学出版社，2007．

[11] Stephen Haag．Management Information System for Information Age．New York：McGrawHill，2003．

[12] Grady Booch．UML 用户指南．邵维忠，麻志毅等译．北京：人民邮电出版社，2006．

[13] 张毅．企业资源计划．北京：电子工业出版社，2001．

[14] （美）麦克劳夫林等．深入浅出面向对象分析与设计（影印版）．南京：东南大学出版社，2007．

[15] Mike O'Docherty．面向对象分析与设计（UML 2.0 版）．北京：清华大学出版社，2006．

[16] Joey F. George, Dinesh Batra, Joseph S. Valacich, Jeffrey A. Hoffer．面向对象的系统分析与设计．北京：清华大学出版社，2005．

[17] Kenneth C Laudon，Jane P Laudon Management information systems（Sixth Edition）．Higher Education Press Pearson Education，2001．

[18] 薛华成.管理信息系统．第 4 版．北京：高等教育出版社，2005．

[19] Jeffrey L Whitten，Lonnie D Bentley，Kevin C Dittman System analysis and design methods.（Fifth Edition）．Higher Education Press Pearson Education，2001．

[20] 邵维忠，杨夫清．面向对象的系统分析．第 2 版．北京：清华大学出版社，2006．

[21] 周之英译．面向对象的系统分析．北京：清华大学出版社，2006．

[22] 王欣．高校教学管理系统的实现．管理信息系统，1999．

[23] 邵维忠，杨夫清．面向对象的系统设计．第 2 版．北京：清华大学出版社，2003．

[24] 王欣．信息系统质量影响因素分析．情报科学，2002．

高等院校计算机科学规划教材

本套教材特色：

(1) 充分体现了计算机教育教学第一线的需要。

(2) 充分展现了各个高校在计算机教育教学改革中取得的最新教研成果。

(3) 内容安排上既注重内容的全面性，也充分考虑了不同学科、不同专业对计算机知识的不同需求的特殊性。

(4) 充分调动学生分析问题、解决问题的积极性，锻炼学生的实际动手能力。

(5) 案例教学，实践性强，传授最急需、最实用的计算机知识。

大学计算机基础实验教程

21世纪智能化网络化电工电子实验系列教材

21世纪高等院校计算机科学与技术规划教材

21世纪高等院校课程设计丛书

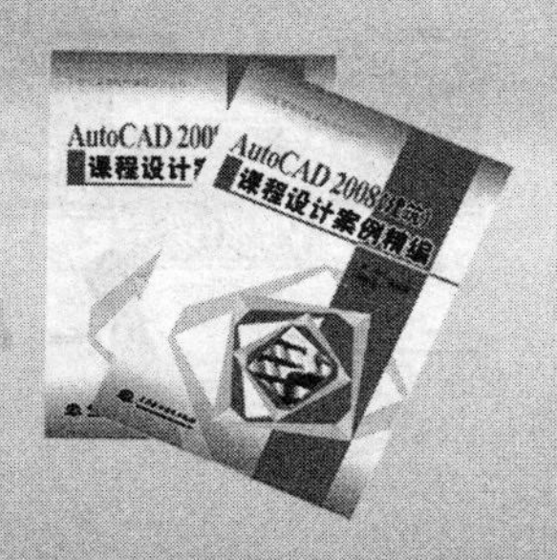

21世纪电子商务与现代物流管理系列教材

本套教材是为了配合电子商务，现代物流行业人才的需要而组织编写的，共24本。

- 经验丰富的作者队伍
- 知识点突出，练习题丰富
- 案例式教学激发学生兴趣
- 配有免费的电子教案